普通高等教育“十一五”国家级规划教材

环境地质学

徐恒力 等编著

地质出版社

·北 京·

内 容 提 要

本书为普通高等教育“十一五”国家级规划教材。全书由绪论、总论和分论组成。绪论部分介绍了环境地质学产生的历史背景，环境地质学的研究主题和本教材的学科定位。总论部分系统介绍了地质环境的概念、基本特征、地质环境系统的结构；地质环境系统演化的一般原理；地质环境问题与地质灾害的界定；地质环境问题防治的科学理论依据及主要途径等环境地质学的基本理论和研究方法。分论部分就我国常见的12类地质环境问题逐一进行了论述，内容包括各种地质环境问题的基本概念、分布特点及危害、形成的原因、发生的地质学机理，以及防范、治理的技术措施等。

本书可作为环境地质、地下水科学与工程、地质工程等与地质学相关专业本科生和研究生的教材，也可供教师和科技人员参考。

图书在版编目（CIP）数据

环境地质学／徐恒力等编著. —北京：地质出版社，2009.9（2025.1重印）

普通高等教育“十一五”国家级规划教材

ISBN 978-7-116-06153-8

Ⅰ. 环… Ⅱ. 徐… Ⅲ. 环境地质学-高等学校-教材 Ⅳ. X141

中国版本图书馆CIP数据核字（2009）第176001号

责任编辑：李惠娣　李凯明
责任校对：田建茹
出版发行：地质出版社
社址邮编：北京市海淀区学院路31号，100083
电　　话：(010)66554646（邮购部）；(010)66554579(编辑室)
网　　址：https://www.gph.clmpg.com
印　　刷：固安华明印业有限公司
开　　本：787mm×1092mm　1/16
印　　张：17.5
字　　数：420千字
版　　次：2009年9月北京第1版
印　　次：2025年1月河北第5次印刷
审 图 号：GS（2009）1376号
定　　价：35.00元
书　　号：ISBN 978-7-116-06153-8

前　言

地质环境是各种自然资源的提供者，也是人类生产、生活与从事各种社会活动的空间场所。在全球人口快速增长、资源短缺、环境日趋恶化的今天，地质环境被关注的程度已超过了以往任何一个历史时期。

地质环境问题遍及全世界每一个地方，有些问题具有突发的特点，一旦发生就可能造成灾难性的后果；另一些则以缓慢、累进的形式不断发展，蚕食着国土资源，给国民经济造成损害。我国是世界上地质环境问题种类最齐全、分布最广泛、危害最严重的国家之一，日益频发的地质环境问题不仅对我国民众的生命财产安全构成威胁，而且也成为许多地区制约经济快速发展的主要原因。在这些背景下产生的环境地质学必然要担负起研究地质环境、化解地质环境问题危害的重任。

环境地质学是伴随着地质科学、环境科学的发展而逐渐形成的，尽管在其30多年的酝酿、构建内容体系的过程中，吸纳了这两门学科的许多成果和理论精华，但也面临着自身发展中的种种挑战。作为地质科学的一个现代分支，它必然也必须汲取其他分支学科新的理论和研究方法，并在系统科学思维的框架下予以整合，而不应只停留在对环境科学的地学诠释阶段，或作为传统地质学内部分化、重组、拼合的产物。基于这种思考，本教材力图以系统科学理论为指导，从地质学的角度阐明地质环境问题的本质、产生的根源以及与地质环境系统演化的内在联系，并就我国普遍存在的12类地质环境问题进行专题性的论述。

本书的内容编排基本保持了作者最近十余年为本科生、研究生讲课的体系，此次编写在章节上做了进一步的调整、补充和完善。在编写过程中，作者仔细阅读了先前各兄弟院校的同类教材，并查阅了大量国内外科研文献，从中得到了不少启发。这些资料为提高本教材的质量提供了很大帮助。

本书的内容共分为三部分。

第一部分是绪论，主要介绍环境地质学形成的社会背景和学科背景，环境地质学的研究主题和本教材的学科定位。

第二部分为总论，是环境地质学基础理论的阐述，从地球系统科学的角度解释了地质环境系统的概念、组成要素及结构特征；并从一般系统演化的规律出发，讨论了地质环境系统演化的内在机理、演化的阶段及其与地质环境问题的内在联系。在总论中，还围绕地质环境问题与地质灾害的隶属关系、地质环境问题的分类体系、地质环境问题的防治途径，以及我国地质环境问题多发的原因等做了较详细的分析。

为了达到拓宽基础、强化综合分析和培养应用能力的教学目的，除理论的阐述外，本书还安排了第三部分即分论。分论共12章，为满足实际工作的需要，每章围绕一种地质环境问题展开，主要介绍相关的概念、类型划分、在我国分布的地域、成因和发生机理，以及防范治理的技术措施等内容。

书中内容可选择性地用于本科生的课堂教学，本书也可作为具有一定地质学知识背景的其他专业研究生的教材。

本教材由徐恒力担任主编，具体撰写分工如下：绪论、总论由徐恒力完成；分论的第一、二、三、四章由徐恒力、周建伟合作完成；第五、六、七、八章由徐恒力、甘义群合作完成；第九、十、十一、十二章由徐恒力、孙自永合作完成。全书最后由徐恒力统编定稿。

本书的立项、组织编写过程得到了中国地质大学（武汉）和地质出版社的关心与鼎力支持，并给予了经费资助。地质出版社的同志为本书的出版付出了辛勤劳动。周少卿和王萍同志在文字整理与图件清绘方面做了许多工作。在本书付梓之际，作者对上述单位和同志表示衷心的感谢。

编著者

2009年7月28日

目　　次

分论——若干地质环境问题的论述

绪　　论

环境地质学作为新兴的学科产生于20世纪70年代，是一门综合性很强的应用地质学，也有人将它归入环境科学的范畴。到目前为止，环境地质学还处于构建自身理论体系，丰富研究内容，完善研究方法的阶段。有关环境地质学的定义也是“仁者见仁，智者见智”，尚未形成统一的说法。

为了便于读者思考，以推动该学科理论与实践的发展，在绪论中将讨论以下三个问题：①环境地质学产生的历史背景；②环境地质学的研究主题；③环境地质学的学科定位。

一、环境地质学产生的历史背景

环境地质学的酝酿与出现，有其特定的社会原因及学科发展的时代要求。

众所周知，第二次世界大战至今已过去半个多世纪，在这期间，世界上除局部军事冲突外，没有发生全球性的战争。长期的和平氛围为科学技术的发展、经济的繁荣提供了良好的条件。与此同时，社会生产力的提高、经济的迅猛发展也带来了新的问题，各种资源过量消耗，环境破坏日趋严重，其已给社会的安定，以及后代应享有的资源、环境的基本权利造成了威胁。

据统计，全球人口从人类出现到1830年达到10亿用了近百万年的时间，从10亿增长到20亿用了百年的时间；而第二次世界大战后，人口每增长10亿所用的时间由30年减少到15年；目前增长速度还在加快，总人口已突破67亿。人类为了生存和发展，必然要消耗资源，排放废物。有资料表明，目前全球每年采掘、运移的岩石和土壤总量达1360亿吨（有人认为达到1710亿吨），其已超过岩石圈表层通过大洋中脊而新生成的年物质总量（约300亿吨），更大大超过每年由地表水流搬运到海洋的岩土总量（约165亿吨）；现在人类建筑面积已占地球陆地表面积的6%～8%，到21世纪中期很有可能达到15%；人类活动的垂向深度也在不断加大，目前高层建筑物的基础深度可达30m，地下工程可超过100m，矿山工程可深至2000～3000m，人工开挖的最高边坡已超过600m。除此之外，水资源的开发利用量也是惊人的，到20世纪90年代，全球水资源的年使用量已达到$3\times10^{12}m^3$，较300年前增长了35倍。

如此空前大规模开发利用矿产资源、土地资源、地下空间资源和水资源，不可避免地带来资源短缺、水盐失调、岩土体变形失稳、生态退化等诸多问题。事实表明，人类活动对地球表层系统的影响及其引发的危害，已达到与自然变化相当的量级；在局部地区，甚至几倍于自然的变化。在许多水资源大规模开发的地区，水文循环节律和循环方式发生了明显变化，水资源时空分布状况的巨变，导致河水断流，湖泊萎缩、干涸，湿地消失。缺乏合理规划和科学管理的工程活动正激发或加剧着崩塌、滑坡、泥石流、地面沉降、塌陷等地质环境问题的发生。大量废水、废渣、废气的随意排放，则是土壤污染、水体污染、生态恶化的主要“元凶”。

可以说，人类目前生活在一个资源短缺、环境恶化、灾害频发的地球上。我们的地球显得比任何时候更狭小、更肮脏和危机四伏。大自然已向我们敲响了警钟：人类在加速发展物质文明的同时，其放任的各种活动也正破坏着人类自身赖以生存和实现可持续发展的最基本条件——环境。

资源匮乏和环境恶化已成为当代全球关注的焦点，也是各国政府面临的棘手问题。要求扼制这些危机，获得良好的生存条件，更是广大民众的强烈呼声。在此形势之下，从20世纪60年代开始，联合国和各国际组织围绕“人与环境”这一主题，召开了各种会议，成立了众多机构，国与国之间也联手达成了种种协议，制订行动计划，为改善当今的环境状况，协调人与自然的关系而不懈努力。

在联合国的倡导下，1972年在瑞典斯德哥尔摩召开了世界性的人类环境会议。会议通过了《人类环境宣言》。宣言指出：保护和改善环境已成为人类一项迫切的任务……呼吁各国政府和人民为维护和改善人类环境、造福全体人民、造福子孙后代而共同努力。之后，第27届联合国大会接受并通过了环境会议的建议，规定每年6月5日为世界环境日。这次大会引起了全世界对环境问题的普遍关注。各国政府相继作出了反应：①成立了官方的专门行政机构；②采取了一系列经济手段和严格的立法措施；③控制环境污染和各种灾害的技术研究得到迅速发展；④一些发达国家还兴起了环保产业。

这场声势浩大的运动使环境保护取得了明显成效，严重的污染和生态破坏在一些国家已基本得到控制。但是，由于大多数发展中国家仍未摆脱经济落后、人口增长过快的窘境，全球性和区域性的环境问题仍日趋严重。鉴于此，1989年第44届联合国大会通过决议，定于1992年召开联合国环境与发展大会，同时提出“国际减灾十年计划（IDNDR)”，我国也成立了“中国国际减灾十年委员会”，积极响应这一行动。

1992年，联合国环境与发展大会在巴西的里约热内卢召开。这次大会有183个国家派代表参加，102个国家的元首或政府首脑到会并发表讲话，会议取得了巨大成功。大会除重申了1972年的《人类环境宣言》外，还通过了《环境与发展宣言》、《二十一世纪议程》两个纲领性文件及若干公约《联合国气候变化框架公约》、《生物多样性公约》、《关于森林问题的原则声明》。我国政府从当代国际关系的高度阐述了中国环境保护的立场，并率先签署了两个公约，体现了中国作为一个大国对全球环境保护的责任感和改善我国环境状况的决心。我国政府对国际社会的承诺得到了世界各国的称赞。以此为契机，环境保护作为我国的基本国策开始全面启动。这次大会还对20年来世界环境保护的经验进行了总结，认识到环境问题对人类生存与发展的严重威胁和解决环境问题的迫切性，唤起了各国人民对环境问题的重视。人们已经意识到，在大自然面前人类不能为所欲为，必须对自己的行为负责，尊重自然规律，处理好人与环境的关系，合理开发利用资源，保护和改善环境，是全人类的共同使命，因为地球是我们的家园，人类只有一个地球！

社会实践是科学发展的源泉。任何学科都是随社会生产发展的不同阶段和不同要求而产生和发展的。在政治家、社会活动家为保护和改善人类环境积极活动的同时，自然科学和社会科学领域的科学家们也都投入到这一关系人类生存与发展的事业中来。在他们的共同努力下，环境科学应运而生。虽然到目前为止这门科学还比较年轻，仍处于发展阶段，但研究范围之广泛、出版物之多、资料之丰富、学术会议之频繁，都为科学史上所罕见。

由于人类环境涉及的领域广泛，影响要素众多，各要素之间的关系错综复杂，服务功能多样，所以，有人认为目前没有哪一个专门学科能够对环境领域提供一个较完整的论述。环境科学作为一个庞大的科学体系，具有多学科性。不同学科从不同角度，运用不同观点和方法研究和解决问题。然而，采用近代科学那种条分缕析、分门别类的“分割式”方法研究人类环境问题，尽管已取得了巨大成就，但也造成人们对客观世界认识的局限性、片面性。而以这种割裂的、片面性的认识来利用和改造统一的、整体性的“人类环境系统”，是产生环境问题的认识论上的根源。正是基于这一点，系统科学为环境科学走向整体化的发展道路奠定了坚实的基础。20 世纪 40 年代末出现的以系统论、信息论、控制论为标志，并在以后几十年中逐渐完善的系统科学（包括系统论、系统科学方法论、系统工程三大组成部分）以其普适性和科学思维的先进性，横贯于所有的科学领域，并将现代科学推向了新的高峰。对此，俄罗斯学者 Н. И. 茹可夫予以了高度评价，他认为系统科学的出现“彻底改变了世界的科学图景和当代科学家的思维方式”。受系统科学的影响，目前，环境科学已逐渐形成了一个层次分明、结构完整的宏大体系。它要求各相关学科在人与自然协调发展上得到统一。大量的研究成果表明，无论是分支学科之间的概念移植、理论渗透、类比推理，还是专业间协作攻关与交叉，都已显露出环境科学向立体化、综合化和整体化的发展态势。若追根溯源，可以这样说，20 世纪 70 年代以来人类环境恶化的大背景，为环境科学的出现提供了契机，而系统科学的发展与成熟则用崭新的科学方法论武装了环境科学，使之步入了现代科学的行列，并带动和影响着各分支学科未来的发展。

环境地质学是伴随环境科学的成长而发展起来的，它也经历了与环境科学相似的发展过程。尽管环境地质学在 30 多年的探索中，继承了传统地质学的无数成果和理论精华，但作为现代科学的一部分，必然也必须汲取相邻学科的最新理念和方法，尤其是在科学方法论上。它不应仅仅被视为地质学内部分化、重组和拼合的产物，而应站在全新的视角上，把握环境地质学被赋予的历史使命和学科发展的时代要求，在这些方面，地球系统科学理论的发展和人一地关系的深入研究或许已为该学科的形成与完善指出了方向。

二、环境地质学的研究主题

（一）关于环境地质学研究内容的若干提法

自 1964 年美国伊利诺伊州地质调查所学者 James E. Hackett 撰文讨论都市土地规划问题时提出“环境地质学（Environmental Geology）”一词，至今已过去了 40 余年。他的观点，即“环境地质学是研究和使用地质学达到协调和完善状态的一个新方法”已逐渐淡出，但“环境地质学”一词则沿用至今，且成为一门新兴学科的名称一直被地学界所采用。

几十年来，有关环境地质学的定义和内涵的讨论始终没有间断。

1968 年，W. J. Wayne 认为：“在城市中心及靠近城市的地区，人类环境地质已变得更为重要。城市地质学已和环境地质学成为同义词了。”1969 年，P. H. Moser 指出：“环境地质学是运用地质学、水文地质学、工程地质学、地球物理学及其有关学科的原理，研究人类周围环境，更有效地利用天然资源的一门学科。”1970 年，P. T. Flawn 指出：“环境地质学是研究土地为人类所应用的全部范围，包括城市、农村和未来开发的原始地区，包括自然资源的位置及开发、废物处理、块体运动及构造运动两者对建筑物的影响，以及岩土物质成分的细微变化对人类健康的影响。”进入20世纪80年代，Edward A. Keller在他所著的《环境地质学》中阐述了关于环境地质的七个基本概念（观点），并指出“当我们探索环境问题的本质时，环境地质学跨学科实质的重要性显而易见。大多数项目是复杂的并包括许多不同的方面，可概括为三类：物理的、生物的、人类利用及人类利益的”。此后，他于1998年进一步明确，“环境地质学是一门应用地质学，主要研究人与自然环境之间相互作用的各个方面”。

与此同时，我国学者也就环境地质学的内涵发表了各自的看法。1980年，刘东生和万国江等指出：“环境地质学是研究人类活动和地质环境相互作用的学科，是地质学的一个分支，也是环境地学的组成部分。”1983年，胡海涛和钟立勋指出：“环境地质学是应用地质学的基本原理，研究人类工程—经济活动与地质环境之间的相互作用，预测天然及人为地质作用的发生、发展规律，从而制订改造、利用和保护地质环境的规划、措施、方案，达到防止或减轻地质灾害，保护及改善地质环境质量的目的的一门综合性地质学科。”1995年，陈梦熊在《环境地质学理论基础与研究领域》一文中明确指出：“环境地质学是地质科学中一门新兴的属于应用地质学范畴的一个分支学科，它是一门综合性很强，以研究人—地关系为主，介于地质科学与环境科学之间的一门边缘学科或综合性学科。”1991年张宗祜提出，环境地质学应当是研究人类技术活动与地质环境相互作用影响的学科。此外，李鄂荣、朱大奎、潘懋、段永侯、徐增亮、戴塔根、哈承祐等学者也撰文或在教科书中阐述了一些很有见地的看法，此处不再一一介绍。

持上述观点的学者来自多个领域，其中既有从事理论研究的，也有从事工程技术或技术管理部门的学者和专家；有环境科学界的人士，也有地学界包括地质学、地理学，尤其是水文地质、工程地质专业的人士。他们的观点基本反映了目前国内外学术界对环境地质学的理解和主流。不应忽视的是，学术界也有反对的意见，如G. B. Oakeshott（1976）认为，环境地质是一个荒谬名词，又说“所有地质学都是环境的”。这些声音虽小，但也从另一个侧面反映出环境地质学在吸纳其他学科营养的过程中，一些概念、术语的缜密推敲还需进一步完善。即使持赞同意见的学者内部也存在某些分歧。其中一个较突出的问题是：环境地质学究竟是一门应用性的或定位于工程技术层次的学科，还是具有科学与技术一体化的基本特征。关于这个问题将在绪论的第三部分讨论。此处仅围绕上述各家观点中取得共识的问题——环境地质学的研究主题展开。

（二）环境地质学的研究主题

环境地质学研究的主题可以用一句话来概括，即研究人与地质环境的关系，简称人—地关系，包括：①地质背景、地质作用及其过程对人类的意义和影响；②人类活动引起的地质环境变化的地质学基础及社会学问题；③如何协调人与地质环境的关系。

1. 地质背景、地质作用及其过程对人类的意义和影响

在人—地关系中，地质环境对人类的意义和影响可以从以下两个方面认识：

（1）地质环境是资源的提供者

地质资源包括土地资源、水资源、矿产资源和景观资源。它们是人类生存发展所必需的物质基础。

土地资源　主要构成物是岩石和土壤。土壤是农、林、牧业利用的对象。它是岩石风

化形成的母质，经生物化学作用形成的松散基质。其形成过程与内、外动力地质作用有着紧密联系。内动力地质作用可以将地下岩层抬升到地表附近，提供成壤的母质。外动力地质作用则对土壤的最终形成起到关键作用，一方面决定了土壤的形成速度、熟化程度；另一方面也通过水力、风力的侵蚀、搬运和堆积，改变着土壤的质地及分布，从而影响作物的产量及植物群落的结构特征。此外，地表和地下空间是人工建筑物的依附对象，土地规划、城市化发展都是在这个空间上展开的。所以它们也是土地资源的一种，是地质背景的一个重要功能。

水资源　就现在普遍接受的观点而言，水资源主要指地表水、地下水。长远来看，土壤中赋存的非重力水以及活跃在近地表大气中的水分都可能成为被利用对象。无论哪种水都纳入水文循环之中，它们的形成和分布除与大气活动有关外，地形、地貌、地层及地质构造都会影响水资源，特别是地下水的水量、水质和时空分布。

矿产资源　包括金属矿产、非金属矿产、矿物燃料等，都可以视为地质作用的直接产物。有的是在内动力地质作用下形成的；有的与外动力地质作用有关；还有的是两种地质作用综合作用的结果。

景观资源　在这里主要是指具有地学研究价值和可供人们参观游览的自然地质遗迹、自然地貌景观，它们同样是地质作用的产物。

对于这些资源，有人认为可以根据它们的形成速度与人类对它的消耗速度是否平衡，划分为可再生资源和不可再生资源。事实上，这种划分不是绝对的，而是反映了人们在人与资源关系上的一种思考。例如土地资源，当成壤速度大于土地养分消耗及水土流失速度时，土地的适耕性是可持续的。反之，土地向贫瘠化、沙化或石漠化方向发展，失去利用价值。又如水资源，在开发利用量小于流域产流量时，水文循环可以不断补充消耗的水量，使之用之不竭。若开发利用过量，水资源就会越来越少。正因为如此，有人将上述两种资源列入可再生资源，有人则认为它们在一定使用限度内是可再生资源，超过限度则属于不可再生资源。矿产资源是在漫长的地质历史时期形成的。由于地质循环不断进行，成矿过程仍在继续，不过完成其过程需要长达数万年甚至更长的时间，如煤、天然气，与人类采掘的速度相比，显然处于“透支”状态。另外一种考虑是，地球的演化、地质环境的变迁是不可逆过程，就某一特定地区而言，矿产资源一旦开采殆尽，在此地区不会再生，所以，一般将矿产资源视为不可再生资源。

如果说前面论及的资源再生性考虑的是数量平衡问题，那么，景观资源则注重形貌的独特性。其形成与地质作用关系密切，是特定地质演化过程在特定时空上留下的景观“片段”，一旦破坏，难以修复，几乎就再也找不到相似的景象了。所以，一般将其归入不可再生资源。

（2）地质环境是人类的家园

地球浅表特别是位于陆地表面的地质环境，是人类生存、繁衍、生息和从事各种生产活动的场所，它是人类的家园。

在这个空间中，地质作用十分活跃，从不停息。水流、风力、重力的侵蚀、搬运、堆积作用，驱动岩石、水盐等物质运动，使地表浅层物质处于不断重新分布的过程，地表形貌也一再重塑。与此同时，构造运动、岩浆活动、地震等也可以把地球深部物质、能量释放到地球表层，使沧海化为桑田，高山沦为低地。一些大规模的造山运动，还会引起气候和生态的变化。

地质作用导致的环境效应，有的对人有益，为人类提供了得天独厚的生存场所，促进人类从茹毛饮血、择水草而居的原始文明发展到大工业生产的现代文明；有的也会给人类带来危害和灾难，地震、火山、海平面上升、荒漠化等不仅导致地球上一些光辉灿烂的古老文明消失、湮灭，而且还给人的生命财产造成损失，甚至使富饶的土地变为不适宜人类居住的地方。不论人类是否愿意，地质作用及其地质过程始终伴随着我们。从这个角度上看，人类的历史不仅仅是一部与自然斗争的历史，还是一部学习如何利用、尊重自然的历史。

2. 人类活动引起的地质环境变化及其对人类的影响

人作为生物界中的一个种群（人科）是地球演化到某一特定阶段的产物。人类将水、岩石、土壤和其他生物作为自己生存发展的物质基础，同时又通过劳动改造着周围的岩土、水、生物条件。人类与自然的这种关系是地质环境概念形成的客观背景。可以说，地质环境是人类出现后才有的，没有人类也就无所谓地质环境，地质环境的演化必然与人类活动紧密相联。

科学与技术的进步，使人类由原始游牧文明走向农耕文明和现代工业文明，在此过程中，人类干预、利用地质环境的能力日趋强大，获得的利益也十分丰厚。然而，随着人类活动的范围和作用强度的急剧扩大，其消极面也逐渐暴露出来。过分强调人的能动性，夸大驾驭自然的能力，忽视人在自然面前的受动性和依赖性，从而导致科技手段的滥用和误用，这正是近几十年来人一地关系失调、地质环境问题层出不穷的重要原因之一。

地质体始终处于发展演化之中，在自然力的驱动下有其天然的演化规律。当人类作用达到一定程度，并成为不容忽视的新地质营力时，情况将发生改变，地质体的演化将由自然力和人类的力量共同决定，尽管在活动过程中人类获得了想要得到的东西，但付出的环境代价也是十分惊人的。

有资料表明，到 20 世纪末，全球每年人为移动岩土物质的量级已高出自然过程的 4 ~5 倍。大量的岩土挖掘和弃置，改变了许多地区的地形、地貌、浅表岩土体的原有受力状况，甚至诱发崩塌、滑坡、泥石流等地质灾害的频繁发生。例如我国福建省，截至 2001 年，全省已查明的滑坡 803 处、崩塌点 329 个，其中与人为移动岩土物质有关的分别占到 87% 和 84%，这足以说明人类活动的巨大影响。其次，挖掘或弃置岩土可使土壤层丧失或掩埋，可耕地数量和质量明显下降。目前我国每年有数十万公顷的耕地被城乡建设占用，煤矿开采破坏的土地也高达数万公顷，加上其他原因，我国每年减少耕地约 145 万公顷。近 40 年来，我国耕地减少总量相当于一个法国或两个英国或四个日本的国土面积。全国有 666 个县低于联合国粮农组织规定的人均 0.8 亩（约合 $667m^2$）耕地的警戒线。这种状况将严重威胁到我国的粮食安全。

过度开发利用水资源也会影响地质环境的质量，还可能间接影响陆地水文和生态过程。2004 年我国水资源总量为 $24130\times10^8m^3$，不计发电、航运、养殖等用途，年供水量为 $5548\times10^8m^3$，占水资源总量的 23%，尚属安全用水范围。目前国际上的通用标准为水资源利用率不应超过总量的 25% ~40%，否则就会出现资源短缺和生态环境问题，但在许多地区这个界限早已突破。例如，河北平原目前地表水调蓄工程控制的水量已占河川径流的 70% 以上，地下水开采量接近 $119\times10^8m^3/a$，占地下水补给资源的 124%，储存资源

累计消耗已达 $350 \times 10^8 m^3$。由于天然产水能力与人工取用强度严重失调，地下水动力场、水化学场、温度场和应力场都发生了变化，最终导致河流干涸、水质恶化、地面沉降开裂、海水入侵、生态退化等日益突显的地质环境问题。

在短期经济利益的驱动下，资源的过度、无序开发利用必然引起地质环境的紊乱，甚至导致人们未曾料到的生态失衡和灾难的发生。地质环境的宏观变化是不可逆的，如果人类失去了预见和自制的能力，在享受眼前利益的同时，所造成的环境恶化也正为人类铺就着一条不归之路。正如美国海洋生物学家 Rachel Carson 在《寂静的春天》一书中所指出的，不是敌人的活动使这个受害的世界生命无法复生，而是人们自己使自己受害。这一哲理同样适用于人一地关系的思考。

3. 人与地质环境的协调发展

人类不能完全控制自然，也不可能按自己的意愿再造自然。人与自然的区别在于，人类的活动是追求功利和有目的性，而自然活动没有思想，没有功利，没有目的性，只受客观规律的支配。因此，所谓的人一地关系的协调发展，不应理解为双方对话、妥协的过程，而是人类对自己提出的行为约束或自律要求，或者说是基于人们对自身当代和长远利益的深入思考而提出的可持续发展理念，其核心是遵循客观规律。

尊重客观规律是人类与自然打交道时必须严守的准则，自然资源的开发利用和灾害的防范也是如此。人们开发利用自然资源之所以能够达到预期的目的，首先是因为人们了解资源的成生、分布规律，其次是懂得运用相应的技术手段和策略顺应客观规律。然而，这只是问题的一个方面，随着开发利用活动的进行，原来的地质条件会因人为的扰动发生改变，某些因素的活动受到抑制，另外一些因素变得更为活跃，于是有可能使地质环境问题加剧或引发新问题。如果透过人为作用这一表面现象，可以看出，地质环境问题的出现仍是客观规律使然，有其发生、发展的自然基础。目前，地质环境问题层出不穷的根本原因或许正在于人们忽视了后者。

人口、资源、环境和社会经济发展之间的多重关系是人一地关系的客观表现。四者运动方式的失当和比例失调，是加剧人一地关系矛盾的原因所在。理顺这些关系，构建良性互动的统一整体，即人一地关系协调发展的地质环境系统，不仅仅是人一地关系理论研究的最终落脚点，也是环境地质学研究的永恒课题。

构建人一地关系协调发展的地质环境系统，必然会涉及观念的转变，思维方式的变革和决策科学方法的合理运用。为此，需要注意以下三点。

（1）地质资源开发利用与地质环境保护的协调

地质资源的开发利用是地质环境异常变化的触发器。为了避免矿产资源、土地资源、水资源开发利用带来严重的地质环境负效应，必须首先调查、阐明地质体在自然条件下固有的规律性，然后分析或预估资源开发利用时地质体的响应及其可能的不利后果，据此提出调控资源开发利用的方案，以达到资源与环境两者均可接受的满意结果。鉴于近几十年来我国经济高速发展遗留下大量的地质环境问题未能及时解决，现阶段更应强调地质环境保护的重要性，把地质环境问题的综合治理，尤其是地质灾害的防治工作放在举足轻重的地位，而不能单纯追求经济的快速增长。对那些附加值低且地质环境后遗症大的资源开发与利用方式，必须加以严格限制，对已在运行的工程活动，应按《中华人民共和国循环经济促进法》的要求，尽快实现清洁生产、废物资源化的良性发展。

（2）局部性地质环境与全局性地质环境的协调

地质环境系统中岩、土、水、气的运动是一个有机联系、相互制约的统一整体，其中某一要素或某一局部地段受到人为活动的强烈干扰，其响应可波及整个系统。有的学者把地质环境系统的局部与整体的关联，形象地称为超距性。意指在地质环境的某一局部施加影响后，其产生的后果在空间、时间乃至应用领域上均有超远距离传递的特征，且通过因果链，产生“多米诺骨牌效应”，最终产生事前未曾预料的后果。因此，地质环境的质量评价不能只注意局部地段现状条件分析，更要注意其超距性的影响，把眼光放大到全局、长期，尽量包括一切可能的领域。

（3）人际关系中资源分享权力与地质环境保护义务的平衡

由于不同地域、不同行业的人们共享的可能是同一个地质环境系统，一旦其运行格局发生变化，便涉及不同人群利益的再分配过程。如果权利与义务不对等，不仅会加剧矛盾，影响社会的稳定和谐，而且在经济利益的驱动下，必然会刺激资源开发利用的过度进行，造成混乱和无序的局面。因此，人际利益关系的调整是实现人一地关系协调发展，保护地质环境的重要的途径之一。正如有些学者所指出的，解决地质环境问题不仅仅是科学技术工作者的任务，也是全社会共同应对的挑战。从某种意义上来说，社会的改革包括经济目标、社会结构和民众意识的转变，最终是实现人们分享资源的权利与地质环境保护义务两者的平衡。

三、环境地质学的学科定位

从环境地质学产生的历史背景中可以看出，环境地质学是环境科学在发展中与地质科学汇流、交融的新学科，具有多学科综合、渗透的鲜明特色。与其他传统学科不同，它不是沿着独立的发展道路成长起来的，而是借助于各分支学科的发展而发展的。如果不刻意强调“环境地质”术语出现的年代，就会发现，早在环境地质学被公认为一门学科之前，就已有许多学科以其传统的专业视角向环境地质领域扩展，出现了一系列的课程，如环境水文地质学、环境工程地质学、环境地球化学、农业环境地质学、地质灾害学、环境矿产资源学等。直到今天，这一势头仍未减弱，新的课程门类还在增加，如理论环境地质学、综合环境地质学、部门环境地质学、社会环境地质学、环境地质技术方法等。由此可见，多学科理论的综合，科学与技术的一体化应是环境地质学的基本特点。

促使环境科学与地质科学交汇、地质科学内部各分支学科相互渗透的重要原因之一，是当今人类面临着地质环境问题的严重挑战。这些挑战不仅影响着当代社会经济稳定健康地发展，而且对子孙后代所应享有的生存、发展的权利也造成了威胁。所以，在这一背景下产生的环境地质学必然要担负起研究地质环境问题的重任。

在人们长期的生活、生产实践中，虽然许多具体的地质环境问题已被人们知晓，但真正成为专门学问，深入系统地开展研究，在学术界仍是一个需要不断探索的新课题。之所以“新”，是因为对这些现象不再局限于现象的野外描述、归纳和某单一专业知识的运用和分析，而是要求从多学科综合的角度探索其成生机理和发生规律；不仅仅就事论事，简单查明原因，而是要求从人一地关系或者说站在社会经济与自然相互作用、相互制约的全局性高度，分析问题产生的根源，由当前的问题转向长期的可持续发展；在理论上，要求突破原有的静态、平衡的思维模式，探索地质环境系统的演化规律以及远离平衡条件下的预测理论。总之，要求研究者站在新的起点上，视野更加开阔，知识结构更完善，认识更加深刻。

（一）环境地质学的理论体系

基于上述认识，环境地质学的理论体系大致可分为两个层次，第一层次是基础理论，第二层次是专业理论。

正如有些学者所指出的，“环境地质学的发展关键是必须准确把握地质环境的本质特征，而地质环境本质特征的把握，必须从科学思维方式的变革与突破上来解决”。新概念的创立，先进思维方法的引领，也是地质环境问题研究水平提升的必由之路。正所谓，概念是科学的基石，先进的思维方式是科学发现的先导。因此，环境地质学的基础理论必然具有强烈的科学方法论的色彩，以达到多学科的综合及普适性规律认识的目的。环境地质学的基础理论是运用系统科学的观点和分析方法，研究地质环境系统。包括地质环境系统的概念、系统的组成结构、功能特征，地质环境系统演化规律，关于地质环境问题的发生及其防治的哲学思考以及构建研究思路的基本方法等。这部分内容又被称为理论环境地质学，是系统科学、地质科学、环境科学三者结合的产物，也是研究和解决地质环境问题、建立人一地和谐关系的基本指导思想。

面对现象丰富、成因各异、动力学过程复杂的地质环境问题，仅有基础理论的知识是不够的，要解决具体的问题还必须具备相关的专业知识，特别是地质科学中的岩石学、地层学、构造地质学、第四纪地质学、水文地质学、工程地质学等。这些分散在各传统学科的理论知识和技术方法，构成了环境地质学理论体系的第二个层面。需要指出的是，环境地质学与各传统学科的关系不是前者兼并后者，也不是前者取代后者，而是以地质环境问题为切入点，进行的知识重组。

（二）环境地质学的研究内容

在现阶段，环境地质学主要研究以下四个科学问题：一是地质环境问题出现的原因；二是各种地质环境问题的发生机理；三是地质环境问题的发育规律；四是各种地质环境问题的防治办法。

在环境地质学中，有关地质环境问题出现原因的讨论，主要是依托研究区地质背景和社会经济或人为活动背景，分析问题产生的因果联系或时空对应关系。其基本出发点就是揭示人一地关系不和谐的症结所在。

关于各种地质环境问题发生机理的研究是指各个灾种或问题的物理、化学作用的理论分析，或者说是对事件发生的地质学机理的论述。

地质环境问题发育规律的研究指区域性连带出现的多种问题（现象）或某一种问题的时空分布特征的阐述和预测。

地质环境问题的防治主要是探讨防范或化解地质环境问题的办法，包括工程技术手段的使用和社会管理措施的制定等。

综合考虑环境地质学的特点、理论体系、任务及研究内容，可以对环境地质学定义如下：环境地质学是研究地质环境问题产生的客观背景（自然与社会）、地质学机理、时空分布规律，并从地质环境系统与社会经济系统和谐发展的理念出发，探索地质环境问题防范、治理对策，以服务于资源合理开发利用及人居环境改善的一门综合性学科。

总论——环境地质学的基本理论

第一章　环境与地质环境

无论是环境科学还是其中任一分支，都是围绕“环境”这一中心概念展开的。究竟什么是环境，什么是地质环境，通常意义上的环境与地质环境有何区别，是讨论具体环境问题之前，必须加以明确的。

第一节　环境的概念

“环境”一词，在不同的学科中有不同的解释。归纳起来大致可有广义和狭义概念之分。

一、广义的环境概念

在现代科学中，环境和系统是一对相互依存的概念，两者不可分离。所谓环境是指系统以外的事物，也就是说，环境总是相对于某个中心事物或研究主体即系统而言的。世界上不存在没有系统的环境，也不存在没有环境的系统。

在系统科学中，系统并不专指某一特定实体或特定事物。系统的界定是由研究者来把握的，是研究者根据研究目的、任务，通过对具体对象的组成要素、要素之间的关系以及功能的分析，作出的一种判断。所以，环境是随着系统的圈划或界定而界定的。即使是面对同一事物，研究的目的和审视的角度不同，就会有不同的系统划分结果和与之相对应的环境范畴。这就是所谓系统、环境划分的相对性原则。

系统是有边界的，环境是无外边界的。系统与环境以一定的边界相区分。任何研究主体都有其特定的构成要素，能够作为系统构成要素的这些事物必须是相互联系、相互作用和相互制约的，正是这些紧密的联系和制约关系才形成了系统的结构、整体的行为和功能。不具备这些特征或与系统构成要素联系不甚密切的事物则统统视为环境的部分。

人们之所以作出上述约定，道理在于，任何研究主体都有决定其性状和行为的主要成分和次要的影响因子。例如：作为一个由岩、土、水要素组成的地质系统，其内部的要素在时间和空间上保持着紧密的相互关联，形成统一的应力场、水化学场、热力场和水动力场，共同完成着物质传输、能量传递的统一功能。然而作为一个开放系统，地质系统又会受到大气、生物等因子的作用。如果以各种现象的因果关系为线索一直追索下去，而不是以系统和环境来区分，就会发现，这个因果长链最终变得极其复杂，以致为了研究地质系统的某些行为，就需要了解大气、生物的行为，进而需要探索大气环流、太阳辐射、生命的奥秘，如此推演下去，任何简单的科学问题都会变得庞杂而无从下手。所以，在思维方法和研究方法上，必须分清楚问题的主次，对因果长链进行适当的截断。将注意力放在系统的构成要素上，研究这些要素对系统的结构、稳定性的作用与意义，那些次要因子的作用一律视为外在环境的影响，不再进一步深究它们的因果长链。因此，科学方法论或系统科学中，环境不限于某些特定事物，而是依照研究主体来界定的灵活概念。其实这种环境定义体现了一种思维逻辑，是分析各种现象，研究各种问题时必须掌握的一种科学方法，所以，又称广义的或方法论的环境概念。

二、环境科学中的环境概念

环境科学是现代科学中的一个特定门类。在这门科学中，“环境”一词被赋予了特定含义，专指人类环境，常被简称为环境。

环境科学出现的时间不长，但涵盖的学科众多，研究内容十分广泛，涉及与人有关的各个方面。由于研究者的视角和时空尺度的把握各不相同，对环境的定义也相差甚远。为了便于理解，下面仅就有代表性的环境定义列举如下。

（1）美国科学基金会、国家科学局在《环境科学——70 年代的挑战》（1971）的报告中指出，环境科学是研究围绕着人的空气、陆地、水、能量和生命等所有系统的科学。

（2）我国的《环境保护法》（1989）规定：“本法所称环境，是指影响人类生存和发展的各种天然和经过人工改造的自然要素的总体，包括大气、水、海洋、土地、矿藏、森林、草原、野生生物、自然遗迹、人文遗迹、自然保护区、风景名胜区、城市和乡村等。”

（3）一些环境专业的教科书中常采用这种说法：“环境是以人为主体的外部世界，即人类赖以生存和发展的物质条件的整体，包括自然环境和社会环境。”

（4）1972 年在瑞典斯德哥尔摩人类环境会议上通过的《人类环境宣言》作了如下表述：“人类既是环境的构成物，也是环境的创造者。环境给予了人类以维持生存的东西，并给他提供了发展智力、道德、社会和精神等方面的机会。由于科学技术发展的进一步加快，人类获得了无数方法和在空前的规模上改造其环境的能力。人类环境的两个方面，即自然和人为两个方面，对于人类的幸福和享受基本人权，都是不可少的，一定要倍加爱护。”

上述关于人类环境的文字表述虽不完全相同，但定义的内涵和外延却有共同之处。所谓内涵是指概念中对象的固有属性或特征，在环境科学中环境的内涵是指影响人类生存发展的事物或物质条件。外延是指符合内涵规定属性或特性的一个个具体事物，如上面列举的大气、水、海洋等。

由于人类环境概念的内涵较宽泛，即内涵较少，其外延就大，包括了人以外的各种各样的客观事物。这也是环境科学之所以成为学科众多、内容丰富的主要原因。

第二节　地质环境的概念

一、地质环境的定义

地质环境是人类环境中极为重要的组成部分，主要是指与人的生存发展有着紧密联系的地质背景、地质作用及其发生空间的总和，又称为地质环境系统。

需要强调的是，理解地质环境概念时，常常会因为对地质含义的理解出现一些偏差，而误认为地质背景、地质作用仅仅是针对岩土的性状、结构及其运动而言的，充其量将地下水包括在内，而气、生（物）等要素及其作用则被排除在研究视野之外。事实上，地质学从它问世之初就是有关地球的科学。在中国历史上，“地质”一词最早见于公元200多年的《周易注·坤》中，属哲学范畴。之后，作为一门自然科学的地质学从外国传入中国，其英文译名源自两个希腊词汇 ge（地球）和 logia（论述），意指研究地球的学问。尽管在其发展中对岩石圈特别是对地壳的科学认识越来越详细，但不能因此将地质学误解为只与岩土打交道的学科，或走向另一极端——认为可以全部涵盖大气科学、生物科学等有关地球外部圈层的研究。

与地质环境概念相联系，但又常被混淆的另一个术语是“环境地质”。其实，地质环境与环境地质有完全不同的含义，两者不能互相通用。如前所述，地质环境是一种空间概念，在实际应用时常加前后缀，如××地区地质环境调查，以说明研究对象的地理范围、观察对象的地质学色彩，调查意指对这个特定空间实体和现象的描述、刻画。与之不同的是，环境地质一词常具有思辨的成分，用于学科的定名，如环境地质学，它将地质环境作为研究对象，探讨环境问题发生的地质学本质，或指某些环境问题的地质学机理分析，既包括自然地质作用，也包括人为地质作用的物理、化学本质，如××地区地面沉降的环境地质研究。简言之，地质环境可以理解为研究的对象，环境地质则是对这个对象的分析研究过程。

二、地质环境的实体系统

地质环境一词既用于抽象的概念中，又有其客观存在的对应实体。根据地质环境系统的尺度层次，可以将人类地质环境分为全球地质环境和局域地质环境。

（一）全球地质环境系统

地球由大气圈、水圈、生物圈、地壳、地幔和地核六大圈层构成。其中大气圈、水圈、生物圈又称外三圈，地壳、地幔、地核又称内三圈。近年来，有些其他学科的学者对上述圈层的划分提出了新的见解。例如，有人主张将生物圈一分为二，把人类称为智能（或智慧）圈，以有别于其他生物种群。道理是，人类不仅仅是生物界的一个科——人科，而且其行为的社会性和目的性是别的生物所不具备的，人的社会、经济、道德方面的表现，是决定环境是否健康发展的重要力量。此外，还有人提出，将土壤层从地壳中剥离出来，单独定义为土壤圈，以方便土壤学、生物学和生态学的研究。

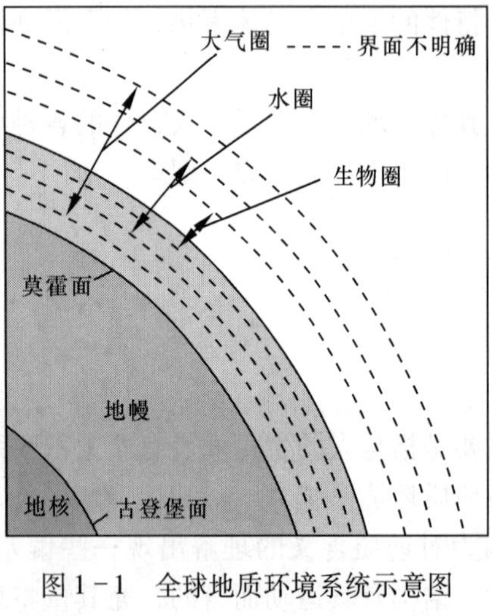

图1-1　全球地质环境系统示意图

对地球的六大圈层目前人们掌握的知识还不十分充分，相对而言，对地球浅表的情况了解得较深入，地球深部的细节仍知之甚少。为了准确地把握地质环境在地球中的位置，有必要从地球的圈层划分的角度进行讨论（图1-1）。

1. 大气圈

指地球各圈层中最靠外的气体层，其上、下界目前还难以准确划定。有人推测上界距地面为16000km；还有人认为，从观测到的物理现象来判断，极光（太阳风冲击大气的发光现象）出现的最大高度约在1200km，那么大气圈的上界起码在此高度；另据人造卫星的观测资料，在2000～3000km的上空，每立方厘米体积中少于一个大气微粒，此高度可定为大气圈的上界。

有关大气圈的下界很少被讨论，但有一点是明确的，即大气圈的形成与地球的演化、内部物质的分异、排气有关，很可能大部分来自地球内部。如果按照这种假说，大气圈的下界必定在固体地球的内部，甚至没有明显的下界面。

2. 水圈

与大气圈相类似，水圈也不是一个上、下界面清晰的圈层。地球上大部分的水以液态和固态的形式散布在海洋和陆地，还有一部分以气态形式飘散在大气中。有人认为，其上界距地表2000～3000km；还有人根据水汽输送通量和水汽通量散度，认为上界可定在大气对流层的顶部，一般平均高度是10km，在中纬度地区约12km。

研究表明，水圈是地球圈层分异过程中形成的，在几十亿年的地质演化中，水不断地从地球内部逸出，即使现在，每年仍有约660km^3的水来自地幔。所以，水圈的底界仍无定论。

3. 生物圈

生物圈是有生命存在并感受生命活动的圈层。其范围可跨大气圈的下部、地壳的浅表和水圈。探测资料表明，在大气平流层中，距地面33km的高度仍可发现孢子和细菌，可见生物圈的上界应超过此高度；在陆地10km深处也曾证实微生物的存在，估计生物圈的下界起码应大于这个深度。

4. 地壳

地壳是固体地球的表层，其上部主要由沉积岩、岩浆岩和变质岩组成，又总称为硅铝层。其厚度分布不均，在山区有时可达40km，平原区一般为10km，浅海区显著变薄，大洋洋底缺失此层，仅见地壳的下部。

地壳的下部主要由相当于基性岩类的变质岩组成，又称硅镁层。在大陆区其厚度可达30km，深海盆内厚度约5～8km。

地壳的下界面，一般采用莫霍面来确定，莫霍面以下为地幔。

以上四个圈层概括了地球物质的四种存在形式或基本要素，即气、水、生（物）、岩（土），它们也是构建人类环境的全部要素。这些要素所占据的空间并非彼此完全分离，而是存在共同重叠的部分。这个“交集”处于地表到地壳上部的某一深度范围内，正是所谓的全球地质环境系统的展布空间。显而易见，在全球的尺度上，地质环境呈环状包裹着地球，是人类生息繁衍、从事各种活动的场所。

有关全球地质环境系统下界的厘定，目前还在讨论之中。一种观点是，下界的确定应从科学技术的长远发展考虑，不拘泥于解决社会现实环境问题的需要；另一种观点认为，其下界的确定应以人类活动引起的物质场变化开始消失的深度为准，如应力场、电磁场、温度场等；还有人认为，下界的理论深度应规定在岩石圈内人类能触及的地方。所以，关于全球地质环境系统下界的具体深度目前尚无明确的说法。

对此，我们认为：

（1）全球地质环境作为一个实体系统应该明确规定其下界。理由是，从逻辑上考虑，既然是系统必然有边界，下边界也是一种边界，回避下边界问题在概念上是不周严的；另外，明确下边界也是科学研究操作上的需要，全球地质环境是开放系统，其边界是确定系统内部与外部物能交换关系的界面，若不明确地规定下界，就无法说清来自地球深部的物质和作用究竟属于地质环境内部成分的周转运动，还是该系统外界的输入。

（2）至于全球地质环境系统的下界位置是否一定要达成统一的见解，回答是否定的。这是因为根据系统圈划的相对性原则，即使是面对同一个客观对象，由于研究目的或学科视角的差异，所形成的概念系统（包括其边界）也不可能完全相同。正如某些学者指出的，从资源开发角度衡量，地质环境系统主要指地壳表层，目前的钻探深度大约为5km，最深可达12km；但从地质体的物理、化学特征以及它们对人类和其他生物的适宜性来衡量，深度则要大得多；而关系着建筑安全的区域地壳稳定性研究，不仅要了解地壳的组成和结构，而且要尽可能考虑地幔的物质组成及其流动特征，涉及的深度会更大。

（3）具体到本教材所讨论的内容（地质环境问题及其地质学机理），全球地质环境系统的下界定在地表以下平均10km处较为妥当。理由是：①由地表至地下10km的范围是目前人类从事各种活动的空间；②该深度是目前地质理论认识较详尽，绝大部分探测手段可以查明的最大范围，超出此深度人们所知甚少，有的仅仅是推测或假说，尚难运用于工程实践；③地表至地下10km的范围是地球四大要素最齐全，相互作用最活跃，对人类影响最突出的空间区域；④该深度大体相当于上、下地壳之间的分界面，即康拉德面。它也被视作硅铝层的边界面，该面与莫霍面之间的地震带称为康拉德层，常诱发浅源地震。据此可以认为，该界面以下是地球内动力最活跃、最集中的区域，是导致全球地质环境系统地震、火山喷发的主要动力源区。换句话说，该深度以下即可认为是地球深部。

（二）局域地质环境系统

除了研究全球问题会涉及全球地质环境系统外，在实际工作中，普遍遇到的是发生在某一地区或某一地点的地质环境问题，如矿区的地面塌陷，某一斜坡体的失稳滑移，区域性的地下水污染、荒漠化等。此时，岩石圈、水圈等全球尺度的论述不再适合局域具体问题的分析，研究对象只能是局域尺度的地质环境。

在地质环境问题的调查、评价、预测及防治工作中，局域地质环境是主要的考查对象，或者说是基本单元。之所以如此，是因为地质环境问题包括地质灾害都有一定的地域性。具体表现在以下几个方面：首先，地球上自然地理条件的多样性和资源分布的不均匀性，在相当大的程度上决定着人口的聚集状况及人为地质作用的形式与强度。其次，不同国家和地区的经济发达程度、发展模式和文化传统会直接或间接地影响人们的行为方式，包括资源开采利用方式和对待地质环境所持有的态度。第三，地质背景包括地质体结构组成、各种地质作用的活跃程度及其过程，因地而异，没有统一固定的模式。因此，根据不同的背景条件和问题的性质来确定局域地质环境系统是十分自然的事情。至于局域的范围则应具体问题具体分析，大者可达数万平方千米，小者也许只是某个工程场地的规模。

第三节　地质环境的基本特性

一、地质环境以系统的方式存在

根据系统论的观点，世界上任何事物都是以系统的方式存在的，地质环境也不例外。

系统是指由相互联系、相互作用的若干要素（部分）构成的具有统一功能的整体。该定义不仅仅说明了什么是系统，更明确了系统所具有的基本特性，如整体性、相关性等。由于没有规定具体的物质形态，所以，系统作为现代科学普适的概念运用于所有学科中。应该指出，系统一词的科学意义不在其字面上，而是告诉人们一种思维方式和处理问题的技巧，即观察现象、分析问题应具有整体观，懂得事物具有相关性、层次性和发展变化的基本特性，以便从中提炼科学问题，寻找解决问题的科学途径。

无论是全球地质环境，还是局域地质环境都具备定义为系统的全部条件。首先，它们都是由岩（土）、水、气、生四大要素组成的。尽管全球地质环境与局域地质环境的空间大小不同，但在各自的内部四种要素都是有机联系、相互作用的，而且正是这些联系才形成了各种物质的运动和能量的转化传输过程，使它们始终充满活力，并表现出各自所特有的活动方式和行为，即所谓功能。地质环境系统的功能是多样的，既有为人类提供资源的各种服务功能，又有给人制造麻烦，甚至灾难的另一种功能。

二、地质环境是开放系统

根据系统与其环境（此处指广义环境）的关系，系统可分为三类：孤立系统、封闭系统和开放系统。

孤立系统 是指系统与其环境之间没有物质、能量交换的系统。严格地讲，这类系统在自然界是不存在的，是人们为了便于研究而忽略环境输入和系统输出的一种策略或处理方式，如热力学讨论的绝热系统。

封闭系统 是指系统与其环境之间只存在能量交换，没有具体物质的输移。这类系统虽不多见，但在地质体中仍可发现它的存在，如岩层中的流体包裹体、古代的封存水和具有良好封闭条件的油气田。

开放系统 是指系统与其环境之间具有物能交换的系统。地质环境系统就其自然本质而言，都是开放系统，无论是前面所讨论的全球地质环境系统，还是局域地质环境系统都是如此。对于全球地质环境系统来说，既接受上界面以外太阳热辐射和其他星体的引力作用，又受地面以上大气、生物作用的影响，如降水和生物残体的输入等。与此同时，它还受下界面以下即来自地球深部的动力作用和岩浆活动的影响。由于局域地质环境系统存在着侧边界，所以，也受到系统之外侧向的热能传导、压力以及地下水运动的干扰。

三、地质环境是有层次的

地质环境既然是系统，必然具有系统层次性的基本特点，即随着空间尺度的改变，系统的结构、特征和功能也发生变化，从而表现出不同的等级关系，如从属或并列关系。例如局域地质环境与全球地质环境就是后者包容前者的关系。某一局域地质环境出现的问题未必会扩展到全球，但全球地质环境又是由许多局域地质环境组合而成的，若相当多的局域地质环境出现同种问题，则有可能成为全球的问题。

有关系统层次性的理论研究，一直被学术界所关注。最近几年出现的“层级理论（hierarchy theory）”对地质环境系统和地质环境问题的研究具有重要的指导意义。层级理论认为，系统不存在绝对的部分（子系统）和绝对的整体，它是依据研究者对研究对象与研究内容的理性认识来划分的。通常可以按不同的时空尺度或功能分解为相对离散的多个部分（子系统）或等级层次。虽然划分过程是由研究者完成的，但划分的结果却涌现出一些普适的特性：①小尺度上表现的非稳定性、时空的异质性（不均匀性）可以转化为大尺度上的相对稳定性和均质性；②低层级行为过程的多样性和随机性在高层级上被平均化，呈现出一定的统计规律以及行为过程的单一性；③层级的转化也使控制条件和主导限制因素有所不同，并可能形成不同的时间结构，等级越高，地质环境系统的行为与大区域的影响要素及其长时间的变化关系更密切；低等级的地质环境系统如局域地质环境系统，则对局域要素及其短期动态变化更敏感。从时空统一的观点出发，可以将那些大区域、长时间的外在作用对地质环境系统整体行为的制约结果称为长程效应，对于那些层级较低的子系统或更小的分支子系统来说，局域的或更小地域上的外来作用所产生的响应可称为中程或短程效应。事实上，地质环境中的任何一点都有长程、中程和短程的影响，将它们分离出来，既有助于梳理宏观与微观、整体与局部的关系，又可以在研究某一特定地质环境系统演化时，选择关键主导的要素和适当的时间尺度。所以，地质环境的研究要特别注意核心尺度的把握，同时也要重视邻近层级的分析，以便将低层级上获得的信息或规律在高层级上予以整合，得出有关系统整体性的认识，而高层级的规律对低层级有控制作用，又为我们探索低层级系统演化的方向提供了重要的线索。

四、地质环境是不断演化的

世界上任何事物都有其发生、发展和消亡的过程。地质学中的造山运动、海陆变迁、生物大爆发和大灭绝事件的记录都雄辩地证明了地球不断演化的客观事实。

人类出现之前，地质背景是纯自然的。在漫长的演化进程中地质体与其外界环境中的大气、水、生物的相互作用从来没有间断过，正是这种相互作用最终孕育了地球上的高级智能生物——人，并造就了适宜人类生存发展所必需的人类环境。地质环境的两个方面包括地质背景和人，都是地球演化的产物。即使人类出现之后，地球的演化仍在继续，并与人类的发展紧密联系在一起，共同书写着地球的今天与未来。

地质背景是人类环境中最基本的组成部分之一，也是研究地质环境演化的主要依据。在讨论全球地质环境系统演化的科学问题时，涉及的地质背景是全球规模的，所论及的演化也有其特定的时间尺度，即能够显示全球地质背景整体结构发生变化的那个时间跨度。地质学研究表明，全球地质背景的结构性变化都是发生在数万年或更长的地质年代尺度上，而那些时间跨度较小的地质作用和地质过程一般只影响局部区域，不足以造成全球地质背景整体结构性的改变，或者说它们仅仅是全球地质背景在某一特定演化阶段的某一片段。因此，在研究具体的地质环境问题时，很少涉及全球规模，且大多将全球宏观的地质背景视为稳定的，而不再去追溯其漫长的演化历史。

地质环境是人类出现以后才有的，与地球演化历史相比较，地质环境的形成史要短得多。对人类有意义的是那些在人类出现时已形成的地质背景以及人类出现后发生的地质作用和地质过程。这些地质作用和地质过程往往具有中小时间尺度的特征，尽管它们的规模与强度不足以使全球地质背景发生结构性变化，但对于局域地质环境系统而言意义重大，有可能促使其整体结构性的改变而导致失稳。

用人类发展历史的时间尺度来观察，局域地质环境系统具有明显的演化特征。其一，在局域上自然地质作用、地质过程十分活跃，始终不间断，只要存在地形势差就会发生岩土物质的侵蚀、搬运与堆积；就会有水流从源向汇的运动以及化学组分的分散、迁移、聚集。这些物质在地球浅表层再分配的同时，又会反过来重塑原先的地形，改变物质的运动条件，从而在物质分配与运动条件之间形成反馈过程。当这一过程发展到一定程度，局域地质环境系统呈现出整体结构性变化时，这个系统就进入了失稳阶段。其二，由于人为活动规模不断扩大，许多地区人为搬运或启动的物质量已远大于自然地质作用，也许原本需要数万年的地质过程方能形成的地质背景，如今只需数年或更短的时间。在自然地质作用和人为地质作用相耦合的情况下，局域地质环境系统的结构性变化必然呈加速的态势。两者的耦合还会冲击原先物能输移的动力学关系，出现新的协同作用和相干效应，并有可能逐级放大到该局域之外的更高层级上或影响环境的其他方面。

五、地质环境具有自然和社会的双重属性

地质环境是地质作用的产物。地质作用又可以划分为自然的和人为的地质作用。

（一）地质环境的自然属性

自然地质作用是地球上的自然力驱动地球物质运动的行为，根据自然力的来源可以进一步划分为内动力地质作用和外动力地质作用。

内动力地质作用的驱动力是地球形成时继承下来的，包括地内热能、地球旋转能、化学能和结晶能等。其中地内热能大部分源自放射性元素的衰变。它们使地球深部的岩石接近熔点或形成岩浆，由于加热不均匀，岩石（浆）密度具有差异，引起部分地壳上升，另一部分下降。在一些地区，高温高压的岩浆上升到地表，形成火山。地壳的运动又会引发地震，并使地壳的结构发生变化，出现褶皱、断裂。

外动力地质作用又称为外营力地质作用或表生地质作用，是地球外部圈层的运动而产生改变地表形态、物质迁移和堆积的各种作用。其驱动力主要来自于太阳的辐射热，太阳、月球对地球的引力以及重力能。这些能量维系着地球浅表的热量和水分的运动，形成永不停息的水文循环，同时也是岩土物质再分配和生命延续的原动力。在外动力地质作用下，岩石会风化剥蚀形成松散的物质，并不断被搬运、沉积到低洼处，在此过程中，地形得到改造，高山夷为平地，土壤的形成和流失又决定着生物的演替、进化，植物群落的繁盛与消亡。

从古至今，自然地质作用从不停息，无论有无人类的活动，它都会持续地进行下去，影响着地质环境的结构和功能，使地质环境具有鲜明的自然属性。

（二）地质环境的社会属性

地质环境是在伴随人类历史延续的同时得到发展的，这种发展是通过自然的和人为的地质作用共同推进的。俄罗斯学者 B. И 维尔纳茨基明确指出：“地球上除传统地质学所论及的内动力地质作用和外动力地质作用外，目前已出现了新的地质营力，即人为地质作用。人类活动所造成的地质变化已与自然并驾齐驱。在某些方面和某些地域，人类的作用已经超过自然地质作用的速度和强度，使之成为影响人类环境的重要力量。”这里所讲的人为地质作用可以定义为：人通过工程活动，对地面以下地球四大要素自然分布格局的干扰，主要是对岩、土、地下水天然时空结构的改造。

人类的出现，特别是人类从自身利益出发，开发与利用各种自然资源，并通过科学技

术进步，扩大干预自然的能力，使人类终于成为地球表层物能交换、传递链条中的一个重要环节，在此过程中人类自身也得到改造。作为消费者，人类走过了从原始的被动顺应、选择地质环境的阶段，逐渐成为主动干预和改造地质环境的角色。为了进一步获取利益，人们上天入地，移山填海，采伐森林，开垦土地，改变了大自然长期形成的稳定性和原有的演化轨迹。随着社会形态的变革，生产方式的不断调整，人的行为的群体性和社会性特征愈来愈鲜明、突出。人为地质作用的目的性、功利性与政治经济乃至法律、法规等意识形态的联系越加紧密，人为地质作用所产生的后果，即地质环境状况及变化必然受“社会之手”的操纵。尤其是在人为活动强度较大的地域，地质环境呈现出明显的社会属性。

第四节　地质环境系统的组成要素及结构

一、地质环境系统的组成要素

地质环境系统位于大气圈、水圈、生物圈与岩石圈相互叠置的地球浅表层，其内部有空气、水、生物、岩石和土壤，它们代表了地质环境组成的基本要素。在系统内部，这些物质不是彼此游离各占据独立的空间，而是你中有我，我中有你，相互穿插的；相互之间存在着物理学、化学和生物学的联系，于是有了水岩（土）作用、水生作用、水气作用等一系列的现象和过程，即所谓的耦合过程。另一方面，这些物质有质的区别，它们的存在又有各自的条件，运动规律也不完全一样，表现出一定的独立性和各成体系的特点，如地下水渗流场、应力场、化学场等。所以，研究这些要素不能只停留在成分分析的层面上，还需要进一步讨论各自的存在方式，即物质的时空关联，这就涉及系统结构的概念。

二、地质环境系统的结构

地质环境系统内部物质能量的分布格局、组织形式以及组成要素（部分）之间相互作用、相互联系的方式与秩序称为地质环境系统的结构。地质环境系统是时间与空间的统一体，具四维的性质。为了便于分析，有时又将地质环境系统的时空结构人为地划分为空间结构和时间结构。

（一）地质环境系统的空间结构

地质环境系统按其组成可以划分为地质背景（或地质体）子系统和人工子系统。有关它们的实体形态、组构方面的空间特征，包括组分在空间的排列和配置，都是地质环境系统空间结构的组成部分。例如，在地质背景子系统中，其基本骨架由岩石组成，岩石组成地层，地层有产状、层序；地层以单斜、褶皱的形态展布；而岩浆岩则以岩基、岩株、岩墙等形态产出；在断裂发育的地段，两盘的错动位移破坏了原地层的连续性，可呈现不同时代地层对接或叠置的关系等。这些在地质学中被称为结构或构造的地质形态，均属于地质环境系统空间结构的范畴。由于这类空间结构是在漫长的地质历史时期形成的，除非突发性的地质作用，一般在中小时间尺度上变化十分缓慢，肉眼很难察觉，似乎是固化的，所以，可以把岩土体的这类内在结构形象地称为硬结构。除硬结构之外，地质背景子系统内部还有水、气等流体以及能量的传递，并以物理场的方式展布，如地下水渗流场、水化学场、应力场、温度场等。这些物理场反映了该子系统内部流体物质、能量的分布格局以及从源到汇的物能交换情况，所以，也是地质背景子系统空间结构的组成部分。与硬结构相比，这些物理场对外界作用反应更敏感，易发生结构性调整，显得较“软”，所以，可将物理场形象地称为软结构。

对空间结构的软硬分类也同样适用于人工子系统的结构分析中，例如，人工建造的用于地质资源开发利用的各种构筑物在空间上的分布格局，包括地面上的和地下的分布格局都可称为人工子系统的硬结构；指挥、控制人工构筑物运转发挥作用的计划、流程、法规等可视为人工子系统的软结构。

（二）地质环境系统的时间结构

时间结构是指系统组成要素（部分）的状态、相互关系在时间流程中的关联方式和变化规律。如：物质运动过程出现的某些振荡周期，生命系统中存在的生物钟，都是物质系统的时间结构。在环境地质学中，地质环境系统各组分状态的变化、变幅以及多种周期成分叠加而成的频谱都是对系统时间结构的描述。时间结构既存在于软结构中，如各种物理场的动态变化，也存在于硬结构中，如地层沉积韵律的变化、岩土体变形的时间过程的表达。

（三）地质环境系统空间结构与时间结构的关系

於崇文院士在《地质系统的复杂性》一书中明确指出：“地质作用是地球物质的运动，它既不能脱离时间，又不能超越空间。地质作用的时间演化具有一定的规律性，即‘时间结构’；地质作用的空间展布也有一定的规律性，即‘空间结构’。地质作用和时一空结构三位一体，相互耦合，不可分割……反映了地质事件的发生与运行机制及其时一空定位。地质作用与时一空结构是一切地质现象的根本原因。”“在认知科学上，一切观测活动最终回归于空间位置，并呈现为系统的结构性质。关于时间的任何一种观测最后都归结为某种空间模式的识别。”

由上述有关时一空结构关系的论述中，可以得出以下几点认识：

（1）地质环境的结构分析在环境地质学中有着举足轻重的地位，它是认识地质环境系统的必要手段，探索地质环境系统演化规律的线索，更是解决和防范地质环境问题的基础。

对于熟悉水文地质和工程地质的读者来说，理解地质环境系统的结构分析并不困难。在水文地质工作中，查明研究区的水文地质条件即查明地下水的分布埋藏特征及补给、径流、排泄规律，是一项基础性的工作，也是寻找地下水，评价地下水资源，实施水资源科学管理，防范治理地下水害所必需的工作环节。这项工作完成的质量好坏，往往决定着整个工作的成败。同样，在工程地质实践中，查明工作区的地层、构造、地形、地貌、岩土体物理力学特性及其分布，地壳稳定性以及岩土与水的关系等所谓的工程地质条件，是工程场地选择，建筑物设计的重要依据。上述列举的查明地质背景的工作，其实就是从某一专业的角度对地质环境系统所进行的结构分析。

（2）结构变化是地质环境系统演化的内在根据，也是系统功能改变的根本原因。在人为活动明显的地区，结构的变化既可能首先表现为硬结构方面，如人工挖掘岩土体；也可最先表现在对软结构的冲击，如强烈抽排地下水引起渗流场的明显改观。无论人为最先改变哪一种结构，其最终都会波及另一种结构。挖掘岩土不仅仅改变着地形，还可能干扰地下水天然的补排关系和径流方向，使施工区的水文地质条件发生变化；强烈抽排地下水，可破坏地下水与介质之间天然的力学平衡，导致地层的压密变形。

应该指出，由于物质特性的差异，不同物质的运动过程和响应特征也会有较大区别。在常用的时间标尺下，一般软结构的变化更易被察觉，所以研究地质环境系统演化时，尤其要注意软结构的变化。

(3) 地质环境系统由地质背景子系统与人工子系统耦合而成，两者有着紧密的时一空关联。出现在地质背景子系统的各种地质现象及过程，在许多情况下是难以严格区分哪些是人为地质作用所为，哪些是纯自然地质作用所致。换句话说，这些现象和过程是两种地质作用的综合结果。所以，在研究地质环境系统演化时，重要的是收集地质背景结构性改变的证据，分析软结构和硬结构的变化特点和规律，再根据分析的结果，反推这些变化产生的自然原因和人为原因，从而对系统未来的时一空结构作出推断。

第二章　地质环境系统演化的一般原理

第一节　关于系统演化的若干基本概念

一、演化与变化

演化与变化都是事物的状态随时间发生的改变，即状态是时间的函数。但是，在讨论系统演化时两者的含义并不完全相同。演化是针对系统整体而言的，是系统整体结构、功能随时间的推移有别于先前的结构、功能的改变过程，是系统内部质的改变。由于对系统结构、功能的描述都是通过那些可以观察和识别的量值、态势、特征，即状态的表达来实现的，所以，系统演化又可以定义为：系统原有的宏观稳定状态被破坏，经过失稳阶段，建立新的宏观稳定态的时间过程。而“变化”通常没有上述条件的限制，可以指系统内部也可以指外部环境，既可以针对系统整体也可以针对某一局部甚至某一个点，可以指量的改变又可以指质的改变。

二、宏观与微观

在科学方法论中，宏观、微观乃至中观都是相对的尺度概念，用于空间大小，时间长短的标定。在不同学科中，人们常根据研究对象的体量、特征持续显现的时间，规定不同的时空标尺和判定习惯。如在空间的表述上，常把面积很大的区域称为宏观的，把毫米、微米或分子级的量度称为微观的；在时间尺度上，把几百万年或几千万年看作宏观的时间概念，分、秒、毫秒则是微观的尺度。事实上，时空尺度不是绝对的，而是相对的。在科学研究中，时空尺度的规定恰恰与系统的层次划分有着紧密联系，而不是游离在外的独立概念。所谓宏观是针对系统的全体或者说是指系统的最高层级而言的，微观则是针对最低层级而言的。宏观空间是指能够反映和概括系统整体特征、状态、行为所对应的实体体积或面积；而能够完整地描述系统整体特征、状态、行为规律所需要的信号时间序列长度作为宏观的时间标准。以此类推，对系统中最低层级子系统特征、状态、行为的描述需要在微观的时空尺度上进行。介于系统最高、最低层级之间的时空概念可称为中观的。据此可以理解，系统演化定义中所讲的宏观状态指的是系统的整体状态，演化是针对整个系统的变化而言。

三、稳定与平衡

稳定与平衡是对系统某种特定状态的描述，又称为稳定态和平衡态。两者的相同之处在于，它们都是不随时间变化的状态，系统内部的组分比是不变化的。然而两者的本质却有明显的区别。其一，处于稳定态的系统，内部组分比的恒定，是系统与外界环境物能交换的过程中形成和保持的，只依赖于反应常数，或者说是输入与输出的响应函数为定值时的宏观状态的表述，此时的宏观状态与流入量的大小无关，所以，处于宏观稳定态的系统具有自调节能力。与之不同的是，处于平衡态的系统其组分的恒定是系统内部物质运动、调节的结果，与系统外界的作用无关；其二，稳定态具耗散结构，不服从热力学第二定律——最大熵原理，而平衡态则是以最大熵和最小自由能表征的，往往是孤立系统的终态；其三，存在于孤立系统的平衡态不需要外界物能的输入，也无法做功，据此人们又常形象地把平衡态称为静态平衡，而稳定态只存在于开放系统中，不同时刻的状态与平衡点总有一定的距离，可以通过能量的传递做功。所以，又把稳定态系统称为动态平衡系统。

四、输入、响应、输出

一个开放的系统总与外界环境有着物质和能量的交换关系，构成这种关系的具体过程可以是物理学的，也可以是化学的，甚至是一个生命过程。由于不同的运动过程所遵循的动力学原理不同，在一个受多种过程支配的系统中，要将它们一一梳理清楚，是件十分困难的事情。特别是在非线性系统中，任何一点的状态都是多种因素或多种运动过程在该点协同的结果。为此，系统科学提出了一种普适性的处理方法。这种方法就是暂时撇开具体的物质运动形式，着眼于系统与外界环境的关系，用输入、响应和输出阐述两者的因果联系或构建数学模型。

（一）输入

来自系统的外部环境，使系统内部状态发生变化的作用称为输入。

来自系统外部的作用若有多种形式，可以用多种输入来表达，如果只有一种，则可称为单输入。一个输入往往是一个信号的时间序列，输入的大小可用该作用的物理量或某一状态标度数字即信号来表达。

（二）响应

在输入的作用下，系统内部的状态表现称系统的响应。

实体系统是由多种要素（物质）组成的，任何一种输入都有可能引发系统综合动力学的结果，形成新的多种状态组合，即多种响应。每种响应可以用相应的物理量或状态标度数字即响应信号来表示其大小。响应过程由响应信号的时间序列来表达。

（三）输出

由于输入的激励，系统会对外界环境产生反作用，这种来自系统的作用称为系统的输出。

与输入类似，输出也有多输出和单输出之分，且由相应的信号时间序列记录输出的过程。

信号是信息的载体，输入、响应、输出三种信号的时间序列隐含有关外界环境作用和系统内部物能运动及其结构方面的许多信息。

信息的提取主要是通过对信号本身的含义以及时间序列中两个特征的分析实现的。信号是符号，又称“码”，如声码、电码等，可以通俗地理解为人们描述客观对象的量值、特征、态势时使用一系列数字符号，表面上它没有什么特殊含义。对于使用者来说，它是有内容的，也许表征的是某一地点地下水头的大小，也许表征水质的某种组分浓度，还可能是某一深度的围岩压力或温度的指示。除此之外，信息的提取还需要配合信号时间序列两个特征的分析，一是时间序列中数字排列顺序；二是不同时间段数字统计特征，即均值和方差的变化。例如，在超过一年的日测室外气温时间序列中，气温的变化是有起有伏的，但可以发现在某一时段内气温具有不断上升的趋势，而另一时段具有下降的趋势，于是可以判断，前者可能是春季，后者大概是秋季。之所以作出这样的判断，其道理是数字的气温含义，以日气温在时间上的排列特点与我们对季节划分的已有认识是一致的。观察中还可以发现，某一时间段气温变化的趋势性不明显，但其均值较大而方差较小；另一时间段均值较小，方差也较小，据此可以推断前者大约是夏季，后者大约是冬季。这种通过对数字时间序列统计特征的分析得出的判断与我们的感受也是相吻合的。

上面的例子或许过于简单，但从中却可以了解到信息提取的基本方法。按照这种办法，可以揭示输入信号时间序列隐含的许多重要信息，如外界环境对系统施加作用的种类、强度大小，作用方式的连续性、作用的频率（周期）及其频谱等；至于响应信号时间序列，可提供系统内部的许多情况，包括系统对外界作用的反应能力、适应能力以及自我调节能力等；而输出信号时间序列则反映了系统对外界环境的反作用，包括物能输出的形式、大小和功能行为。

五、涨落

在开放系统中，系统时刻受到来自外界环境的各种作用，外界的作用往往明显地表现出不恒定性，所以，系统的响应（内部状态）也总是呈现出波动。这种波动现象统称为涨落。其严格的定义是：信号时间序列中一些瞬间值偏离其长时间平均值，从而使整个时间序列呈现振荡（波动）的现象。

涨落既存在于输入信号时间序列，也存在于输出信号时间序列和响应信号时间序列中。

涨落是研究系统演化的一个基本概念。涨落大小由涨落值表征，通常用信号时间序列的方差或均方差衡量。均方差由下式计算得出：

$$\sigma = \sqrt{\frac{\sum (x_i - \bar{x})^2}{(n-1)}}$$

式中：σ 为均方差；x_i 为信号（状态变量）在 i 时刻的取值；$\bar{x}$ 为 x 信号在该时间序列中的平均值；$(n-1)$ 为时间序列的自由度，其中 n 为样本空间大小，即时间序列的长度。

涨落值的大小反映了该序列所在的时间长度内状态的整体波动程度。一般来说，系统响应时间序列的涨落值越大，表明系统内部振荡越剧烈，系统的稳定性越差。若涨落不断增强，形成巨涨落，系统将失去稳定，原有结构、功能和有序性将遭到破坏，系统进入失稳阶段。

应该指出，系统演化问题涉及什么是系统的稳定性、稳定性的类型、系统在失稳点附近的行为，以及失稳的系统如何向新状态过渡等问题。这些问题的理论研究目前仍处于探索阶段，且面临着组分关联方式的稳定性分析一般不易用本构方程加以描述的难题。因此，围绕状态和状态涨落的特征开展研究，在目前情况下仍是一种广泛采用的办法，尽管不够精细。

根据信号时间序列的统计特征，涨落可分正常涨落和异常涨落两种类型。

（一）正常涨落

在一个信号时间序列中，若不同时间段的信号均值（$\bar{x}$）趋于某定值，且均方差也趋于某定值，或者说，不同时段的均值和均方差各在某定值的较小邻域内，且没有趋势性的变化，那么，这个信号时间序列的波动称为正常涨落。如图2－1所示，时段Ⅰ、Ⅱ、Ⅲ各自的均值基本在图中横实线所示位置；各时段曲线波动的区间（图中虚线所示）也相差不大，表明三个时段的瞬间值在整体上对各自时段均值的偏离程度基本一致。说明图2－1所示的信号时间序列为正常涨落。

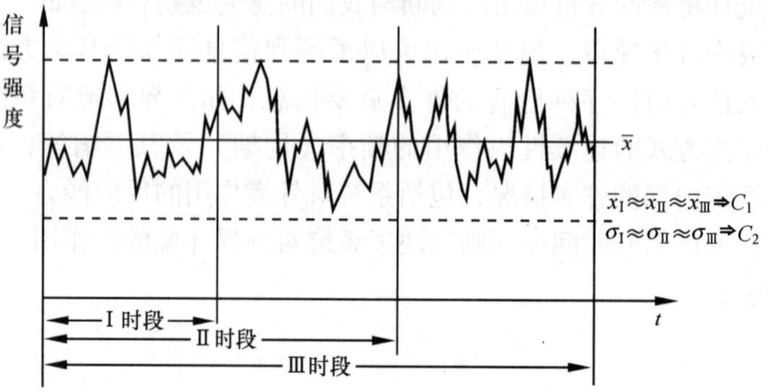

图2－1　正常涨落示意图

系统的演化是系统内部宏观状态的改变，所以有关系统演化的研究往往侧重于响应信号时间序列的涨落特点上。如果某一地质环境系统宏观响应的时间序列具有上述特征时，可以判定该地质环境系统是宏观稳定的。

（二）异常涨落

当一个信号时间序列不同时段的均值不趋于某定值，均方差也不趋于某定值时，那么，这个信号时间序列的波动称为异常涨落。图2－2所示的是异常涨落最典型的情况。由图中可以看出，时段Ⅰ的均值明显大于时段Ⅱ和时段Ⅲ的，三个时段的均值各不相同；三个时段信号的波动区间也各异，且有从Ⅰ时段到Ⅲ时段不断放大的趋势，与之相对应，

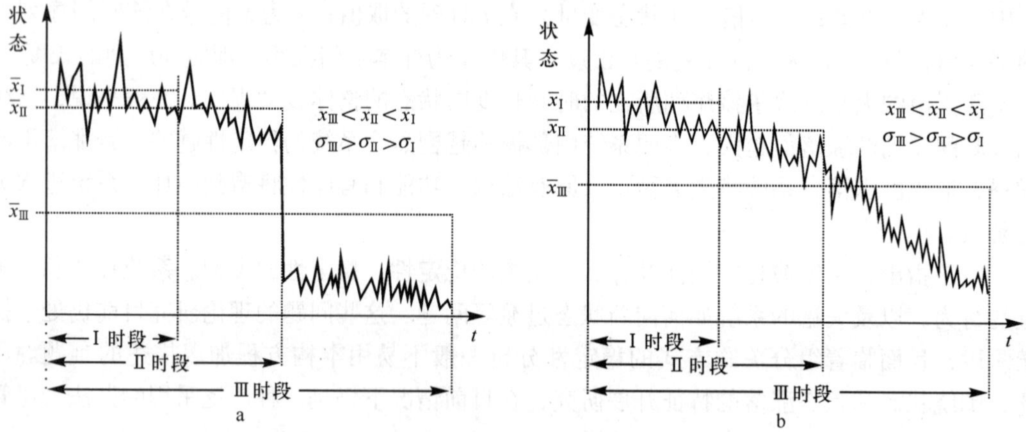

图2－2　异常涨落的两种形式

均方差也由小不断增大，而不是围绕某一定值而变化。在系统科学中，把这种均方差（或方差）不断增大的涨落称为“巨涨落”，认为“巨涨落”是导致系统失稳的主要原因。

异常涨落所具有的统计特征也是判断地质环境系统失稳的主要判据。这一判据不仅适用于以渐变形式演化的地质环境系统，也适用于以突变形式失稳的地质环境系统。据此，有关地质环境系统演化的概念也可作如下的表述，即地质环境系统是由宏观的正常涨落变为异常涨落，进而重新构建新的正常涨落的过程。

第二节　地质环境系统演化的外部条件

地质环境系统是由人和地质体共同组合的人工一自然复合（耦合）系统。由于来自该系统外界环境和人工子系统的作用都施加在地质体上，所以地质背景及其变化集中体现了上述两方面作用的响应。于是，在研究地质环境系统演化问题时，又常把地质背景视为地质环境系统，而将人为活动和地表以上的大气、生物等作用处理为是地质环境系统的输入；地质体内部的岩（土）、水、气和地下生物的状态则视为输入产生的响应。这种处理办法既不会影响地质学方面的科学结论，又便于理顺人为活动与地质背景演化的关系。

一、输入与响应的关系

地质环境系统内部的各种状态是某一特定结构下各时刻外界作用的综合结果。为了弄清外部环境对系统的影响，就需要了解两者在信号变换上的关系。

（一）输入与响应的信号变换

例如，在地质环境系统内部某个井孔中，地下水位表征了该点地下水的势能（能量状态）。若用 H_0 表示该点地下水的初始状态，在经历了一个单位时间 t_1 后，该点的状态变化为 H_1，这种变化可能是因蒸发、植物的蒸腾、人工开采造成的水位下降所引起，也许是降水入渗补给、地表水入渗、人工回灌而引起的水位上升。在信号分析中，这种变化可用下式表达：

$$H_1 = H_0 + T_1x_1$$

式中：x_1 为 t_1 时段的输入，数值可正可负；T_1 表示该时段信号变换算子；T_1x_1 为 t_1 时段输入 x_1 产生的响应或对 H_1 的贡献。当经历了 n 个时间单位后，该点的状态变为 H_n。这个过程可由下面一系列的表达式来反映：

$$H_2 = H_1 + T_2x_2 = H_0 + T_2x_2 + T_1x_1$$

$$H_3 = H_2 + T_3x_3 = H_0 + T_3x_3 + T_2x_2 + T_1x_1$$

$$\vdots$$

$$H_n = H_{n-1} + T_nx_n = H_0 + T_nx_n + T_{n-1}x_{n-1} + \cdots + T_1x_1$$

上述关系式表达了几层意思，一是 n 时刻该点的状态（即响应）是该点初始状态与 n 个时段外界输入信号变换的结果之和；二是 x_i 的大小不同，变换算子 T_i 的取值很可能也不同；三是随 n 的增大，输入作用的贡献会越来越大，当 n 达到一定程度，H_0 对 H_n 的影响会变得越来越弱，以致可以忽略不计，此时，n 时刻的状态可以认为是 n 时刻以前输入的总贡献。由此可以看出，在一个长的时间过程中，输入对响应的决定性作用。

（二）变换中的滞后、延迟、叠加效应

输入信号变成响应信号不是瞬间完成的，而且其中存在较复杂的变化，即滞后、延迟、叠加效应。为了帮助理解，这里仍用降水输入与地下水位响应的例子来分析。

图2－3a是大气降水强度的直方图，横坐标表示时间（t），以日（d）为单位；纵坐标为降水强度（P），以毫米（mm）为单位；图中的竖线表示降水强度及降水时间。图2－3b为单次降水输入的时间响应（对地下水位的贡献）。图2－3c为全部降水结束后，地下水位在该时段的动态变化（各时刻的总响应）。

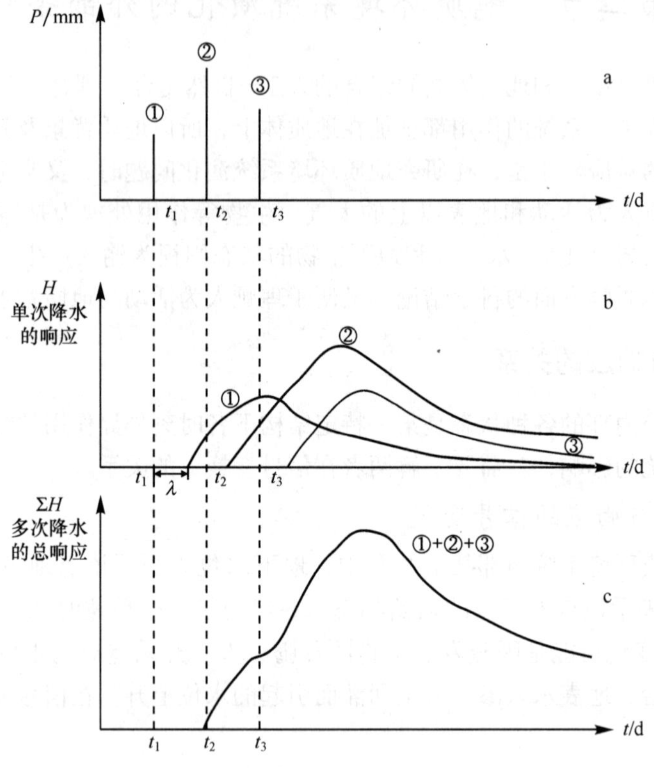

图2－3　滞后、延迟与叠加效应

1. 滞后

假定地下水位的初始状态为零。当 t_1 时刻降水发生时，由于入渗水要通过包气带方可达到地下水面，这一过程需要花费一定的时间。换句话说，t_1 时刻的降水作用不会瞬间传递到地下水面。地下水面作出反应的时间必定晚于降水的时间，两者存在一定的时间差。把某一信号输入时刻与其响应的初始时刻存在时间差的现象称为滞后现象。时间差的长度（λ）称为滞后时间（图2－3b）。由于滞后时间的长短与包气带的岩性、厚度等自身结构有关，所以，又将这种滞后效果视为系统的一种能力，称为滞后效应。

2. 延迟

降水一般是间断的，一次降水可以当作一个集中且持续时间很短的脉冲信号。然而，对于系统来说，接纳、适应某一个脉冲作用，也必须通过内部结构尤其是软结构的调整，如压力、水量的再分配，以维持自身的稳定。与滞后时间相比较，这一过程需要更长的时间，而且是连续的，于是，响应曲线呈现出先急剧上升，达到某一高值后，又缓慢衰减的形状（图2－3b）。对于这种由单脉冲输入信号激励而引起的连续、长时间的响应过程，称为延迟效应。延迟效应是系统维系自身稳定，化解外来干扰的一种固有能力。

3. 叠加

由于各脉冲信号是间断输入的，其时间间隔较延迟效应持续的时间要短得多，当某一输入信号所形成的响应过程尚未结束时，另一个输入信号又开始激励系统，于是，不同时刻输入所形成的多个延迟过程会在时间和空间上叠加（图2－3c），从而呈现出实际观察所见到的地下水位波动的现象。

上面的讨论是围绕降水输入和地下水水位响应具体现象开展的。若从理论上加以归纳，上述输入与响应的变换过程，同样适用于地质环境系统与其外界环境的物能传递过程：

（1）地质环境系统之外的环境既向系统输入物质，也同样输入了系统内部物质运动所需要的能量，从而激活系统。

（2）地质环境系统外界环境任一瞬间的作用，都会对地质环境系统内部造成长久影响，持续时间的长短、响应的形式及其大小，取决于系统内部结构和物质运动的动力学性质（如流体力学、化学动力学、岩体力学等）。

（3）输入作用的施加地点、输入窗口的多少，以及输入强度、方式的不同，系统的响应过程也千差万别，且存在着路程效应，即来自不同距离的响应信号一旦相遇，因相位偏差，可以削峰填谷，叠加后的响应曲线变得平缓；也可以相互助强，响应曲线畸变，陡升陡降，甚至引发巨涨落。

总之，对于具有开放性的地质环境系统而言，外界环境的作用在相当大的程度上决定着系统行为和活动方式，并对系统的稳定性及其演化有着至关重要的意义。

二、系统演化的外部条件

外部条件可以从外界作用的质、量，施加的地点、时间几个方面考察，也可以从作用的方式上进行条分缕析，但无论从哪个角度来讨论，都存在一个共同的问题，就是外部条件是个综合的概念，将外部条件人为划分为多个方面，孤立地讨论某一方面的决定性作用是不妥当的。至于下面的论述采用逐条分析的办法，仅仅是为了内容的条理化，这一点请读者注意。

导致地质环境系统演化的外部条件有以下四种情形。

（一）影响因素种类、个数的改变

这里讲的影响因素是指来自系统的外界环境且对系统起作用的那些自然的或人为的要素或作用。它们的改变表明输入可能由多输入变为单输入，也可能相反，由单输入变为多输入。在这种情况下，系统的响应必然会发生较大变化，有可能破坏原有的结构和功能。

外界影响因素、个数的改变使地质环境系统从宏观稳定态走向失稳的例子很多。以地下水渗流场为例，在天然条件下，地下水渗流场中的各点的状态包括水位、水质以及它们的动态过程都具有正常涨落的特点，但由于人工抽水，地下水渗流场中增添了人工“汇”，渗流场各点的状态会发生改变。若抽水量过大，区域地下水位会持续大幅度地下降，出现异常涨落，最严重时，可造成系统内部的水量枯竭。除此之外，还存在另外一种情况，就是由于外界影响因素的减少，而造成地质环境系统的失稳。在许多地区，河水的沿途渗漏是地下水的重要补给方式，如果上游山区修建了水库，截断了这种补给途径，有可能导致地下水渗流场改变，严重时可使地下水渗流场结构发生明显变化，而进入失稳状态。

（二）影响因素作用强度的改变

地质环境系统是水、土、岩、生共同组构的系统，在各个方面都有一定的抗干扰能力。当外界的作用强度偶尔有微小变化时，地质体系统可通过涨落予以化解，仍保持宏观的稳定。我们经常提到的岩土的承载力、对污染物的自净能力、生态容量等都是地质环境系统抵抗外界干扰能力的具体体现。如果外界作用的强度明显改变，无论是增大还是减小，都有可能破坏系统原先的稳定性。例如，地下水开采量持续增大超过了渗流场自身的水量调节能力，就会引起渗流场的失稳；人为排放污染物的强度过大，就会引起水化学场的失调；人为大规模破坏植物，超出了植被自然更替能力，就会造成群落的退化。又如城市道路铺设沥青、水泥，可以减少降水的入渗强度和补给量，当人工铺设沥青、水泥面积较大，且降水垂直入渗又是地下水补给的主要方式时，这种作用强度的减小，也会导致渗流场的失稳。

（三）作用强度速率的改变

作用强度是指单位时间作用的大小。在一个输入时间序列中，不同时段或不同时刻作用的大小往往是不同的，在时间序列中可以看出变化的梯度，或称变化速率。变化速率越大，表明作用强度变化越快。

在一定条件下，输入作用强度速率的改变，可能导致地质环境系统失稳。例如在某些岩溶隐伏区，岩溶含水层顶板为透水性较差的松散沉积盖层，如黏土、亚黏土等，下伏的岩溶地下水为承压状态。若采用缓慢递增抽水量的方式开采岩溶水，岩溶水的水头会缓慢下降，与此同时，空气也会缓慢充分地穿过松散盖层进入疏干的部位，被疏干的岩溶洞穴、裂隙空腔可及时充气，保持与地表相同的大气压力，如果洞穴顶部的地层足以承受其自重，地表不会出现塌陷。若采用另一种采水方式，即快速变流量抽水，在极短的时间里达到预定涌水量的采水方式，岩溶水水头会急剧下降，有可能使疏干洞穴空腔的充气过程赶不上水位下降速度，充气不充分，空腔则呈负压状态，在这种情况下，岩溶含水层的顶板可能因“真空吸蚀效应”而垮落，导致地面塌陷。从这个例子可以看出，地质环境系统对外界环境的作用需要一个“适应”过程。当外界环境的作用缓慢变化时，系统也会通过涨落逐渐适应，反之，系统会因为不适应外界作用的急速变化而导致内部剧烈振荡而失去稳定性。

（四）影响因素排列次序的变化

影响地质环境系统的外在因素或作用可能来自多个方面，它们对系统内部物质运动量或质的影响是不同的，对于不同的现象就有主导的和次要的影响因素排序。当这种排序发生变化，就有可能引起系统结构的改变。例如在水土流失研究中，植被的覆盖率往往是决定性因素，植被一方面起着消减雨滴冲击的作用，其根系又可固持土壤提高土面的抗蚀能力，枯枝败叶层的存在还可以减缓地表坡流的形成等。如果人为破坏植被，就意味着该因素主导地位的下降，取代它的可能是另外的因素，如地面坡度或坡体岩土的抗蚀能力，如果出现这种情况，水土流失会加剧，甚至会使面状侵蚀变为沟蚀，最严重时可发生泥石流、滑坡等地质灾害。

在现实的地质环境系统演化中，上述几种外界作用条件的变化通常相互交织而影响着系统内部的物质运动过程。

第三节　地质环境系统演化的内在机理

地质环境系统具有开放性，其内部的宏观状态及其稳定性既与外界环境的作用有关，又在很大程度上取决于内部的自组织过程。

一、地质环境系统的自组织

地质环境系统是由岩（土）、水、气、生等物质组成，这些内部组成物相互作用相互联系的同时，还与外界环境的物能输入发生关系。譬如大气降水的入渗，将具有较高势能的雨水输入到系统中，系统在获得水量补给的同时，也获得了能量，使内部水量增加，水位抬升，渗流场也随之发生变化。此外，雨水还携带盐分、热能、溶解氧等，它们会与地下水进行化学反应、热能的传导，并影响着地下水中微生物的生境。这表明，任何一种输入表面上可能被视为物理作用，其实是物理的、化学的乃至生物方面的全方位冲击。而且其中任一状态的变化结果，又会反过来影响其他状态，构成互为因果、连锁式的动力学过程，这种现象称为协同作用。

外界环境的输入是地质环境系统不断进行物质运动的主要原因，它不仅源源不断地弥补系统物质输出造成的亏损，也为物质的运移提供着所需的能量。如果输入过程以正常涨落的方式进行，系统可以维持正常的物质运动过程，即使输入过程中出现某些瞬间的强度增大或减小，只要不超过一定的阈值，系统都会通过内部物质的再分配和能量的调整，即涨落予以化解，以保持一种和谐、有序的宏观状态。这种在地质环境系统内部自发形成的，能够使物质运动的各种动力学过程通过协同作用，形成统一指向的行为称为自组织。显然，协同作用是系统具有自组织能力的原因，而地质环境系统的自组织又是其能够消弥外界干扰，保持稳定时空结构的根本原因。

二、地质环境系统如何从稳定走向失稳

若外界环境的输入时间序列具备正常涨落的特点，地质环境系统的响应时间序列也表现为正常涨落，相应的时间序列可视为平稳的随机过程，并遵守大数定律。所谓大数定律是指，当一个随机变量取值相当多时（相应信号的时间序列很长），其平均值为几乎不变的常量，事件发生频率具有稳定性，此时，随机变量的均值 $\bar{x}$ 与均方差 σ 的比值（又称相对涨落）反比于$\sqrt{N}$（样本数的平方根）。这就是说，当系统处于宏观稳定态时，相应信号时间序列越长（样本数越多）即$\sqrt{N}$越大，$\sigma/\bar{x}$ 越小，均方差越小于均值，甚至均方差小到与均值不在同一数量级上，此时系统的宏观状态是由均值决定的，各瞬间状态与均值的偏差总体上可以忽略不计。因此，在时空尺度稍大的地质环境系统中，人们经常忽略一些短时微小的扰动，而用区域平均值来描述其宏观特征。

如果外界环境对系统的输入变化很大，系统就会出现大的涨落，甚至巨涨落，原有结构或是向新结构转变，或是恶化和瓦解。在这种情况下，大数定律破缺，即随机变量的均

方差不断增大，很有可能达到与均值同等的量级，甚至超过均值，$\sigma/\bar{x}$ 不再与$\sqrt{N}$成反比。此时，系统的均值是变量，系统的宏观状态表现出剧烈的起伏和振荡，系统失稳。

需要指出，系统由稳定态趋向失稳的过程中，协同作用并未丧失。系统的异常涨落无论是因为输入物能的过多过大，还是过少过小，系统内部各种动力学过程，仍是互为因果，连锁式的，只不过原有的约束丧失，自由度增大，彼此推波助澜，难以形成统（同）一的格局。此时系统的自组织起着突破原有稳定或者说自组织由维持系统稳定的角色，转化为破坏原有有序结构的角色，进而引领系统向新的方向发展，系统失稳是系统原有时空结构破坏的阶段，也是新时空结构和系统新的宏观稳定态孕育出现必经的过程。

第四节　地质环境系统演化的几个阶段

地质环境系统的演化通常可以分为三个阶段，即稳定阶段、失稳阶段、新的稳定形成阶段。

一、稳定阶段

地质环境系统处于稳定阶段时，其宏观的状态具有正常涨落的特点，此时，系统的结构、功能都是稳定、有序的。

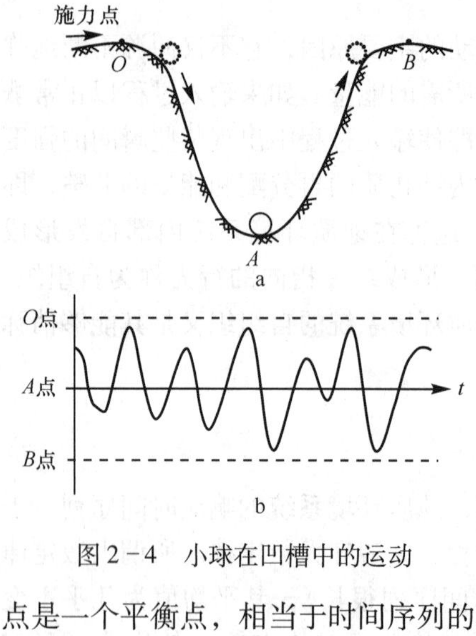

图 2-4　小球在凹槽中的运动

为了形象地认识地质环境系统稳定阶段的运动方式，可以用图 2-4 凹槽中运动的小球来说明。图中所示的是一个凹槽的剖面图，小球代表地质环境系统；滚动的小球在凹槽中的位置表示各时刻地质环境系统的具体状态；小球滚动的时间轨迹为地质环境系统响应状态的时间序列；凹槽的深浅表示小球保持宏观稳定态的阈值范围。显而易见，如果对小球施加一个推动力且力的大小适度，小球是不会滚出凹槽的，而是在槽内左右来回滚动，随着时间的推移，小球左右运动的幅度会越来越小，最终停止在 A 点。小球的这个运动过程可以形象地说明两个问题，一是小球（系统）通过状态变化和振荡过程（左右运动）可以化解外界施加的作用；二是 A 点是一个平衡点，相当于时间序列的均值，处于运动状态的小球每一往复过程都会经过 A 点，但不会停止在 A 点，这就相当于远离平衡态系统的内部涨落形式。由于地质环境是开放系统，存在外界环境的输入，于是，可以间断性的给小球施加推动力（如当小球运动到凹槽左边缘时，随机地施加不同的力度），以模仿地质环境系统受外界输入的情形。在此条件下，小球左右滚动的过程就会一直持续下去。如果把小球所处位置与时间相对应就得到图 2-4b 所示的动态曲线。这条曲线具有以下特点：①随着时间的延续，不同时段的状态均值都在横轴（也是 A 点所在位置）附近，各时段均方差数值也十分接近；②尽管在不同时段波动的幅度因受随机力大小的影响而有变化，但运动周期大体相近。这两点恰恰反映了地质环境系统在稳定阶段的基本特征。

实践与理论研究表明，在人为活动较轻微的地区，地质环境系统的宏观变化一般不易察觉，所见的往往是系统内部局部地段或地点的某些涨落现象，如丰枯季节交替出现的地下水位升降；某些季节性较易发生的风蚀、水蚀作用及岩土物质侵蚀、搬运和堆积过程；地下水化学组分及浓度的变化等。描述这些现象的动态曲线除显示季节性波动外，一般没有多年的升降趋势，各年份的统计特征值即均值和均方差都有趋于各自定值的特点。说明在这种外部条件下，地质环境系统处于正常涨落，其时间序列可以视为平稳的随机过程，此时，无论是采用确定性数学模型，还是基于数理统计的输入一响应的数学模型进行探查（数据插补）、辨识、预测都可以获得较高的可信度，而模型中的特征函数（单位脉冲响应系数）是不随时间变化的常数，换句话说，在稳定阶段地质环境系统输入一响应的关系是不变的。

二、失稳阶段

地质环境系统的失稳是其演化过程中的必经阶段，在此阶段系统原有的稳定性遭到破坏，宏观状态具有异常涨落的特点，属于非平稳的随机过程。处于这个阶段的系统不再遵守大数定律，又称为无序的状态。

地质环境系统的失稳也可以用小球在凹槽中的运动形象描述。如图2－5所示，若施加给小球的随机力不断增大或某一次施力过大，小球会突破凹槽的限制，从槽内运动到 B 点。如果小球到达 B 点时，能量已消耗殆尽，小球将停止在 B 点。B 点是一个不稳定点，任何一种随机干扰都有可能再次决定小球的运动方向。假定前方遇到一股阵风，小球会向左运动，回落到凹槽中，即回到原先的稳定态。这种情况在实际工作中，经常会遇到，例如，处于退化中的草场，采用人工封育的措施，即撤除牛羊啃食、人车碾压破坏的外力后，恰逢丰水年或一场大雪，草场可以自动缓慢修复，最终重现昔日繁茂的景象。然而，对于某些草场，人工封育并不见效，这就如同小球达到临界点 B 时，动能未完全耗竭，小球会向 C 点方向继续运动，此时，小球在惯性作用下继续运动。据此可以理解，当草场的退化超过某一阈值时，退化的趋势是难以遏制的，即使采用人工封育的办法，仍然难以恢复原有的生态状况。

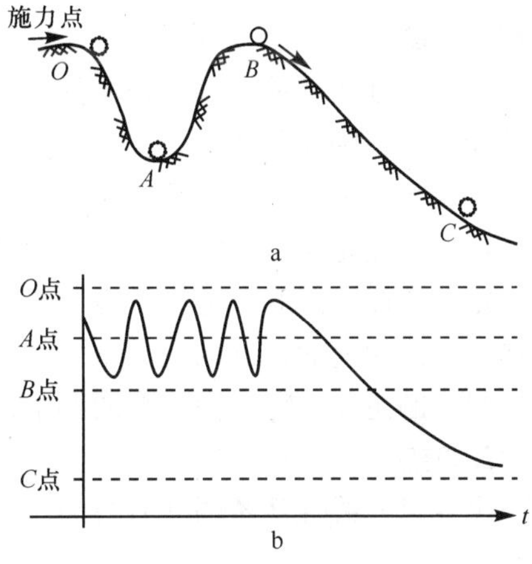

图2－5　小球运动的失稳（渐变）过程

地质环境系统失稳时，原先的驱动力和影响因素的排序可能会发生变动，先前的主导因素退居次要地位，取而代之的是新的作用因素，如放大的随机干扰或原先处于次要地位的因素。至于系统未来的走向则如系统科学所指出的，“当系统状态处于临界点时，随机干扰会成为系统状态如何变化的决定因素”。换句话说，在对系统未来变化的信息掌握不充分的情况下，地质环境系统失稳的具体道路和失稳的形式往往是事前难以预测的。

（一）关于地质环境系统失稳后的未来走向

一般来说，地质环境系统失稳后的大致走向可以通过一些专业理论和其他先验知识予以判断，但具体的细节和过程往往是很难事先确定的。这一点可用小球离开 B 点（临界点）的运动来说明。图2－5是一个剖面图（二维），对于具有三维特征的凹槽来说，若小球离开 B 点选择是向坡向滚落，具体的运动路径也许是由 B 点到 C' 或 C'' 等（C'、C'' 等均为剖面图外的坡下点）。至于小球最终选择哪一路径取决于哪条路径最顺直、最光滑、耗能最小，以及促使小球离开 B 点的那种作用的施力方向。正因为如此，在研究地质环境系统失稳的问题上，具体时间、地点和规模的精确预测都面临很大的困难。目前唯一可行的办法就是提高野外长期监测的精细度，包括监测点的密度和时间间隔，以便从中获取地质背景条件动态变化特征和规律的信息。这些信息是自然和人为对地质体施加作用的综合响应在时空上的表现。这些信息掌握越及时，就越能提高对后一时刻系统状态的判断精度，信息滞后越明显，预测效果就越差。

（二）关于地质环境系统失稳的形式

地质环境系统由稳定进入到失稳阶段有两种形式，即渐变和突变。

1. 渐变

渐变是系统的涨落不断增大，呈现出异常涨落特征的时间过程。其状态的时间序列是连续的，没有间断点，整个时间序列往往具有明显的上升或下降的趋势。图2－5所示的小球从 B 点向 C 点运动的形式，就是小球状态渐变的形象写照。

渐变是地质环境系统失稳常见的一种形式，在此过程中，系统的结构、功能也呈现缓慢的变化，伴随这些变化，常出现各种对我们不利的地质环境问题，如地下水污染、地面沉降、水土流失、荒漠化等。

由于渐变是状态连续的变化过程，信息是连续的，前一时刻的状态与后一时刻的状态有一定的关联，因此，地质环境系统渐变过程的理论研究或具有渐变特征的地质环境问题预测仍可沿用前面提到的有关系统处于稳定状态的那些数学方法。为了提高可信度，应采用资料不断更新，分时段拟合的办法，而且，预测外推的时间长度不能过长。

2. 突变

突变是非线性系统的共有行为。它也是地质环境系统涨落不断增大，呈现出异常涨落特征的时间过程。与渐变不同的是，突变前后的整个时间序列在某一处中断，或者说出现断点。突变强调的是变化的瞬间性、骤然性，指的是在可以忽略的时间间隔内完成的系统性质（结构、功能）的突然改变。其过程如同图2－6中，小球从 B 点坠落到 C 点的情况。

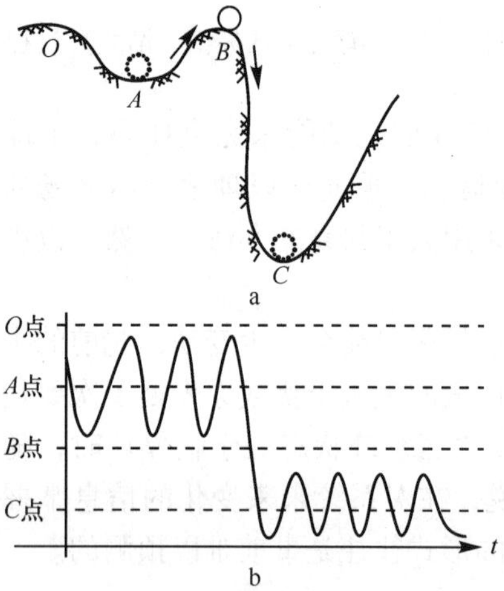

图2－6　小球运动的失稳（突变）过程

地质环境系统的突变往往引发突发性的地质环境问题即地质灾害，例如火山喷发、地震、滑坡、崩塌、泥石流、地面塌陷、岩爆等。从环境地质学的角度来讲，突发性地质环境问题产生的根本原因是发生处的那个地质环境系统结构急剧改变，尤其是岩土体原有结构的骤变、岩层断裂破坏、岩土物质的快速运动。这一动力学过程显示了系统内部各点之间（或各元素之间）一切动力学的耦合与相互作用，已完全不同于先前的状态，或者说，发生了质的变化。

突变发生时，岩土体内各点的状态和物理力学参数是变量，且为快时变的，物理边界的位置和性质也处于频繁快速的调整之中，因此，试图直接刻画诸点之间的动力学相互作用，把握突变瞬间系统内部变化的所有细节与遍历的状态之间的关系，几乎是不可实现的。此外，作为复杂性系统的一种独特行为，突变的发生受多因素相互作用的影响，因素之间的相干效应以及原有影响因素以外的某一随机干扰的异军突起，都有可能产生微妙的变化，经过放大，决定着系统突变最终状态的走向，从而使系统演化问题具有多解性和难以预测性。目前可行的做法是，刻画系统的整体状态、行为、特征的动力学变化，不再刻意追究其内部细节的动力学过程。即便如此，有关突变的研究，特别是突变现象的预测，仍是一个非常复杂而艰难的课题。

相关的文献资料表明，内动力地质作用引发的地质灾害如火山喷发、地震活动，目前人们还难以捕捉区域尺度的发生规律，对其动力学过程了解得还不深入，总体上仍处于唯象学的发展阶段，即以收集观察的经验事实为主，通过总结、归纳和推理，提出假说。获得的新进展一般也仅仅属于对前人观察结果的补充和更新的性质。至于发生在地球浅表由外动力地质作用引发的地质灾害，虽然人们了解得较深入，资料和经验的积累程度相对较高，但在预测预报方面仍显得力不从心，预测的成功率也较低。总之，无论是内动力地质作用还是外动力地质作用引发的地质灾害，目前预测预报的方法还只能是根据历史记录采用经验或半经验的公式，对灾害发生的时间、地点、规模作出概率估计。

为了提高地质灾害预测预报的质量，长期以来，许多学者作出了不懈的努力，从数学模型的构建，定性分析手段的改进，力学理论的剖析等各个方面做了大量探索，然而，其效果并不明显。相关的进展正如有些学者在论及滑坡时间预测研究现状时所指出的："目前所谓的'成功预报'，大多只是根据临滑现象所作出的经验判断，目前采用定量预报模型对滑坡所作出的预测预报几乎无一例外的都是一些事后检验，到目前为止，还没有一个滑坡是真正依靠定量预测成功的实例。"他们还认为，"滑坡的预测预报仅仅从纯数学的角度建立滑坡预报的定量模型是很难从根本上解决问题的。"

需要强调的是，地质灾害点的预测预报不是一个简单的技术层面或操作层面的手段和方法问题，突破目前所遇到的难题应该也必须跳出长期以来人们已熟悉的科学思维定式和理论体系。於崇文院士在《地质系统的复杂性》中从现代系统理论的角度做了全面的论述。在地质事件历史演化的分形动力学一节中，於崇文院士提到，地质系统的演化观曾受到达尔文（Darwin）和莱伊尔（Lyell）的"均变说"或"渐变论"的深刻影响。这两位科学巨匠将演化看做一种缓慢的、渐变过程，任何事物应该都可以用我们周围所观察到的，在任何时间均以相同速率进行的过程来解释，例如，地质学的景观被认为是由平缓的过程所形成的，并且各种尺度的时间都可以由现在以其当时可观察到的速率和强度正在进行的过程平滑外推而加以解释，换句话说，小尺度的行为可以延拓，并且平滑地积累而产生各种尺度的事件。对此，於崇文院士指出："从物理学的眼光来看，均变说是以人类生活在线性世界为前提的，……然而实际上我们生活在主要是非线性的世界中，对于其中的许多高度非线性的系统，人们不能用简单的线性思考的方式去处理，甚至去预测其中出现的行为"。"对于发生在地质历史中的宏观灾变现象，必须用一种新的理论代替均变说和渐变说来加以解释。"这种新的理论就是非线性系统复杂性理论。它应成为目前地球科学由唯象学阶段上升到具有普适性和包容性的基础理论和方法论。

近年来，非线性系统复杂性理论中的一个重要成果是“崩塌动力学”［波拜克（Per Bak）］的出现。该理论从系统自组织临界性的角度对突变的机理进行了研究，认为自然界和人类活动中的许多动力学过程具有三大特点：①过程的不可逆性及其多重时间标度；②动力学行为的自相似性和分形性（即标度不变性）；③以不同规模的阵发、崩塌的方式进行的间歇性。这些特点产生的内在原因是：①系统的演化遵循极值动力学，它是自组织临界的普适原理；②系统通过自组织而趋于临界态——自组织临界过程；③演化过程自组织临界性的实质是分形动力学的吸引子，它具有串级“崩塌—间断平衡”的分形谱系结构；④相互作用为主导，慢驱动和阈动力学是实现自组织临界性的基本条件。上述观点，对于一般读者来讲，很可能十分陌生，但它在科学方法论上的意义却是重要的，很可能为达尔文的渐变式演化和突变演化之间搭起一座桥梁。同时，对从事突发性地质灾害预测预报的科技工作者来说，这一理论无疑会破解长期以来人们苦苦探索但始终难以取得实质性进展的困惑，为提升预测预报水平奠定了新的理论基础。

尽管实现突发性地质灾害的精准预测预报仍需要长期艰苦的探索，但并不意味着现阶段人们在防灾减灾上就无所作为。突变论的奠基人托姆曾指出：“任何一种过程究竟是以渐变的方式还是以突变的方式进行，关键在于条件的变化，包括系统内部的成分、结构和外部作用。”这段论述可以得到如下启示：突变的发生是有内外条件的，突变之前往往出现人们可以察觉（观测）到的“前兆”。在许多情况下，前兆持续的时间可长达数天甚至数月，这一时段正是系统自组织趋于临界态的过程，如果能够及时采取人为措施，改变系统的输入（方式、强度、分布）或岩土体内部的结构，就有可能改变系统的失稳形式，使孕育的突变转化为渐变，从而消除或延缓地质灾害的爆发，达到减轻灾害损失的目的。

三、稳定态重建阶段

地质环境系统由异常涨落转变为正常涨落，或者说从无序变为有序的过程称为稳定态重建阶段。地质环境系统的演化是不可逆过程，经过失稳阶段的系统不可能恢复到初始的宏观状态。尽管稳定态的重建是正常涨落形式的回归，但其均值和均方差已明显有别于初始的正常涨落，重建后的系统，其结构、功能大不同于原来的系统，是一个质变了的新系统。

地质环境系统宏观稳定态的重建过程可以用图2-7形象地解释。小球离开 B 点向 C 点前进，小球（系统）进入失稳阶段。如果在经过 D 点时，小球的动能已消耗大部分，

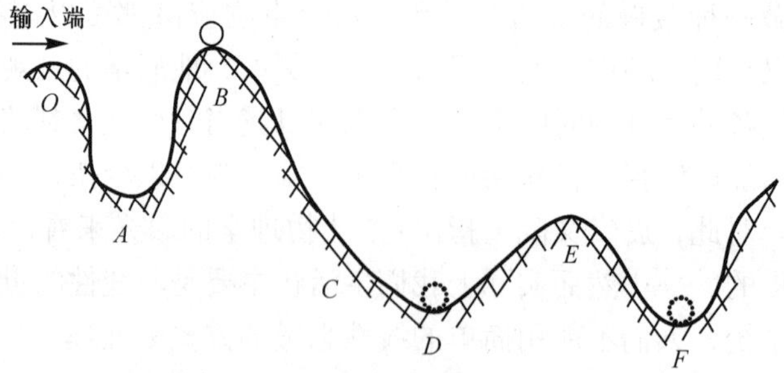

图2-7　小球失稳后正常涨落的建立

它可能会被限制在 D 点所在的新的凹槽中，以 D 点为中心左右运动，形成新的正常涨落。除此之外，还有另外一种可能性，就是小球经过 D 点时，动能仍有盈余，小球可以冲过 D 点和 E 点，进入 F 点所在的凹槽，围绕 F 点左右摆动，此时 F 点所在的凹槽就成为小球重建正常涨落的地点。由这个例子可以看出，地质环境系统宏观稳定态的重建可以有多种选择，如同小球有选择 D 凹槽或 F 凹槽的两种可能性，至于最终选择哪个凹槽重建正常涨落，则取决于路径的阻力，各处的外界作用大小和方向以及小球的动能大小。由此可以看出两点：①地质环境系统宏观稳定态的重建受外界环境条件和系统内部自组织过程的制约，而表现出明显的不确定性；②由于“凹槽深浅不一”对小球的约束力大小不同，即外界环境条件和系统自组织过程的差异，地质环境系统存在着暂时稳定和长时期稳定的问题。因此，审时度势，根据情况的变化，不断调整和控制人为活动的力度和方式，就成为地质环境修复和保护（其实质是重建）的基本出发点。

第三章　地质环境问题与地质灾害

第一节　地质环境问题及其地质属性的分类

地质环境是人类生存、繁衍，以及从事各种活动的场所和资源的提供者。人类在利用、改造地质环境的过程中，会遇到许多不良的，甚至是危害人身安全的各种地质现象和地质过程。人们把这些现象、过程与不利的后果联系在一起，形成了目前有关地质环境问题或地质灾害的概念。

一、地质环境问题的定义

在科技文献中，地质环境问题一词被广泛使用，但很少见到有关的定义。甚至使用者也常将其与地质灾害的概念相混淆，有的干脆认为地质环境问题就是地质灾害。这种现象十分普遍，在地质灾害防治工作条例制定过程中也曾出现过。应该指出，地质环境问题与地质灾害是两个既有联系，又不完全相同的概念，无论就字面上的理解，还是从实际应用的角度来看，两者的内涵和外延都有明显的区别。

地质环境问题的科学表述是：由地质作用引发的，不利于人的生存、发展的现象和过程，通称地质环境问题。首先，定义中所讲的地质作用既指自然地质作用、人为地质作用，也包括自然与人工耦合的地质作用，既涉及内动力地质作用，也涉及外动力地质作用和两者综合的作用；其次，定义中指出了地质现象与地质作用的因果关系，即地质现象及其持续的时间过程都是由地质作用引起的；第三，定义中明确了地质环境问题是指那些对人不利的具地质学性质的事物，受害的对象可以指全球的人类、局域的人群或者个体的人，所谓“不利”包括了危害的不同程度，例如，不适宜或轻微的财产损失和威胁人身安全的严重后果。由此可见，该定义的内涵较小，规定的不细致，不具体，其外延必定较宽，涉及的具体的事物种类繁多。

二、从地质属性的角度对地质环境问题的分类

地质环境问题涉及众多的地质现象和地质过程，它们一方面存在形态学、动力学上的差异，另一方面某些现象和过程又往往具有地质学上的同源性和成因上的因果关系。因此，从地质属性的角度对地质环境问题进行分类是目前大多采用的办法，常见的分类方案大致有以下几种：

（一）按地质作用的类型分类

按地质作用的类型和地质现象出现的时间先后，可以将地质环境问题划分为原生地质环境问题和次生地质环境问题。

1. 原生地质环境问题

原生地质环境问题是指由自然地质作用直接引起的，不利于人的地质现象和地质过程，如火山喷发、地震、滑坡、荒漠化、水土流失等。除此之外，在地质历史发展中形成的一些地质产物或不良的背景条件，如影响工程基础稳定性的淤泥质软土触变、冻土冻融、黄土湿陷、膨胀土胀缩以及导致地方病发生的水土化学组分异常等都属于原生地质环境问题。

2. 次生地质环境问题

次生地质环境问题包括两类：一是人类活动导致或诱发的；二是由其他地质或非地质作用派生的不利于人的地质现象和过程。前者有地下水污染、次生盐渍化、坑道突水、岩爆及人为工程活动为诱因的滑坡、崩塌、地震等；后者指的是灾害链，如地震、洪水暴发引起的崩塌、滑坡等。

（二）按地质作用的驱动力来源分类

从地质作用、过程的驱动力来源上考虑，地质环境问题可以分为由内动力地质作用引起的地质环境问题和外动力地质作用引起的地质环境问题。前者主要包括火山喷发、地震；后者包括了除前者以外的其他所有有害的地质现象和过程。需要指出的是，在许多情况下，外动力地质作用的发生有其内动力作用的背景，如地震诱发山体的崩塌、滑坡等，所以，地壳稳定性差的地区，外动力地质作用也会十分活跃，地质环境问题发生的频率较高。

（三）按地质过程的动力学形式分类

从地质过程的动力学形式来考察，地质环境问题可以分为突发的和渐进发生的两类。前者与地质环境系统以突变的形式失稳有关，如地震、崩塌、滑坡、泥石流、地面塌陷、坑道突水、瓦斯突出与爆炸、岩爆等；后者是地质环境系统渐变的外在表现形式，如水土流失、荒漠化、盐渍化、地面沉降、海水入侵等。

除上述分类外，也有人从地质环境系统组分相互作用的角度出发，将地质环境问题归纳为水盐失调、岩土体变形、生态退化三个方面。

第二节 地质灾害的概念

一、地质灾害的概念

地质灾害属于灾害的范畴。为了讨论地质灾害的概念，有必要先明确何谓灾害。在日常生活中，人们普遍地能够领悟或感受到灾害的存在和灾害的威胁，然而，对于灾害的定义却有不同的说法。

（一）灾害的内涵

在自然灾害学中，有一种观点认为，灾害是指“地球表面因自然变异、人为因素或二者共同作用所引发的对人类生命财产和生存发展条件造成的危害”；另外的一种观点认为，“灾害是由种种不可控制或未予控制的破坏性因素引发的、突然的或在短时间内发生的、超越本地区或本团体防救能力所能解决的大量人员伤亡与物质财产损毁的事件”。此外，还有学者认为，“灾害是由反常（意外）事件导致人类社会遭受的损害”。1984 年联合国减灾组织（UNDRO）对灾害作了如下定义：“一次在时间和空间上较为集中的事故，事故发生期间当地的人类群体及其财产遭到严重的威胁并造成巨大损失，以致家庭结构和社会结构也受到不可忽视的影响。”

上述定义在文字表述上虽不完全相同，但在内涵上却有共同之处，归纳起来有以下几点：

（1）灾害就其本意是指后果，而不是现象本身。鉴于人们对某些事物产生的后果有先验的认识，所以，常把具体现象与其对人的损害、威胁联系在一起，不再严格区分它们之间的语义差异，直接把有关的现象视为灾害，如洪水灾害、地震灾害。

（2）从人的利益或者价值取向角度审视，许多客观事物对人的生存、发展是不利的，但不利的程度有差异，而能够称之为灾害的，是指其后果对人是不可接受或不可忍受（危害性最高的等级）的，即造成人员伤亡的那些事物。

（3）灾害具有突发性和能量集中的特点，正是因为突然发生才使人猝不及防，而能量集中则使人难以抵御，酿成严重后果。

（二）地质灾害的内涵

地质灾害是灾害的一种特殊类型，其内涵应包括两个方面，一是要符合灾害定义的要件；二是具地质学属性。缺少其中任一个方面都不能称为地质灾害。

目前有关地质灾害的定义有许多不同的提法，其中我国《地质灾害防治条例》（2003）和《地球科学大辞典》（2006）最有代表性。《地质灾害防治条例》中是这样规定的：“本条例所称地质灾害，包括自然因素或者人为活动引发的危害人民生命和财产安全的山体崩塌、滑坡、泥石流、地面塌陷、地裂缝、地面沉降等与地质作用有关的灾害。”《地球科学大辞典》中地质灾害的解释是：“以地质动力活动或地质环境异常变化为主要成因的自然灾害。在地球内动力、外动力或人为地质动力作用下，地球发生异常能量释放、物质运动、岩土体变形位移以及环境异常变化等，危害人类生命财产、生活与经济活动或破坏人类赖以生存与发展的资源、环境的现象或过程。地质灾害种类繁多、对其范围还没有形成统一的认识。”应该指出，上述两个定义存在一些不完善之处：①一个准确的定义其逻辑规则应是内涵明确，外延方能清楚，而上述定义存在用灾害定义灾害的同义反复之嫌；②对定义灾害的要件，即灾害的本质特征表述不够清楚，缺乏“度”的控制；③定义中更多的是陈述地质灾害的成因或外延（具体灾种），而未能全面地概括地质灾害的基本属性和特征。或许正是这些原因，造成了目前人们对地质灾害与地质环境问题理解上的混乱。

综合以上的分析，我们认为地质灾害是指：可对人的生命财产构成严重危害后果的突发性的地质现象及地质过程。

弄清地质灾害与地质环境问题的关系，有着重要的理论意义和社会管理方面的需要。

二、区分地质灾害和地质环境问题的必要性

1. 在理论上的意义

从地质环境问题和地质灾害两者的内涵来看，地质灾害的内涵较多，规定得较为严格；地质环境问题的内涵较小，规定得宽泛，地质环境问题包含了地质灾害和非地质灾害即渐进性的地质环境问题。

渐进性的地质环境问题是指地质环境系统以渐进方式失稳而伴生的地质现象和地质过程，其后果往往是累进性的，较轻微的财产或经济损失。对其发生规律、动力学过程及成因的探讨，可运用现有的专业理论、分析方法结合实地调查资料来完成。这些内容与地质

环境系统调查、评价工作是紧密联系在一起的。至于渐进性地质环境问题的预测，可沿用“由历史推测未来”的思路，采用平衡体系或平稳随机过程的理论近似地外推计算。

地质灾害是地质环境系统突变所导致的，所以，又称突发性的地质环境问题。传统的建立在平衡体系和平稳随机过程基础上的概念和分析方法，对于地质灾害的研究有很大的局限性，往往难以揭示其客观本质，这也是目前有关地质灾害预测难以取得突破性进展的关键所在。因此，加强非线性系统突变理论的学习，探索有关地质灾害动力学机理及实用的预测方法则是未来重要的研究课题。

由此可见，将地质灾害与渐进性地质环境问题相区分，关系到今后的理论研究方向。

2. 对于社会管理的意义

突发事件响应体系的建设和完善是保证社会安全稳定的重要措施。在国力有限的情况下，社会保障只能按轻重缓急，量力而为之，对那些社会影响大、损失严重特别是涉及人群安全的突发事件予以高度重视，这也是构建应急事件各种预案的基本指导思想。从环境安全的角度来考虑，将具有突发性的地质环境问题（地质灾害）与渐进性的地质环境问题区分开来，把前者作为突发事件的主要防范处理对象既便于实际操作，也为确定地质环境突发事件响应体系的重点提供了理论依据。

第三节　地质环境问题的环境地质学分类

如前所述，地质环境问题的分类方案可以有多种，目前大多数是采用地质属性的划分方法。这种分类方法的优点是突出了地质环境问题的地质学特征和属性，如地质作用的类型、动力来源、活动过程的动力学特点等，有助于研究其形成机理及各种现象之间的内在联系。不足之处在于，分类的角度不同，体系各异，难以整合，而且没有从共性的角度将灾害与一般性问题相区分。为此，有必要从环境地质学的角度提出另一种分类方案，予以补充。为了与地质学分类方案相区别，这种分类方案可称为地质环境问题的环境地质学分类方案。

一、地质环境问题的环境地质学分类方案

- 地质环境问题
  - 突发性的地质环境问题（地质灾害）
    - 一般地质灾害
      - 火山、地震（含海啸）、崩塌
      - 滑坡、泥石流、地面塌陷
    - 专属的地质灾害
      - 矿山地质灾害
        - 矿坑突水、突泥
        - 瓦斯突出与爆炸
        - 岩爆
      - 岩土工程地质灾害
        - 水库塌岸
        - 堤坝管涌
  - 渐进性的地质环境问题
    - 一般性地质环境问题
      - 地下水污染、荒漠化（沙漠化、石漠化）
      - 盐渍化、水土流失、冷浸田、地面沉降
      - 海水入侵、沼泽化、河湖萎缩、地方病
      - 海岸侵蚀、海水倒灌
    - 专属的地质环境问题
      - 矿山地质环境问题
        - 煤层自燃
        - 矿井热害
      - 岩土工程地质环境问题
        - 黄土湿陷、冻土冻融、膨胀土涨缩、软土触变、港口淤塞、水库淤积、砂土液化

二、分类方案的说明

这个方案大体划分了四个层级。

第一层级 主要是阐明地质灾害即突发性地质环境问题不同于渐进性地质环境问题，两者都属于地质环境问题这一观点，这种隶属关系与各自定义的内涵是一致的。

第二层级 强调了各种现象的动力学特征的差异，明确地把突变和渐变相区分，这样处理既体现了两者因发生机理不同应归于不同的理论范畴和预测方法体系的观点，同时也从危害性的大小上予以粗略区分。

第三层级 适当注意到各种地质环境问题出现的地域类别，其中专属的地质灾害和专属的地质环境问题主要发生在矿山和工程场地（包括水利工程和岩土工程）这些特定区域，而一般地质灾害和一般地质环境问题不受上面两种专属地域的限制。

第四层级 则是各种具体问题的形象表述，目的是让从事不同行业的人知晓在他所从事的工作中，有可能面对哪些地质环境问题。

总之，地质环境问题种类繁多，动力学过程不同，成因机理也各异，从不同角度出发就会有不同的分类方案。需要强调的是，分类不是目的，而是梳理地质环境问题之间相互关系，为深入揭示其成因、机理提供线索，以便选择恰当的防治方法。因此，在学习过程中应尽可能全面了解各种分类方案，从不同分类的脉络中综合提炼各种地质环境问题的特征和彼此联系，以提高对科学问题的把握能力；另一方面要避免将不同层次、不同分类标准随意拼凑成一体的做法，那种为分类而分类的做法，对实际工作没有任何指导意义。

需要说明的是，以往的分类方案中都把“地裂缝”作为独立的灾种，纳入地质灾害，而上面的方案则删除了这一条，其原因是，与其他地质环境问题不同，“地裂缝”本身没有独立专一的形成机理。如同“发烧”仅仅是许多疾病共有的症状，而不是一种单独的疾病一样，地裂缝可由地震、地面沉降、地面塌陷、膨胀土胀缩、滑坡等引起，是一种伴生的岩土体变形形式，其发育过程可以是突发的，也可以缓慢展开，尽管其危害性不容忽视，也需要治理，但在实际工作中，地裂缝的防治必须首先确定是由哪一种地质作用、过程引发的，方可提出标本兼治的治理方案。因此，关于地裂缝的治理包括在相应的各种地质环境问题治理中，没必要再单独提出。

第四节 地质灾害与渐进性地质环境问题的联系

地质环境系统是由不同组分按一定的结构组合而成，各组分的关系受物理、化学乃至生命行为的多种动力学原理的共同支配。不同系统，各种状态的组合也不一样。当地质环境系统处于稳定的阶段时，系统内部各点的状态组合可相互联系与相互制约，形成有序的统一整体，然而，一旦失稳，整体的制约关系被打破，内部各子系统会各行其是，局部性特征得以突显，于是，有的子系统或许仍保持一定的稳定性，另一些子系统则进入失稳状态。与此同时，在各失稳的子系统中情况也不完全一样，有的以渐变的方式在发展，有的会具有明显的突变行为。从整体的角度来看，系统的分化瓦解过程存在着渐变与突变共存，渐变与突变相互影响，互为因果的各种复杂的局面。而这些复杂的动力学过程最终会由地质过程和地质现象反映出来，体现着地质灾害与渐进性地质环境问题两者之间的联系。

地质灾害与渐进性地质环境问题的联系主要表现在以下三个方面。

一、在同一地区地质灾害和渐进性地质环境问题可以同时发生

除地震之外，一般来说，地质灾害包括崩塌、滑坡、泥石流及专属的地质灾害，它们大多呈个体的形态发育，往往不具面状的特点，所以，常用“灾害点”来表述。如果研究的视野超出“点”的规模，而是一个面积较大的地质环境系统，当它失稳时，就有可能因结构的异质性和局部输入的差异，导致某些地段发生地质灾害，其他地段可能只发育渐进性地质环境问题。例如，在大型水库最初蓄水时期，由于库区水文地质条件不断变化，库岸常常会出现崩塌、滑坡等地质灾害。水面消涨带的上移还可能使淹没区的污染物、泥沙进入水体，引起水质污染，水库淤积以及原生植被退化等各种地质环境问题。

二、地质灾害与渐进性地质环境问题可相互影响

地质灾害的发生可以加剧渐进性地质环境问题。这种关联关系在2008年汶川地震中表现得十分突出。地震发生时，除次生的崩塌、滑坡等地质灾害频繁出现以外，严重的山体植被破坏使水土流失这种渐进性地质环境问题成为灾区普遍面临的问题。又如地面塌陷的发生可以沟通地表水与地下水之间的联系，地表污染物或污染的河水可快捷地进入地下，导致地下水污染。

地质灾害与渐进性地质环境问题的相互影响还表现在后者对前者的作用，即渐进性地质环境问题的持续发展可为地质灾害的发育创造条件。这一点在水土流失问题上最为典型。众所周知，水土流失发育初期一般以面状的侵蚀为主，面状侵蚀持续发展会导致沟蚀，使平整的地面逐渐凹凸不平以致形成类似于黄土塬区沟壑纵横的地貌形态，沟壁的形成最终可能酿成崩塌、滑坡等地质灾害。

三、地质灾害发生前都有一个短暂的渐进性变化过程

地质灾害发生前总会有一些以渐进性变化为特征的异常现象，即所谓“前兆”。例如地震、滑坡、地面塌陷发生前会出现地面变形、沉降，地下水位、水质的异常。这些前兆与渐进性地质环境问题的表现形式有许多相似之处，只不过前兆呈现的地段有限，大多集中在灾点附近，且变化的速率较快而已。

通过上述关于地质灾害与渐进性地质环境问题两者关系的讨论，可以得到以下几点启示。

（1）地质环境问题产生的原因是错综复杂的，在因果关系上存在着“多因单果”、“单因多果”的现象。前者是说某一种地质环境问题（现象）可以有多种成因；后者是说某一种地质作用或人为活动可以引发多种不同的地质环境问题。除此之外，一种地质环境问题的出现又有可能为另一种问题的发生创造条件，即存在着“因果长链”。地质灾害与渐进性地质环境问题之间的相互影响，充分体现了各种地质环境问题之间复杂的因果关

系。因此，环境地质工作要格外重视地质背景及其地段性差异的调查，调查的内容既要做到全面充分的揭示岩土、水等时空结构的特征，又要结合成因机理，对已出现和可能出现的地质环境问题发生的地点作出全面的综合判断。那种脱离地质背景和成因分析的灾害现状调查或者仅仅围绕某一特定地质环境问题而开展的调查评价应尽量避免。

（2）地质环境系统是自然—人工复合系统，许多地质环境问题的出现都与人为活动有着紧密联系，由于未来人为活动的方式、强度在许多情况下，是难以准确把握的，尤其在中小尺度上超前作出判断几乎是不可实现的，所以，人为活动信息的不充分往往是地质环境适宜性评价面临的难题。对此，环境地质工作指导思想应有所改变。

首先，要弄清环境地质工作的社会职能，其职责是为政府决策提供有关环境地质正、反两方面的论证依据，环境地质工作者既不能越俎代庖视自己为决策者，又不能始终站在后台扮演可有可无的角色。例如在城市化进程中，环境地质工作与城市建设、规划是一个相互紧密配合的过程。一方面环境地质工作者要向规划、建设部门提供有关地质环境的基础背景资料；另一方面又要针对规划、建设方案可能遇到的地质环境问题风险作出论断。也就是说要改变环境地质部门只提供基础资料，规划部门独家制订规划的做法。规划是个多学科综合，多方利益权衡，城市多功能合理配置的运筹过程，只强调城市经济功能和美学价值，忽视人与地质环境的正、负关系是导致城市地质环境问题频发的主要原因，反之，不考虑未来人为活动的方式，只分析地质背景强调地质环境脆弱的一面，单方面提出适宜或不适宜的结论也是不妥的。

其次，要注意地质环境系统是不断演化的，人为活动可以破坏环境，也可以改善环境。因此，在城市化的进程中，环境地质工作与城市环境问题的成因分析和防治措施的制定也必然要适时到位。要做到这一点，必须对还在发育中的地质作用和过程（包括人为的）的时空关联关系要及时捕捉、分析，尤其要注意对人为活动方式、施加地点、作用强度等资料的收集。那种以地质背景现状调查为主，不考虑地质环境问题与人为活动对应关系的调查成果，不仅不能全面了解地质环境问题产生的根源，而且对现状和未来可能施加的人为活动的合理性也难以作出科学的论断。总之，根据情况的变化，及时提出风险评估和应对的建议是环境地质工作者长期的任务，换句话说，环境地质调查评价不是一次性、一劳永逸的工作。

（3）地质环境系统演化规律的科学探索任重而道远。有些理论用于解决现实的环境地质问题还有许多工作要做，特别是有关地质灾害（突发性的地质环境问题）发生时间、地点、规模的准确预测、预报目前还难以实现。在这方面目前切合实际的办法就是重视突发前各种“前兆”的捕捉和综合分析。相关的工作有两点：一是尽可能多地收集已有灾害点的“前兆”资料，包括岩土变形、水位、水质和地表景观变化的数据和形态描述，结合地质的和人为活动条件，对它们的运动频率、变化速率、趋势及各状态指标的关联过程进行统计分析，寻找出不同条件下突变出现的时机和主要特征，从中提取有助于推断灾害发生时间、地点、规模的规律性认识；二是对潜在的或有可能近期发生的灾害点加强监测，特别是对规模较大，后果严重的且处于渐变阶段的灾害点，应加密监测点，缩短监测时间间隔，增加监测内容，并快速进行数据处理和相应的专家会商。实践表明，在地质灾害预测理论和预测方法还不完善的今天，上述工作对于防灾减灾正发挥着重要的作用。

第五节　地质环境问题的防治途径

一、概述

地质环境问题的防治通常是指预防和治理两个方面。预防是指为避免或减轻生命财产损失，事发前采取措施的人为活动，包括避让和运用工程手段加以阻止；治理是为减轻损失并避免危害再次发生，事后采取措施的人为活动。事实上，这种按事发前后制定的对策，对于偶发的或一次性的个案是适用的，而对频发的、具继承性的地质环境问题来说，事发前后这一时间界限是很难确定的。治理工作既是事后工作也是避免下一次发生的预防手段。所以，在实际工作中，有时不再将两者严格区分开来，统称地质环境问题的防治，尽管从工程学的角度来考量，预防和治理所采用的技术手段是不完全相同的，但最终目的是共同的，即阻止或转化物质的运动方式，将危害化解到最低程度。

鉴于不同地质环境问题产生的地质背景和人为活动背景不同，防治的技术方法也不可能完全一样，只能根据不同的条件，不同的要求区别对待，没有一成不变的固定模式可以遵循。因此，从某种意义上说，科学合理的防治方案的制订是一个将成因机理、地质环境条件和技术方法三个方面有机组合的创造性思维过程。

如果把一个实际地质过程，或一个具体的地质现象抽象为一个环节，撇开它们与控制无关的具体性质，着重突出它们在控制系统中的作用，可以看出地质环境问题的防治实质是人为控制问题，其重点是研究输入对于响应的关系。

本书的前面曾讲到，地质环境问题无论是地质灾害还是渐进式地质环境问题都是地质环境系统失稳所造成的，失稳究竟以突发的还是以渐进的形式进行，关键在于外部环境施加何种作用以及系统内部结构条件。因此，在人为力所能及的情况下，通过对外部环境施加控制或人为改造地质环境系统的局部结构，就有可能阻止系统失稳或改变其失稳的形式，以达到防治地质环境问题危害的目的。

二、地质灾害防治的两个基本途径

（一）对地质环境系统的外部输入加以控制

外部环境影响因素种类、个数的改变、作用强度的变化、作用强度速率的变化及影响因素排序的变化都有可能导致地质环境系统失稳。构成这些变化的具体形式是多种多样的，有些是可控的，有些在目前难以实现人为控制。其中有些自然的作用如大气降水的强度目前人们还难以控制，但人们通过某些工程措施却可以改变一些尺度较小的地质体接受降水输入的方式，从而达到改变输入的目的。至于那些人为活动构成的输入完全可以纳入人为控制体系之中，通过改变作用方式和强度，使之不成为地质环境系统失稳的条件。

在地质灾害防治工作中，现有的许多工程技术都起到改变输入的作用。例如滑坡防治中，坡面防渗、后缘引排水、植被铺设等可起着防止大气降水入渗或减弱强度的作用。又如泥石流的防治，常采用的治水工程即在上游建造水库、蓄水池以减缓洪水的水量与水能，以及治泥工程即拦蓄泥沙，沟头种树、种草，稳固坡积体以减小松散岩土物质产生量和聚集速度。

这种防治途径对渐进性地质环境问题也同样适用，为防治地面沉降采取的减少抽水量，将集中抽水改为分散抽水，减轻建筑物荷载，以及地下水污染防治中消除污染源都是基于改变输入这一道理。

（二）人为改造地质环境系统的局部结构

地质体是自然演化的产物，目前科技发展水平还没有使人类具备重构和完全控制地质环境系统的能力。有些地质灾害如火山、地震等内动力地质作用引发的现象和过程，人力是无法阻止的，但对于大多数地质灾害和渐进式地质环境问题，人们都有能力对地质体施加“干扰”，使某些方面和某些地点的响应发生改变，达到防止或减轻危害的目的。这里所讲的“干扰”主要是指运用工程手段改变地质环境系统的局部结构，包括改变局部的硬结构和诸如地下水渗流场、应力场等软结构。例如滑坡防治工作中，削坡、阶地化、清除滑坡体就属于改造坡体形态结构的办法；锚索、抗滑桩、灌浆、电化学加固等措施则是改造斜坡体内部硬结构的手段，它们都会影响斜坡体内部的应力分布，减小滑动力，提高抗滑力。在泥石流防治中，构筑拦坎、挡墙、拦挡坝和拦泥库、停淤场，其实质是通过改造泥石流沟的天然形式和泥石流的动力学特征，即改变软硬结构。

在渐进式地质环境问题的防治工作中，也遵循这一途径。例如通过抽排水改变地下水渗流场这一软结构，使地下水位下降，防治土壤盐渍化；修建反应性渗透墙拦截地下水中污染物，防治地下水污染；帷幕灌浆或修建地下隔水墙，阻断海水入侵通道，防止海水入侵等。

总之，防治地质环境问题的具体工程手段十分丰富，不同工程有不同的适应对象和条件，侧重点也各不相同。但是，无论哪种方法都脱离不了上述两个基本出发点。把握好这两点，不仅有助于深入认识现有各种技术手段的作用和功能，运用得更恰当、合理，做到因地制宜，因事而异，避免固有程式的模仿及技术手段的机械套用，而且，也使我们在引进国内外新技术或借鉴移植其他学科技术过程中，真正做到先消化、再推广，先继承、再创新。

第六节　我国地质环境问题多发的原因

我国地质环境问题种类齐全，发生的频率高，影响范围广，又是世界上受地质灾害困扰最严重的国家之一。之所以如此，与我国独特的地质环境条件有关，包括特殊的地质背景、气候和人文背景。

我国幅员辽阔，自然地理、地质构造、地形地貌、气候条件甚为复杂多样。

一、新构造运动活跃

我国地处太平洋板块、欧亚板块、印度板块相交接的部位。大陆部分又由若干板内块体拼合而成。板块之间和块体之间的边缘都是构造运动比较活跃的地带，如岩浆活动、地震、褶皱、断裂等。

由上新世晚期距今的3.4Ma间，印度板块向北碰撞挤压，使青藏高原不断隆升，喜马拉雅山一线成为地中海—喜马拉雅—东南亚地震火山带的组成部分。而我国东部则因太平洋板块向欧亚板块的俯冲，形成了一系列断陷盆地，大陆边缘的沉降使渤海、黄海等所在地最终沉陷为海，华北平原、松辽平原随之形成，我国东部海域成为环太平洋地震火山带的一部分。这场由地球内动力驱动的新构造运动至今仍在继续，除我国台湾海峡和台湾以东还有现代海底火山外，地震活动则广泛分布于我国沿海和大陆内部，并成为危害性大、发生频率较高的重要灾种之一，也是激发、加剧地球外动力作用的重要根源，常常是灾害链中重要的一环。许多滑坡、崩塌、泥石流、地面塌陷的发生都与地震有关。由此可以看出，活跃的新构造运动是我国地质环境问题发生频率高、种类齐全的重要原因之一。

二、特殊的地形和地质条件

由于板块运动，我国大陆地形不断演化，最终形成了现今所见到的由青藏高原向太平洋方向依次降低的三大阶梯的地形格局。

第一级台阶 是青藏高原。它由南边的喜马拉雅山，北边的昆仑山、阿尔金山、祁连山和东边的岷山、邛崃山、横断山等高大的山脉圈围而成的高原区，平均海拔高度达4000～5000m，被称为世界屋脊。青藏高原最初海拔高度只有1000m，上新世晚期至今的3.4 Ma间，由于印度板块的推挤，上升了3500～4000m。强烈的隆升伴随外动力作用，使高原地区地形切割深度不断增大，地形相对高差可达1000～2000m，巨大的地形势差为岩土体的运动提供了极佳的启动条件。该地区主要为中生界的陆相及海相碎屑岩地层，频繁的构造活动和强烈的物理风化，使岩石破碎，为崩塌、滑坡和泥石流的发生提供了物质基础。除此之外，青藏高原还是我国陆地冰川的主要分布区和三大江即长江、黄河、澜沧江的发源地。冰川活动和湍急的水流为岩土体的侵蚀、搬运提供了巨大的动力。

第二级台阶 位于青藏高原以北和以东地区，其东界在大兴安岭、太行山、巫山、雪峰山一线。该台阶在新构造运动期上升幅度小于青藏高原，大约为1000～2000m。作为青藏高原与东部地区的过渡带，该台阶海拔高度为1000～3000m，造就了一系列断块山地、高原、盆地、山间洼地相交错的地形，相对高差可达1000m。尤其是川西山地，山体陡峻，沟谷深大，形成了许多险要地形，断裂发育，地震十分频繁并且强度大。该地区地层复杂，元古宇至新生界的地层均有分布，其中西南山地以碎屑岩及变质岩，古生界及中生界的海相、陆相碎屑岩为主。受多次构造运动的影响，该地区褶皱发育，断裂众多，岩石破碎。复杂的地形和地质条件使得这一地区岩土体的侵蚀、搬运、堆积作用十分活跃。一方面表现为较高的侵蚀速率和岩石块体运动频率，大部分坡地侵蚀速率可达10～70mm/a；另一方面，距物源区很近的盆地、山间低地又可以迅速接受沉积，年均沉积厚度达5～20mm。在侵蚀—搬运—堆积过程中，区内的几条大河也起到了重要作用。第二级台阶是黄河、长江等大江大河的流经地，区内巨大的地形高差使地下水补排迅速，河流落差大，水流湍急，输沙量大，其中黄河的年输沙量达16.4×10^8t/a，最高达到39.1×10^8t/a（1933年），成为世界之最。正因为如此，第二级台阶是我国地貌发育时相变化周期最短的地区，地质环境问题多发，地质灾害也最为严重。

第三级台阶 与第二级台阶毗邻，其东部濒临渤海、黄海、东海和南海，主要由平原、丘陵和低山组成，平均海拔高度低于500m。自北而南分布着东北平原、华北平原和长江中下游平原，海拔多在200m以下。低山丘陵区地形切割深度不大，一般为百米至数十米。该地区以中生界和新生界的沉积岩、岩浆岩为主，风化程度较高，尤以新生界的松散岩土分布最为广泛，厚度也较大。低矮、平缓的地势使第三级台阶成为仅次于海洋的大陆物质聚集区（汇区）。河湖广布，岩土松软，地下水埋藏浅，为浅表岩土、水、盐的运移提供了最佳条件，而邻近海洋也会带来海岸动力地质作用引发的一系列地质环境问题。

三、特殊的气候条件

我国位于北半球，气候受大气环流的西风流控制。由于不断隆升的青藏高原，对西风流的屏障作用不断加强，近地的西风流被分为两支，一支绕流向北，一支转向偏南。其中北支与北冰洋的水汽汇合，在冬季形成冷高压气团，由北向南侵入我国，给我国北方地区带来雪雨，而在夏季，只能通过地形稍低的新疆山口地区形成较多降水。南支绕过喜马拉雅山脉与印度洋暖湿气流汇合，沿着南北走向的横断山和雅鲁藏布江大峡谷进入云、贵、川和西藏的南部，在夏季提供了充沛的降水。虽然，青藏高原4000～5000m的高空仍有部分西风流掠过，但受高度效应的影响，水汽含量仅为近地的1/5，而且，西风流所携带的水汽来自大西洋，长途输移中的降水已消耗了大部分水量，到达青藏高原时，所含水量已剩无几，所以，青藏高原大部分地区是极为干旱的地区。

青藏高原屏障作用带来的另一种结果是我国东南夏季风的形成。西风流的弱化为太平洋水汽由东向西运动提供了可能，夏季太平洋上空形成的热带高压登陆我国东部，尤其是台风的侵入，给东南地区带来了丰富的降水。与此同时，热带高压与北方冷高压的对峙，往往造成我国中部持续阴雨或持续干旱的极端天气。

受上述气流的影响，我国的气候复杂多变，极端的天气现象发生频繁，与同纬度国家相比，年温差大于5～21℃，年、月降水变率大，特别是北方地区可达15%～30%。不稳定的季风造成洪涝、霜冻和突发的天气变化，往往诱发崩塌、滑坡、泥石流，干旱区更受到荒漠化、植被退化和水土流失加剧的困扰。

四、人口过多、资源不足

我国是世界上人口第一大国，人口总量占世界的1/5。虽然各种资源的绝对量并不少，但以人均拥有量计算，则属于资源贫乏的国家。据统计，我国人均土地面积为0.777hm^2，相当于世界人均水平的1/3，人均耕地0.106hm^2，仅为世界人均数的43%；人均水资源拥有量为世界平均数的1/4；矿产资源仅相当于世界人均拥有量的27%，相当于美国人均的1/10，前苏联的1/7；森林人均占有量为美国的1/190，英国的1/47，法国的1/30，甚至是资源匮乏国家日本的1/2。正可谓“人口多、家底薄”。然而，我国在改革开放中，仅用了30年就完成了西方发达国家一百多年的经济发展路程，取得了一系列世界经济发展奇迹，一跃成为世界经济大国。振奋之余，我们也应清醒地认识到面临的巨大挑战。据2006年9月国家环保总局和国家统计局发布的《中国绿色国民经济核算研究报告（2004）》，2004年全国仅环境污染造成的经济损失就达5118亿元，占当年GDP的3.05%。

《全国地质灾害防治“十一五”规划》指出：滑坡、崩塌、泥石流地质灾害除上海外全国各省（市、区）均普遍存在，其中云南、四川、重庆、贵州、陕西、湖南、湖北、江西、广东、广西、山西、福建等省（区）最为严重；地面塌陷也广泛分布于24个省（区、市）的300多个县（市），塌陷坑总数达4.5万多个，中南、西南地区最多，约占岩溶塌陷点的70%，而采空区塌陷以黑龙江、山西、安徽、山东等省最严重；地面沉降主要发生在我国中东部平原和盆地内，其中上海、天津、西安、太原等50多个城市问题比较突出。另据《全国土地利用总体规划纲要（2006～2020年）》，截止到2005年，全国水土流失面积达$356\times10^6hm^2$，退化、沙化、盐碱化土地$135\times10^6hm^2$，两者之和已占我国国土面积的51%。上述数据表明，在自然资源不足，人口负担沉重的条件下，尚未彻底摆脱以资源消耗，环境破坏为代价的粗放型经济快速发展，必然带来地质环境质量严重下降的后果。

我国是世界上最大的发展中国家，在走向现代化的路程中还面临着构建和谐社会的种种课题。尽管在资源、环境利用和保护的法制建设上也取得了长足进步，但法律法规的完善，执法守法意识的提高，全民环保观念的培养，还是与现代化社会的要求有相当的距离，可以说是任重而道远。这只看不见的“社会之手”还将在相当长的时期内，左右着我国的地质环境。

分论——若干地质环境问题的论述

第一章 地 震

第一节 地震的概念

一、地震和地震波

1. 地震

地震是指地壳某个部分的岩层应力突然释放而引起的一定范围内地面震动的现象。地震是一种经常发生的自然现象，是地壳运动的一种形式。地震特别是大的地震会造成大量人员伤亡、建筑物破坏和巨大的经济损失，从而成为对人威胁最大的地质灾害。

地球是一个动力学的演变体系，其岩石圈的外层破裂成彼此相对运动的几块大的和若干块小的板块。当新的岩石圈物质在洋中脊系统中产生，老的岩石圈物质在俯冲带消亡或滑过另一板块时，岩层中便可产生应力并形成应变。当应力超过了岩石的强度时，岩石就会破裂，其能量就会以地震的形式释放出来。

2. 地震波

发生地震时，地球内部的能量通常以弹性波的形式向周围传播。地震波的产生是通过地表物质、地貌以及水体的变化反映的，可以用地震仪检测。

地震波主要有两种：一种是沿地表传播的面波，另一种是在地球内部传播的体波。

面波 分为R波和L波，即瑞利波和勒夫波。面波只沿地面浅处传播，波速约为3km/s。它是体波在地层界面上多次反射、折射而形成的次生波。面波可以产生强烈的运动，导致地表的破坏。R波的质点在传播方向与地面法线组成的平面内（xz平面）作椭圆形运动，其主轴与波的前进方向垂直，所以这种波的前进如在地面上滚动。L波则在与R波正交的平面内（xy平面）运动，没有垂直分量。面波的速度为体波速度的90%左右。

体波 主要通过地球本体传递，又分为纵波和横波。①纵波（P波）是由震源向外传递的压缩波，质点的振动方向与波的运动方向一致，故有较大的传播速度且首先到达地表。纵波的传递过程是介质质点间弹性压缩与张拉变形反复的过程，它可在固体内传播，也可在液体内传播，周期较短，振幅较小，波速最快，为5～6km/s。②横波（S波）是由震源向外传递的剪切波，质点的振动方向与波的运动方向垂直，它只能在固体内传播，不能在液体内传播，周期较长，振幅较大，传播速度比P波小，为3～4km/s。P波和S波到达地表的时间、两种波速度比率、振幅可以用地震记录仪测定记录，同时可提供地震的严重程度、震中及震源深度等信息。

二、地震的要素

与地震相关的基本术语包括震源、震源深度、震中、震中距（图1－1）。

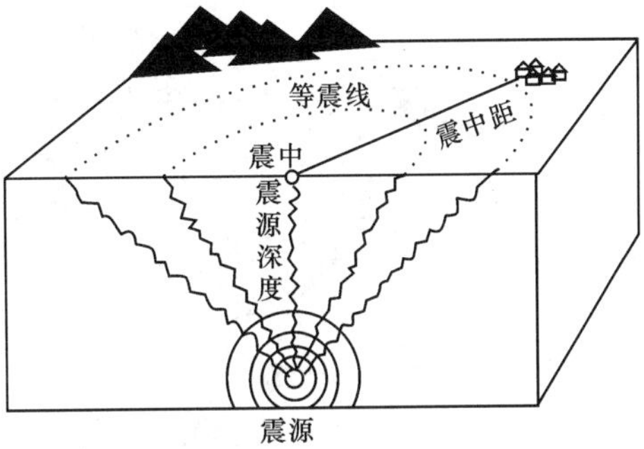

图 1－1　地震要素示意图

震源　地球内部发生地震时震动的发源地。从微观来看，是发出地震波的地方；从宏观上看，是地震能量大量释放的部位。震源往往是岩层开始破裂的地方。

震源深度　将震源视为一点，此点到地面的垂直距离，称为震源深度。

可以按震源深度来划分地震的类型：<60km 的地震称为浅源地震；60 ~ 300km 的地震称为中深源地震；>300km 的地震称为深源地震。我国除东海一带具有少数中深源地震外，绝大多数的震源深度在 40km 以内，大陆东部震源多在 10 ~ 20km 之间。

震中　宏观上将震源在地面上的投影点称为震中区，实际上是一区域。

震中距　指某点至震中的地面距离。

第二节　我国地震的分布、危害及特点

一、我国地震带的分布

我国处于亚欧板块的东部，为太平洋板块和印度洋板块衔接的地带（图 1－2）。受板块构造运动影响，我国是世界上地震活动最强烈的地区之一，其东部毗邻的环太平洋地震带和西部、西南部属中亚一地中海地震带的一部分（图 1－3）。

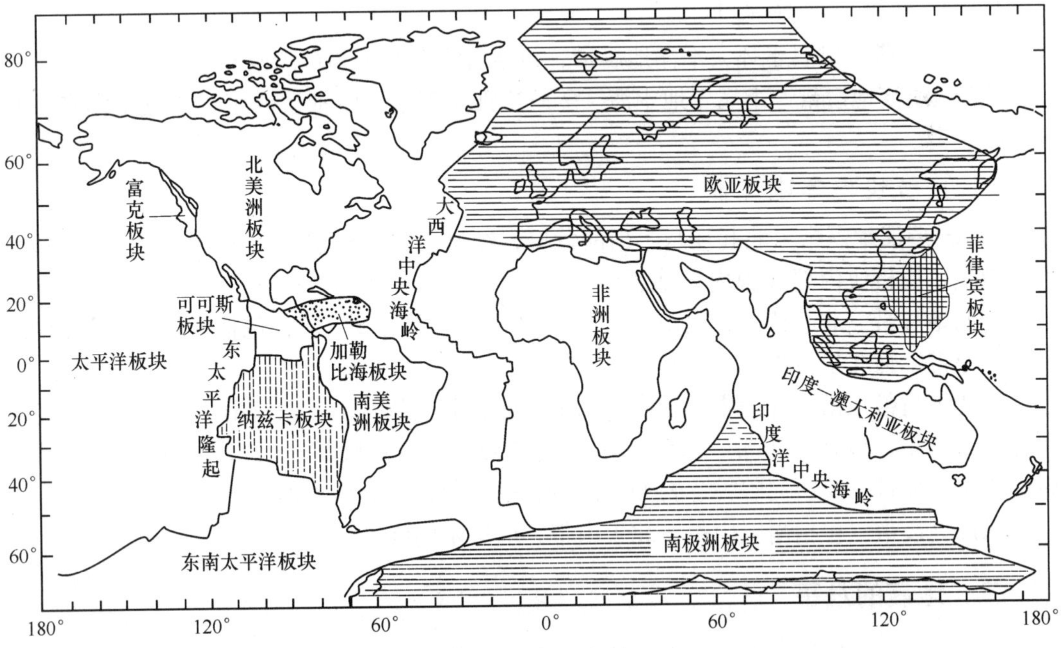

图 1－2　全球板块划分

（据 Minster，1978）

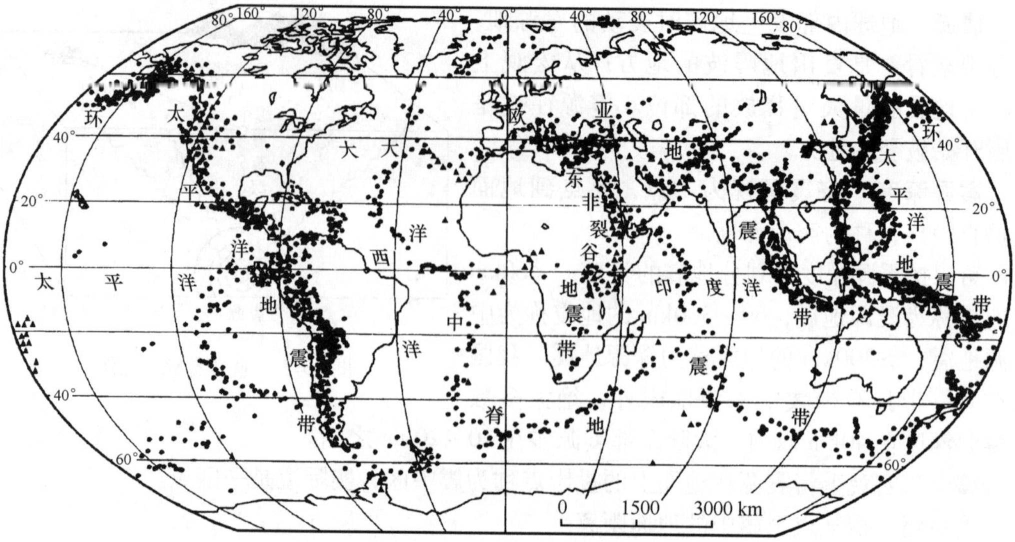

图1－3 全球地震带分布图

（据 Barbara W M，1997）

我国地震分布与现代正在活动的断裂关系密切。大多数强震的震中位于大型活动断裂带附近。这些断裂带发育深度几乎都延伸到震源的破坏位置，表现为强震区和高烈度区的长轴方向与活动断裂的走向一致，呈带状分布。

我国的地震带主要分布在下面6个地区（图1－4）：

（一）板块边缘地震带

台湾地震带 隶属于环太平洋地震带，包括台湾东部带和台湾西部带。

西藏—滇西地震带 隶属于地中海—喜马拉雅地震带，包括滇西带、西藏察隅带、西藏中部带。

（二）板块内部地震带

郯城—庐江地震带 北起辽东半岛的营口，经过渤海、郯城、庐江到黄海，位于郯庐大断裂上，属板块内部（板内）地震带。

华北地震带 北起燕山，经山西到渭河平原，略呈“S”形，包括燕山带、西山带、渭河平原带、河北平原带。

南北地震带 横亘我国中部的南北向地震带，北起贺兰山、六盘山，南越南岭，经四川盆地到滇东，包括银川带、六盘山带、滇东带、河西走廊带、天水—兰州带、武马边带、康定甘孜带、安宁河谷带、腾冲澜沧带，是一条较大的强烈地震带。

天山地震带 包括南天山带、北天山带、塔里木南缘带。

二、地震的危害

地震是一种突发性的灾害，大的地震往往造成毁灭性的后果。地震的危害主要表现为造成大量的人员伤亡、建筑破坏和经济损失。

1908年意大利的墨西拿市，在发生7.5级的一系列地震后，基本被夷为平地。地震

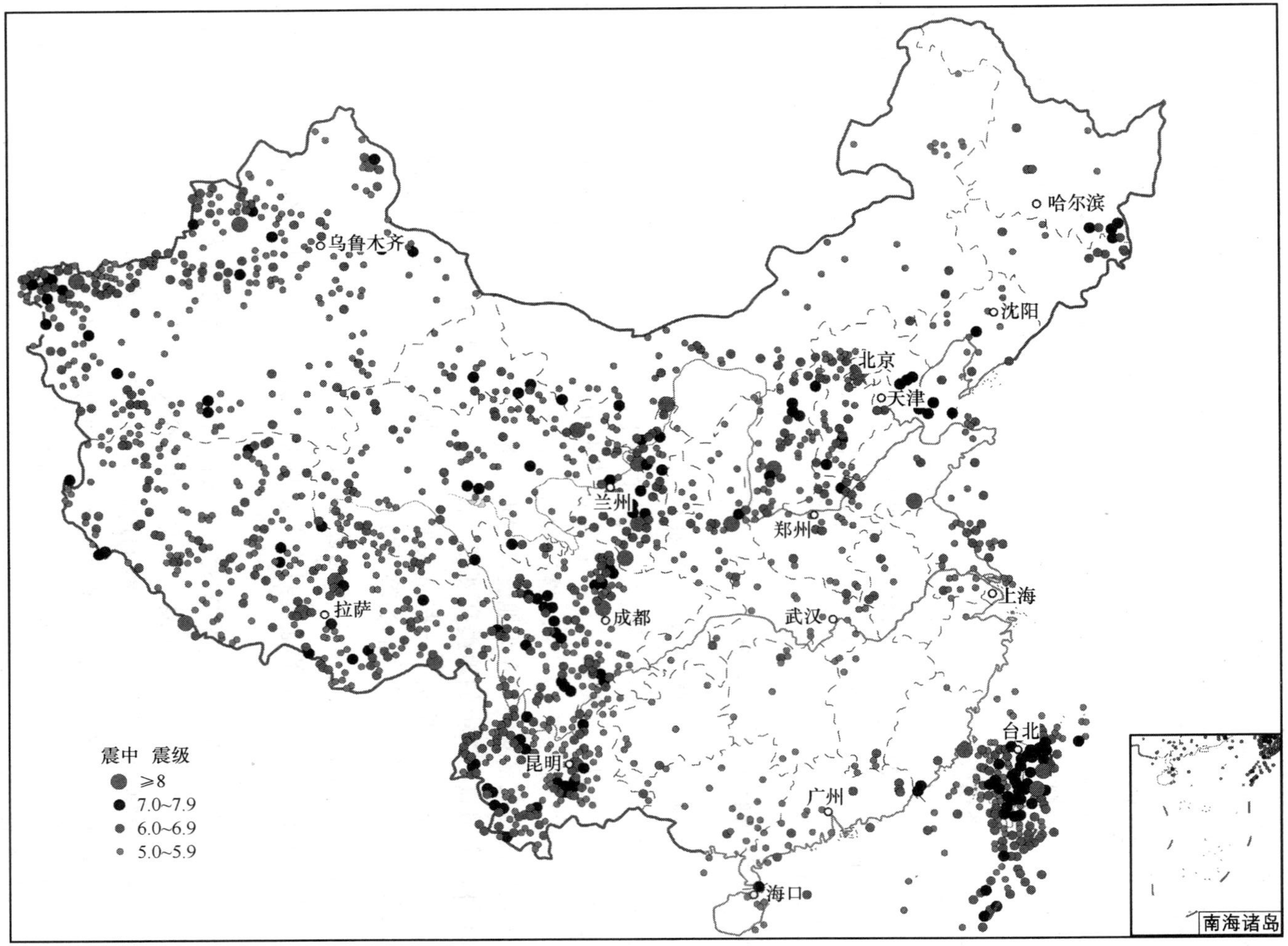

图1-4　中国地震灾害分布图

破坏了市区90%的建筑，同时引起海啸，浪高达15m，海啸又冲击了邻近的港口城市卡拉布里亚雷焦，使方圆193km^2的城镇、村庄遭到了毁灭性的破坏；死亡人数达16万，其中墨西拿市死亡人口占该市总人口的54%，卡拉布里亚雷焦死亡人口占74%。

又如1976年发生在我国河北唐山的7.8级地震，使市区100%建筑物倒塌，市郊96.3%的房屋倒塌，死亡人数达24.2万人，重伤人数达16.4万人，直接经济损失达96亿元，重建工作费用达206亿元。

据联合国统计资料，20世纪全世界因地震死亡人数达260万，占各种自然灾害死亡人数的58%，地震每年造成的经济损失达几十亿美元，为防震抗震投入的消耗也达几十亿美元，足见这种地质灾害对人类的巨大威胁。1949~1990年间，我国发生7级以上地震就达52次，造成人员伤亡100余万（死亡27.4万，伤残76.5万），房屋破坏倒塌600余万间，直接经济损失数百亿元。

2008年，令世界震惊的“5.12”汶川大地震，震级为8.0级，截至2008年9月25日12时，已确认69227人遇难，374643人受伤，17923人失踪。地震诱发大量的山体滑坡、崩塌、泥石流、堰塞湖等次生地质灾害的发生。据评估，汶川地震共造成经济损失约8451亿元人民币。

三、我国地震灾害的特点

（一）发生频度高，强度大，范围广

据20世纪90年代的中国地震年表，我国有历史记载的地震为8137次，其中1004次为破坏性地震，8级以上地震22次，约占全球历史记载地震的35%。20世纪中国发生6级以上地震650次，其中7~7.9级地震100余次，平均每年1次，8级以上地震9次。震级最大的地震是西藏察隅的8.6级地震（1950年8月15日）。

据统计，全国Ⅶ度以上的地震高烈度区面积达$3.12\times10^6km^2$，全国70%百万以上人口的大城市位于该范围，特别是一些重要城市如：北京、天津、西安、太原、呼和浩特、昆明、乌鲁木齐、银川、拉萨、汕头等，位于烈度为Ⅷ度的区内。

（二）西部强于东部，在东部地区北强南弱

总体上，我国大陆上发生的地震具有明显西强东弱、西多东少的分布规律。主要表现为：

（1）20世纪100年间发生的9次大于8级的大地震，除2次发生于台湾临近海域，其余7次均发生于新疆、西藏、宁夏、甘肃等西部省区。

（2）1949~2000年发生的大于7级的地震52次，20次发生于台湾东部海域，25次发生于新疆、西藏、内蒙古、甘肃、青海、云南、四川等省区。

（3）我国地震烈度Ⅶ度以上的地区也主要分布在西部，东部地区除台湾外，Ⅶ度以上地区的面积相对少得多。

（4）根据断层位移量和原地应力测量结果，我国大陆西部的构造活动强度比东部地区高5~6倍，地震释放的总能量约为东部地区的70倍。

（5）20世纪100年间，中国大陆发生的300多次6级以上的地震，西部地区为250多次，占83%。

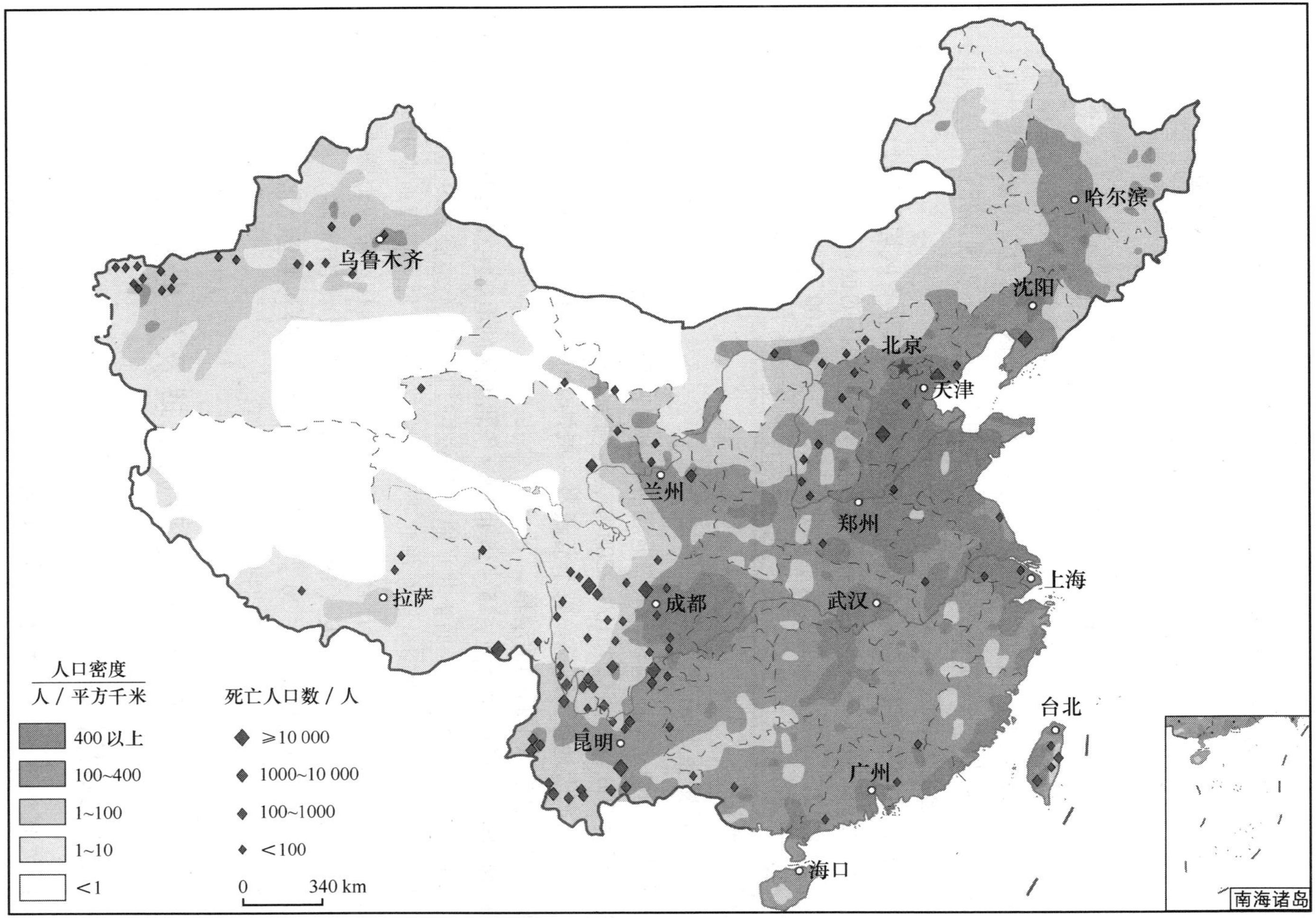

图 1－5　中国地震灾害死亡人口（1949～2000）

我国华北地区地震活动明显强于华南，造成这种差异的因素是多方面的。其中基底岩石性质不同是一个重要因素。华北地区基底以结晶花岗岩为主，脆性相对较强；而华南地区基底时代较新，岩石以具有韧性的浅变质岩为主。

（三）灾害损失表现为东重西轻

我国东部地区人口、建筑物以及城市等密集，经济发达，西部人烟稀少，这就决定了地震灾害损失必然是东部严重，特别是地震多发的南北地震带、华北地区及台湾的地震损失最为严重（图1-5）。

从图1-5可以看出，人口密度≥400人/km^2的地区的死亡人数是人口密度200~400人/km^2的地区的10倍；是人口密度100~200人/km^2地区的100倍。总体而言，地震死亡人数与人口密度成正比关系。所以，在我国东部地区小震也有可能造成大灾。

自1949年以来我国地震死亡人口和经济损失的发展变化，表现出死亡人口总体下降，而经济损失呈迅速上升的趋势。

我国地震震源浅、烈度较高，除浙江、贵州两省外，其他省区均遭受过6级以上地震的袭击。中国地震烈度区划表明，地震烈度Ⅷ度及以上地区的面积约占全国面积的1/2；位于这个烈度区域内的城市占全国城市总数的46%，其中100万人口以上的特大城市占70%；从受地震威胁的人口来看，在广阔的高烈度区生活的人口已接近9亿。可见地震灾害隐患的严重程度。

（四）地震发生具有明显的周期性

由于东西部构造运动的差异，东部地震活动周期普遍比西部长。研究表明，东部地区地震周期大约为300年，西部为100~200年，台湾为几十年。我国大陆地区在20世纪以来已经经历了4次大地震活跃幕。每个活跃幕一般持续10~20年，有活动高潮与低潮交替的现象。目前已进入了新的活动幕。

以东部地区的地震活动为例。15~18世纪，华北地区的地震主要集中在汾渭、山西—延庆—怀柔、燕山山前及秦岭，而华北平原没有发生过6级以上地震。19世纪初，强烈活动地区发生转移，6级以上地震全部在华北平原及燕山山前地带。据原地应力重复测量发现，20世纪60~70年代，NNE向构造带应力下降，而EW向构造带应力增大，导致6级以上的地震出现，如渤海7.4级（1970年），海城7.3级（1975年）和唐山7.8级（1976年）等大地震群发现象。在20世纪末，据唐山、邢台、滦县、北京顺义等地的原地应力测量结果，这一地区地壳活动强度有减弱趋势。

第三节 地震的形成机理及发生原因

一、地震形成的机理

（一）近代关于地震形成机理的假说

地震成因的研究虽有100多年的历史，但目前对其成因的认识还不一致。近代主要有断层说（弹性回跳说）、岩浆冲击说、相变说、温度应力说和黏滑说等。

1. 断层说（弹性回跳说）

断层说的代表是由美国地震学家H. F. Reid于1910年提出的。他根据美国圣安德烈斯断层的研究，认为地壳岩体中能量积累到一定程度就会在地层的薄弱地带——断层附近以快速应变的形式释放。多数地震由已有断层重新错动引发，少数由新断裂形成，两盘发生突变性的相对位移，从而引发地震。地震发生时，岩体以弹性回跳的方式释放应变能，能量释放后，变形的岩体部分回到原有位置，而断裂两侧则发生相对位移。

2. 岩浆冲击说

岩浆冲击说是由日本学者石本己四雄于1931年提出的。他认为，地壳深部岩浆运动时，会产生巨大的推力，当局部地段围岩强度较低时，岩浆就会突破围岩而引发地震。在洋中脊、板块俯冲带或板内，有些地震的发生与岩浆的侵入、冲击或膨胀收缩作用有关。某些大震区发现地下热异常和高温气体溢出的现象，是岩浆冲击说的间接证据。火山喷发时岩浆和气体的强烈冲出，造成强烈震动会引发地震。岩浆大量喷出后，火山下岩层空缺，上部岩层垮塌也会引起地震。

3. 相变说

相变说是由新西兰地震学家爱维森（F. F. Evision）于1963年提出的。其基本观点是：处于一定深度和压力环境中的地壳和地幔物质，当压力和温度改变时，原有平衡状态被破坏，产生快速相变，引起体积和密度快速变化，从而产生对周围岩体的快速压力或张力，产生地震波。发生的相变必须是快速的，否则就变成缓慢的构造运动。相变说的局限性在于：在这种情况下，深部大块岩石不大可能同时发生相变，深震也就不可能发生。板块学说的出现，使相变说渐渐失去其独立存在的理论价值。

4. 温度应力说

前苏联大地构造学家别洛乌索夫认为，产生地震的应力状态与热能有关，热能主要来自放射性元素的衰变。地壳内温度的不均匀分布会引起岩浆的运动，并使应力场发生变化，在局部地段发生地震。

5. 黏滑说

1966年，美国学者布雷斯（W. F. Brace）和拜尔利在做摩擦实验时用岩石样品进行了黏滑试验，并在实验的基础上提出了“黏滑说”。他们认为：地壳中的深部断层（5～25km）可能在较低应力作用下滑动，断层的每一次错动只释放岩石中所储集的总应变能的一小部分，而剩下的部分则被断层面上很高的动摩擦力所平衡，所以在断层错动发生地震以后，断层两盘间仍有摩擦力使其锁固，并可以再积累应力，为下一次地震的发生提供能量。

以上这些学说之间其实有着相互的因果联系。断层说强调了岩体应变破坏的现象；岩浆冲击说讲的是能量的积蓄、分布不均的现象；相变说强调地球内部相的平衡或者因相变形成地应力场的变化；温度应力说讨论的是相平衡破坏或应力场改变的能量来源。另外，回跳和黏滑是地震的运动方式，它们都是剪切断裂的结果，在地壳内深度小于25km范围内，黏滑说的观点与地震发生时震源处应力降较小的事实较为符合，因此黏滑说比弹性回跳说对构造地震的解释又进了一步。

根据地质学的知识，地球内部因不稳定因素，如放射性元素的衰变、潮汐能以及地壳和地核转动的角速度不一致等所产生的热能使地壳深部的物质接近熔点，大陆漂浮在柔软的地幔之上，因不平衡加热，使岩石密度有差异，同时各处地层压力不平衡，就使部分地块上升或下降，地壳发生剧烈变形。大规模的块体被扯开，或者相遇而相互碰撞。向下弯曲的板块边缘沉没到软流层中，即所谓的俯冲现象，另一块就会上升。在该运动过程中，有的地区会因岩浆挤压上升，释放热能而形成火山，并伴随地震；有的地区岩石被挤压或拉张而裂开，形成断层并伴随地震，即地震是断裂释放地壳内部能量的结果。岩层破坏的能量来源则是热能积累，能量的释放首先发生在地层比较软弱的地方。所以，当板块理论出现之后，上述学说可以被统一起来。

（二）现代关于地震形成机理的板块理论

1. 板块边缘地震的形成机理

1965 年，加拿大著名地球物理学家威尔逊首先提出“板块”概念，1968 年，法国人把全球岩石圈划分成六大板块，即欧亚板块、太平洋板块、美洲板块、印度板块、非洲板块和南极洲板块。板块与板块的交界处，是地壳活动比较活跃的地带，也是火山、地震较为集中的地带。板块学说是大陆漂移、海底扩张等学说的综合与延伸，它虽不能解决地壳运动的所有问题，却为板块边缘地震的成因提供了理论依据。

圣安德烈斯断层是世界上最有名的板块边缘，它是太平洋板块和北美板块相互碰撞并向西北方向移动造成的。这条断层即为两大构造板块之间的断裂线，贯穿于美国加利福尼亚州。在这里，北美板块正在向北移动，而太平洋板块则正在向南移动。两大板块以约 13mm/a 的速率相互擦滑。有时，它们的通道平滑，平安无事；有时，它们相互间摩擦或碰撞。当发生断裂、脱落时，便可能引发大地震。

2. 大陆动力学层流构造说

大量的地质、地球物理、地球化学、实验和模拟资料证明，大陆岩石圈存在壳内流层，我国学者李德威等因此提出了“层流构造说”。他认为，盆地热软化下地壳物质在重力作用下顺层流向相邻的山根，盆地地壳减薄，造山带下地壳显著加厚的部分熔融物质和层流带来的残余熔体，在重力作用下带动深层变质岩向上不规则流动，热重力派生的垂直主应力形成热隆伸展的变质核杂岩和低角度拆离断层系，隆升的山体在重力势能作用下侧向扩张，盆山边界形成逆冲推覆和滑覆构造，在地壳薄弱地带可能产生能量的突然释放，从而诱发地震。

目前，这一学说已成功地用于“5. 12”汶川大地震等地板块内部地震诱发机理的理论解释。

二、地震发生的原因

产生地震的原因很多，内因主要是自然地质作用，而随着地球上人类活动规模越来越大，人为诱发地震已成为一个不容忽视的因素。

（一）自然地质作用形成的地震

1. 内动力地质作用引起的地震

地球上每年记录到的地震约有 500 万次，这些地震大多分布在现代地壳活动强烈的构造带，特别是一些活动断裂带的特殊部位。这些构造带阻隔了构造应力的传递，有利于能量的积累。当地应力超过岩层强度时，岩层会突然断裂、错动和弹跳，从而释放能量并产生剧烈振动，形成地震。

内动力地质作用引起的地震包括构造地震和火山地震。岩层的变形、断层的错动使长期积累起来的能量骤然释放，以地震波的形式向四面八方传播，引起地面的震动称为**构造地震**。构造地震是目前强度最大，发生频率最高的一种地震形式。因火山活动，岩浆运动引起的地震称为**火山地震**，一般在现代火山分布区较多，其发生的数量占全世界地震的7%左右。

世界上发生的震级较高、造成大量人员伤亡的破坏性地震往往是由内力地质作用引起的。

2. 外动力地质作用引起的地震

这类地震的动力主要来自于地球之外，如大陨石冲击地面，形成的陨石撞击地震。此外，因地球浅部的重力作用，引起的地下洞穴顶部覆岩的自然坍塌，也会导致地震。

这类地震一般震级较小，震源也较浅，破坏力和破坏范围也较小。

（二）人为活动诱发的地震

诱发地震的人为活动主要包括水库蓄水、人工爆破、地下采空区塌陷、深井抽水和注水、核试验等。其作用在本质上应属外动力地质作用范畴，只不过动力来源是人为干扰自然而诱发或人为施加的，所以，由此发生的地震称为人为活动诱发地震。

1. 水库蓄水诱发地震

水库蓄水之所以能够诱发地震，主要原因是，蓄水增大了库底岩层的上覆荷载，改变了原始地应力分布状况，同时，库区水岩相互作用也导致岩体的物理力学性质的改变，如软化作用、泥化作用、溶蚀作用等均可降低岩石强度和岩体稳定性。若库区断裂积蓄的能量原本已接近地震发生所需的最小值时，上述两种作用将使地应力场迅速变化，断裂带应力急剧上升，而诱发地震。

此外，在现代火山或高地热能分布地区，当水库水向高热能区渗流时，水吸热而体积膨胀，特别是深部岩层处于高温条件时，水的汽化导致裂隙压力增大和热迁移也可导致应力集中，从而诱发地震。

自1931年发现希腊一水库诱发地震以来，迄今已有29个国家共报道了116例水库诱发地震的实例。如广东省新丰江水库，1959年10月建成蓄水（坝高105m），截止到1987年，已记录到337次地震。其中1962年3月19日，在大坝下游仅1km处，发生了6.1级地震，震中烈度为Ⅷ度，震源深度约5km，造成5人死亡，60人受伤，24间房屋倒塌。

2. 抽、注地下流体诱发地震

抽取或向地下注入液体，将改变原先围岩的应力状态，使岩层中的孔隙水压力急剧下降或上升，有效应力也迅速变化，使一些较软弱破碎以及具有黏滑性质的断层压力平衡状态破坏而发生位移，进而诱发地震。

这种地震一般震级较小，如河北任丘油田1975年开发，1977年3月起微震活动开始频繁，并发生多次2~3级的有感地震。又如，1957年某公司在科罗拉多的Rangely油田成功地用注水方法二次开采了大量的石油，在1962年，位于65km之外的新型地震台检测出来自油田的微小地震，1967年秋，美国地质调查局在该地区装置了地震记录仪，在10天之内记载了40次小型地震，1969年10月，美国地质调查局就此地区的4口井进行了周期性注水、停注及抽水试验，试验的第一年就出现了900次地震，其中367次地震发生于距井口1km范围内。

3. 地下采空区塌陷诱发地震

采矿形成的采空区会使围岩压力重新分布，导致围岩变形、脆性破裂，严重时可造成岩体应力和应变能的集中释放诱发地震；另外，顶板突然冒落所形成的冲击力也会诱发地震。这两种原因形成的地震，又被称为“矿震”。采矿诱发的地震震级、地震发生的方向，往往与采空区的连续性、几何形状、开采深度有关系，其中以顶板垮落发震最明显。如山西大同煤矿晋华窑采区，最大的采区达（8～13）$\times 10^4 m^2$，预留安全矿柱所占面积不到采掘面积的30%，导致在1972年3月28日采空区顶板下沉速率急剧增加到85mm/d，直至最后垮塌发生地震，震级达到4级。在加拿大、南非及美国东部的深采煤矿，都有这种诱发地震现象的记录。

4. 核试验

地下核试验也能引起震级较大的地震活动，甚至可以被几千千米之外的地震仪检测到。实验证明，当量为10万吨TNT的核爆炸可引发里氏6.1级地震，而当量为100万吨TNT的核爆炸可引发6.9级的强烈地震。

据美国原子能委员会公布的资料，1968年美国进行地下核试验曾引起全球余震1万多次。内华达试验场的110万吨级的核爆炸产生了数千次地震，其中5级地震可以延伸到7km深处。1985年夏天，法国在南太平洋进行了核试验，试验结束数天后，炸点附近的莫鲁亚环礁地区就发生了连续多起强烈地震，幸未造成太大损失。

应该注意的是，人为诱发地震发生的关键往往是发震断裂事先已处于临界状态。

第四节　地震震级、烈度及地震效应

一、地震震级

（一）地震震级的含义

震级是衡量发震能量大小的相对量度，震级越高，释放的能量越大。震级的标度最初是由美国地震学家里克特（C. F. Richter）于1935年提出的，又称里氏震级。按照里氏震级表，震级用地震波的振幅对数值来表示。1个6级地震释放的能量相当于1945年日本广岛爆炸的原子弹所释放的能量。震级每相差1级，能量相差大约为32倍；每相差2级，能量相差约1000倍。也就是说，1个6级地震相当于32个5级地震，而1个7级地震则相当于1000个5级地震。目前世界上最大的地震的震级为8.9级。

（二）地震震级划分

地震释放的能量大小，是通过地震仪记录到的地震波的最大振幅确定的。由于仪器放置的地点不同，仪器的性能不同，记录的振幅也不同。目前，一般按里氏震级划分，即按标准地震仪（伍德—安德森式标准扭力地震仪）在距震中100km的地面所记录到的最大振幅计算的，计算公式为：

$$M = \lg A$$

式中：M 为震级；A 为最大振幅（μm）。例如，距震中100km记录到的最大振幅为10cm，即 10^5 μm，则 $M=5$，震级为5级。

1945年，B. 古登堡把震级的应用推广到远震和深源地震，奠定了震级体系的基础。

其是利用宽频带地震仪记录远震传来的面波，根据面波的振幅和周期来计算震级的，并推导出与里氏震级的换算关系。

因为我国的地震仪不是标准型的，且震中的位置也不固定，在判断震级时，往往用经验公式进行确定。我国的面波震级（M_S）计算公式为：

$$M_S = \lg(A/T)_{max} + \sigma(\Delta) + C$$

式中：A 为地震面波最大地动位移，取两水平分向地动位移的矢量和，μm；T 为相应周期，s；Δ 为震中距；σ（Δ）为面波震级量规函数；C 为观测台站的校正值。

测量最大地动位移的两水平分量时，要取同一时刻或周期相差在 1/8 周之内的振动。若两分量周期不一致时，则取加权和：

$$T = (T_N \times A_N + T_E \times A_E)/(A_N + A_E)$$

式中：A_N 为南北分量地动位移，μm；A_E 东西分量地动位移，μm；T_N 为 A_N 的相应周期，s；T_E 为 A_E 的相应周期，s。

面波震级标度 M_S 比较适用于从远处（震中距大于 1000km）测定浅源大地震的震级，而且各国地震机构的面波震级测定结果也比较一致，一般都使用面波震级。即通常所说的里氏震级。

地震可按里氏震级的大小进行分类：

（1）弱震：震级 <3 级；

（2）有感地震：震级为 3 ~5 级；

（3）中强震：震级为 4.5 ~6 级；

（4）强震：震级≥6 级，其中≥8 级的又称巨大地震。

二、地震烈度

（一）地震烈度的含义

地震烈度是指地震在地面产生的实际影响，即地震活动所造成的地面和建筑物的破坏程度。地震烈度与震级、震源深度、震中距，以及震区的岩土质条件等有关。

一般来讲，一次地震发生后，震中区的破坏最重，烈度最高；这个烈度称为震中烈度。从震中向四周扩展，地震烈度逐渐减小。

（二）震级和烈度的关系

因震源深度不同，地点不同，人们感受更多的是烈度大小，但震级、烈度两者之间又有一定的区别和联系。

一次地震只有一个震级，但它所造成的破坏，在不同的地区是不同的。也就是说，一次地震，可以划分出好几个烈度不同的地区。这与一颗炸弹爆炸后，近处与远处破坏程度不同道理一样。炸弹的炸药量，好比是震级；炸弹对不同地点的破坏程度，好比是烈度。

（三）地震烈度的表示方法

1. 烈度表

烈度表是地震破坏程度大小的分级标准。目前，世界上烈度表的种类很多，如八度表、十度表和十二度表等。

西伯格地震烈度表又称坎坎尼－西伯格烈度表。德国人西伯格（Sieberg，1912，1924）将罗－弗氏地震烈度表中的最高烈度又划分为三级，编成了十二度的烈度表，大大充实了每一烈度级别的多方面判据，并引入了坎坎尼（C. Cancani）绝对烈度表中表示地震作用力的加速度数据，成为当时最为完备的地震烈度表。由于此表每一烈度的判据充实，便于野外调查时判定烈度。表中又有加速度值，使抗震设计中计算地震破坏力有了物理基础。

我国现行采用的烈度表是地震学者谢毓寿以西伯格烈度表为蓝本，结合中国建筑物特点编制的十二度表（表1－1）。

表1－1　我国采用的十二度烈度表

烈度	地震现象	加速度 / $cm \cdot s^{-2}$
Ⅰ	无感，只有地震仪器能记录	<0.25
Ⅱ	很轻。在极安静环境中，极少数感觉敏锐者有感觉，处在楼上更容易感觉到	0.25～0.5
Ⅲ	轻。少数在室内的人感觉地动如汽车很快从旁驶过，事后回忆才知道是地震	0.5～1.0
Ⅳ	中度。室内大多数人有感，室外感觉的人不多；家具轻轻摇动或颤动，靠着的玻璃、陶瓷器物轻相碰击；震动如载重汽车在不平道路上驰过。门、窗、屋、梁、地板轧轧有声，盆中水轻轻荡漾。人们感到有如重物坠下，床、椅摇晃如在舟中。惊醒一些睡觉的人，一般不至惊慌	1.0～2.5
Ⅴ	颇强。室内的人普遍觉察，房屋全盘摇动，户外劳动中的人亦大多数有感。树梢与灌木如被风吹，摇晃可辨。悬挂物来回摆动。带摆锤的时钟停摆或增大摆幅，已停摆的也可以恢复摆动，报时发条振响。电线摇曳碰击，使电灯闪烁。壁上挂图和镜框与墙碰撞或发生歪斜，满盛水的器皿有些溢出。酒杯等高脚饮具可以倒翻，靠着墙安置的物件倒下。家具发出响声，轻的移了位置。门、窗自开自合，打破了玻璃。睡觉的人普遍惊醒	2.5～5.0
Ⅵ	强。人人惊慌，很多人逃出户外，感到立足不稳。盆中水剧烈振荡。书画等物从墙上或架上掉落，器皿打碎，家具移动位置或推翻。教堂小钟和钟楼时钟自鸣。少数建造较好的房屋壁上微有裂缝，灰泥从屋顶和墙上掉落。不良房屋损坏较大，但仍不严重，屋瓦和烟囱个别坠下	5～10
Ⅶ	很强。室内大小陈设物品大批翻倒和打坏，损失很大。教堂大钟自鸣。河湖水面兴起波浪，底下污泥腾起使水浑浊。沙石成分多的堤岸有些崩滑。井、泉水量发生变化。多数结构坚实的房屋遭到一定程度的损坏；墙面发生小裂缝，灰泥及装饰品大部分溃裂，屋瓦普遍滑下，许多烟囱裂了缝、掀了顶，或掉下砖石，不结实的齐屋面断掉；高楼上附着不牢的装饰坠落。骨架建筑只是壁泥和嵌墙损坏；结构不良和老朽房屋有不少破坏	10～25
Ⅷ	破坏。大树全身剧烈摇动甚至摧折。笨重家具推移很远或倒翻。石像、石碑以及立于教堂、坟地、广场等地的类似物，在座基上捩转或倒下，坚固的石围墙断裂倾斜。大约四分之一房屋遭受严重破坏，个别坍塌，很多不能居住。骨架建筑的嵌墙大部分倾倒，木结构房屋多扭歪或推倒，教堂塔尖及工厂烟囱严重损坏，且因其倒下伤害附近房屋，加重了破坏。陡坡和潮湿地上发生裂缝，常冒水并夹沙泥	25～50
Ⅸ	大破坏。大约二分之一砖砌房屋遭受破坏，坍塌的相当多，一般不能再居住，骨架建筑脱离基础，互相扼扭，折断骨架栓柄，造成严重破坏	50～100

续表

烈度	地震现象	加速度 cm·s⁻²
X	毁灭。大约四分之三的建筑物遭到严重破坏，大部分坍塌。很好的木结构房屋和桥梁严重破坏，个别被毁。堰堤、水坝等设施或多或少明显损坏。铁路轻轻弯曲，地下管道（水管、气管、下水道等）折断、开裂或挠曲。石铺或柏油路面发生裂缝，由于猛烈挤压出现宽大的波形皱褶。疏松，特别是潮湿土地上发生裂缝，宽可达数厘米，在近水边的土地上，出现与水道平行的大裂缝，宽可至1m左右。山坡上表面疏松土层崩滑，下面岩土亦溃裂成块，崩落于山谷之中。河、湖水边的陡岸完全崩坏，滩水泥沙大量推移，改变原来形貌。井水骤涨骤落，江、河、湖水拍溅上岸	100~250
Ⅺ	灾变。砖砌建筑全部坍塌，坚固的木结构房屋以及用柔性材料做成的小屋也只有个别幸存。桥梁等巨型建筑，即使是坚固的结构，亦遭破坏；粗壮的石柱破裂，钢梁折断。堤防、水坝全被破坏，常常是断错距离很大。铁轨剧烈弯曲以至挠折。地下管道全部破坏，不能使用。地面变化错综复杂，范围广大，与当地土质条件有关，一般是地开裂，开缝很大，低湿含水多的地区尤为严重，溃裂形式不一，有水平的，有垂直的，并以不同方式冒沙水浊泥。山崩、石坠现象很普遍	250~500
Ⅻ	大灾难。一切人工建筑物，倒毁无遗。地表大规模变形，影响地面和地下水系，造成瀑布，江河壅塞，水流改道	500~1000

2. 等烈度线图

等烈度线图通常也叫等震线图，人们习惯用其表示一次地震烈度的分布情况。等烈度线就是在同一次地震影响下，破坏程度相同的各点的连线。地震等烈度线图可以反映出一次地震的区域烈度分布、震中位置、推断发震断层的方向。利用等烈度线还可以推算震源深度和计算在一定震中烈度和震源深度情况下的烈度递减规律。

等烈度线图是根据烈度划分标准对现场进行调查后绘制的，从历次等震线图中可以看出它们的形状，等震线之间的间距各不相同，有的自震中向四周均匀衰减，是同心圆状，有的呈棒状、十字状或更复杂的形状。这些形状反映了发震构造的复杂性和地层条件的特殊性。烈度衰减特征研究表明，不同地点发生同等震级的地震，烈度衰减速率也不同。同一地点不同震级，或不同震源深度，其烈度衰减速率也有差异。

根据我国历次地震烈度编制的全国性的烈度图（图1-6），提供了历史地震破坏区烈度大小的地理分布状况。从中可以看出，我国地震破坏的特征有如下特点：

（1）高烈度区（烈度大于Ⅶ度）主要分布在我国西部和西南部，如新疆西北、西藏南部和南北地震带上。东部的高烈度区主要分布在华北地区和台湾岛、海南岛的北部、福建与广东部分沿海地区。

（2）最高烈度为Ⅻ度，仅曾经发生在山东省郯城以北的小块地区（1668年8月25日8.5级地震）。西部烈度达Ⅻ度的有两处，一处是宁夏海原近西北—东南向分布的狭长地区（1920年12月16日海原8.5级地震）；另一处是西藏察隅，1950年8月15日发生的8.6级地震。

（3）地震的等震线的长轴方向，在我国东部以北东向为主；而在西部以东西向和北西向为主。

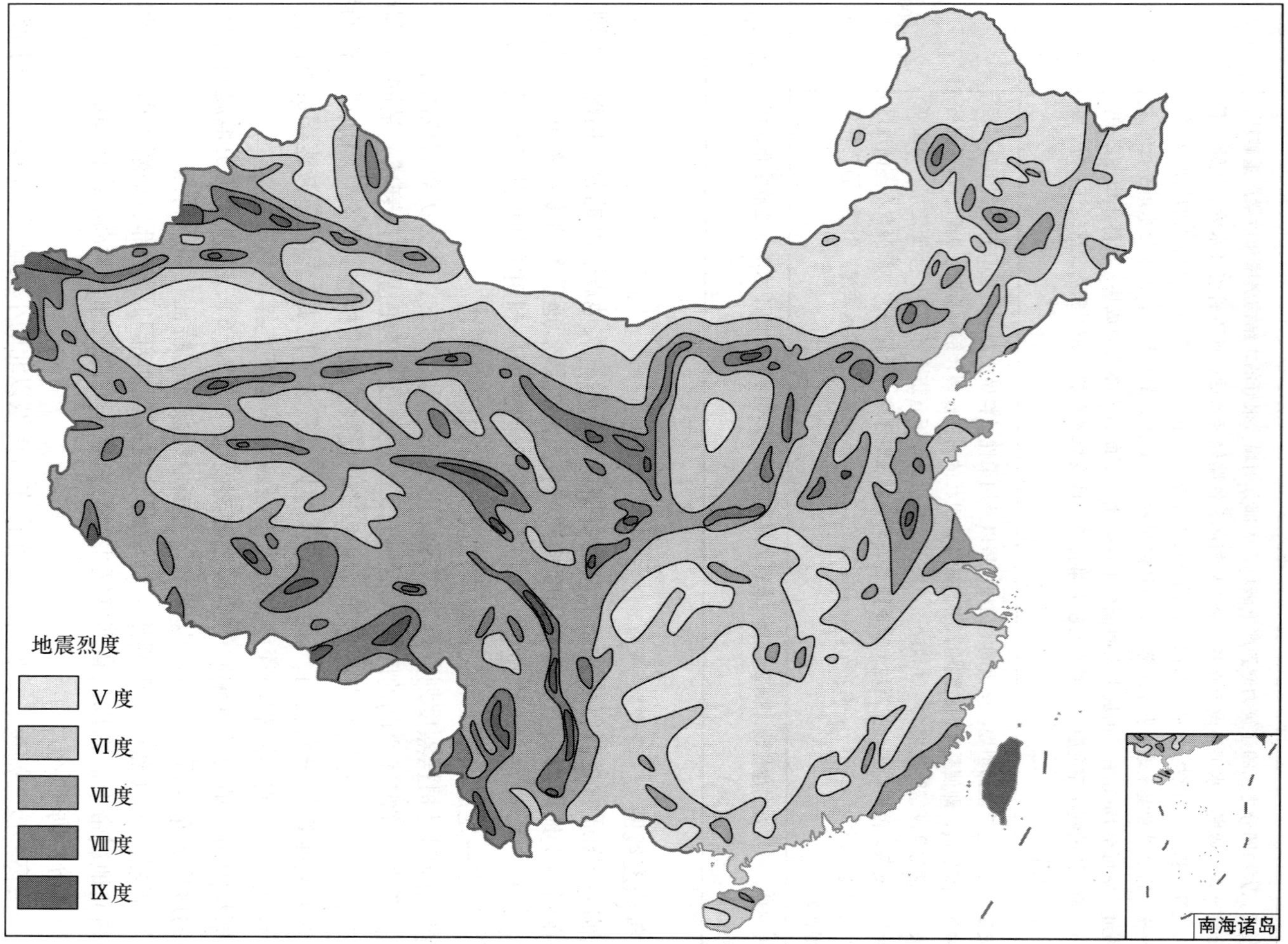

图 1-6　中国地震等烈度图

（4）地震烈度的等值线一般围绕震中呈椭圆形，长轴方向较短轴方向衰减慢，外围接近圆形。

（5）高烈度地区东部衰减慢，西部衰减快，反映西部的地震与断裂构造关系更为密切。2008 年 5 月 12 日的汶川大地震就是一个典型实例。

此外，还有一个能导致地面破坏的表征地震烈度的重要特征量是地面振动的加速度，它可以通过加速度仪记录加速度谱而得。一般地，加速度越大，地震造成的破坏就越大。

三、地震效应

地震所产生的直接和间接结果，称为地震效应。地震效应主要包括由地震所引起的地表位移、断裂，地震所造成的建筑物和地面的毁坏（如地面倾斜、砂土液化、不均匀沉降、滑坡等），以及水面的异常波动（如海啸和湖啸）等。

地震破坏作用大致可归纳为三种效应：振动破坏效应、地面破坏效应和和次生灾害效应（图 1－7，图 1－8，图 1－9，图 1－10）。

图 1－7　振动破坏效应（汶川县映秀镇）

图 1－8　地面破坏效应

图 1－9　地面破坏效应（河北唐山大地震）

图 1－10　次生灾害效应（北川县陈家坝镇）

（一）振动破坏效应

地震发生时，地震波引起地面和地面上的建筑物作强迫振动，给地基基础和上部结构施加了附加荷载。当地震力达到某一限度时，建筑物即发生破坏。这种由于地震力作用直接引起建筑物破坏，称为振动破坏效应。

地震力的大小取决于地震的各种特征，主要包括：

1. 地震动幅度

震级越大或距震中越近，地震动的幅度就越大，对建筑物施加的动荷载就愈大，所造成的破坏也就越大。

2. 频谱

是指各种频率地震波的组合序列，地震波是一种弹性波，包括体波和面波。

3. 持续时间和建筑物本身的动力特征

（1）自振周期：当某种频率的地震波与建筑物的自振周期相同时，振动幅度加大。

（2）振型：地震波前进方向与质点振动方向不一定一致，施加力的方向、性质不同，建筑物对不同波的共振的状态也不同。

（3）阻尼特征：不同建筑物削减波的能量大小也不一样，与自振周期相同的波阻尼较小。

例如，一些地震的地震动水平加速度很高，由于持续时间短，仅几秒钟或振动的频谱与建筑物的自振特征差异很大，表现为震灾不严重；相反，一些水平加速度虽小，但由于持续时间长达20～30s，或地震频谱与建筑物自振特征相接近，地震灾情就很严重。因此防震工作中对介质振动的最大水平加速度、建筑物的自振周期等因素都要综合考虑。

（二）地面破坏效应

指地震发生时，地层错动、开裂、地陷、地基不均匀变形及砂土液化等使地基失稳，导致建筑物发生破坏。

1. 地面开裂

地面开裂具有明显的区域力学属性和方向性，属非连续变形现象，其分布受发震断层的控制。许多强震资料表明，当松散堆积物厚度大于30m时，在震中区出现的地裂缝多属此种类型，而不是基岩中的断裂直逼地表。

例如，1976年唐山地震市区中心区出现总体走向NE20°～30°的地裂缝，延伸长度为8～10km，与发震断层走向一致。经勘探证实，这些地裂缝深度一般小于2.5m，其产生原因是土层所受地震力超过了土体的抗剪强度，从而产生了永久性变形。

地裂缝常可穿越刚度较小的建筑物使其结构损坏，但有时也存在其他情形，某些地裂缝的出现可以起到隔阻地震波传递吸收部分振动能量的作用，这在一定程度上减小了震害。

此外，由于地震力的扰动，也可使部分岩土体沿重力方向发生位移，出现斜坡效应，导致不同类型的岩土体开裂，包括斜坡失稳使滑体及边缘产生张裂缝、平缓覆盖层沿倾斜下卧层面滑动导致地面开裂和砂层被扰动而不均匀下陷（压密）。

2. 地基基底变形

强震时的地震加速度很大，相当于对地基岩土体施加了附加荷载，若超过岩土体强度，就会使之发生移动、变形或者错位，导致上部建筑失稳破坏。

地基基底变形分三种：①地基沉降或不均匀沉降（岩性差异、厚度不同等）；②地基水平滑移（斜坡或半挖半填）；③砂土液化（主要为饱水粉细砂层）。

（三）次生灾害效应

主要包括由地震引发的海啸、崩塌、滑坡、泥石流、洪水、火灾等造成的次生灾害。

例如，1960 年 5 月智利中部连接发生了三次超过 7 级的大地震，地震使瑞尼赫湖区发生了 $3 \times 10^6 m^3$ 的滑坡，滑坡体冲入湖中，使湖水陡涨 24m。湖水外溢，淹没了湖东 65km 以外的互尔的维亚城，水深达 2m，使 100 万人无家可归。这次地震还引起了海啸，智利附近的海面浪高达 30m，使中部沿海的房屋和码头几乎全部摧毁，巨浪以每小时 640 多千米的速度横扫太平洋，冲毁了夏威夷希洛地区的防波坝和沿岸的楼房，接着巨浪又袭击了日本本洲和北海道的太平洋沿岸，使海港设施和码头遭到严重破坏。

又如，2008 年的汶川大地震，导致大量人员伤亡和财产损失的主要是次生地质灾害，初步统计，地质灾害总数多达 12000 多处，潜在隐患点近 8700 处，有危险的堰塞湖 30 多座。根据 2008 年 9 月 19 日国务院公布的"汶川地震灾后恢复重建总体规划"可知，整个地震灾区亟须治理的重大次生地质灾害隐患点有 8693 处，其中需要搬迁避让的有 4694 处。

第五节　地震的活动特点与地震防范

由于地震的发生属于非线性的突变，目前大陆动力学尚处于发展阶段，人类对地震机理的认识还不够深刻。因此，除了人为因素诱发的地震外，现阶段人类还没有能力对地震活动进行控制，但可通过对历史上地震时空统计资料，对地震的时间、空间分布的可能性进行推估，并通过工程抗震设防及其他防灾减灾措施来减轻地震灾害给人类造成的损失。

一、地震活动的特点

1. 地震活动具有重复性

地震的发生有历史继承性和反复发生的特点，前面提到的我国 23 个活动断裂带是我国地震最集中高发的地区，也就是说发震的地带基本上是固定的，这与地壳的表层地质构造密切相关（一般发生在地壳最薄弱应力最集中的部位）。在时间上，表现出活动区和宁静区交替重复的特征，这是因为应变能需要有一个逐渐积蓄的时间过程。

2. 地震的迁移性和填空性

迁移性表现在两个层次上，对 23 个断裂带，地震并不总是发生在某个断裂中或某一地区。地震发生的地点和强度具有迁移性。例如：我国 20 世纪初 8 级地震发生在天山南北断裂系；20 世纪 8 级以上地震发生在甘肃的海原—古浪一带；30 年代转移到阿尔泰地区；50 年代 8 级地震出现在西藏察隅；而 70 年代，川、滇地区 6 级以上地震十分频繁，并连续发生多次大于 7 级的地震，而海原和河西走廊就没有发生 6 级以上地震。这是因为每次大的地震后，当地应力场地质结构从失稳状态进入新的稳定态，再次失稳还需要有较长的能量孕育过程。

地震的迁移性还表现在具有填空的特点，即在一个活动断裂系中，过去曾发生地震的地区的中间地带，常常是今后可能出现地震的区域。这种中间地带称为围空区。美国圣安德烈斯断裂带的地震分布就具有明显的填空性；我国唐山大地震也出现在地震的围空区。

3. 地震的累进突发性

地震的发生存在一定时间的孕育期，并出现各种前兆，表现为应力—应变异常（地面变形）地下水动态、重力异常等，这些异常有加速或减速的明显趋势。这也与地壳应力释放后又逐渐累积并再次释放的过程密切相关，当应力累积到一定程度将导致应变由小渐大，最后产生突变从而发生地震破坏。

二、地震的预报

地震的预报包括地震发生时间、地点和震级的预报。按照距地震发生时间，地震预报分为长期、中期、短期和临震预报四个阶段，统称为阶段性预报，它是在地震孕育可能具有阶段性的基础上提出来的，其根据是不同阶段有不同的征兆；如果连同大震后震区内地震趋势和余震的预报，则可分为五个阶段。

长期预报是指对一地区未来几年至几十年地震活动趋势的估计和概率性预报。中期预报是指地震前几个月至几年的预报。短期预报是指地震前几个月内的预报。临震预报是指震前数天内的预报。

1. 长期预报

长期预报是根据地震活动性分析，如地震爆发的周期、地震的迁移性、重复性等方面的研究，同时考虑区域地壳形变场的研究以及地球环境因子，如太阳活动、地球自转、行星相对位置等方面的分析，应用统计和相关分析方法做出的。其直接目标是推估未来一定时期内某地区可能遭受的最大地震及破坏程度的概率。

长期预报主要通过对地震周期性、地震震中的迁移性、强震带上应变能的积累与释放形式、地震震级与前兆时间的关系等因素来分析估计。

2. 中期预报

中期预报是在长期预报估计可能发生强震的地区即强震危险区进行的，除包括强震的大致时间、范围、频率外，还包括震级、发生区域的推断。

中期预报是根据地震孕育期和前兆现象的进一步分析做出的，同样包括震级、地点和时间的估计。

3. 短期预报

是在大地震前几个月内的预报，往往是在震源区及其附近出现更多异常现象，中期阶段出现的趋势异常进一步加速、转折或恢复等变化，所以正确识别异常非常关键，其判据主要是：地震区周围地震活动条带由强转为平缓，多数趋势性前兆异常出现转折和加速变化。

4. 临震预报

主要是根据地震前兆如地电流、地声、地光、地下水位、动物习性异常，是在短期预报了解的异常现象的基础上发生进一步的异常。如：孕震区或边缘发生了大量的前震活动、前兆观测出现突变、成批动物习性异常古怪等。

总之，短期预报、临震预报手段很多，对地应力、应变的监测是直接手段。间接手段包括地下水位测量、水化学成分分析、地磁测量、地电测量、重力测量、地声监听、动物习性观察等。

尽管如此，准确预报尤其是短期和临震预报地震仍有很大难度，不仅我国，世界各地地震部门的短期预报能力仍很低，尽管中期预报准确率可达30%，但临震预报成功的实例很少。

三、地震灾害的防范

减轻地震灾害损失主要应从以下四个方面入手：①进行比较精确的地震区划，划分出安全区、次安全区与危险区；②加强防震抗震工作，提高抵御震害的能力，尤其是城市和重要基础设施应重点设防，而工民建等设施要尽量避开危险区，同时要根据所在地区基本烈度采取抗震设防措施和进行相关抗震设计；③加强地应力—应变监测，做好地震预报工作；④开展诱发地震的趋势预测工作，尽量避免或减轻人工地震的损失。

（一）进行地震区划

包括地震活动性区划、地震烈度区划和地震动区划三种。

1. 地震活动性区划

这种划分是以已发生地震的震级大小和次数为指标。依据目前我国已有的丰富的地震历史记录，包括地震的周期性、迁移性，强震与弱震的相互关系，地震活动带应变能的积累和释放关系等规律对今后一段时间内地震可能发生的次数和震级大小进行区域划分。

2. 地震烈度区划

按照国家《建筑抗震设计规范》（GB 50011－2001）的规定，一般情况下抗震设防烈度可采用中国地震动参数区划图的地震基本烈度（或与抗震设计规范所设计的基本地震加速度值对应的烈度值），对已编制抗震设防区划的城市可按批准的抗震设防烈度或设计地震动参数进行抗震设防。对于抗震设防烈度为Ⅵ度及以上地区的建筑必须进行抗震设计。

3. 地震动参数区划

指以地震动峰值加速度和地震动反应谱特征周期为指标，将国土划分为不同抗震设防要求的区域。

地震动峰值加速度是指与地震动加速度反应谱最大值相应的水平加速度。

地震动反应谱特征周期是指地震动加速度反应谱开始下降点的周期。

我国地震部门已制定出全国的地震动参数区划图，各工程设计单位可依据所提供的地震动参数进行各类建筑的抗震规划与设计。

（二）地震区建筑的抗震规划与设计

地震区的工程建设应在地震区划的基础上进行，根据国家的经济实力和技术水平，合理确定地震区内不同区域的抗震设防标准，进行抗震规划与设计。

1. 抗震规划设计的基本要求

（1）选择对抗震有利的场地、地基和基础；

（2）建造在Ⅰ类场地上的建筑抗震构造措施应适当进行调整；

（3）地基和基础按设计基本要求开展。

2. 场地勘察时的抗震相关要求

（1）划分建筑场地抗震地段；

（2）划分建筑场地类别；

（3）测量和计算土层剪切波速；

（4）判别饱和砂土、粉土的地震液化；

（5）进行发震断裂的工程影响评价。

3. 建筑抗震设计

在进行建筑抗震设计时，一般采用设计地震动参数来进行相关结构的抗震验算。包括结构抗震设计、结构的抗震加固、建筑材料与施工质量的控制等。

(三) 加强地震监测、预警预报，开展诱发地震的研究

1. 地震监测

地震前兆是与地震孕育和发生相关联的异常现象。地震前兆异常可归为十大类，即地震学、地壳形变、重力地磁、地电、水文地球化学、地下流体（水、汽、气、油）动态、应力—应变、气象异常以及宏观前兆现象。每一类前兆又包含多种监测手段和异常分析项目。

2. 地震的预警、预报

要建立地震预报预警系统，及时疏散，切割电、水、煤气。

其实，预警和预报是有特定的内涵的，是不同的两个概念。预警是指地震已经发生了，利用地震波的传播速度小于电波传播速度的特点，提前对地震波没有到达的地方进行的警示预告。预警的条件有两个：一是地震已经发生了，二是有较好的来源信息判断已发生的地震是一个具有破坏性的地震。预报则是指地震发生之前进行的预测。它的显著特点是地震没有发生的时候，通过某种或多种现象分析，对是否可能发生地震进行的判断。目前，地震预报只有通过政府部门才能发布，个人和团体是不能够发布的。

3. 开展地震科学研究

目前，地震科学研究中，主要依赖于地震前兆和事后震例的统计分析。我国大部分地震发生在地壳的中上部，而且震中密集成带，常与一定断裂带相吻合。因而，我国在地震研究中对地震与活动断裂的关系甚为重视。

对活动断裂的研究可粗略地分为四个方面：

（1）断裂几何学研究。主要通过遥感信息解译、地质地貌调查与填图及地球物理勘探，了解断裂在平面与剖面上的形态特征。

（2）断裂运动学研究。综合分析地质、地貌、地壳形变及震源机制资料，描述断裂两盘运动方向及其演变历史。

（3）断裂动力学研究。通过微震观测、断裂带物质的实验研究、地壳形变特征分析等，研究断裂活动方式及断裂带周围的应力场。

（4）断裂的地震活动模型研究。在以上研究的基础上，结合古地震研究及微震活动分析，研究断裂的长度、深度、断距、位移速率等与地震活动性之间的关系，划分出强震危险区，确定最大强震复发间隔，并以数学形式表达出来。

第二章 崩 塌

第一节 崩塌的概念与分类

一、崩塌的概念

位于陡崖、陡坡前缘的部分岩土体，突然与母体分离，翻滚跳跃崩坠崖底或塌落在坡脚的过程与现象称为崩塌。

崩塌是山区高陡边坡常见的现象。不同专业的研究人员对其理解并不完全一致，给出的定义也不尽相同。前苏联的И. В. 波波夫在《工程地质学》一书中写道："崩塌是大块的，常常是巨大的岩块之破碎。其发生是突然地，同时崩下的整块岩体翻落在山崖底下凸出的部分而撞得粉碎。"我国学者张倬元、王士天认为："陡峻或极陡斜坡上，某些大块或巨块岩体，突然地崩塌或滑落，顺山坡猛烈地翻滚跳跃，岩块相互撞击破碎，最后堆于坡脚，这一过程称之为崩塌。"郑象铣等指出："巨大岩块或岩体因长期经受风化剥蚀或震动作用使本身脱离母体，在自重支配下，瞬息间突然而猛烈地由高陡处滚翻到较低的地方，撞成破碎的散块，其运动往往是跳跃式前进，这种现象称为崩塌。"

从上面几个定义来看，有的人把崩塌限于陡坡上的岩体的崩落，不包括土体；有的在定义中强调崩塌过程，有的强调作用力、形成的原因和影响因素。尽管如此，这些论述，对于形象、全面地认识崩塌现象和发生过程却是十分重要的。

崩塌的发生具有突发性，难以准确预测，破坏性强，往往可以摧毁房屋建筑，阻断交通，造成严重的人员伤亡和财产损失，所以，是一种地质灾害。

从形态学上看，崩塌的形成，首先要在陡崖、陡坡前缘上有不稳定的岩土块体，即危岩体，另外，在崩塌高发区，常常可见先前崩塌的产物。它们以大小不等、零乱岩土块体组成锥状堆积体，位于崖下或坡脚处。

崩塌发生时，脱离母体的岩土块体会突然下落或翻滚，互相碰撞，使崩落体自身的整体性再次遭到破坏。

崩落体的运动形式主要有两种，一种是脱离母岩的岩土体顺坡滚动（图2－1B），另一种是以自由落体的方式坠落（图2－1A）。

图2－1 崩塌的两种运动形式

二、崩塌的分类

（一）按崩塌发生的地点分类

崩塌形成的原因和形成条件十分复杂，规模差异也很大，所以，研究时常通过类型的划分来把握其形成条件。

崩塌可分为山崩和库岸崩塌。

1. 山崩

主要是在裂隙发育的陡峭斜坡上，失稳的岩土体在重力等作用下，发生的崩落现象。这种崩塌常发生在山区以及具有高陡边坡的地形条件下。

2. 库岸崩塌

主要是水流冲刷、浸润岩土体、掏空水库坡岸作用所造成。多发生在河岸或水库边岸带；在海边因海浪对陡立海岸的冲击掏蚀而破坏，也有可能发生崩塌。

（二）按崩塌物的岩性特征分类

1. 岩体崩塌

崩落物为岩石块体的崩塌，称为岩崩。岩崩的规模可以从几立方米的小型岩崩到几百立方米的巨型岩崩。其物质组成主要为大小不同和形状不一的岩石碎块。它们来自山坡或路堑边坡上坠下或滚下的整块岩石体，或风化严重的岩石碎块。

2. 土体崩塌

崩落物为土块的崩塌，又称为土崩。其组成成分主要为黏土类、砂类、砾石类及碎石类土，有时也夹有风化或半风化的岩石碎块。

3. 混合体崩塌

其崩落物为岩质和土质的混合体。混合体崩塌的特性和体积很不一致。它一般发生在上为疏松的或胶结不牢的沉积层（坡积层、残积层和冲积层），下为极破碎的岩质和半岩质的路堑或半路堑边坡上。

（三）按分离面的特性、形状及其崩塌发生的原因分类

1. 顺断层或风化层的崩塌

断层为岩层中的破裂面，且断裂两侧岩体产生明显位移，所以断层带附近由于强烈挤压或拉张，往往形成很宽的断层破碎带。断层破裂面若位于陡崖陡坡前缘，极易形成崩塌。当山坡陡峻，基岩面倾角较大，其上覆风化层或覆盖层的脚部遭到破坏时，易于形成碎裂体脱离较完整的基岩面产生的崩塌。

2. 沿裂隙面的崩塌

裂隙面倾向与坡向一致，且倾角为 30°～65°的边坡往往由于开挖边坡切割了下部，形成所谓“断脚节理”破坏坡体平衡而产生崩塌。根据发育程度和组合特征，还可细分为 X 节理切割的 V 字形崩塌、多节理崩塌、沿垂直节理产生的崩塌等。其中 X 节理切割的 V 字形崩塌常发生在岩质较坚硬的花岗岩、片麻岩、辉长岩、辉绿岩和石灰岩区段。当坚硬岩层受到两组倾斜面相对的斜交节理切割，节理面以下的岩层又较破碎时，一旦下部遭到破坏，块体便失去平衡，发生崩塌。多组节理崩塌常发生在多组节理切割楔形、菱形、矩形岩体的产状极不规则的情况下，当岩层被多组节理切割，且节理如有几组倾向于坡面，易发生顺几组节理面所构成的折线或曲线的软弱面的崩塌。当一组主要节理与一组次要节理切割时，易于形成楔形或菱形崩塌。当两组主要正交节理切割时，易于形成矩形崩塌。沿垂直节理产生的崩塌发生在具有垂直构造节理的黄土、玄武岩等边坡上。

3. 探头崩塌

这类崩塌是因软硬岩层互层（如石灰岩夹页岩、砂岩夹页岩等），软岩层置于底层，

因软岩层风化较快，被掏空（或人工开挖不当，形成探头），上部的硬岩层因为节理切割或其他原因，承受不了本身的自重而引起崩塌。

第二节 我国崩塌的现状与危害

一、我国崩塌分布现状

我国幅员辽阔，地质条件复杂，崩塌类型齐全。多年的调查研究表明，我国崩塌的类型和分布具有明显的区域性特点。崩塌现象主要分布在地形切割强烈、断裂构造发育、新构造运动活跃、降雨集中的山区。崩塌多发地区主要为横断山高山峡谷地区、青藏高原东缘、黄土高原、湘西地区、云南高原以及川东鄂西的中山区，涉及云南、西藏、陕西、甘肃、重庆、湖北、湖南、江西、广西等省（区、市），见图2-2。

二、崩塌的主要危害

崩塌是我国地质灾害中的主要灾种之一。这些灾害给我国人民的生命财产和国民经济建设带来了严重的危害，极大地影响了社会经济的发展。据调查，2006~2008年全国共发生崩塌灾害28962起。其中2008年，连同滑坡、泥石流共造成1598人伤亡，其中死亡656人，失踪101人，直接经济损失32.7亿元。其危害主要表现在以下几个方面：

（一）对城镇的危害

城镇是一个地区的政治、经济和文化中心，人口、财富相对集中，建筑密集，工商业发达。因此，城镇一旦遭到崩塌灾害，不仅会造成巨大的人员伤亡和直接经济损失，而且会给所在地区带来不良的社会影响。一些规模大的崩塌体甚至能摧毁城镇，例如，甘肃省东乡族自治县的洒勒山（海拔2283m），1983牛3月7日山体突然崩裂，土石飞滚，洒勒山南麓台地的房屋、树林、公路被抛向1km远的河谷。埋深60m的土层被翻裸地面，约$6\times10^7m^3$的土石方崩落。崩塌堆积物覆盖面积达$3km^2$，在其下构成一扇形，高达60m，长约1600m的土丘。这次崩塌事件致使3000亩水田和两座水库被毁坏，277人死亡。

又如，2004年12月3日3时40分，贵州省纳雍县鬃岭镇左家营村岩脚寨后山发生危岩体崩塌，崩塌体冲击了山下土坡和岩脚寨（组）部分住户，形成特大型地质灾害。据统计，共有19户村民受灾，12栋房屋被毁，死亡39人，失踪5人，另有13人受伤（图2-3）。

（二）对矿山的危害

崩塌灾害由于具突发性、隐蔽性的特点，其对矿山危害很大，有可能摧毁厂房、矿山设施和其他地面建筑等，同时造成人员伤亡。我国几乎所有的矿山都不同程度地遭受崩塌、滑坡、泥石流等灾害威胁。这些山地地质灾害在某种程度上已经成为影响矿山建设和矿产开发的“公害”，特别是对于露天矿山威胁更大。例如，湖北省远安县盐池河磷矿于1969年建井，生产能力为年产量8万吨，采矿数年后，矿区已大面积采空，地表已出现不均沉降变形，加之地形陡峻、沟谷狭窄，崩塌体处于突出的山嘴，三面凌空，岩体内的构造裂隙发育。于1980年6月3日产生巨大的岩石崩塌，岩崩使山体从700m处俯冲于海拔500m的谷地。岩崩堆积物覆盖面积南北长560m，东西宽400m，厚30m，崩场堆积体近$1\times10^6m^3$，其中最大岩块有270多吨。顷刻间，磷矿的五层大楼被掩埋掀倒，307人死

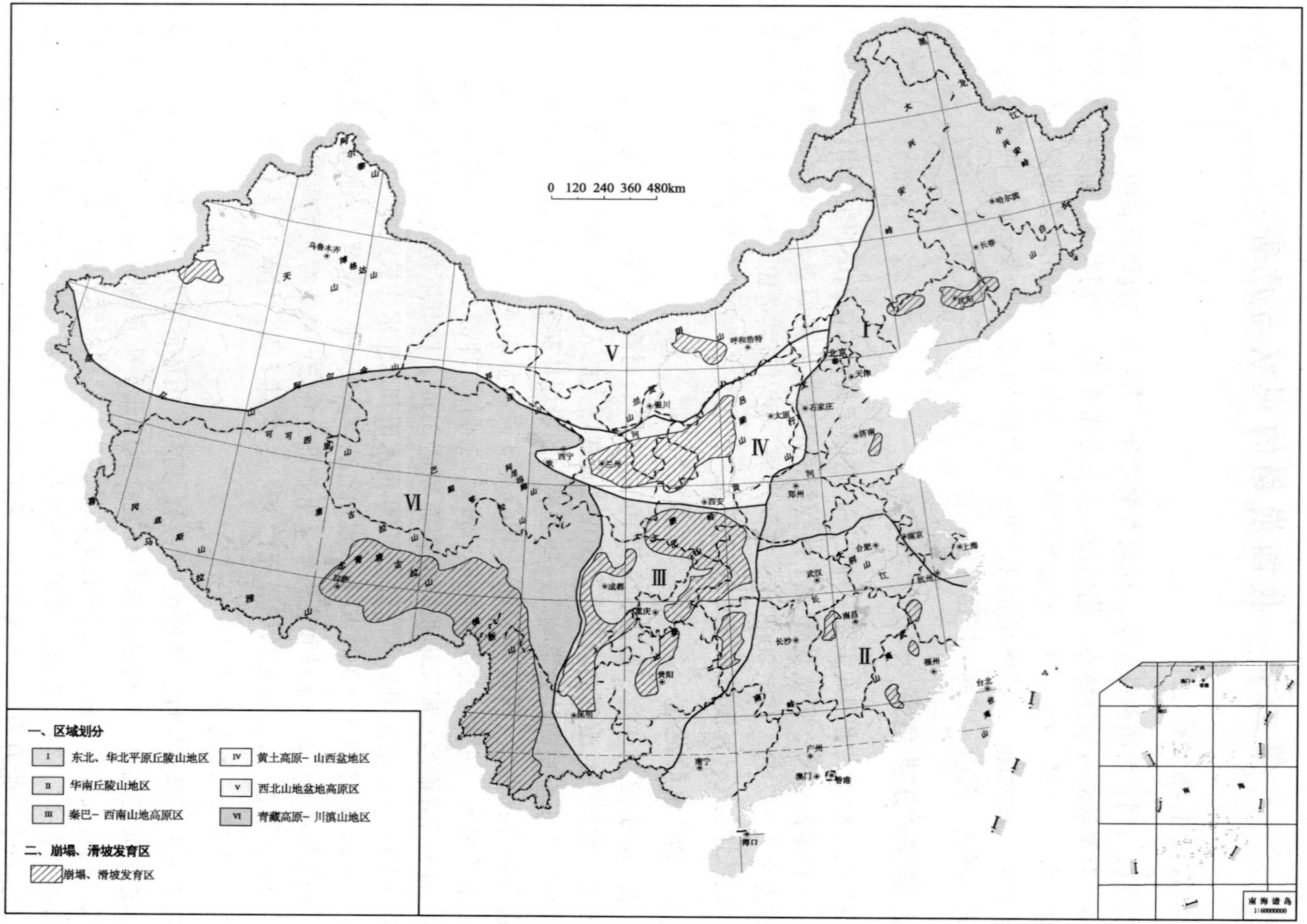

图 2－2　中国崩塌、滑坡灾害发育分区图

（据李瑞敏等，2007）

图 2-3　贵州省纳雍县岩角寨崩塌

亡。同时，岩崩体堵塞河道，在盐池河上筑起高 38m 的堤坝，形成一个崩塌湖泊。

（三）对水利水电等工程设施的危害

崩塌灾害对水利水电工程的危害主要表现在破坏大坝、水电站，毁坏水渠、管道，淤积水库等。崩塌灾害不仅使水库淤积加剧，降低水库综合效益，缩短水库寿命，而且还可能毁坏电站，甚至威胁大坝及其下游的安全，常常使水利水电工程不能正常运转，经济损失巨大。

（四）对交通干线的危害

崩塌灾害对交通干线的危害主要体现在对铁路交通、公路交通以及河道航运等方面。从已有资料分析来看，崩塌灾害在交通干线上发生频率高，危害大。2007 年 11 月 20 日上午 8 时 40 分左右，湖北宜万铁路巴东段高阳寨隧道口发生特大岩体崩塌事故，约 $3000m^3$ 的石块等坍塌物瞬间从高处坠落，造成一长途客车被埋，车上 30 余人无一生还。隧道洞口正下方的 318 国道湖北省巴东县野三关段公路交通中断（图 2-4）。

图 2-4　湖北宜万铁路高阳寨崩塌

第三节　崩塌的形成条件及发生机理

一、崩塌的形成条件

崩塌是斜坡体系统在外部因素作用下，部分岩土块体脱离斜坡母体而形成的。所以，崩塌的形成可从斜坡体的结构和外在作用两个方面进行研究。

（一）斜坡体系统结构

斜坡体系统的结构包括坡形（坡度、高度）、坡体的岩性、各种分离面的空间组合特征。它们体现了区域地质构造和地形地貌演化过程中，对某一特定斜坡的塑造结果。

1. 坡形

野外调查发现，崩塌多发生在山地、高原沟谷及陡立河岸等地带，其共同的特点是坡体陡峭，一般坡度在45°以上，而且坡高一般较大。这种坡形上的岩土体，内部受力，坡外临空，坡体的稳定性极差，一旦内部应力增大，或受到振动，极易失稳。除此之外，在水力、风力强烈冲刷掏蚀的高陡坡和河流凹岸，坡脚常被掏空，形成向坡体内部反倾的临空面。悬空的岩土体随时可能因外界的干扰而垮落下来。

2. 岩性

一般而言，由厚层坚硬的岩层，如灰岩、砂岩、砾岩、花岗岩、闪长岩等构成的斜坡体，因岩石强度较大，裂隙发育时，岩石常呈块体，块体之间分离面摩擦力也较大，块体之间相互锁固，可形成高而陡的坡形。相对软弱的岩层，如页岩、泥岩、板岩、片岩、千枚岩等强度较小，裂隙细密，岩石常呈碎块，个体稳定性较差，在稍陡的坡面上甚至偶尔的刮风或因人为踩踏，单个块体就会失稳，而形成泻溜。

事实上，野外见到的斜坡体很少由单一岩性组成，大多为坚硬岩层与软弱岩层的组合，于是不同坚硬程度岩层的组合特征必然对斜坡体内部及坡面边缘不同部位的受力状况产生重要影响。

3. 分离面及其组合特征

分离面是指岩土块体之间或块体与母体分离的间断面。崩塌的形成必须具备分离面。分离面可以是岩层的层面、节理面、断层面、各种成因的裂隙或裂缝。在斜坡体系统内部，分离面可以延伸很远，且切穿不同岩层，也可以很短，只发育在某一岩层层位上。分离面的走向和倾向可以有不同的方向，不同成因的分离面在空间上交叉、相互切割、错动，把岩土体分割为各种形态、大小不一的块体。

每一次崩塌都会有部分分离面转变为坡体的临空面，从而改变危岩体的力学边界，使之稳定性改变或变得更加不稳定。因此，各种分离面的空间组合特征对于崩塌发生可能性的分析有着重要的意义。

（二）斜坡体系统外部环境的作用

斜坡体系统内部结构的自组织程度是决定斜坡稳定性和崩塌发生概率的内在根据，要使崩塌成为现实，必须具备一定的外部环境条件，或者说必须有外在因素的激发。

导致斜坡体系统部分岩土体崩塌的外在因素有地震、降水、风力或水力侵蚀、冻融、植物根系的扩张（根劈作用）及人为活动等。

1. 地震

地震引起的山体震动可引起斜坡体在垂直方向和水平方向上的急剧、反复的应力变化，破坏坡体内部和临空面原有的脆弱力学平衡，导致危岩体失去重心。地震甚至可以使一些原本较稳定的岩土块体也发生崩塌。因此，地震是崩塌发生频率和规模最大的一种外在激发因素。

2. 降水

降水对崩塌的诱发作用主要表现在三个方面：①雨水的渗入可增大裂隙网络中的动水压力，提高坡体向临空面方向的推力；②雨水的浸润使分离面两侧的岩土软化，或减小分离面的抗滑阻力；③降雨形成的地表径流对岩土体的水力侵蚀，尤其是沟蚀，使分离面的隙缝不断增大。这些作用都可能使暂时稳定的危岩体在某一时刻突然失稳。

3. 风力、水力、冻融作用

在一些干旱、半干旱的多风地区，风及其携带的沙粒对无植被覆盖的岩土体表面会产生冲击、侵蚀作用，特别是山谷风风向的昼夜变化及其造成的大温差，往往会加剧岩石的风化和近地风对斜坡体坡脚的机械破坏，形成风蚀洞穴或反向坡。

地表水流的垂直侵蚀可使河岸坡高变大，坡度变陡，而侧方侵蚀则会不断将坡脚掏成反向坡，使部分岩土体悬空，久而久之，这部分岩土体最终会失稳而垮塌坠落，有些易软化崩解的岩土体，会因此失去支撑能力。

在北方，进入分离面中的水，在冬季会结冰，体积膨胀，施加给危岩体外推力，使危岩体向临空方向位移，当春季来临，气温升高，分离面中的冰会融化，水冻结形成的岩块之间的以及危岩体与母体的联结固持力，会因冰变为水而失去。特别是在一些昼夜温差变化较大的地区，分离面中水会不断夜冻昼融，使危岩体形成累进性的外移，最终形成崩塌。

4. 植物的根劈作用

植物根系在生长发育过程中可对围岩产生1～1.5 MPa的压力，促使分离面隙宽增大。若斜坡体由岩石组成，且植被较发育，植物的根劈作用，达到一定程度便会使危岩体倾倒。

5. 人为活动

人为活动诱发崩塌主要反映在两个方面：一个是人为的工程活动改变坡地系统结构；另一个是人为活动促进了外部激发条件。

人为工程活动，如修筑公路、铁路，采矿等开挖人工边坡，若工程防护措施不到位，就会造出许多新的潜在崩塌点。调查表明，目前许多省（市、区），由于人为工程活动不当而新增的崩塌灾害，可占总发生数的40%～50%。

人为活动也会引起斜坡体系统外部环境的变化，为崩塌的发生创造了激发条件。例如，修建水库，人工爆破，火车、工厂锻轧机械震动等，会起到改变边坡水力条件、施加振动力的作用。

二、崩塌的形成机理

（一）潜在崩塌体的形成

潜在的崩塌体由单独的或多个大小不一的岩块或土块（危岩体）组成，一般置于陡立斜坡的前缘和坡顶，属于斜坡的一部分。潜在的崩塌体是在斜坡发育过程中同时形成的。从区域地质演化的角度来看，斜坡的岩性组成有赖于区域地层的形成过程，是各种沉积环境的产物，或是由岩浆活动、变质作用形成的。在经历了长期多次构造活动之后，断块的差异升降、地层褶皱使岩层中分布着大大小小的隙缝，它们可以是地层的层面、节理，也可以是构造裂隙和断裂形成的破裂面。与此同时，在水流、风力、重力等外力地质作用下，地形不断分异，在正、负地形的过渡带形成了大大小小、高低不等、陡缓不一的斜坡。斜坡前缘不仅保留着前期的隙缝，还会因坡体内外受力状况的差异，隙宽加大，并形成大量卸荷裂隙。这些张开的裂隙，即所谓的分离面将岩石分割成一个个独立块体，彼此凭借棱角相互咬合。由于坡体内部与边缘的应力分布十分不均匀，斜坡的眉峰两面临空，处于极不稳定的状态，此处的岩土块体也就成了危岩体。由此可以看出，潜在崩塌体的形成及其规模，既与区域地质作用的大背景有关，也与斜坡个体外形的变化紧密联系在一起。所以，崩塌的研究，既要阐明区域地质背景包括地层的岩性、层序、构造、地形地貌的演化过程，又必须突出斜坡个体的结构分析。

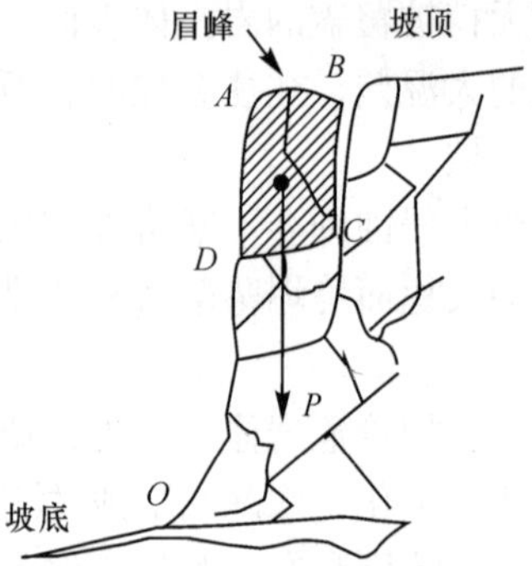

图2－5　潜在崩塌体的示意图

（二）潜在崩塌体的位移

潜在崩塌体形成后，并不意味着崩塌立即发生，通常要经过一段累进的位移阶段，所需的时间长短，事先往往难以预料，主要取决于外界条件激发的强度、方式，以及关键性分离面的产状和粗糙度等。如图2－5所示，潜在崩塌体*ABCD*可能由于*CD*分离面较粗糙，抗滑阻力大于下滑力，重心仍在斜坡体内，不会发生崩落。但是当*BC*分离面充水，在冬季冻结或有植物根劈作用时，该块体会受推力向坡外轻微移动。若这些作用反复施加，*BC*面的隙宽将不断扩大，直至*ABCD*块体的重心移出*DO*线外，崩塌随之发生。此外，雨水或坡内地下水的长期作用，还可能使*CD*面发生泥化或被黏土质风化物充填，使其抗剪强度降低，抗滑阻力减小，若*CD*面倾角较大，抗滑阻力小于由重力形成的滑动力时，*ABCD*块体会快速滑动，而冲出坡外。

（三）崩塌发生

当潜在崩塌体的重心移出坡外时，崩塌就会在瞬间发生，潜在的崩塌体即刻变为崩塌物。在此瞬间，岩块可沿坡面翻滚、跳跃、互相撞击，最后堆于坡脚，也可因坡面过于陡立或呈反坡，而以垂直落体的方式，直接坠入坡底。

大型崩塌发生时，因其方量大，冲击力强大，往往会激起巨大气浪，并伴有强烈的震动和巨大响声。如盐池河磷矿大崩塌产生的气浪把四层大楼抛至对岸，而坠落物又砸毁其他设施并造成人员伤亡。

（四）崩塌的模式

崩塌是一种突发的地质现象，从潜在崩塌体的位移到崩塌物的形成，不仅存在潜在崩塌体内部各岩块或土块松动、位置改变的连续渐变的过程，而且与母体的关系也在改变，在大多数情况下，母体也会有小变形，并决定着崩塌的范围和崩塌的模式。具体来说，有以下几种模式。

1. 倾倒式崩塌（图2－6）

在河流峡谷区、黄土冲沟地段或岩溶区等陡坡上，经常见有巨大而直立的岩体以垂直

图2-6 倾倒式崩塌

节理或裂隙与稳定的母岩分开。这种岩体在断面图上呈长柱形，横向稳定性差。如果坡脚遭受不断地冲刷掏蚀，在重力作用下或有较大水平力作用时，岩体因重心外移倾倒产生突然崩塌。

这类崩塌的特点是崩塌体失稳时，以坡脚的某一点为支点发生转动性倾倒。这种崩塌模式的产生有多种途径：①在重力作用下，长期冲刷掏蚀直立岩体的坡脚，由于偏压失去重心，直立岩体倾斜，最终导致崩塌；②当附加特殊的水平力（地震力、静水压力、动水压力以及冻胀力等）时，岩体可倾倒破坏；③当坡脚由软岩层组成时，雨水软化坡脚产生偏压，引起崩塌；④直立岩体在长期重力作用下，产生弯折也能导致这种崩塌。如图2-6所示的三峡库区的链子崖危岩体就属于典型的倾倒式崩塌类型。

2. 滑移式崩塌（图2-7）

临近斜坡的岩体内存在软弱面时，若其倾向与坡向相同，则软弱面上覆的不稳定岩体在重力作用下具有向临空面滑移的趋势。一旦不稳定岩体的重心滑出陡坡，就会产生突然的崩塌。除重力外，降水渗入岩体裂缝中产生的静、动水压力以及地下水对软弱面的润湿作用都是岩体发生滑移崩塌的主要诱因。地震有时也可引起滑移崩塌。

3. 鼓胀式崩塌（图2-8）

若陡坡上不稳定岩体之下存在较厚的软弱岩层或不稳定岩体本身就是松软岩层，深大的分离面把不稳定岩体和稳定岩体分开，当连续降雨或地下水使下部较厚的松软岩层软化时，上部岩体重力产生的压应力超过软岩天然状态的抗压强度后软岩即被挤出，发生向外鼓胀。随着鼓胀的不断发展，不稳定岩体不断下沉和外移，同时发生倾斜，一旦重心移出坡外即产生崩塌。因此，下部较厚的软弱岩层能否向外鼓胀，是这类崩塌能否产生的关键。

4. 拉裂式崩塌（图2-9）

当陡坡由软硬相间的岩层组成时，由于风化作用或河流的冲刷掏蚀作用，上部坚硬岩层在坡面上常常突悬出来。突出的岩体通常发育有构造节理或风化节理，在长期重力作用下，分离面逐渐扩展。一旦拉应力超过连接处岩石的抗拉强度，拉张裂缝就会迅速向下发

图 2－7　滑移式崩塌

图 2－8　鼓胀式崩塌

展，最终导致突出的岩体突然崩落。除重力的长期作用外，震动力、风化作用（特别是寒冷地区的冰劈作用）等都会促进拉裂崩塌的发生。

5. 错断式崩塌（图 2－10）

陡坡上长柱状或板状的不稳定岩体，当无倾向坡外的分离面和较厚的软弱岩层时，一般不会发生滑移崩塌和鼓胀崩塌。但是，当有强烈震动或较大的水平力作用时，可能发生如前所述的倾倒崩塌。此外，在某些因素作用下，可能使长柱或板状不稳定岩体的下部被剪断，从而发生错断崩塌。悬于坡缘的帽沿状危岩，仅靠后缘上部尚未剪断的岩体强度维持暂时的稳定平衡。随着后缘剪切面的扩展，剪切应力大于危岩与母岩连接处的抗剪强度时，则发生错断崩塌。

图 2－9　拉裂式崩塌——长江三峡链子崖危岩体

图 2－10　错断式崩塌——广西凤山崩塌灾害

另外一种错断崩塌的发生机理是，锥状或柱状岩体多面临空，后缘分离，仅靠下伏软基支撑。当软基的抗剪强度小于危岩体自重产生的剪应力或软基中存在的顺坡外倾裂隙与坡面贯通时，发生错断—滑移—崩塌。

产生错断崩塌的主要原因是由于岩体自重所产生的剪应力超过了岩石的抗剪强度。地壳上升、流水下切作用加强、临空面高差加大等，都会导致长柱状或板状岩体在坡脚处产生较大的自重剪应力，从而发生错断崩塌。人工开挖的边坡过高过陡也会使下部岩体被剪断而产生崩塌。

从上述五种崩塌发展模式看，崩塌体所处的地质条件以及崩塌的诱发因素是多种多样的，但是，崩塌体失稳时的运动形式则是有规律可循的。大量调查证明，基本就是上述的倾倒、滑移、鼓胀、拉裂、错断五种模式。崩塌能否产生就在于这五种初始变形能否形成和发展。

第四节　潜在崩塌体稳定性分析

潜在崩塌体稳定性评价以前多采用工程地质条件分析法和工程地质比拟法进行，很少进行定量计算。近年来有关潜在崩塌体稳定性检算方法的研究，为定量评价提供了一个途径。

一、地质历史分析法

地质历史分析法是根据勘查和其他方法所获得的资料，运用工程地质学等多学科知识对潜在崩塌体进行稳定性分析的一种方法。它包括变形史分析法、工程地质类比法、岩体稳定的结构分析法（含图解分析法），以及其他一些分析方法。在分析中应体现相互有机联系原则、整体性原则、有序性原则和动态原则。

（一）岩体稳定的结构分析法

岩体稳定的结构分析法主要基于岩体结构及其特性，依据岩体中结构体之间相互依存、相互制约的关系，抓住主要结构面并根据结构面之间、结构面与临空面之间的组合关系，确定可能失稳的结构体的形态、规模与空间分布，同时判定不稳定块体可能移动的方向和破坏方式。

结构分析法主要采用图解分析法。图解分析法主要有边坡稳定摩擦圆法、玫瑰图法、赤平极射投影法、节理统计极点图与等密度图、平面投影法和实体比例投影法等。

（二）工程地质类比分析法

依据相似性原则将已经发生过的崩滑的地质体特征、形成条件、驱动力、崩塌类型和形成机理等先验实例与被勘查对象进行类比，分析其稳定性，其实质是把集成经验（理论）应用到条件相似的工程中去。

类比的相似性原则，包含下列方面：

（1）崩滑体岩体性质、主控结构面、岩土体结构、斜坡结构和崩滑体介质结构条件等的相似性。

（2）崩滑体赋存条件的相似性。

（3）动力因素的相似性。

（4）发育阶段的相似性等。

集成经验具有地域性和实践性，并与实践者的认知水平有关。为提高其水平，可建立崩塌地质灾害稳定性分析的专家系统，以供危险性评估使用。

（三）变形史分析法

变形史分析法主要依据崩塌发育规律中的发生周期性和阶段性特征，追溯潜在崩塌体的变形发育史，判定其现今所处阶段，进而分析其稳定性。分析内容包括：

（1）崩滑体发育的区域性规律，包括周期性、阶段性、时段性、动力因素及诱发因素的统一性。

（2）根据被勘查崩滑体的变形形迹和变形速率（监测资料），分析崩滑体现今所处的发育阶段。

（3）调查了解其变形历史，包括访问和搜集地方志和有关的资料。

(四) 地质综合分析

在上述各项分析的基础上，对被勘查的崩滑体的形体特征、地质构成、成灾条件、成灾动力、成灾因素、成灾机理、变形破坏形式和特征、失稳条件和机制等进行全面系统地整理、归纳，进而评价崩塌体现阶段的稳定性，并预测其发展趋势、评价其失稳的必要条件、相关因素、失稳的可能性和失稳的规模、方式、方向，预测失稳的时间。

二、数理分析法

数理分析法仍处于快速发展阶段。常用的方法有极限平衡法和极限平衡状态假设下功能原理进行分析的极限分析法、应力—应变分析法（如有限元法、接触摩擦界元、随机有限元、损伤有限元等）、边界元法和离散元法等。由于计算模型选择与参数的取值具有较大的不确定性，数理分析的计算结果往往与变形的实际情况有较大出入，所以，目前数理分析法尚未达到准确定量分析的阶段。

(一) 极限平衡法

1. 基本原理

采用静力学解析法，建立在塑性极限平衡概念基础上，以库仑强度准则进行静定问题求解，对于超静定问题则采用假定法消去多余的未知数使之转化为静定问题。针对已有界面，进行整体力矩平衡计算或力的平衡计算，以其比值作为稳定性系数来表示其稳定性。由于简化处理的假定不同，产生了不同的计算方法如 Bishop 法（1995）、Janbu 法（1954，1973）和 Sarma 法（1979）等。目前仍以二维计算较为多见。

2. 极限平衡法的应用特点

岩土体变形中存在极为复杂的应力—应变关系，包括从峰值强度到残余强度的特性，各种岩土体材料的各向异性、孔隙水压力的变化、地震动力反应等。极限平衡法将影响岩土体抗剪强度的主要因素径高度概化后纳入计算，是其显著优点之一。

保证地质体在原地不产生大规模崩滑破坏，是勘查防治工作的主要目标。假定崩滑体中的细微变形是无关紧要的，则极限平衡分析是适用的。因为在分析中，不使用实际的应力—应变关系，不进行预期变形计算，其变形是通过设置某一适当的稳定系数来控制的，因此，在防治工程设计中应用较为广泛。

极限平衡法的应用是半经验的，除了斜坡正处于破坏的时候，其稳定系数值为 1.0 之外，其余情况下该值是不能准确给定的。

(二) 有限单元法

1. 基本原理

根据岩体结构特性，有限单元法的力学模型归纳为线弹性力学模型和非线性力学模型。后者模拟岩体的不连续性和强度上的各向异性等，可以用于模拟软层、滑带等。目前，有限单元法在求解像弹塑性及流变、动力、非稳态渗流等时间相关问题以及温度场、渗流、应力场的耦合问题等复杂的非线性问题中的效能，已使其成为在岩石力学中应用最广泛的数值分析手段。有限单元法发展甚为迅速，接触—摩擦单元、随机有限元、损伤有限元相继提出，三维有限元开始应用，均表明有限单元法日趋发展和深化。

2. 有限单元法的应用特点

有限单元法的优点在于：部分地考虑了岩土体的应力—应变特征，能避免将坡体视为刚性块体过于简化计算边界条件的缺点，能够较接近地实际刻画崩滑体的变形破坏机理，计算其变形方向和变形量。由于岩土体应力—应变情况和地质材料力学特性的各向异性均极为复杂，有限单元法尚处于简单模拟阶段，如何深入全面地将各种因素在计算分析中反映和深化仍是今后研究的重大课题。

有限单元法分析的可靠性及精确度取决于对灾害地质体的正确认识和合理反映，取决于对岩土体物理力学性质的认识和参数取值的代表性及接近真实的程度。崩塌体破坏的力学机理与力学参数的取值，从勘查角度尚具有很大的不精细性和不确定性。因此，任何手段的应力—应变分析计算，只能作为定性分析的一种数学表达方法。认清此点，对稳定性分析、防治方案论证和工程设计尤为重要。

（三）地质力学模拟试验

模拟试验是以实验室的有限空间和时间对规模巨大的、历时长久的自然现象和作用进行规律性探索，通过试验直接求解，遵守量纲原则和相似原则。

在崩滑灾害稳定性研究中，常用的试验主要是地质力学模拟试验（自重力场边坡结构模拟试验、离心力模拟试验、底面摩擦模拟试验等）。

1. 基本原理

采用相似材料按一定比例尺制作二维或三维的崩滑体的物理模型，配以施加作用力系统、量测系统（变形量测、压力量测等）和录像摄影系统，建立地质力学模型。通过对该模型施加各种作用和作用力，观测其变形破坏，即可进行崩滑的动力因素、形成机制、变形破坏方式、方位、规模、运动距离和防治工程效果的观测研究。由于施加作用力的方式不同，可分为自重力模型（除重力外不施加外力）、底面摩擦模型（利用材料底面和承托板之间的摩擦力模拟重力和其他作用力）、离心机模型（利用机械的离心力给模型以荷载，使模型受体积力的作用来满足力学的相似要求）和设置多种加力系统的地质力学模型。

2. 模型的设计、制作和试验

（1）确定试验范围和模型比例尺

模型比例尺一般控制在1:100～1:500，确定试验的概化地质模型。

由于受到技术水平和比例尺等因素的限制，目前还不能做到试验模型和实际地质体在几何学的、物理的、力学的各种参数及其变化上高精度的相似。因此，在进行模型试验时，要对崩滑体各种要素作必要的归纳和简化，确定其概化地质模型。这种归纳与简化必须是基本符合地质体实际的，包括岩组的归纳与概化、地层产状的概化、岩体结构及主要结构面的概化、物理力学参数的概化与取值，地质体几何参数的概化与取值。

（2）地质条件的模拟

1）自重力的模拟，可采用配制与岩石容重相同或接近的模型材料来实现；

2）断层模拟，采用铺设与其 c、Φ 值相似的纸或其他材料来模拟；

3）节理模拟，可采用组合缝；

4）软夹层的模拟，采用摩擦系数不同的聚乙烯等；

5）地震力、地应力的模拟，平面模型采用拉、压传感器加载，三维模型采用加力系统。

（3）设置测量系统和录像系统

测量系统可设置电阻片与电阻应变片、电感式微型位移计、百分表、引伸仪、白光散斑、微型压力盒等。

3. 试验

按地质分析设置试验程序并进行试验，应重视变形破坏和防治效果的观测研究。

4. 提交试验成果

试验成果包括量测资料和宏观变形资料，应提交变形场有关图件、曲线、单项量测成果分析和综合分析报告，应提交有关照片和录像资料。

第五节　崩塌的防治

一、防治原则

（一）优先考虑防灾躲避的原则

人类认识自然、改造自然的能力（包括认识能力、技术能力和经济能力等）目前尚不足于与大规模的强烈的山崩相抗衡，即使在个别的防治工作中能有所作为，也常要付出巨大经济成本。所以崩塌的防治应以防为主，以主动撤离、躲避为主，并优先考虑躲避。

（二）工程防治原则

1. 工程防治的性质

崩塌的防治是地质工程，不是一般的土木工程和水利工程。它是以地质体作建筑对象，以地质结构作为工程结构，以地质环境作为实施环境的一种特殊工程。

2. 工程防治的原则

崩塌防治的基本理论尚未完全形成，但它包括了地质学和工程学两大方面，强调地质观和工程观的融合运用，体现为以下几大原则。

（1）及时把握防治时机

崩塌的成生发展具有阶段性，包括潜在崩塌体的成生到崩塌发生的全过程。因此，防治工作一定要把握时机。防治过晚或过早都是不利的。崩塌的防治，应在其慢速蠕动变形阶段进行。

（2）系统分析原则和针对性原则

地质灾害防治的系统分析原则，即地质灾害系统内部的相互有机联系的原则，包括整体性原则、有序性原则和动态原则。应具体地系统分析崩塌灾害的形成机理和成灾因素，并分析其与环境地质体之间的相互作用，分析环境地质体及持力地质体的工程能力。针对变形破坏的主要力学机理、致灾因素、环境岩土体和持力岩土体的具体情况，进行工程方案选择。

将要施加的防治工程和其他措施放置于孕灾地质体及环境地质体组成的稳定系统中进行系统分析，分析其设置过程中对稳定性的影响及设置后可能形成的后果，力求在不产生负面效应的前提下达到最佳防治效果。

（3）综合防治原则和整体最优原则

孕灾地质体是十分复杂的多因素的集合体，地质灾害防治应是综合性的，应立足整体考虑，综合治理。不局限于对孕灾地质体采取支护、抗滑等工程措施，应投入一定的辅助手段和措施，如生物措施、环境措施和对致灾因素（降雨、地下水等）的措施，进行综合性治理。

整体最优原则是要求地质灾害防治诸措施组合作用的整体防治效益最优，而不追求每项局部措施水平都达到最优状态。多种措施巧妙组合，综合应用，力争以最低投入获得最佳防治效果。

（4）技术可行性原则

防治工程的方案能否成立，很大程度上取决于防治工程技术上的可行性。技术可行性，包括施工技术方法、施工技术水平、施工机械的能力、施工设备、材料、施工条件、施工安全等诸多因素的可行性，应针对防治工程的具体方案和具体施工条件进行详细调研论证。

（5）经济合理性原则

经济上合理性，包括投资水平的承受能力和减灾效益两个方面，我国地质灾害防治的投入与取得的效益比值一般为1:10～1:20。基于政治上的原因和以社会效益、环境效益为主时，则另行考虑。

（6）力求根治的原则

对于地质灾害的治理，一般应一次性根治，不留后患。若工程竣工后发现问题再进行补救和重新治理，往往造成很大困难且产生不良的社会影响。但对某些巨大的、地质条件复杂的崩滑体，在地质认识尚不清楚时，需通过一些监测才能做出正确评价时，应全面规划，分期整治，力求根治。

二、崩塌灾害防治的一般措施

（一）主动撤离与躲避

按照崩塌防治的基本原则，对于危害性较大的不稳定斜坡体，应首先考虑人员撤离现场或工程线路绕避等措施。

（二）防护措施

采用遮拦建筑物，对崩塌运动的岩土体进行消能拦挡，限制崩塌体的运动，同时对建筑物进行遮拦，隔离崩塌体与受灾体，使之不能成灾。主要防护措施有：

（1）山坡拦石沟、落石沟、落石槽、落石平台。

（2）拦石桩、障桩。

（3）拦石墙（混凝土拦石墙、笼式拦石墙、钢轨拦石墙、钢丝拦石墙）、拦石网（图2-11）。

（4）遮挡明洞（图2-12）、棚洞。

（三）地质体改造措施

地质体改造内容是多方面的，包括地质体材料、结构面、结构体和环境条件的改造。

图 2-11　铁路线一侧的拦石格栅

图 2-12　预防崩塌落石的明洞

1. 地质体材料的强化

地质体材料的强化改造一般采用注浆加固，常用水泥、水玻璃、环氧树脂和化学灌浆。

2. 结构面的强化改造

岩体表面一般采用喷混凝土或挂网喷锚，进行岩土体表面处理，以提高岩土体表面结构完整性和表层强度（图 2-13），多用以崩塌危岩体临空面处理和地下洞室或采空区处理。

图 2-13　崩塌体表面防护

岩体内部结构面的强化改造可采用灌浆增加结构面之间的联结力；采用锚固（预应力、柔性结构）增加结构面之间的法向应力，以增加摩阻力；采用抗滑桩、抗滑楔（刚性结构）以及桩锚、键锚结合等工程，增加结构面之间的摩阻力和支撑力。

3. 结构体改造

主要指对崩滑体的形态、体积、重量、结构进行较大规模的改造和重新配置，以减少重力形成的变形破坏力，增加支撑和平衡力，改善其力学平衡条件，提高崩塌体的稳定性。主要措施有：①头部削方减重；②削坡降低坡度；③坡脚堆载、支挡、锚固或反压，常采用堆筑土石扶壁反压、加筋土石扶壁墙、浆砌石挡墙、混凝土框架墙、锚索墙（图2－14）等；④采空回填支撑，常采用混凝土键、柱、浆砌石、毛石等回填支撑空区；⑤倾倒、悬空危岩支撑，常采用浆砌石、混凝土墙、柱、梁等进行支顶、支撑、嵌补，为其增加支撑结构体（图2－15）。

图2－14　锚索墙

图2－15　崩塌支撑垛

4. 地质环境条件的改造

（1）水域边岸崩塌体坡脚防护：①抛石护坡；②防坡堤、护坡墙；③导水墙、丁坝，用以疏导高速水流或改变主流线，避免直接冲刷坡脚或降低流速；④拦沙坝，在紧邻崩塌体下游筑坝，减缓水流冲蚀并造成淤沙反压坡脚。

（2）地表排水工程：①防渗工程，疏干并改造崩滑体范围内的地表水塘和积水洼地，封闭地表裂缝，对易入渗地段进行坡面防渗（喷浆、抹面、铺填黏性土等）、增加植被。②排水工程，修筑集水沟和排水沟，拦截并排出地表水。

（3）地下排水工程：①地下防渗工程，用防水帷幕截断地下水。②地下排水工程，水平排水孔、水平排水隧洞、竖直集水井、泄水洞、洞孔联合、井洞联合等。

（4）坡面绿化工程。

第三章 滑 坡

第一节 滑坡概述

一、滑坡的定义

滑坡是斜坡上的岩体或土体，在重力作用下沿某一软弱面或软弱带整体滑移的现象和过程。滑坡俗称“走山”、“垮山”、“地滑”、“土溜”等（图3-1）。

滑坡是一种最常见且数量多、规模大、成因复杂的斜坡失稳现象。因其发生突然，难以预测，常常会造成人员伤亡、财产损失的严重后果，所以，是一种备受人们重视的地质灾害。

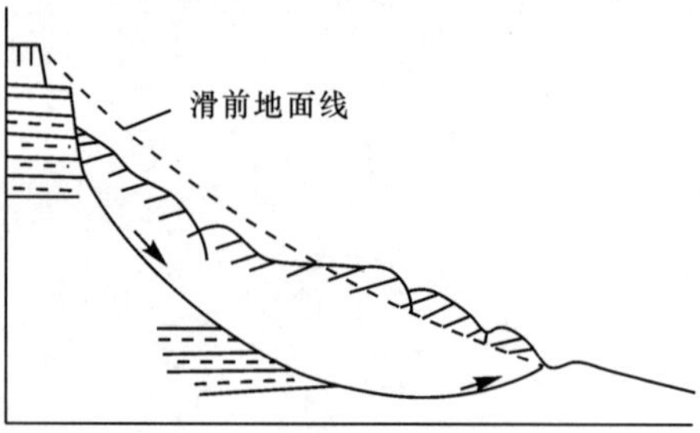

图3-1 滑坡的基本形态示意图
（据陆兆溱，1989）

二、滑坡的形态

（一）滑坡的形态因素

滑坡常常以其独有的地表形态与一般坡地地貌形态相区别，不同的滑坡可以有不同的形态特征，反映了它们处于不同的发展阶段，并显示地质条件的差异。

一个发育完全的典型滑坡，会在外貌上留下许多现象或特征，具有许多形态要素（图3-2）。

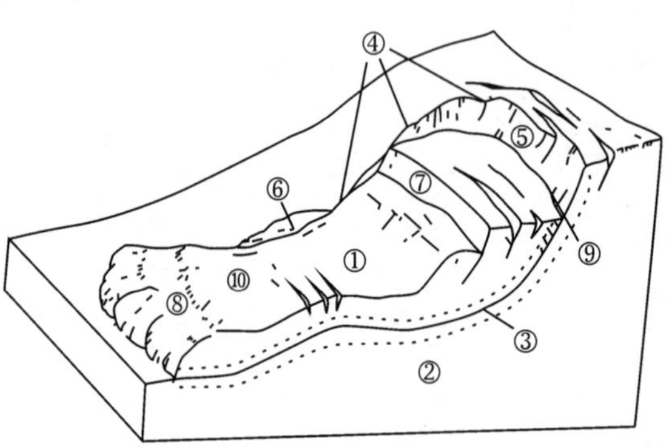

图3-2 滑坡形态要素示意图
①滑坡体；②滑坡床；③滑动面；④滑坡周界；⑤滑坡后壁；⑥滑坡侧壁；⑦滑坡台阶；⑧滑坡舌；⑨滑坡洼地和滑坡湖；⑩鼓丘和土垄

1. 滑坡体

斜坡上整体向下滑动的那部分土体或岩体叫滑坡体，简称滑体。由于滑坡是岩土体整体性的滑移，所以滑坡体内部可大体保持原先的地层层序特征和结构特征，但因经过变形阶段，又会形成新的裂缝和明显的松动现象。

2. 滑坡床

滑动面以下的稳定土体或岩体叫滑坡床，简称滑床。在滑坡形成时，其基本未发生变形，而保持原先的结构，只是在其前缘因受到滑坡体挤压而产生一些挤压裂隙。

3. 滑动面

滑坡体移动时，滑坡体与滑床之间形成一个分界面并沿其下滑，此面叫滑动面，简称滑面。由于滑动时的错动碾压，滑动面一般较光滑，有时可见到擦痕。滑动面上下的土石因滑动揉皱，破坏较剧烈，形成一个碾压破坏带，此带称滑动带，带上可发生片理和糜棱化的现象，其厚度可达数十厘米甚至达数米。

滑动面的形态多种多样。有前后坡度基本一致的平面状，有后陡中缓前部反翘的勺状，还有近于半圆柱面状的滑动面。它在断面上分别表现为直线状、折线状和圆弧状。

4. 滑坡周界

滑坡体与周围不动体在平面上的分界线称为滑坡周界，它圈定了滑坡的范围。滑坡周界的形状一般呈椭圆形或纵长形（即上下方向长度远大于左右方向长度），但不同土石和不同深浅的滑坡又有些差异，如浅层的黄土滑坡和黏土滑坡，则多呈等长形和横长形（即左右方向长度大于上下方向长度）。

5. 滑坡后壁

滑坡后缘的陡壁，又称主滑壁，实际上是滑动面的露出部分，平面上多成圈椅状。滑壁的形态、坡度、高度，以及延伸特点主要取决于滑坡类型，同时也与滑坡规模有一定关系。其高度一般数米至几十米，有的可达百米，如甘肃东乡县洒勒山滑坡的滑壁高220～240m；滑坡壁坡度多为35°～80°，而顺层滑坡的滑壁坡度有时可缓至30°以下，主要与滑动所依附的岩层层面倾角大小有关。

6. 滑坡侧壁

滑坡侧壁是滑坡体滑动时两侧露出的滑床部分。侧壁的坡度一般较主滑壁为缓，在平面上向两侧延伸时呈喇叭状展开。岩质滑坡的滑坡侧壁一般受裂隙面控制，可以作直线状延伸，而且左右侧壁彼此平行。

滑坡侧壁上常可见到滑体移动时留下的擦痕，其倾角（滑动擦痕与水平面的夹角）大小，表示在相应横断面上滑动面的坡度。

7. 滑坡台阶

某些滑坡，整个滑坡体由坡上到坡下可分成几段，每段因滑动的速度不同，形成了台阶一样的地形外貌，这就是滑坡台阶。常出现数个台阶和数个陡坎。

滑坡台阶也可分别叫平台及陡坎，即为滑坡滑落后形成的宽大平缓的台地。平台前缘陡坡称为滑坡台坎。平台的大小与完整程度反映了滑体厚度的大小。简单滑坡只有一个平台（甚至无明显平台），复杂滑坡可有几个平台。

8. 滑坡舌

滑坡体在移动过程中，当前部具有开阔的临空空间（如河道、堑道或其他开阔场地）时，其土体向这些空间扩散，并覆盖在前部地面，平面上一般呈现为舌状，故称滑坡舌，亦称滑坡前缘。

9. 滑坡洼地和滑坡湖

滑坡体与滑坡后壁间的低洼地形称为滑坡洼地。当其有地下水补给或接受降雨而积水成潭时，又称为滑坡湖。

滑坡洼地的底面代表了滑动面的位置，洼地底部与滑坡平台顶面之间的垂直高差即为洼地深度，其深度一般为数米至数十米，也有接近甚至超过百米的。由于滑坡壁的不断坍塌，土石堆积物逐渐充填于洼地中，致使洼地会被逐渐填平。

10. 鼓丘和土垄

滑坡在向前滑动时，因滑床起伏不平而受阻碍，从而在地表形成隆起丘地，称为滑坡鼓丘；当滑床前部为反坡时，则会在滑坡体前部形成与滑动方向垂直的隆起横亘，称为土垄。所以，可以根据地表鼓丘和土垄的是否存在以及存在位置，可以推断滑床的起伏变化，也可以推断前部滑床有无反坡（抗滑）段存在。

11. 滑坡裂缝

滑坡发生时，由于各部分土体运动速度和受力情况不同，因而在滑坡体四周和滑坡体上、中、下部会出现许多性质不同的裂缝，统称为滑坡裂缝。按力学成因及性质，可将裂缝分为拉张裂缝、挤压裂缝、扭剪裂缝、压张裂缝、张扭裂缝等。各种裂缝都有一定的形态特征和分布位置。

（1）拉张裂缝

当主滑部分缓慢移动时，滑坡体的后部因受到拉力作用而出现张开裂缝，长度为十数米至数百米，方向与滑坡壁大致吻合或平行的裂缝，称为拉张裂缝。拉张裂缝在平面上多呈上弯之弧形或近直线形。

拉张裂缝既可以在滑坡体内出现，也可以出现在滑坡壁以外的坡体中。

（2）挤压裂缝

滑坡体向前移动时，其前缘部分滑体将对前部稳定岩（土）体造成挤压，并形成裂缝，称挤压裂缝。当它产生在土体中时一般很少张开，甚至无裸露。当产生在岩石或人工建筑构件上时明显张开，有时裂缝宽度可达数厘米至十余厘米。挤压裂缝在平面上往往呈现为向前（外）弧形凸出。

（3）扭剪裂缝

滑动体与两侧稳定体之间的相对位移所产生的呈雁状排列的裂缝带，叫剪切裂缝。有时在剪切裂缝中还存在有一条或几条与滑坡侧界一致的（或平行侧界的）裂缝，称主扭剪裂缝。

（4）压张裂缝

滑体表面隆起部分（鼓丘、土垄）常可见到因滑体局部或整体被阻受挤压而造成的裂缝，当滑坡体停止运动后，受压状态即改变为受张状态，故形成先压后张的压张裂缝，也称鼓胀裂缝。

（5）张扭裂缝

这是滑坡体前部土体在向空间扩散时出现的与局部移动方向一致的裂缝。它一般呈张开状，且裂缝两侧表现有相对位移，按力学成因，属兼具张性的扭裂缝，故称张扭裂缝。平面上表现为放射状，故又称放射状裂缝，或称扇张形裂缝。它们一般出现在滑坡舌部和滑坡前缘陡坡地段。

滑坡的形态特征是判断斜坡是否受过滑动的重要指标，也是滑坡研究的一项重要指标。上述形态一般在发育完全的新滑坡才具备。当站在滑坡对岸高处观察时，可见到整个较顺直的山坡出现圈椅状的陡坎或陡壁，其下为沟槽或封闭洼地，再向下则地形突起，表现为上凹下凸的陡形，还可见到台阶状平地。更低的部位则为凹凸起伏的舌形坡地，其前端逼近河岸将河水向对岸推移，两侧则有沟谷发育，并有双沟围绕的趋势，而且这个部分的树木与周围不同，树木歪斜呈醉汉状或弯曲呈马刀状。坡面有翻滚痕迹，并有裂隙，说明该斜坡曾经滑动受到破坏。

第二节　滑坡各形态要素的特征及滑坡的分类

一、滑坡各形态要素的发育特征

对于一个发育完整的典型滑坡，一般可具有以上各形态要素。但由于发育程度的不同，上述形态要素并非总是表现得那样清楚，而且不同类型和性质的滑坡，这些形态要素各具有不同的特征。

滑坡周界的形状与滑坡类型有关，它们的形状是多种多样的。对于岩质滑坡，由于主滑壁和左右侧壁一般受到岩体内地质构造面的明显控制，其周界一般呈现矩形、角形、梯形等簸箕状。非均质土滑坡，如堆积土滑坡和黄土滑坡，其周界以纵长的圈椅状为主，也有横展的几近等长的圈椅状；均质土，如黏土滑坡，其周界一般表现为几近等长的圈椅状；滑体含水量大的土质滑坡（包括土夹石滑坡）呈现长度很大的纵长式圈椅状。

滑坡体内部地形起伏特点不同。岩质滑坡的滑体主要以一个平台为主，地面平均坡度与滑动面坡度接近一致。当滑坡体内存在有次一级破裂面时，滑体被分割为若干小块，这些小块的边界受次一级破裂面，如构造节理的产状控制。土质滑坡的地面起伏明显受到下伏滑床地形的制约。对于由许多单个滑坡组成的复杂滑坡群来讲，滑坡体内部有几条鼓起的纵向脊梁，即反映有几个滑坡。

滑坡平台的数量和完整程度，与滑坡性质有关。在同一个滑坡周界内，滑坡体上平台越少，平台越完整，其规模越大，说明滑体厚度大，滑床深。这种情况主要发生在岩质滑坡条件下。反之，如果滑体内平台多且规模小，平面表面裂缝密集，裂缝宽度也大，则反映了滑体厚度小，滑床浅，这主要发生在土质滑坡条件下。

裂缝的分布、形态及发展速度与滑坡性质有关。滑体内部裂缝的分布主要与受力状态有关。在岩质滑坡中，滑体内部及表面的裂缝还常常与岩体内原有的软弱结构面的分布有关。

在土质滑坡条件下，滑坡裂缝的性质和分布位置一般与受力状态密切相关。裂缝的宽度、缝壁的陡度、裂缝密集度与滑坡体厚度有很大关系。一般说，厚度大的滑坡，地面上裂缝分布稀少，延伸长度大，宽度小，缝壁陡；而厚度小的滑坡，滑坡表面裂缝密集，每条裂缝的长度小，宽度大，缝壁较平缓。

滑动面的形态、滑动带的性质与滑坡类型有关。岩质滑坡的滑动面形态经常受构造面控制，常常是沿着岩层层面或软弱构造面滑动，常具有平面状形态，滑面前后部分坡度变化较小。

土质滑动面形态较为复杂，随土体结构的不同具有不同的形态。对于结构不均一的土质滑坡或土石滑坡，一般具有勺状滑面；而结构均一的黏性土滑坡则常具有圆柱状滑面。滑带厚度也随滑坡类型不同而有很大差异。顺层岩石滑坡的滑带薄，一般只有几厘米至十几厘米；破碎岩石滑坡和土质滑坡的滑带厚度大，有时可达一米甚至更大；只有均质黏土滑坡的滑带比较薄，一般只有几厘米至十几厘米。

二、滑坡的分类

目前滑坡的分类方案很多，各方案所侧重的分类原则不同。有的根据滑动面与层面的关系，有的根据滑坡的动力学特征，有的根据规模、深浅，有的根据岩土类型，有的根据斜坡结构，还有根据滑动面形状和滑坡时代等。由于这些分类方案各有优缺点，所以仍沿用至今。

（一）按滑动面与层面的关系分类

1. 均质滑坡

又称无层滑坡，发生在同一岩性的岩体或土体中的滑坡，滑动面不受层面的控制，而是决定于斜坡的应力状态和岩土的抗剪强度，滑动面呈圆弧形或其他曲面（图 3－3）。在黏土、黏性土和黄土等土体斜坡中较为常见。

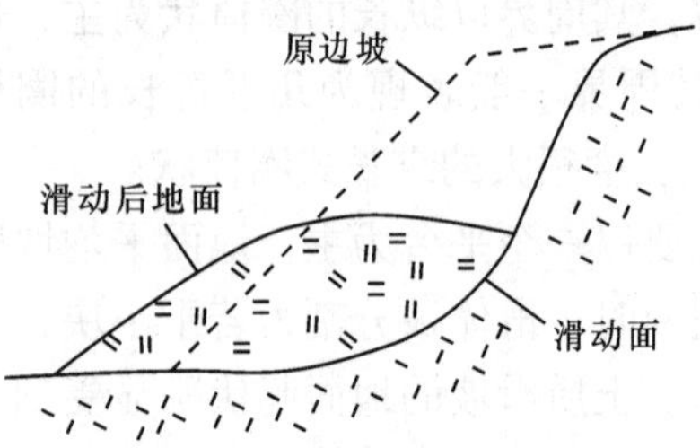

图 3－3　均质滑坡

（据李治平，2002）

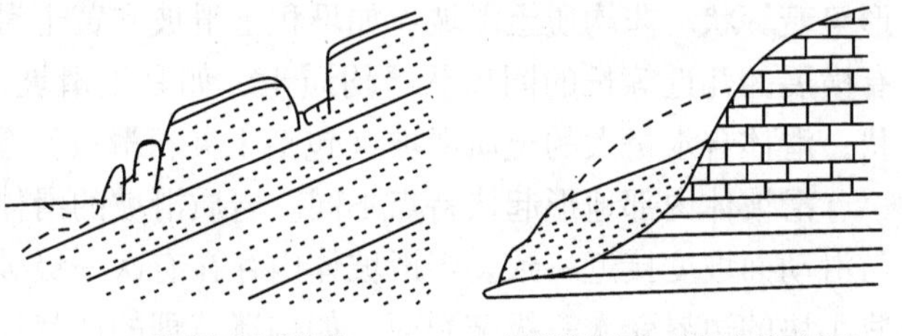

a.沿岩层层面滑动　b.沿坡积层与基岩交接面滑动

图 3－4　顺层滑坡

（据孔思丽，2001）

2. 顺层滑坡

这种滑坡一般沿着岩层层面或平行层面的裂隙面发生滑动，特别是有软弱岩层存在时，易成为滑动面。顺层滑坡是自然界分布较广的滑坡，而且规模较大（图 3－4）。1963 年 10 月 9 日发生在意大利的 Vajont 水库滑坡即为一大型顺层滑坡，滑动体积为 $2.6\times10^8m^3$。该滑坡使当时世界上最大的双曲拱坝失效，并造成坝下游 2600 人丧生。

3. 切层滑坡

滑移面切过岩层面而发生的滑坡称为切层滑坡。此类滑坡受结构面组合，裂隙和软弱夹层的控制。滑动面常呈圆柱状或对数螺旋曲线（图 3－5）。

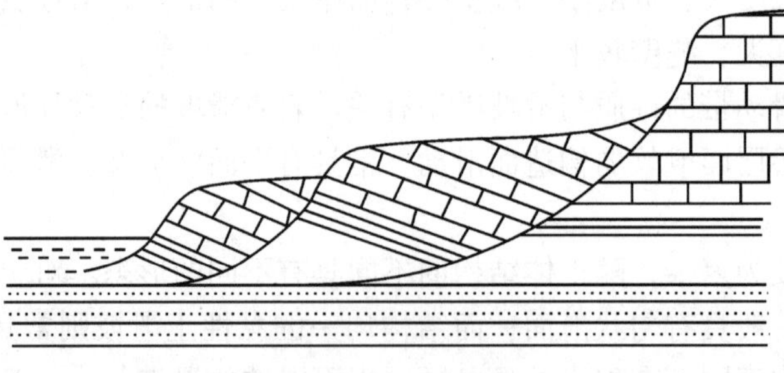

图 3－5　切层滑坡

（据孔宪立，1997）

（二）按滑坡的动力学性质分类

这种分类法又称为巴普洛夫分类，可分为推动式滑坡、牵引式滑坡、混合式滑坡和平移式滑坡（图3－6）。

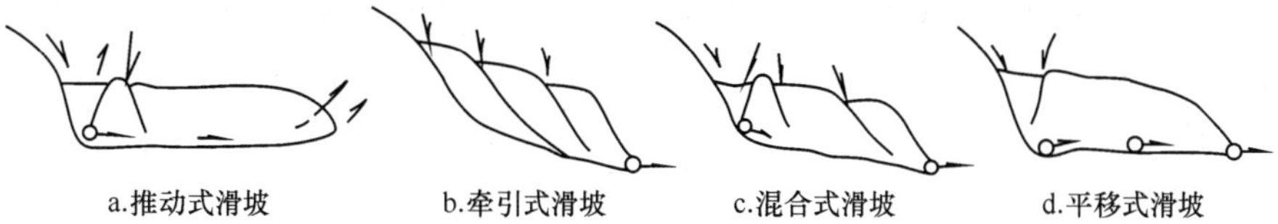

图3－6　滑坡的不同动力学类型

（据巴普洛夫，1903）

1. 推动式滑坡

这种滑坡主要是由于斜坡上部张开裂隙发育或因堆放重物施加荷载或在坡上部进行建筑等，引起上部失稳而推动下部滑动。

2. 牵引式滑坡

这种滑坡首先是斜坡下部先滑动，然后逐渐向上扩展，引起由下而上的滑动，往往发生在坡脚掏空的斜坡，一级一级错落。例如，四川省云阳镇大桥沟内侧长江阶地沉积的黄褐色黏性土，由于东西两沟流水掏蚀坡脚，引起黏土滑动，由下至上逐渐形成五个滑动面和五个滑坡台阶（图3－7）。

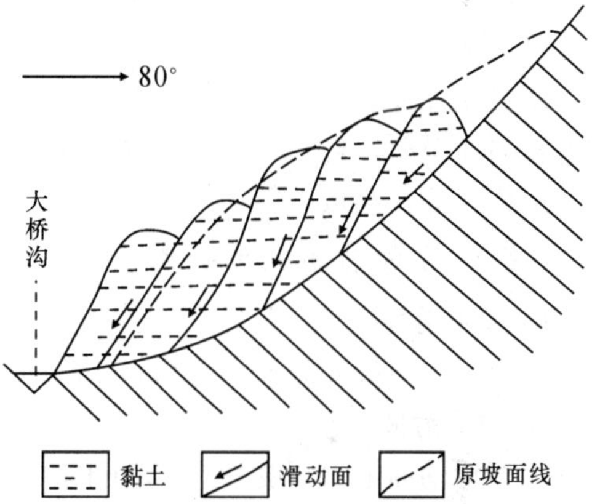

图3－7　典型牵引式滑坡示意图

（重庆云阳大桥沟滑坡）

（据李智毅，1990）

3. 混合式滑坡

这种滑坡一般是始滑部位上下结合，共同作用，这种类型较为常见。

4. 平移式滑坡

这种滑坡的滑动面一般较平缓，始滑部位分布于滑动面的许多点，这些点同时移动，逐渐连接形成统一滑面。

（三）按滑坡形成时间分类

1. 新滑坡

近期发生的滑坡，一般易发生在处于河谷发育时期的沟谷中。滑坡形态特征明显，具活动性。

2. 老滑坡

形成时间较久，滑坡堆积物掩覆在河漫滩之上的滑坡。滑坡形态特征较清晰，暂时稳定，但易复活。

3. 古滑坡

形成时间久远，一般发生在河流接地侵蚀时期或稍后，滑坡前缘高程与河流侵蚀基准面相当。滑坡形态特征受到严重改造，但依稀可辨，一般较为稳定，不易复活。

（四）按组成滑坡的主要物质成分分类

1. 堆积层滑坡

发生在各种松散堆积层中的滑坡称堆积层滑坡。其多出现在河谷缓坡地带或山麓的坡积及其他重力堆积层中。它的产生往往与地表水、地下水的直接参与有关。滑坡体一般多沿下伏的基岩顶面，或不同成因的堆积物的接触面，以及堆积层本身的松散层面滑动。滑坡体厚度一般为几米到几十米。

2. 黄土滑坡

发生在黄土层中的滑坡称黄土滑坡。它的产生常与黄土固有的垂直裂隙及黄土的湿陷性有关，多见于河谷两岸高阶地的前缘斜坡上，常成群出现。其中有些滑坡的滑动速度很快，变形剧烈，破坏力极强。

3. 黏土滑坡

发生在均质或非均质黏土层中的滑坡称黏土滑坡。黏土滑坡的滑动面呈圆弧形，滑动带呈软塑状。黏土的干湿效应明显，干缩时多张裂，遇水作用后呈软塑或流动状态，抗剪强度急剧降低，多发生在久雨或受水作用后。

4. 基岩滑坡

发生在各种基岩岩层中的滑坡属基岩滑坡。它多沿岩层层面、裂隙面、断层面或其他构造软弱面滑动。岩层滑坡多发生在由砂岩、页岩、泥岩、泥灰岩以及片理化岩层（片岩、千枚岩等）组成的斜坡上。

（五）按滑动面深度分类

1. 浅层滑坡

多指滑动面最大深度小于6m的滑坡。

2. 中层滑坡

多指滑动面最大深度为6～20m的滑坡。

3. 深层滑坡

多指滑动面最大深度为20～50m的滑坡。

4. 超深层滑坡

指滑动面最大深度大于50m的滑坡。

（六）按滑坡体规模大小分类

按滑坡体规模大小，可分为：①小型滑坡，滑坡体$<1\times10^5m^3$；②中型滑坡，滑坡体介于$1\times10^5\sim1\times10^6m^3$；③大型滑坡，滑坡体介于$1\times10^6\sim1\times10^7m^3$；④巨型滑坡，滑坡体$>1\times10^7m^3$。

第三节　我国滑坡灾害的概况

滑坡是我国地质灾害的主要种类之一。它具有分布广泛、规模巨大、分布不均、危害严重四个方面的特点。

1. 分布广泛

受气候、地形地貌和人类活动等因素的影响，滑坡发生频数的大小在区域上有一定的统计规律性。我国东起辽宁、山东、浙江、福建，西至西藏、新疆，北自内蒙古、黑龙江，南到广东、海南，至少有28个省（市、区）不同程度地遭受过滑坡灾害的侵扰。总面积达 $173.52 \times 10^4 km^2$，占国土面积的18.1%。根据发生频数，全国可分为15个多发区：①横断山区；②黄土高原区；③川北陕南地区；④川西北龙门山地区；⑤金沙江中下游地区；⑥川滇交界地区；⑦汉江安康—白河地区；⑧川东大巴山地区；⑨长江三峡地区；⑩黔西六盘水地区；⑪湘西地区；⑫赣西北地区；⑬赣东北上饶地区；⑭北京北郊怀柔—密云地区；⑮辽东山岫岩—凤城地区（分论第二章图2－2）。

2. 规模巨大

据统计，截止到2004年，我国滑坡已超过2.5万处，其中巨型滑坡有2833处，大型滑坡6448处，中型滑坡17500处。巨型、大型滑坡所占比例高达37%，足见其规模之大。巨型、大型滑坡的发生次数最多者为陕西省，达5002处，占全国的54%，次之为甘肃省，达1989处，占全国的22%，再其次为贵州和四川，分别占8%和4%。如云南富源县老厂大格煤田的滑坡，该滑坡面积约 $8km^2$，位移方量达 $1 \times 10^9 m^3$。

3. 分布不均

在我国，滑坡最严重的地区为第二台阶的西南、西北各省区。这一地区长期处于地壳上升隆起过程中，地震活动频繁，地形切割剧烈，地质构造复杂，岩土体支离破碎，为滑坡的形成创造了有利的地质条件。

从总体上讲，滑坡主要发生在我国的山区。其中西北、西南地区为滑坡的高发区。目前，全国有20个省（市、区）的300多个县、350万人口、100多万间住房、300多万亩良田、1000多座大小矿山、1500多个区乡小镇遭受着滑坡灾害的袭击或直接威胁，其中四川、云南、陕西、甘肃、宁夏、青海、山西、贵州、西藏、湖北8省2区只占全国国土面积的40%，而滑坡灾害却占全国的85%。

4. 危害严重

在人口稠密的城市，滑坡造成的损失较大，危及建筑物安全，道路中断，甚至造成人员伤亡。如，1718年6月19日甘肃通渭城北笔架山的一次滑坡，压死4000余人，甘谷北山滑坡掩埋永宁全镇及礼辛留村的一部分，死伤3万余人。1990年8月11日天水市一锻压厂滑坡，压埋了6个车间，24座建筑，造成了大量人员伤亡。再如，2004年9月5日，四川省宣汉县天台乡发生了震惊中外的特大型滑坡，滑坡摧毁了一个自然村并严重堵塞河道，形成库容 $58 \times 10^6 m^3$ 的一座滑坡堰塞湖，淹没上游的五宝镇及沿河8个村庄，致使19360人失去家园，造成直接经济损失约2亿元，滑坡面积达 $1.2km^2$，总体积 $25 \times 10^6 m^3$。

据统计，1949～1990年的42年中，因滑坡崩塌致死3635人，死亡人数超过百人的省份为四川、云南、贵州、陕西、甘肃、青海、湖北7省。其死亡总数占全国的95.8%。中国地质环境信息网的数据显示，2008年我国共发生滑坡灾害13450起，连同崩塌、泥石流地质灾害，共造成1598人伤亡，其中死亡656人，失踪101人，直接经济损失32.7亿元。

由于经济发展和人口的不断增多，滑坡的危害也更为明显，西部滑坡较东部大，造成危害的大都是数十万至数千万的滑坡（较大—特大型）。东部地区一般滑坡规模不大，为数千立方米（中—小型），但因人口稠密，危害也不小。

第四节　滑坡的成因机理

一、斜坡的应力分布特征及影响因素

（一）斜坡的应力分布特征

滑坡的形成与斜坡应力分布特征具有密切的关系。斜坡可因自然冲蚀（冲刷）或人工开挖而形成。斜坡形成后，其应力具有以下特点：

（1）坡面附近主应力 σ_1 与坡面近于平行，最小主应力 σ_3 与坡面近于垂直。由坡面向坡内，最大主应力 σ_1 逐渐变为垂直状态，最小主应力方向逐渐变为水平状态。

（2）由坡面向坡内，最大主应力 σ_1 与最小主应力 σ_3 逐渐增大，两者的差值逐渐减少，由椭圆形终变为等轴的圆形，在垂向上 σ_1、σ_3 由小渐增。

（3）在坡脚附近，最大主应力 σ_1 与最小主应力 σ_3 的差值最大，形成最大剪应力的增高带，坡度愈陡，应力集中愈明显。因而岩土体在这里最易遭受破坏。

（4）坡面侧向压力趋于零，实际上变为两向受力状态，而坡内为三向受力。

（5）在斜坡顶面和坡面的某些部位，由于水平应力显著降低，最小主应力可能为张应力，形成张力带。其位置通常出现在坡脚以上 2/3 坡高处。

（6）与主应力迹线偏转相联系，坡体内最大剪应力迹线呈圆弧形。弧的下凹面朝临空方向，这也是均质岩土体斜坡破坏而常呈圆弧形的主要原因。

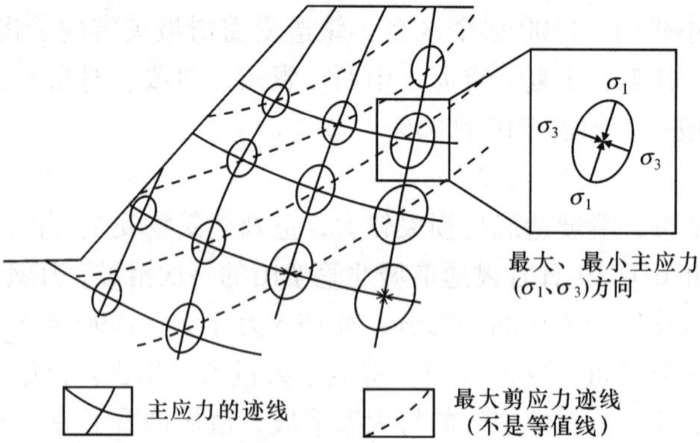

图 3－8　斜坡中最大剪应力迹线示意图

（二）影响斜坡应力分布的因素

上述应力分布特点是对均质斜坡而言的，对于非均质斜坡，由于斜坡不连续面或软弱面的存在，斜坡岩土体应力分布出现不连续。在这些面的周边，形成应力集中带或发生应力阻滞现象。表现为在强度较低的土质斜坡中应力集中程度较小，而在坚硬岩石中应力沿软弱面集中程度较高。

此外，岩土体的初始应力状态对斜坡的应力分布也有重要影响。在新构造运动较强烈地区，岩土体中常有较大水平地应力，对斜坡内部主应力迹线的分布形式及各应力值的分布都有较大影响，增强了坡脚附近的剪应力集中及坡顶张力带的发展。

斜坡的坡高、坡角和坡底宽度对斜边的应力分布也有一定影响。坡高增大，坡内各点垂向应力值增大；坡角增大，坡角最大剪应力增高，张力带扩大；坡底宽度缩小，也可使坡角最大剪应力增高。

二、滑坡的力学成因

滑坡的形成可通过斜坡的受力状况来解释。由于滑坡总是沿一定的滑移面运动的，所以在总体上，可看成如下这种关系，滑坡岩土体自重（即重力 P）沿滑动面可分两个分力：一个是岩土体下滑的驱动力 T；另一个是垂直滑动面的正压力 N，该力是产生滑面阻力的主要原因（图3－9）。对于一均质斜坡而言，滑动面常呈上段陡、下段缓的形态，因此，上段的驱动力可能会大于抗滑力，下段则相反，抗滑力可能会大于驱动力。

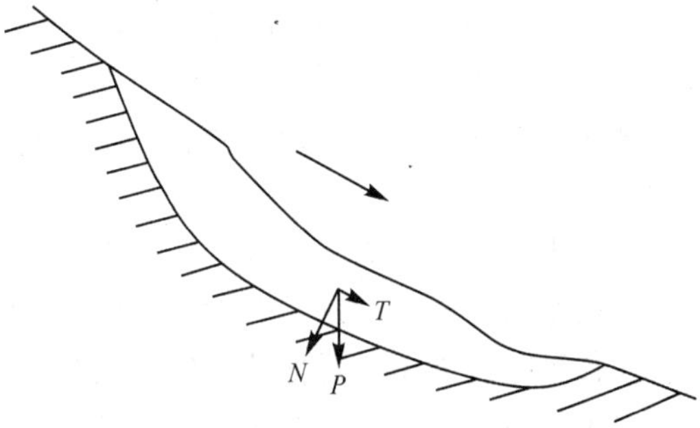

图3－9　斜坡体受力示意图

斜坡的稳定性可通过阻力与驱动力之比来评价。如果斜坡总体的抗滑力与驱动力之比 >1，即阻力超过驱动力，斜坡是稳定的，若两者之比接近1，则斜坡处于不稳定状态。据此可以理解，任何减少阻力或增加驱动力的活动都会使斜坡的稳定性将低，增大下滑的概率。例如，在坡脚开挖公路，如果开挖的部分切割滑体前缘即滑动面较缓的部分，尽管滑体部分土体被移走，减少了部分驱动力，但同时，滑床也被去除一部分，滑动面的长度减少，滑动面阻力也减少，而且由于去除的是滑动面较缓的部分，阻力的减少远远大于驱动力的减少量，有可能使原先稳定的斜坡变为不稳定。

当斜坡受外动力干扰，原有的应力平衡状态被破坏时，局部应力集中超过岩土体的力学强度，就会引起剪切破坏面或拉裂面，这些破裂面不断扩大，并相互连通，导致岩土体与母体分离，滑坡就会发生。

三、产生滑坡的主要因素

影响斜坡稳定性的因素十分复杂，其中最主要的有斜坡岩土体类型及性质、地质结构、水文地质条件等。除此以外，还有岩石风化、地表水和大气降雨的作用、地震及人类工程活动等。这些因素综合起来可分为两大方面，即内在因素和外在因素。内在因素包括：斜坡岩土的类型和性质、岩土体结构等；外在因素包括：水文地质条件及地表水和大气降雨的作用、岩石风化、地震以及人为因素等。

（一）产生滑坡的内在因素

1. 岩土体的岩性结构

斜坡岩土体的性质是决定斜坡抗滑的基本要素。结构松散，抗剪强度和抗风化能力低，在水作用下容易发生变化的松散覆盖层、黄土、黏土、页岩、泥岩、煤系地层、凝灰岩、片岩、板岩、千枚岩等是滑坡的易发生物质基础。岩土力学强度较弱与较坚硬岩层互层结构的碎屑岩组亦利于滑坡的形成。

研究表明，我国滑坡分布与岩性有密切关系，在易滑地层分布区域，往往滑坡成群出现，而在非易滑地层出露地区则斜坡稳定性较好。因此在斜坡稳定性研究中，应首先确定研究区是否有易滑地层分布和出露。

我国黏土类土和黄土类土分布广泛，由这类土组成的斜坡发生滑坡的可能性较大，特别是裂隙发育的黄土和胀缩土组成的斜坡，当边坡很平缓时仍能破坏。黄土斜坡稳定性决定于黄土的密实程度和结构特征。

岩土体中的各种结构面，包括节理、裂隙、层理面、岩性界面、平行和垂直的陡倾构造面及顺坡缓倾的构造面都是产生滑坡的内在条件。这些结构面的种类、软弱性、展布范围、密集程度，特别是软弱结构面与斜坡临空面的关系，对斜坡稳定起着很大作用。

一般来说，结构面张开性较好或者破裂面和软弱夹层的抗剪强度较两侧岩土低，它们在空间的组合常成为斜坡变形破坏的滑动面。结构面延伸越长，贯穿性越好，其危害越大。在各种结构面中，延伸范围较大的是层面、不整合面、断层面等。另外，结构面越密集，岩土体越破碎，越有利于斜坡滑移面的形成。

根据结构面产状与斜坡方向的关系，可以将斜坡分为平叠坡、顺向坡、逆向坡、斜交坡和横交坡，每种坡形的稳定性程度都不一样。

（1）平叠坡：主要软弱结构面呈水平状，这种斜坡一般比较稳定。

（2）顺向坡：主要是指软弱结构面的倾向与斜坡面的倾向平行或比较接近的斜坡。当结构面倾角小于坡角时，斜坡稳定性最差，极易发生顺层滑坡。自然界这种滑坡最为常见。

（3）逆向坡：主要是指软弱结构面的倾向与斜坡面的倾向相反，即结构面倾向坡内。这种斜坡一般是稳定的，有时有崩塌现象，但滑坡的可能性较小。

（4）斜交坡：主要软弱结构面与坡面倾向成斜交关系。其交角越小，稳定性就越差。

（5）横交坡：主要软弱结构面的倾向与坡面倾向近于垂直。这类斜坡稳定性较好，很少发生大规模的滑坡。

2. 坡形

相对高差较大，斜坡坡角大于10°的土质斜坡和坡角大于45°的岩质斜坡，以及下陡中缓上陡的坡形是滑坡易发的坡形条件。其中斜坡越高，坡内的应力值越大，发生崩塌和滑坡的可能性就越大。坡角越大，坡脚的应力集中现象越突出，最大剪应力随之增高（最大主应力，最小主应力差值增高），斜坡将越易失稳。计算表明，当坡底宽 $<0.8H$（坡高）时，沟谷两侧斜坡挤压，水平应力增大，使坡角最大剪应力增高。若坡低宽 $>0.8H$ 时，不会对斜坡的失稳产生影响。

（二）激发斜坡失稳的外部因素

1. 地表水和地下水的影响

每到雨季，滑坡频繁发生，很多滑坡都是发生在地下水活跃的斜坡地带和水库岸带。水的作用主要表现为对岩土的软化、泥化作用、水的冲刷作用、静水压力和动水压力变化的影响等。

土坡或岩质边坡中的泥质岩层，在雨水渗入或地下水位升高而受到浸湿时就会软化，抗剪强度降低。页岩、凝灰岩、黏土岩等亲水性很强，水对其软化作用也很显著。

水的冲刷作用使河岸变高、变陡；水流冲刷坡脚，切断滑动面下段都可使斜坡的抗滑阻力减小。

由于雨水渗入、河水位上涨或水库蓄水等种种原因，使得地下水位上升，导致潜在滑体内动水压力升高。或者地下水由斜坡岩土体中排出时，水力梯度增大，均可以对斜坡稳定不利。此外，水库放水期间，库水位迅速下降，使得斜坡岩土中的水不能及时排出，常导致库岸的滑动。

2. 地震的影响

地震也是造成斜坡破坏最重要的触发因素之一，许多大型滑坡的发生与地震密切相关。例如，发生于2008年5月12日的汶川地震，诱发了至少2万处的滑坡发生，造成了严重的灾难。

地震对斜坡稳定性的影响主要包括以下几方面。从震源开始分布于地壳中的弹性振动，向周围介质传递时具有一定的加速度，因此便产生地震力，其数值等于加速度与物体质量的乘积。同时，地表物体和建筑物内部将产生一种与地震力大小相等、方向相反的惯性力，因此地震总会在斜坡内引起一种附加应力，这种附加应力存在的时间如同引起它的地震振动的延续时间一样，也是很短的，但足以导致整个斜坡体的失稳。此外，地震还会使饱水的砂质斜坡因振动液化而移动，使抗滑力减小。

3. 人为活动的影响

人为活动如采矿、修筑房屋、建设公路铁路等开挖地堑、掏挖坡脚都可能引起斜坡体失稳而形成滑坡。由于建筑、填方、筑堤等在斜坡上增加荷载可使斜坡难以支撑过大的重量而失去平衡。边坡削方挖土，则会使坡脚下部失去支撑，导致滑坡发生。

地下采空区的沉陷，会造成山坡倾斜坡角增大和地面不均匀变形，激发滑坡发生。

此外，水库蓄水、防水以及爆破、重型运输等引发的动力震动，山坡上乱砍滥伐使坡体失去保护，便利降水的渗入，均可能成为斜坡失稳滑坡的诱发因素。

四、滑坡体运动的几个阶段

滑坡体的运动过程大致可分为四个阶段。

1. 蠕滑阶段

斜坡内部由于软弱面的存在及应力分布不均匀，某一部分出现缓慢的变形，主要表现为斜坡眉峰、顶面出现张开裂缝，内部也产生张裂隙、剪裂面，或原有结构面张裂，并逐步向连通性的滑动发展。在此阶段斜坡前部的岩土体会沿软弱面局部向临空方向缓慢位移，即出现蠕滑现象。

2. 滑动阶段

当若干裂隙渐渐沟通，或软弱层中形成一个整体的移动面时，蠕滑岩土体的后部及两侧主裂缝连通，两侧羽毛状裂缝形成，前部会断续出现鼓胀裂缝和不连续放射状裂缝。此时，滑坡体形成。这个阶段称为滑动阶段。

3. 剧滑阶段

随着滑坡体滑移速度加快，后缘张裂缝急剧张开，并发生错动，两侧及前缘表部坍塌，滑坡体快速向前运动，经常会发出岩石挤压破碎的响声，当滑移速度很大时，甚至会产生气浪，有时随滑坡体伸出，流出大量泥水，后壁不断坍塌，这个阶段称剧滑阶段。此阶段是滑坡破坏力最强，也是造成危害最大的时期。

4. 稳定阶段

经快速滑移后，滑坡体重心降低，能量逐渐消耗于克服滑床阻力和滑坡体内部的变形中，加之部分地下水的排出使滑动带土石固体强度有所恢复，滑坡体的滑速渐减，滑坡体趋于稳定。

在上述四个阶段中，剧滑阶段不是一个必有的阶段，有的滑坡滑动面总倾角较平缓，抗滑地段（滑面）比较长，可以不出现剧滑阶段，而由滑动阶段直接进入稳定阶段。但是，也有的滑坡主要表现为剧滑，在较短时间内即完成滑动过程，蠕滑滑动阶段不明显。

第五节　滑坡稳定性分析

一、滑坡稳定性评价

斜坡稳定性分析是判断滑坡能否发生的重要依据。

定性分析包括变形历史分析法、工程地质类比法、赤平投影分析法等，定量分析方法包括刚体极限平衡法、有限单元法等。这些方法在“崩塌”一章中均已做过介绍，在此不一一赘述，仅就滑坡破坏的特点对滑坡破坏的力学分析过程及判别准则进行阐述。

滑坡的滑动面有平直的或弧形的，而在均质滑坡中，滑动面多呈圆形（图 3－10）。

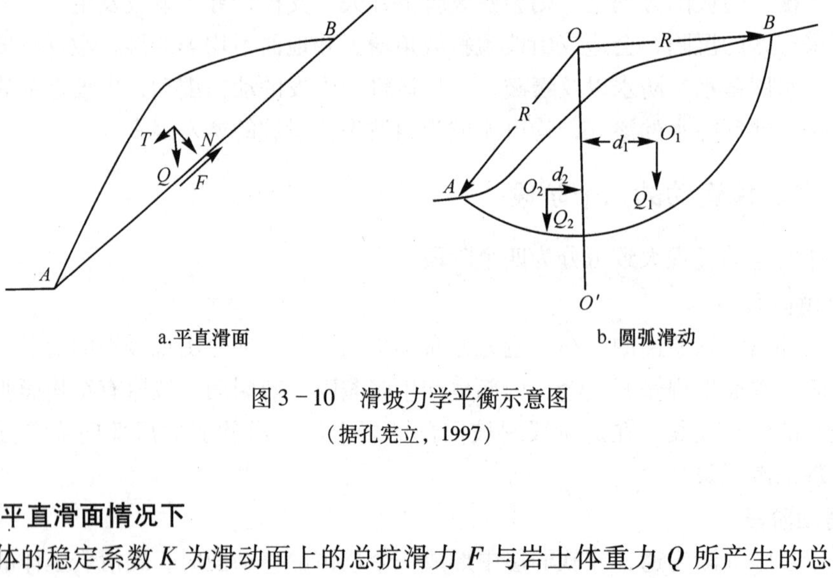

a.平直滑面　　b. 圆弧滑动

图 3－10　滑坡力学平衡示意图

（据孔宪立，1997）

1. 在平直滑面情况下

滑坡体的稳定系数 K 为滑动面上的总抗滑力 F 与岩土体重力 Q 所产生的总下滑力 T 之比：

$$K = \frac{F}{T}$$

当 $K<1$ 时，斜坡不稳定，可能发生滑坡；当 $K \geqslant 1$ 时，斜坡体稳定或处于极限平衡状态。

2. 在圆弧滑面情况下

如图 3－10 所示，滑动面中心为 O，滑弧半径为 R。过 O 点做一铅直线 OO'，将滑坡体分成两部分，在 OO'之右为滑动部分，其重力为 Q_1，它能绕 O 点形成滑动力矩 Q_1d_1；在 OO'之左部分，其重力为 Q_2，形成抗滑力矩 Q_2d_2。因此该滑坡的稳定系数 K 为总抗滑力矩与总滑动力矩之比：

$$K = \frac{Q_2 \cdot d_2 + \tau \cdot \widehat{AB} \cdot R}{Q_1 \cdot d_1}$$

其中，τ 为滑动面上的抗剪强度；式中分子为总抗滑力矩，分母为总滑动力矩。

当 $K<1$ 时，斜坡体失去平衡，发生滑坡。

3. 在折线滑面情况下

可采用分段的力学分析。如图 3－11 所示，沿折线滑面的转折处划分成若干块段，从上至下逐块计算推力，每块滑坡体向下滑动的力与岩土体阻挡下滑力之差，也称剩余下滑力，是逐级向下传递的。此方法又称为传递系数法。

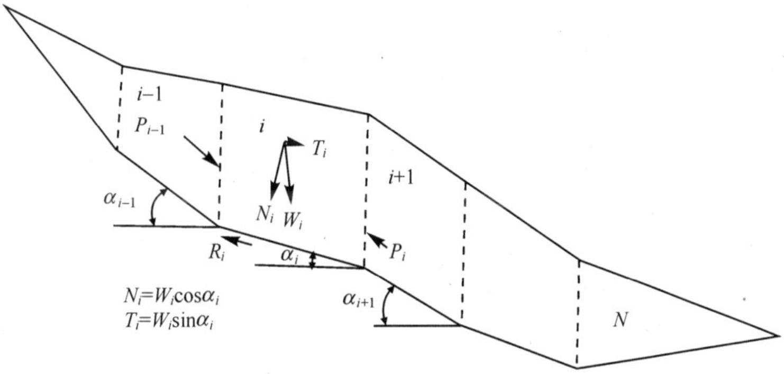

图 3－11　滑坡受力分析图

（据苏爱军，1998）

定义满足静力平衡条件下，第 i 条块剩余下滑力的合力计算式为式（3－1），将上一条块的滑动力与抗滑力分别向下一条块滑动面上逐块投影，假定滑动面剪切强度参数内聚力 c 及摩擦系数 $\tan\varphi$ 不变，将滑动力乘以滑坡体各条块和整体的稳定系数 fos，再视滑坡体处于极限平衡状态，由此求得滑坡体的稳定系数 fos：

$$P_i = fosT_i + P_{i-1}\psi_{i-1} - R_i \tag{3-1}$$

$$fos = \frac{\sum_{i=1}^{n-1}(R_i\prod_{j=i}^{n-1}\psi_j) + R_n}{\sum_{i=1}^{n-1}(T_i\prod_{j=i}^{n-1}\psi_j) + T_n} \tag{3-2}$$

两式中：fos 为稳定系数；P_i 为第 i 条块剩余下滑力的合力（kN）；$R_i = W_i\cos\alpha_i\tan\varphi_i + c_iL_i$；$T_i = W_i\sin\alpha_i$；$W_i$ 为第 i 条块滑体重力（kN）；ψ_i 为第 i 条块的剩余下滑力传递至第 $i+1$ 条块时的传递系数（$j=i$），$\psi_i = \cos(\alpha_i - \alpha_{i+1}) - \sin(\alpha_i - \alpha_{i+1})\tan\varphi_{i+1}$；$\varphi_i$ 为第 i 条块滑带土的内摩擦角（°）；c_i 为第 i 条块滑带土的内聚力（kPa）；L_i 为第 i 条块滑动面长度（m）。

给定安全系数 K，则各条块的滑坡推力为：

$$P_i = KT_i + P_{i-1}\psi_{i-1} - R_i \tag{3-3}$$

其中，

$$\psi_i = \cos(\alpha_i - \alpha_{i+1}) - \sin(\alpha_i - \alpha_{i+1})\tan\varphi_{i+1} \tag{3-4}$$

二、滑坡的预报

滑坡的预报包括两方面内容：空间预报、时间预报。空间预报指对滑坡发生区域、地段、地点进行的预测，包括区域性预报（危险区、区划）、地区性预报（危险段的等级划分）和场地预报（场地内滑坡位置、规模、类型和运动距离）。时间预报则分为中长期预报（趋势性分析，可能性判断）和短期临滑预报（滑坡发生的确切时间）。

（一）滑坡的空间预报

滑坡的空间预报事实上是对某区域范围内发生滑坡灾害的可能性进行评价，依据可能性大小划分出不同的分级，具体方法有以下几种。

1. 工程地质条件类比法

在一个地区、地段，岩土类型、构造情况、坡形结构面特征、降水、植被分布等有其相似之处，又有所区别。而有的斜坡产生滑坡，有的正处于滑移的不同阶段，可以根据这些变形、失稳的斜坡诸因素的组合情况来判断未来滑坡发生的区域、地段、地点。

2. 数学力学定量计算

主要方法有：①刚体极限平衡理论的各种方法；②有限单元法；③概率分析法。这些方法在土力学、岩石力学中讨论，属于斜坡稳定性评价方法。计算结果可以判断某一具体斜坡是稳定的，还是不稳定的，常用于场地预报。

3. 因子叠加法

根据当地的调查情况（工程地质条件），把影响斜坡稳定性的因素按其在斜坡变形破坏中的作用大小排序，并分出等级。同时，对每一个因素也根据各地段条件差异分若干档次。然后，对每一因素按不同档次绘出单要素分区图。最后将所有单要素图叠加在一张图上。凡高等级，档次高的分区重叠最多的地段，即发生破坏可能性最大的地段。并将这种重叠情况与滑坡的调查结果作比较（验证），即可划出危险区。这种方法既可以定性判断，又可以利用 GIS 进行加权叠加的定量评价。

（二）滑坡的时间预报

斜坡变形破坏总有一个发展过程。根据对斜坡失稳条件的认识以及破坏前的种种迹象，为我们进行时间预报提供了可能性。就目前的研究水平，滑坡的时间预报主要有两类方法：趋势预报和临滑预报。

1. 趋势预报

主要是指中长期预报，是对将发生或者可能复活的滑坡滑移时间作大致估计。这种预报首先要判断斜坡现状的稳定性，还要符合外部条件的变化来判断斜坡的失稳时间。

（1）类比分析法

即根据当地不同滑坡体所处的滑移阶段，分析剧滑发生的时间（采用时空等效性的分析方法）。据此对不稳定的斜坡做出失稳的时间估计。

（2）根据降水特征进行滑坡的时间预报

包括降水量强度与滑坡频数的关系或根据降水的周期性进行外推。

2. 临滑预报

（1）经验性预报

根据宏观临滑前兆的突然出现，凭预报者自身的经验和感觉做出的临滑预报。

1）临滑前形变特征：这些特征包括：坡体滑动位移、树木歪斜、房屋道路变形、地物产生明显相对位移、坡体后缘张裂、前缘上鼓等，反映短期内可发生滑动。

2）斜坡体前缘地下水异常变化：坡体前缘出现湿地，有新的泉水出露或泉水量增大，这些迹象表明主滑时间的逼近。例如，1974 年 9 月 13 日，四川南江县大雨前一天，滑坡体前缘突然出现一股泉水，14 日 7 时洪量增大，8 ~9 时出现喷泉，9 时 20 分即出现大滑坡。

3）动物习性异常：以穴居的地下蛇、鼠等出现异常现象最早，紧随其后的是小动物如鸡、鸭、猫等，当逼近主滑时间时，大动物行为异常，如猪、狗、牛等。

4）其他特殊现象：大中型滑坡发生前滑体会蠕动，破裂过程中会产生特殊气味，土地微震动，远处发光、发声等。

（2）经验数值性预报

根据有限的观测资料和大量宏观前兆而做出的临滑预报。利用斜坡变形或位移观测资料，做出斜坡动态曲线；根据曲线上加速蠕变阶段的某些特征值，采用数学公式或经验公式进行预报。如灰色系统预测、回归分析预报等。

第六节　滑坡的防治

一、防治原则

滑坡防治的总体原则是“以防为主，及时治理”。

（一）以防为主

一切地质环境问题都应以防为主，治理为辅，对于滑坡这种地质灾害也不例外。人们应把防范意识贯穿到工程实践的各个环节之中，从工程的选址、公路铁路选线、开挖方案比选、保护措施的实施到长期的水、土、植被的管理，都不可离开以防为主的原则。

（二）及时治理

1. 顺应自然规律

滑坡的治理，包括对自然潜在滑坡的治理和人为活动诱发的滑坡。无论哪一种滑坡，治理的思路和技术措施都必须遵循自然规律。对于已发生变形的斜坡，应及时采取必要工程措施进行整治，以提高斜坡的稳定性，使之不再继续恶化。

2. 治理效果最大化

多年来的工程实践，使人们在治理滑坡过程中积累了丰富的成功经验。滑坡的有效治理表现了人类在滑坡面前主观能动性的提高，另一方面，滑坡治理也会耗费巨大的经济代价。随着科学技术的发展，以最少的经济投入换取最优滑坡治理效果，是人们在滑坡治理中必须遵循的原则。

3. 一次根治，不留后患

对必须整治的滑坡，原则上要一次治理，不留后患。首先要弄清楚斜坡体内部基本结构和可能的激发条件，采用各种措施进行综合治理。对复杂滑坡在短期内不易完全搞清楚其性质时，应作出规划，分期治理。对有急剧变形危险者应有抢险措施，如局部减重、反压和排水，以争取进行勘察和整治。

二、防治措施

我国的滑坡防治研究始于20世纪50年代，到目前为止，在防治滑坡实践中，积累了丰富的经验，总结了一套整治滑坡的有效措施。可以归纳为六个字“削、挡、排、护、改、绕”。其中“绕”体现了防范的思想；“削、挡、改”是改变斜坡体内部结构，提高对外部激发因素的抵抗能力的做法；“排、护”则体现了如何弱化外部输入强度的一种思考。

（一）削

这种措施施工方便、技术简单，在滑坡防治中广泛采用。主要做法是将滑体上部岩、土体清除，降低下滑力。清除的岩、土体可堆筑在坡脚，起反压抗滑作用。

1. 挖除

滑体规模不大，深度小，可考虑将不稳定的岩土体挖掉，以彻底消除隐患，但必须考虑开挖后边坡稳定性和表面复杂条件发生了变化，因而要论证是否会产生新的滑面引起连锁反应。

2. 削坡减载（图3－12）

若滑坡规模较大，坡度较陡，可以削坡，以减小滑坡体自重。要注意进行稳定性验算，还要结合地质条件，特别是结构面产状来决定。

图3－12　削坡减载

（二）挡

支挡工程的作用主要是增加抗滑力，使滑坡不再滑动。常用的支挡工程有挡土墙、抗滑桩和锚固工程。

1. 挡土墙（图3－13）

挡土墙的应用较为广泛，属于重型支挡工程。采用挡土墙必须计算出滑坡滑动推力、

图 3－13　挡墙护脚

查明滑动面位置，挡土墙基础必须设置在滑动面以下一定深度的稳定岩层上，墙后设排水沟，以消除对挡土墙的水压力。

2. 抗滑桩（图 3－14）

抗滑桩是近 20 多年来逐渐发展起来的抗滑工程，已被广为采用。桩材料多为钢筋混凝土，桩横断面可为方形、矩形或圆形，桩下部深入滑面以下的长度应不小于全桩长的 1/4～1/3，平面上多沿垂直滑动方向成排布置，一般沿滑体前缘或中下部布置单排或两排。桩的排数、每排根数、每根长度、断面尺寸等均应视具体滑坡情况而定。在基岩滑坡体中，如果滑面清楚单一，滑面上岩体较完整，可考虑沿滑面开挖几条平硐，并用混凝土回填密度，做成防滑槽。

图 3－14　抗滑桩

3. 锚固工程（图3－15）

锚固工程也是近年来发展起来的新型抗滑加固工程，包括锚杆加固和锚索加固。通过对锚杆或锚索预加应力，增大了垂直滑动面的法向压应力，从而增加滑动面抗剪强度，阻止滑坡发生。

图3－15　格构锚索加固工程

（三）排

排水措施的目的在于减少水体进入滑体内和疏干滑体中的水，以减小滑坡下滑力。许多边坡在正常情况下尚可稳定，但在降雨或水库蓄水后可能失稳，因此排除地表径流和地下水就成为主要的防治措施。

1. 地表排水

排水形式主要包括排水沟、截水沟等。

对滑坡体外地表水要截流旁引，不使它流入斜坡范围内。最常用的措施是在滑坡体外部斜坡上修筑截水沟。当滑体上方斜坡较高、汇水面积较大时，这种截水沟可能需要平行设置两条或三条。

对滑坡体表面的地表水，要防止它渗入坡体内，尽快把地表水用排水明沟汇集起来引出滑坡体外。应尽量利用滑体地表自然沟谷修筑树枝状排水明沟，或与截水沟相连形成地表排水系统。

2. 坡内排水

包括埋设在坡体内的排水管和在滑体内部开挖专门排水的平硐，以降低地下水水位，排除渗水，减小坡体内的水压力，并减小地下水对滑带岩土体的浸泡作用。

（四）护

主要是指对坡面的防护。采取喷射混凝土、钢筋混凝土或砌石的方式对坡面进行防护，对于土质斜坡也可种植草木，以防止或减缓雨水的快速渗入，并可减少雨水对斜坡体表面的冲刷（图3－16）。

（五）改

改变土体的力学性质，可采用物理或化学的处理方法。包括焙烧法、灌浆法、电渗法

图 3－16　格构梁护坡

和锚固法。通过这些方法可起到提高斜坡体自身强度、加固滑动带等作用，进而提高坡体的抗滑力。

1. 焙烧法

是用导洞在坡脚焙烧滑带土，使土变得像砖块一样坚硬。

2. 灌浆法

是把水泥砂浆或化学浆液注入滑动带附近的岩土中，凝固、胶结作用使岩土体抗剪强度提高。

3. 电渗法

是在饱水土层中通入直流电，利用电渗透原理、疏干土体，提高土体强度。

改善滑带岩土性质的方法在我国应用尚不广泛，有待进一步研究和实践。

（六）绕

当公路、铁路等线状工程遇到严重不稳定斜坡地段时，处理难度很大且治理成本较高时，可采取线路绕避的措施。

当然，在实际的滑坡治理工作中，要综合坡体的地层岩性、结构面发育程度、稳定性状况，以及工程建设的具体要求，综合考虑选取以上集中防治措施综合运用，以达到根治滑坡的最终目的。

第四章　泥　石　流

第一节　泥石流的定义及分类

一、泥石流的定义

泥石流又称山洪泥流，是发生在山区中一种含大量泥沙、石块的介于洪水和土石滑动之间的暂时性流体。其容重一般为1.2～2.4t/m^3，由固体物质（泥沙、石块）和液体（水）两相物质组成。在许多情况下，其固体物质含量可以超过水的含量。

到目前为止，关于泥石流的定义，国内外还没有统一的提法。

前苏联学者C. M. 弗莱施曼认为，泥石流是固体物质含量高，泥沙剧增的暂时性山地河床洪流。

日本砂防学会认为，泥石流是泥石含量多于水量，水流不是泥石流物质的搬运介质，而是含水的粥状泥沙在其自重作用下产生运动的现象。

英国地质工程学会给出的定义是：泥石流是介于水流与滑坡之间的一系列过程，因而包括有重力作用下的松散物质、水体和空气构成的块体运动。

我国有人认为，泥石流是介于崩塌、滑坡等块体运动与水流之间的一系列连续过程。泥石流的形成过程是固–液两相物质在山区坡地上或沟道的相互作用而发展成泥石流的过程。

泥石流定义之所以难以统一，是因为在组成成分上既不同于水流，也不同于岩土体；发生的地形条件大多为沟谷，但也可以在坡面径流条件下，出现在斜坡上；从流体的角度来看，泥石流发生时其水文过程的复杂性远远超过洪水，具有突发性、脉动性、直进性和泥位超高、漫流掩埋等特点；因此，很难将其归为洪水或运动的岩土固体。由于泥石流能量巨大，运动速度快，历时短暂，复发频繁，破坏力极强且难以预测，常成为一种危害严重的地质灾害。

二、泥石流的分类

泥石流的形成需要水流、松散岩土物质和一定的地形条件。因此，泥石流的类型也较复杂。

（一）按泥石流的水源和物源条件分类

1. 冰川泥石流

主要由冰雪融水或冰湖溃决洪水形成的含有大量泥沙、石块的特殊洪流。常发生在气温增高或集中融水的春、夏季节，发生的地点多集中在现代冰川和积雪区边缘地带。冰川型泥石流可进一步区分为：①冰雪融水型泥石流；②冰雪融水与降水混合型泥石流；③冰、雪崩消融型泥石流，这种泥石流往往由地震引起的雪崩、冰崩消融酿成，如1964年美国阿拉斯加地震引发的26条冰川同时发生的大规模冰崩泥石流；④冰湖溃决型泥石流。

2. 降雨泥石流

主要是在降雨条件下，尤其是在大雨或暴雨条件下，地表松散物质，如土壤、碎石等在地表径流的侵蚀、搬运作用下，汇成集中急速洪流。这类泥石流多见于山区沟谷，也可出现在松散物质较厚的斜坡体上，伴随滑坡同时形成。

3. 溃决泥石流

堤坝和堰塞湖溃决形成的洪水所导致的泥石流称为溃决泥石流。这类泥石流往往发生在河谷区，几乎没有重复性，固体物质主要是蓄水体下游河谷两岸和河床中的松散堆积物。由于水流强大，且下游大多为人口稠密区，一旦发生，将损失惨重。

4. 弃渣泥石流

这类泥石流往往是人为活动考虑不周，留下隐患所致。激发因素主要是降水，特别是暴雨或春汛时节的集中冰雪融水，固体物质大多为筑路、开矿、大型工程弃置在沟谷中的废土石。近年来发生的多起矿山尾矿坝溃决的泥石流危害均属此类。

（二）按泥石流的物质组成分类

1. 水石型泥石流

这类泥石流所含的固体物质主要为石块、砂砾等粗颗粒的岩石碎屑，黏土质细粒物较少，主要发生在基岩裸露的山区，如碳酸盐岩、砂岩、花岗岩的侵蚀河谷中。由于缺少黏土质，流体的黏稠度较小，水流携带的固体物质主要以推移质为主，进入开阔的堆积区，水石分离较快（图4－1）。

图4－1　水石型泥石流

2. 泥石型泥石流

泥石型泥石流是由浆体和碎石组成的特殊流体，固体成分可以包括粒径小于0.005mm的黏土到几米乃至数十米的大漂石。当黏土物质含量较高时，流体呈粥状裹携大的石块快速运动。其堆积物常为黏结较牢固的土石混合物（图4－2）。

3. 泥流型泥石流

泥流型泥石流主要由黏土和粒径较小的岩石碎屑组成，其中碎屑物质含量较少，偶尔

图 4-2 泥石型泥石流

可见较大石块。由于黏土质含量极高，泥水流黏度大，常呈稠泥状。我国黄土高原地区发生的泥石流常属这种类型（图 4-3）。

图 4-3 泥流型泥石流

（三）按泥石流的黏稠性分类

1. 黏性泥石流

这类泥石流的固体物质含量为 40% ~60%，最高可达 80%，主要为黏土和粒径小于 0.01mm 的粉砂组成，粗粒物质如粗砂、砾石、块石等较少，流体容重大于 $1.6t/m^3$，黏度值大于 0.3Pa·s，常呈黏稠状，浮托力大，能够顶托巨大块石前进，流动中遇弯道或障碍物时，有明显的爬高能力，甚至可爬越高 5 ~10m 的阶地、陡坎、导流堤坝，由于冲击力强，直进性好，偶遇弯道可直接冲撞，截弯取直，进入堆积区不发生明显的散流，堆积体多呈长舌状或岛状，无明显分选特征，但在剖面上可分辨不同时期的沉积层面，沉积物内部有气泡，表面凹凸不平。

2. 稀性泥石流

稀性泥石流固体含量相对较少，一般小于50%，主要由粗粒碎屑和石块组成，黏土和粉土等细粒物质只占固体总量的10%～40%，流体的容重介于1.30～1.60t/m^3之间，黏度值小于0.3Pa·s，运动时固液两相做不等速运动，浆液流速大于石块，石块以滚动或跳跃方式前进，具有很强的冲击和铲刨能力，进入堆积区常呈龙头状或堤坝式条带堆积，固液分离现象明显。

（四）按发育泥石流的地貌分类

1. 坡面型泥石流

坡面型泥石流指在山体的坡面上形成的泥石流。其特点是无恒定的发生地点，也无明显沟槽，往往只在活动时出现圈椅状的周界。这种泥石流一般发生在坡度大于30°的斜坡上，物源以地表松散盖层为主，主要是在地下水和暴雨诱发条件下发生。暴雨过程中的狂风可能造成林木倾倒，使坡面局部破坏。坡面型泥石流可在同一坡面上多处发生，呈梳状排列，但无后续性和重复性，通常规模也较小。

2. 河谷型泥石流

河谷型泥石流一般发生在河流分支的低级别流域中。河谷中一般常年有水，但流量不大，只有在雨季暴雨频繁时才会酿成泥石流。固体物质来源主要为分布在沟槽两岸和河床的堆积物或河谷中分散的坍滑体。由于河谷宽窄不一在稍开阔处可形成泥石流的堆积，所以，其轮廓常呈串珠状。这种类型的泥石流具重现期，但偶然性较大，在许多情况下，洪水泥沙形成的流体更接近山洪。

3. 标准型泥石流

标准型泥石流是指具有明显形成区、流通区和堆积区之分的泥石流发育空间，所形成的泥石流。其发育空间一端为形成区，另一端为堆积区，中间由流通区连接，总体轮廓呈哑铃状，其固体物质主要来源于形成区周边崩滑物和少量面蚀、沟蚀的堆积物。一般情况下，沟谷中无常年流水，只在雨季有洪水产生。这类泥石流有重现期，但周期不稳定，难以预测，发生的规模与形成区的规模、物质聚集量和降水强度有关。

第二节　我国泥石流发育区的分布及危害

一、我国泥石流发育区的分布概况

我国山地面积广大，自然地理、地质条件复杂，加之数千年人类活动的影响，使得我国成为世界上泥石流最发育的国家之一。

我国泥石流的发育地区大致以大兴安岭—燕山山脉—太行山脉—巫山山脉—雪峰山脉一线，即地势的第三级台阶边缘为界，以西的广大地区为高发区。该区地貌以中高山地、高原为主，沟谷发育，泥石流沟成群出现，由于坡陡险峻，坡面型泥石流也十分常见。其东部地区主要为低山丘陵和广袤的平原区，除辽南山地泥石流较发育外，大部分地区泥石流分布零星（图4-4）。

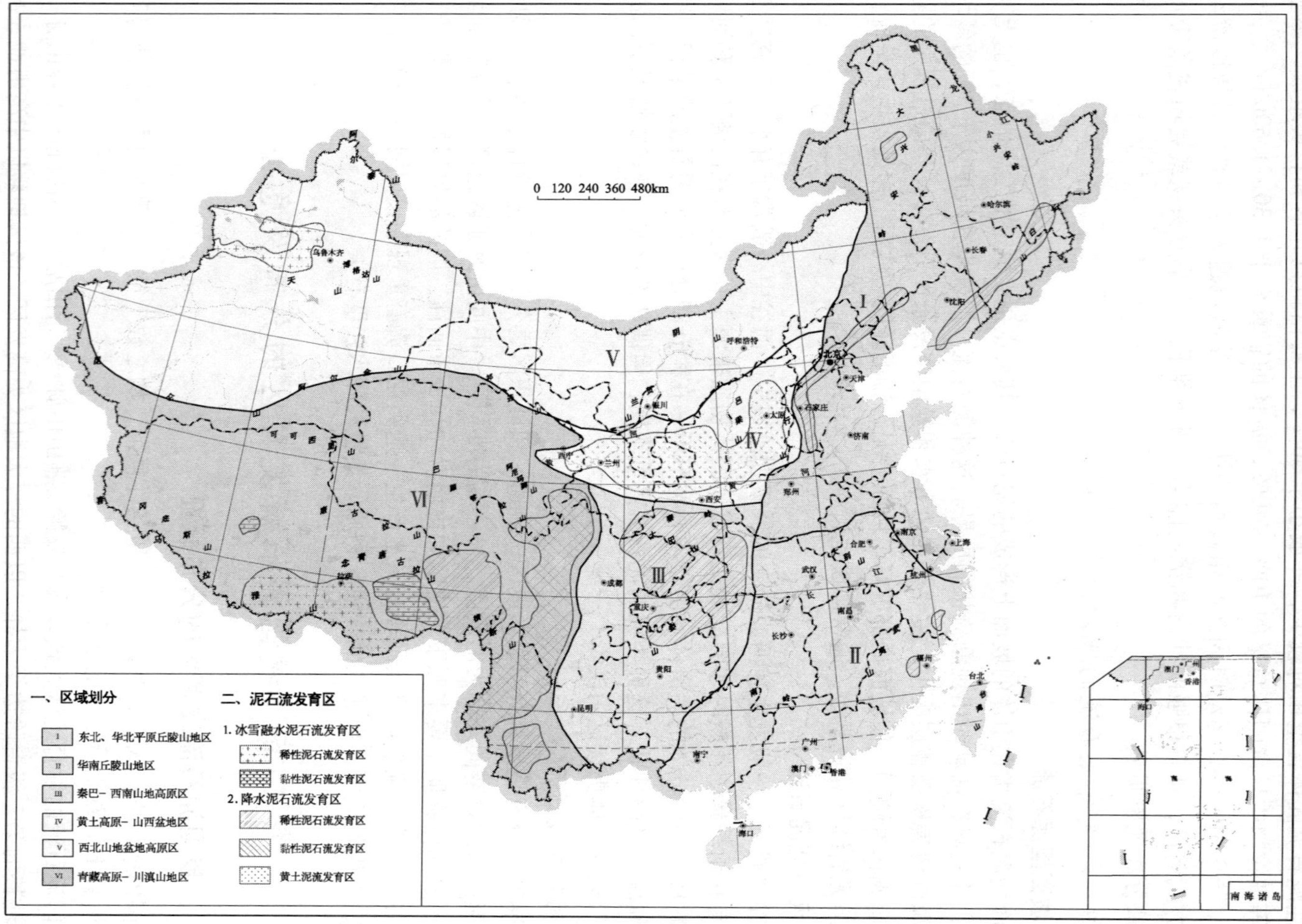

图 4－4　中国泥石流灾害发育分区图
（据李瑞敏等，2007）

根据自然地理和地质条件的差异，我国泥石流发育区可进一步划分为六个区。

（一）东北、华北平原丘陵山地区

本区总体地势低平，大部分为平原，仅在北部和西部有山地分布，如太行山、北京西山、燕山、大小兴安岭、长白山、千山等。这些山区是泥石流的多发区，暴发时间往往集中在7～8月的汛期，形成的泥石流大部分以河床堆积物为主，粗粒含量大，黏土物质较少。暴发时往往先是稀性泥石流，后转为水石流。

（二）华南丘陵山地区

华南丘陵山地区的基岩以岩浆岩、变质岩为主，由于地势差较小，广大丘陵地区很少发生泥石流，仅在低山和部分中山山麓地带分布有泥石流沟。该区因为人为活动频繁，开挖矿山、陡坡垦殖、修建公路等破坏地表植被，加剧水土流失，也常常引发泥石流的暴发。

（三）秦巴—西南山地高原区

秦巴山地包括秦岭、大巴山、龙门山、邛崃山、武当山和荆山，是我国泥石流主要的高发区。该区地形相对高差可达1000m，坡陡山高，沟谷比降大，一般可达120‰～350‰，有利于松散物质的快速集中和快速移动。在降雨季节，尤其是暴雨频繁的天气条件下，极易形成泥石流，由于黏性土含量较少，所形成的泥石流多为水石流。

（四）黄土高原—山西盆地区

该区位于太行山以西，秦岭以北，恒山、长城以南，乌鞘岭以东，包括山西省中北部、甘肃中东部、宁夏南部和青海东部，是我国黄土的主要分布区。由于植被覆盖率很低，以及黄土的抗蚀能力差，所以大部分地区水土流失极为严重，呈现出千沟万壑的黄土梁峁景观。该区黄土类松散堆积物十分丰富，但缺乏粗颗粒的岩石碎屑，一旦遭到短时的强降雨，即可诱发泥石流，且大多为黏性泥石流。

（五）西北山地盆地高原区

该区包括新疆大部、甘肃西北部、宁夏北部以及内蒙古中西部，属干旱气候区。由于气候干旱，降水稀少，大部分地区泥石流活动较微弱，只在新疆天山山地降水量稍多的地方，泥石流较活跃。

（六）青藏高原—川滇山地区

青藏高原地势高耸、群山连绵，冰川广布。受西风流分支的影响，北部地区降水稀少，泥石流不发育，而南部地区降水较多，气温较高，泥石流较发育，其中在高海拔地区如念青唐古拉山、喜马拉雅山等现代冰川分布区，多有冰川型泥石流形成。

川滇山地包括四川西部、云南西部，由一系列深山峡谷组成。地层多为古生界至中生界的砂岩、板岩、千枚岩、灰岩，由于长期风化，碎屑物中黏土成分较高。在新构造运动作用下，水系发育速度快，地形高差增大，剥蚀能力十分强大，加之西南季风带来大量降水，致使本区成为我国降雨型泥石流破坏最严重的地区。

二、泥石流的危害

泥石流活动具有突发的特点，所形成的流体容重大、运动速度快，具有强大的冲击、铲刨能力，一旦停止流动，又会发生剧烈淤埋作用，因而极具破坏力。据调查统计，我国19

个省、区，771个县（市）均受过泥石流的袭扰，造成了大量人员伤亡和严重的经济损失。

（一）泥石流造成的直接危害

1. 房屋损毁，人员伤亡

在山区，平地面积狭小，许多房屋和工矿设施建在沟谷两侧的坡地上，有的直接坐落在泥石流堆积扇附近，当泥石流处于潜伏期时，城镇建筑和居民的安全尚可无虞，如果一旦暴发，后果则不堪设想。

新中国成立以来，我国发生的此类灾害达420次，直接致死人数6045人，仅1975～1984年的10年间，西南、西北和东北等18个省区因泥石流发生，导致2200人死亡，并冲埋了大量房屋、农田。其中受害最严重的是四川省，灾害事件约占全国的40%。例如建在东、西河泥石流堆积扇上的西昌市，近100年来，多次遭到泥石流的袭击，累计死亡人数超过1000人。又如1969年8月云南省大盈江弄璋区南拱泥石流暴发，致使新章金、老章金两村被毁，97人丧生。1977年和1979年，辽宁宽甸县两次泥石流冲毁民房5800间，死亡103人。

2006～2008年，我国共发生泥石流灾害2075起，造成约850人死亡，上千人受伤（不包括5. 12汶川地震中次生泥石流造成的伤亡人数）。其中2006年6月25日湖南隆回县虎形山瑶族自治乡青山坳村6组特大暴雨引发的泥石流造成16人死亡，11人失踪，11人受伤。2006年8月11日发生在浙江省庆元县荷地镇石磨下村、2006年10月6日发生在湖南瑶岗仙钨矿区、2007年5月24日发生在四川甘孜州九龙县乌拉溪乡河坝村庙子沟，以及2008年10月底至11月初发生在云南楚雄彝族自治州的多起泥石流，均造成十至数十人死亡和重大的经济损失（图4－5）。

图4－5　2008年11月云南楚雄泥石流的破坏景象

2. 威胁铁路、公路行车安全

我国铁路沿线有泥石流沟1300多条，泥石流活动威胁着3000km长的铁路线安全。1949～1985年，累计发生泥石流灾害1200余起，造成铁路被毁、中断行车的重大灾害300起，列车出轨和颠覆的严重事故10起，100人以上伤亡的特大事件两起，33个车站被淤埋41次，损毁桥梁1386处。

在我国铁路安全史中损失最惨痛的泥石流灾害是1981年7月9日发生在四川甘洛利

子依达沟的火车颠覆事件。一列由攀枝花开往成都的442次客车行至利子依达沟时，恰遇泥石流暴发，一瞬间两个机车头、一节行李车和一节硬座车厢被爬升到路轨以上2.5m的泥石流卷入大渡河，另两节硬座车厢被抛在桥台护坡上，导致275人罹难。据事后调查，这次泥石流暴发总共搬运固体物质$84\times10^4m^3$，泥流容重$2.34t/m^3$，流速13.2m/s，瞬间流量$2110m^3/s$，因流量过大，冲击力极强，利子依达大桥桥台被冲毁，2号桥墩被剪断，毁梁两孔，大渡河被阻断四个小时，上游回水5km，从而引发洪水泛滥，沿岸工矿设施、公路被淹，交通阻断持续了半年之久。1981年8月宝成铁路北段发生泥石流，掩埋车站5处，堵塞桥涵和线路50多处，摧毁桥梁8座，漫淤隧道4座，这次灾害也造成了严重的经济损失和人员伤亡。我国山区公路尤其是西部地区公路，雨季经常因泥石流冲毁或淤埋桥梁、路基而断道阻车。例如，1985年培龙沟特大泥石流冲毁汽车80余辆，道路中断长达半年多。有些遭受泥石流灾害的公路，甚至整个雨季都无法正常通车。

3. 破坏农田、水利设施

泥石流沿途经过的地方，农田和水电站、引水渠道等水利工程往往难逃厄运。

泥石流对农田的破坏主要是冲刷和淤埋。冲刷破坏大多发生在流域的上、中游，淤埋破坏大多出现在地势较开阔的下游区。

由于泥石流活动区域十分广大，占我国国土总面积的18.6%，所以农田和中小型水利工程遭受破坏的现象十分普遍。例如甘肃白龙江流域、云南小江流域、四川汉源流沙河、凉山安宁河谷地区，泥石流沟道密集，每年都有数千乃至上万亩农田遭泥石流毁坏，被淤埋的耕地多沦为乱石滩，很难复耕。又如前面提到的，1977年和1979年发生在辽宁宽甸县的两次泥石流，除造成人死屋塌之外，还摧毁农田7900公顷，压毁农作物1.5万公顷，损失十分巨大。1981年7月9日利子依达沟泥石流阻塞大渡河后，海拔950m以下的大渡河沿岸农田和水利设施都被破坏。

（二）泥石流引发的次生地质环境问题

泥石流不仅对人的生命财产造成直接危害，还因其携带数量巨大的岩土物质进入水体，而引发次生环境问题。泥石流汇入河道可能形成临时堤坝和堰塞湖，造成上游河水泛滥，临时堤坝一旦溃决，又会造成下游洪涝灾害；泥沙石块堵塞航道，或形成险滩，可使江面拓宽，水深变浅，甚至无法通航；泥石流具有很强的侵蚀下切能力，在流通区可因强烈侧方侵蚀，使沟壁崩塌滑坠，造成两岸植被的破坏；泥石流还可使下游江河河床淤浅，泄洪、行洪能力锐减，给下游地区的防洪工作造成巨大压力。

第三节　泥石流的形成条件

泥石流的形成有其特定的内部和外部条件，内部条件包括特殊的地形和松散岩土物质积存状况，外部条件主要是能够激发堆积物运动的水动力条件。至于人为活动诱发的泥石流，是人为某些活动恰好在无意间孕育了泥石流暴发所需的内部和外部条件而已。

一、泥石流形成的内部条件

（一）地形

泥石流暴发是一个物质侵蚀、搬运，直至堆积的完整动力学过程，且大多数沿沟谷发育。因此，研究泥石流形成过程时，通常从地形条件入手，将泥石流沟分为三个区段，即形成区、流通区和堆积区。

1. 形成区

形成区是指泥石流物质形成的地段。形成区大多为四周被陡崖或高角度坡地包围，只留有一狭窄出口的半封闭地形。周边山坡坡度一般为30°~60°，甚至更大。形成区的底面也具有较大比降，常在30°以上。因为坡面陡峭，坡体稳定性差，极易发生崩塌、滑坡等岩土物质快速堆积。形成区大比降的底面一方面有助于堆积物的集中，另一方面又为堆积物的运动提供了良好的起动条件。实地调查表明，形成区周边坡度越大，底面越陡，泥石流形成越快。

2. 流通区

流通区是泥石流运动、外泄的通道。流通区位于形成区的下方，多为切割较深的冲沟或狭窄陡峭的河谷，沟槽较顺直，纵坡比降大，在基岩出露地段多形成多个陡坎和跌水。因沟槽狭窄、纵坡陡，泥石流经过流通区时会具很大的流速，具有极为可观的垂直侵蚀和侧方侵蚀能力，而且常在沟壁坍塌瞬间堵塞通道时，出现泥位爬高的现象。由于泥石流具有强大的侵蚀能力，流通区可在较短时间里变宽，当沟谷宽度发育到一定程度或者沟谷与一些小型山间洼地串联时，泥石流的能量会减弱，甚至出现局部的停积。总之，流通区宽窄、曲直、长短与泥石流的冲击能力有直接的关系。纵坡陡、沟槽窄短且顺直，泥石流的冲击能力就大；反之，纵坡缓，沟槽宽长、弯曲，泥石流冲击力就小。

3. 堆积区

堆积区是泥石流最终堆积的地段。泥石流进入堆积区意味着它已结束了运动过程。堆积区一般位于地形较为开阔的地段，可以是泥石流沟的出山口处，也可以是与宽阔河谷交汇的地段或小型山间盆地。泥石流一旦进入开阔地，就会形成面状散流，动能的下降会使固体物质逐渐停止运动，形成扇状或带状的堆积体。如果泥石流沟与大的江河交汇，泥石物质会被河水带走，成为河流的冲积物。

（二）松散岩土物质的积累状况

松散岩土物质是构成泥石流的主要成分之一。形成区必须聚集足够数量的松散岩土物才能形成泥石流。形成区内松散岩土物质主要来自形成区周边的坡体，主要为崩塌、滑坡堆积物，少量为面蚀和沟蚀的搬运物。由于不同地区岩性不同，形成区积累的物质成分也差异较大。在第四系分布区，物质的组成可以有漂砾、卵石、角砾、中粗砂等，也可以有粉土、黏土等细粒物质，具体的粒度组成与当初沉积环境有关。在基岩出露区，物质组成主要是风化或半风化的块石、碎石、岩屑以及遇水容易崩解的土状物，其母岩可以是沉积岩，也可以是变质岩或岩浆岩。一些软弱的岩层如片岩、千枚岩、板岩、页岩、凝灰岩等经过风化，极易形成分散的碎屑、碎块，成为泥石流的形成物质。

野外调查发现，每次泥石流暴发前，其形成区内必须积存足够一次暴发的物质量。若积存量过少，形成的固液混合流体过稀，容重小，即使暴发，也只相当于一般山洪，而非泥石流。一般来说，形成区积累可供一次泥石流暴发所需的物质，需要若干年。许多曾暴发过泥石流的沟谷，未必在暴雨时均发生泥石流，其道理就在于此。

（三）泥石流沟谷演化对泥石流时空发育特征的影响

任何事物都有其发生、发展和消亡的过程，泥石流沟作为一种具有特殊行为的沟谷也是如此。它的演化过程大体可以分为四个阶段，或称四个时期，即发展期、活跃期、衰退期和终止期。中国科学院对成昆铁路沿线众多泥石流河谷的研究结果表明，处于不同发育时期的泥石流沟，在汇水面积、形成区大小，坡面、沟床比降以及泥石流暴发规模和周期方面都有明显的差异。

1. 处于发展期的泥石流沟谷

处于发展期的泥石流沟谷可不断暴发泥石流。一般来说，其形成区面积较小，汇水范围往往在 $1km^2$ 以下，平均为 $0.62km^2$。由于汇水范围小，高角度坡地、冲沟所占比例就大，坡面的平均坡度为33.5°，沟床平均比降为44.6%，其中84%的沟床比降大于30%。在这种地形条件下，坡地稳定性差，重力侵蚀作用强烈，极易发生崩塌、滑坡现象，从而为泥石流发生积蓄了大量的岩土物质；另外，大比降的沟床容易使周边垮落的岩土体向沟底集中，而且一旦遇上大雨或暴雨，暂时堆积物会很快起动，在暴雨期频繁发生的崩塌、滑坡物甚至直接转化为泥石流。因此，处于这个时期的泥石流沟物质积蓄所需的时间较短，暴发的周期也较小，一般5~20年即可发生一次，但规模不大。

2. 处于活跃期的泥石流沟谷

活跃期的泥石流沟往往是快速发展的沟谷，泥石流暴发也较频繁。在成昆铁路沿线，这类沟谷上游的汇水面积大约在 $1\sim10km^2$，平均为 $8.93km^2$。由于汇水面积比发展期大，高角度坡面所占比例有所下降，且坡角平均值也有所降低，为32°，沟床平均比降为21%，只有18%的沟床比降大于30%，所以松散物质的形成、聚集时间增长。随着形成区面积扩大，容量也增大，满足一次暴发的物质积累时间约为10~50年，一旦泥石流暴发，规模比发展期要大。

3. 衰退期的泥石流沟谷

这类沟谷已属于泥石流沟的晚期，其汇水范围比活跃期进一步扩大，平均达 $15.58km^2$，高角度坡地所占比例进一步下降，大部分坡面变缓，趋于稳定，沟床比降相对平缓，仅为13.6%，大于30%者仅占1.5%。由于地形相对平缓，松散物质的形成、聚集速度减小，加上形成区容积的增大，单位面积暂时堆积量减小，要形成一次暴发所需的物质积累时间更长，起动所需的水动力也较大。处于衰退期的泥石流沟谷，每两次暴发的时间间隔大约为20~100年，然而暴发时其规模将十分巨大。

4. 终止期的泥石流沟谷

当沟谷上游汇水范围和形成区范围进一步扩大，山坡、沟床的坡度已变得更加平缓，流域内的侵蚀、搬运、堆积速率相对平稳，不会再形成大容重的固液混合流体，此时，泥石流的活动也随之终结，泥石流沟已转变为一般的沟谷。

上述讨论是针对一个沟谷的演化而言的，而一个流域是由不同级别的众多分支沟谷组成，它们可以处于不同的发展阶段，有些沟谷处于发展期或活跃期，而其他沟谷可能已进入终止期。所以，从流域的角度来看，处于发展期、活跃期的沟谷越多，泥石流暴发的频率和规模越大。除此之外，还应注意到，泥石流沟毕竟是整个流域沟网的一个局部，虽然泥石流是以突发的方式来表现的，但它却是流域渐变演化过程中的局部行为。因此，关于泥石流的预报、预警，应侧重在具体某一泥石流沟的调查上。

二、泥石流形成的外部条件

1. 气象水文条件

来自地质体之外的，长时间降水、暴雨、冰雪融水、地表水体溃决所形成的水流，不仅是泥石流物质形成必不可少的物质条件，而且也是泥石流获得初始动能，得以流动的能量提供者。所以，水流的加入被视为一种外部条件。

对于广大泥石流活动区来说，降水及其形成的水文过程是各种外部条件中最为主要的因素。其中暴雨和特大暴雨常引发群发的泥石流，形成规模也较大。

我国除西北、西藏北部和内蒙古西部为降水稀少的内陆气候区外，其余地区都受季风气候的控制，夏季和秋季为多雨季节。

影响我国的夏秋降水的季风主要来自两个方向：一是来自西南，它将印度洋上空形成的水汽通过横断山南北走廊进入西藏东部、云南、贵州、四川，甚至影响长江以南广大地区的天气，造成大量的降雨，受这股气流的影响，1963 年 9 月 18 日，云南东川 1 小时的降雨量达 55.2mm；1977 年 5 月 14 日成昆铁路线上的汉罗沟 2 小时的降雨量为 127mm，这些暴雨均引发大规模泥石流暴发；另一方向的季风来自太平洋，夏秋之季，太平洋上形成的含有大量水分的热带气旋，以台风的形式从我国东部和东南部沿海登陆，每次都造成大范围暴雨或特大暴雨天气现象，其影响范围可以到达我国中西部，受此影响，1981 年 7 月 27 日 8 号强热带风暴袭击了东北，辽宁老帽山地区 6 小时降雨量达 395mm，最大短时降水达 116.5mm/h，引发了巨大的泥石流。

除降水因素外，气温的升高，导致冰雪强烈消融也是引发某些特殊地区泥石流发生的主要原因。我国西北、西南一些高海拔地区，常年积雪或分布着大面积的冰川，当夏季气温升高，冰雪大量融化，时常会引发泥石流，我国西藏波密地区、新疆的天山地区就属这种情况。

研究表明，泥石流活动的频繁程度和规模与大气降水的时间分布、强度有着明显的统计关系。

（1）年降雨量。年降雨量越大，泥石流活动越强，但不同地区的泥石流暴发的年降雨量阈值差异性很大。如云南东川地区，年降雨量在 400mm 左右就有泥石流活动；而四川华蓥山区则需在 800mm 以上的年降雨量泥石流才可能活动。

在同一地区，降雨的年际变化对泥石流的活动也具很大的影响，如云南东川蒋家沟，多年丰水期泥石流活动频繁，达 15 次左右；而在多年枯水期，泥石流活动相对较弱，仅有数次。

（2）季节性降雨。泥石流活动主要分布在雨季，如长江上游地区，由于季风的进退，控制了降雨的时段，季风来得早，则雨季时间提前，一般年降水量较大，泥石流暴发时间也早。反之，随雨季的推迟，年降雨量偏少，泥石流发生得晚，且频数较小。

（3）日降雨量。日降雨对泥石流发生的影响主要表现在一天之中总降雨量对泥石流发生作用方面。由于雨季中多夜雨，致使同步发生的泥石流具规模大、危害重的特点。泥石流发生所需的日降雨量大小取决于流域的地质地貌条件。

（4）雨强。雨强即单位时间的降雨量，主要有 1 小时雨强和 10 分钟雨强两种表示方法。泥石流发生的激发条件中，雨强是个不可忽略的因素。据四川泥石流的统计资料表明，泥石流发生的 1 小时雨强最低在 15mm 左右，绝大部分在 20 ~ 60mm 之间。

2. 人为活动

（1）人为开挖、弃土。修建铁路、公路、水渠以及其他工程时的岩土体挖掘与弃置。如：云南省东川至昆明公路的老干沟，因修公路及水渠，使山体破坏，加之 1966 年犀牛山地震又形成崩塌、滑坡，致使泥石流更加严重。又如香港多年来修建了许多大型工程和地面建筑，几乎每个工程都要劈山填海或填方，才能获得合适的建筑场地。1972 年一次暴雨，使正在施工的挖掘工程现场 120 人死于滑坡造成的泥石流。

如四川省冕宁县泸沽铁矿汉罗沟，因不合理堆放弃土、矿渣，1972 年一场大雨诱发了矿山泥石流，冲出松散固体物质约 $1\times10^5m^3$，淤埋成昆铁路 300m 和喜（德）—西（昌）公路 250m，中断行车，给交通运输带来严重损失。

（2）乱垦滥伐。在人为活动条件下，如山区滥伐森林和不合理开垦土地，造成水土流失，产生大面积滑坡、崩塌，都为泥石流提供了物源。四川、云南等地区之所以成为我国最严重的泥石流活动区，其中一个重要原因就是近 1 个世纪来的滥伐森林资源。

如甘肃省白龙江中游现在是我国著名的泥石流多发区。而在 1000 多年前，那里竹树茂密、山清水秀，后因伐木烧炭，烧山开荒，森林被破坏，才造成泥石流泛滥。

又如，甘川公路石坳子沟山上大耳头，原是森林区，因毁林开荒，1976 年发生泥石流毁坏了下游村庄、公路，造成人民生命财产的严重损失。当地群众说："山上开亩荒，山下冲个光。"

泥石流的规模和类型受许多种因素的制约，除上述三种主要因素外，地震、火山喷发等都有可能成为泥石流发生的触发因素。

第四节　泥石流的预测、预报

泥石流的预测预报是防灾减灾的重要依据，主要包括四方面的内容：①泥石流的空间预测；②泥石流时间预报；③泥石流基本特征的预测；④泥石流暴发危险度的确定。

一、泥石流的空间预测

泥石流的空间预测主要是通过对泥石流形成条件调查的历史资料分析而进行的区划工作。

（一）泥石流形成条件调查

此项工作的目的是查明泥石流的形成条件及其在历史上和现状条件下的活动规律和规模，并判定泥石流的发展趋势和危险程度。泥石流形成条件的调查包括对工作区地层岩性、地形地貌、地质构造、泥石流沟流域规模及各沟谷的调查和分析。并估算流域内松散碎屑物质的集聚数量，对泥石流发育程度和潜在可能性进行区域的划分，最终绘制成泥石流分布图。

（二）泥石流区划

泥石流分布的不均匀性是由其地形特征、地质条件和降水特征所决定的。泥石流的发育分区图的绘制是进行空间预测的主要方法。根据用途不同，一般分三种比例尺进行编制。

1. 大区域的泥石流区划

比例尺一般为1:100万或更小，主要是为了判明一个省或全国泥石流危险区（高发区）的大体分布状况。该图的编制往往是根据泥石流形成条件的区域综合叠加绘制的，一般情况是，地形相对高差大，沟谷密度大，地震频繁，新构造运动强烈，软弱地层出露较广泛，降水量大的山地丘陵往往是泥石流的高发区。对于某些条件突出，而另一些条件不很突出的地区，可结合历史资料和野外资料进行下一等级的划分。

2. 中等区域泥石流的划分

比例尺一般为1:10万~1:50万，主要目的是作为当地（县、市）经济技术开发和建设规划的防灾减灾依据。此类图件是在查清泥石流沟谷的数量、各沟谷的自然条件、人为活动状况和泥石流活动状况的基础上绘制的。为此，应建立起各沟谷的特征数据库，包括沟谷的长度、宽度、纵坡、流域面积、流域比降、植被覆盖度、密度、各流域地层岩性、厚度、成因及地质构造情况等。同时，还应附有降水等值线图和多年暴雨高发区的统计图等。根据这些条件和数据划分不同的等级，通过遥感和GIS技术进行分区。

3. 小区域的泥石流分布图

比例尺一般为1:1万~1:5万，这类图主要用于对某些山地、城市附近泥石流形成可能性的预测图件，用以拟定泥石流防治措施和GPS定位观测的依据。此类图件是在中等区域调查基础上进一步细化而成。除中等区域外，应有各方面的具体指标和参数，并通过历史资料分析其暴发周期、运动的特征值及可能的规模。对重点的泥石流沟谷应对其固体物质的积累量做出估算。

二、泥石流的时间预报

（一）利用相关参数进行预报

泥石流的时间预报往往指短期预报。中长期的预报大多是根据已有历史资料分析的大致周期和空间预报的结合进行的。对于泥石流的短期预报，国内外使用的方法很多，往往是对极危险的可能在近期暴发的泥石流沟谷进行的。

研究表明，大部分泥石流的暴发与降水总量和降水强度有关。所以，有人用降水量即降水强度的指标来进行预报，即泥石流的气象水文预报。如成昆铁路四川境内，日降水量大于等于50mm时，可作为泥石流暴发的激发指标。

区域降水强度与泥石流的关系更为密切，所以，用“灾害暴雨”来表述引起泥石流暴发的临界雨强。由于各地地形、地质条件的差异，其临界雨强也不一样。据实例资料，在东南沿海地区特大或大暴雨（24小时降水量大于200mm或100~200mm）才可能发生灾害性泥石流。而在西北地区大雨（25~50mm）就有可能发生灾害性泥石流。因此，应根据不同地区泥石流发生的特点具体确定该临界值的大小。

此外，有人以坡度、固体物质储备量和降水总量三个因素的组合来进行泥石流预报。

（二）利用仪器报警

1. 泥石流遥测地声警报器

根据泥石流地声特点（频率范围、振动强度与洪水有很大差异的特点），以振动强度、频率范围和延续时间的要素作为控制指标，研制泥石流地声报警器来进行泥石流预警。

2. 泥石流泥位报警器

当泥石流厚度（即泥位）大于一定值时，仪器就发出报警信号，一般可提前 3 ~8 分钟。这一方法最早在日本使用，原理简单，价格低廉。其缺陷是受冲淤变化和泥石流改道的影响，加之监测域暴露面积大，易被人为活动破坏。

三、泥石流基本特征值的确定

泥石流的基本特值主要是指泥石流的密度、流速、流量、泥位及方量。它们是预报泥石流规模类型的重要参数，也是设计泥石流防治措施的不可缺少的资料。

（一）泥石流密度的确定

对于黏性泥石流，可在现场选择淤积下来的堆积物典型剖面，确定其土石成分，测出单位体积土石所占的体积百分数分别乘以土石单位密度相加即得。

（二）泥石流流速的确定

泥石流流速的确定是个极为复杂的问题，很难进行现场测试。目前我国有不少适用于不同地区、不同类型的泥石流流域和泥石流性质的经验公式。

1. 黏性泥石流流速

1973 年，中科院通过对蒋家沟泥石流的运动要素的分析，首次用量纲分析法推导出黏性泥石流的流速公式。后经铁道部陈光曦等改进，得到黏性泥石流的流速（V_C）公式：

$$V_C = K \cdot H^{\frac{2}{3}} \cdot I^{\frac{1}{5}}$$

式中：I 为泥石流的纵坡降（‰）；K 为黏性泥石流流速系数（见表 4 - 1）；H 为泥深（m）。

表 4 - 1　黏性泥石流流速系数取值

H/m	<0.25	3	4	5
K	10	9	7	5

2. 稀性泥石流流速

我国铁道部第一设计院推荐的计算公式为：

$$V_d = \frac{15.3}{\alpha} \cdot R_d^{\frac{2}{3}} \cdot I^{\frac{3}{8}}$$

式中：V_d 为泥石流断面的平均流速（m/s）；R_d 为泥石流流体的水力半径（m）；I 为泥石流泥面纵坡降（‰）；α 为阻力系数，$\alpha = (\varphi\rho_s + 1)^{1/2}$，其中 φ 为修正系数，$\varphi = (\rho_d - 1) / (\rho_s - \rho_d)$，$\rho_d$ 为泥石流密度，ρ_s 为泥石流中的固体物质的密度（t/m^3）。

（三）泥石流流量的确定

确定泥石流流量的最好办法是在泥石流沟谷的适当深度上设置观测断面直接进行测量，但由于观测难度大，所以一般用已计算出的流速乘以过流断面，即

$$Q_C = V_C \cdot F$$

式中：Q_C 为泥石流流量；V_C 为泥石流流速；F 为泥石流过流断面。

另一种方法是用流域可能产生的最大洪水流量，乘以修正系数，即

$$Q_C = \alpha \cdot Q_B$$

式中：Q_B 为流域最大洪水流量；α 为泥石流修正系数，$\alpha = (1+\varphi) K_D$，$\varphi = (r_d - 1) / (r_s - r_d)$，$r_d$ 为泥石流容重，r_s 为泥石流中固体容重（t/m^3），K_D 为堵塞系数（堵塞轻微的为小于1.5，中等堵塞的为1.5～2.5，严重堵塞的大于2.5）。

（四）泥石流泥位的确定

泥位既可反映泥石流的流速和流量，又可反映泥石流的规律和危险度，显然在沟床纵坡一定的情况下，泥位愈深，流速、流量愈大，造成的冲击力也愈大，一旦达到或超过危险泥位时，就会酿成灾害。

泥位标高可通过现场泥痕调查获得，调查时需确认是当次暴发的泥石流沟。

（五）泥石流方量的确定

泥石流方量的确定方法有两种，一种是用泥石流过程直接确定，另一种根据泥石流过境痕迹，以测定整个泥石流堆积区堆积方量，并把堆积区测定的结果与形成区的测定结果进行对比。

第五节　泥石流的成灾机理及其防治措施

一、泥石流的成灾机理

泥石流强大的破坏作用与它本身的运动特点有关，主要表现在脉动性、直进性、泥位超高、漫流掩埋等几个方面。

（一）脉动性

泥石流不同于山区洪流的特征之一是脉动性或称阵发性。一般来说，一次降水过程形成的洪水高峰往往只有一个，只有在流域面积广大，条件十分复杂的情况下才可见到多个过流峰值。而泥石流暴发时，阵发的情况十分普遍。有时在流域面积中等的一个泥石流沟，一次降水所形成的泥石流可间歇式暴发。每次暴发均以高大的泥石流龙头为前导，然后逐渐平息，过一段时间，又出现一阵。这种一阵又一阵的活动方式往往对沿途造成轮番破坏，且易给等待过河的人员和车辆造成错觉，酿成惨剧。

泥石流脉动性的主要原因在于流通区狭窄或沟道弯曲，沟壁坍塌堵塞，而后又被冲溃所致。

（二）直进性

泥石流稠度越高，直进性越强；颗粒越粗，冲击力越大。若遇急弯的沟岸或障碍物，泥石流会猛烈前冲，截弯取直，对沿途的地貌产生破坏或改变。

（三）泥位超高

当前方沟床狭窄，或因沟壁坍塌，堵塞沟床的情况下，其强大的惯性，使泥石流冲起爬升，其高度超过沟床两侧的陡壁而漫出，形成泥位超高。

（四）漫流掩埋

泥石流漫道淤积是一种普遍现象。泥石流流出山谷后，由于地形开阔变缓，流速减慢，泥石流的固体部分慢慢沉积下来。基于它的直进性，它首先取道正对沟口堆积扇的轴部，在那里淤积。轴部淤高后，阻力增大，于是取道坡陡阻力小的扇体两翼漫流，两翼淤高后，主流又回到轴部，如此循环往复。

根据上述特点，泥石流的成灾主要表现在其集中冲刷、撞击磨蚀、漫流淤积、弯道泥位超高、直进爬高、堵口阻水、侵蚀河岸、剥蚀岩土体等过程中的冲蚀和淤积等行为。

冲蚀和淤积是泥石流的主要危害。危害性大小与泥石流的性质、类型、强度、规模、发育阶段以及建筑物处于泥石流沟的位置和工程状况有关。若能相互适应，地形条件适当，则可避免或减轻泥石流的危害；否则，将产生不同程度的危害，甚至摧毁或全被淤埋，造成巨大的经济损失。

1. 冲蚀

冲蚀的危害方式主要有冲刷、冲击、冲毁、磨蚀、拉槽、弯道泥位冲高、直进性爬高、山坡切蚀、坡脚冲蚀、河岸侧蚀等多种危害形式。冲蚀可破坏建筑物，危及人民生命财产安全。

2. 淤积

淤积的危害方式主要有淤埋、漫流、堵塞、改道、堵河阻水，挤压河道，使河床剧烈淤高，冲刷对岸山体失稳，淤塞桥涵，淤埋道路，损毁城乡建筑及农田水利设施等。河流、沟谷的淤积将直接危害工程的效益和使用寿命，影响航道的通航性能。

二、泥石流灾害的防治措施

泥石流的防治应从改变外部环境的输入（降雨和人类活动）和人为改造沟谷系统的内部结构两方面着手进行。泥石流防治的基本原则是：避强制弱，局部防护，重点处理，以防为主，综合防治。

从泥石流发育的不同区段的特点来考虑，应针对不同区段采取不同的治理措施。对于泥石流形成区，应主要采取水土保持措施，包括平整山坡、植林种草、植物篱、坡面排水、截流防冲等；对于泥石流流通区，应重点采取支挡措施，设置各种拦挡坝削弱泥石流的能量；对于泥石流堆积区，设置排洪道、导流堤、停淤场等，为泥石流堆积物寻找一个合理的堆置场所而不至于直接冲击居民区和工程设施。

（一）水土保持措施

水土保持措施主要是减少泥石流的固体物源，削弱地表水的产流能力。

水土保持措施包括：保护原生植被、培育植被，即植林种草，合理耕牧，或适当设置梯田工程、坡面蓄水工程和截流防冲工程。通过这些措施，可使流域坡面得到保护，减少松散物质的提供量，加大启动阻力。

恢复林草植被需要因地制宜，合理规划，并与相应的水土保持工程措施相结合，选择合适的方法，根据当地条件配置林型。

（二）泥石流的工程治理措施

1. 治水

适当采用修建水库、蓄水成塘的办法以减少集中洪水流量并达到缓洪的目的，以减少洪水的动力，当泥石流沟上游面积较大，修建水库和蓄水还可以灌溉农田、牧草等。

2. 治泥

平整坡地和沟头防护，防止沟壁坍塌及沟床下切加剧；治理滑坡，以减少松散泥沙含量；对山坡坡度大于25°的坡耕地，应弃耕还林还牧，或通过修建梯田减少水土流失。

3. 水土隔离

修筑渠道将上游大气降水或坡面汇水从下游泥沙区引开，使清水与泥沙不能接触，从而减少水量和防止冲刷，进而达到消除泥石流的目的。

4. 拦挡坝

在泥石流沟口以上筑坝拦截固体物质，形成泥石流库。可在一条沟内修建多道堤坝，形成梯级泥石流库，以降低沟床比降，减缓泥石流的运动速度，起到减少下游洪峰流量和固体物总量，降低泥石流容重。拦挡坝还可起到固坡、防止沟床继续内坍和沟岸侧蚀的作用，抑制泥石流的发展，如图4-6。

图4-6　四川省防治八步里沟泥石流的拦挡坝

5. 停淤场

利用泥石流在坡上淤积的特征，在堆积扇修建促淤工程，让泥石流固体物质在指定的地段淤积，以消减下游固体物质总量和洪峰流量，使大量土石不致进入江河。

6. 排导工程

包括导流堤、急流槽、泄洪道等，其作用是因势利导，改善泥石流的流势和流向，防止漫流改道，让它在指定地段排泄。

7. 穿越工程

铁路、公路可建桥跨越泥石流沟，或深埋隧道。对于山坡稀性泥石流，流量20～50m^3/s，且下游有大河的地段，可采用渡槽，使泥石流在上方引导排泄。

8. 防护工程

桥梁、隧道、路基及其他设施，需做一定的防护，建筑如护坡、挡槽、顺坝、丁坝等，以抵御或消除泥石流对建筑物、河岸的冲刷、冲击、侧蚀、淤埋等危害。

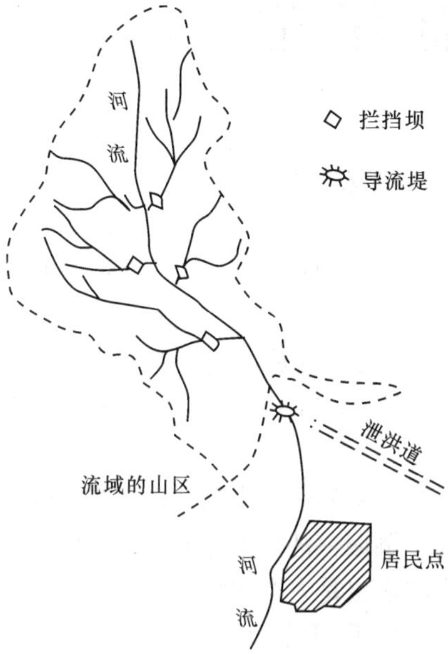

图4-7　泥石流疏导工程示意图
（据李智毅，1990）

图4-8　四川省治理黑水沟泥石流的导排槽

第五章　地面塌陷

第一节　地面塌陷的概述

地面塌陷是指天然洞穴或人工洞室、巷道上覆岩土体失稳突然陷落，导致地面快速下沉、开裂的现象和过程。

地面塌陷往往在地面形成圆锥形塌陷坑和凹陷的槽沟，以及局部地面下沉区。其影响范围一般接近或略大于地下洞体的面积，小者几平方米，大者可达数平方千米，所以，地面塌陷常被视为点状的岩土体变形问题。

地面塌陷造成的地面变形量大，变形速度快，且具有突发性，事前往往很难准确判断发生的时间，加之，其发生过程可导致地面建筑物开裂、倒塌，甚至整体陷落，公路、桥梁扭曲错断，农田肢解以及大量的人员伤亡，所以，地面塌陷也是人类面临的一种地质灾害。

地下存在空洞是地面塌陷发生的先决条件，地下空洞可分为天然洞穴和人工洞室两类。天然洞穴是由自然地质作用形成的，包括岩溶洞穴、土洞（黄土洞穴、红土洞穴、冻胀丘融化形成的土洞）和熔岩洞穴。其中岩溶洞穴特别是近地表的岩溶洞穴和洞顶开口处直接覆盖第四纪松散堆积物的隐伏洞穴，是引发地面塌陷最主要的天然洞穴类型。人工洞室是人工采掘活动所形成的，包括人防工程、地铁、隧道、涵洞和采矿形成的地下巷道系统。除采矿形成的人工洞室外，其他人工洞室一般不会引发地面塌陷，只有在极其特殊的情况下，因地质勘查、工程设计和施工中的某一环节出现重大失误，才会出现。如，2008 年 11 月 15 日杭州地铁一号线施工时发生的重大地面塌陷事故，就是因人为失误所导致的。据媒体报道，这次地面塌陷造成 75m 的路面陷落了 15m，正在行驶的 11 辆汽车包括 1 辆公交车坠入坑内，60 名施工人员被困地下，事后调查，共有 17 人死亡，4 人失踪。目前，人工洞室酿成的地面塌陷绝大多数发生在矿山采空区，因此，矿山采空区地面塌陷是人为诱发地面塌陷最主要的类型。

第二节　我国地面塌陷分布的特点

我国是世界上采矿业大国，同时也是碳酸盐岩分布面积广大、岩溶十分发育的国家之一。地面塌陷灾害的严重程度在世界上也是屈指可数的，无论是由自然原因造成的岩溶地面塌陷，还是人为活动诱发的岩溶地面塌陷，或者非岩溶地区矿山采空区的地面塌陷，都是如此。

一、我国地面塌陷的分布

（一）岩溶地面塌陷的分布

我国岩溶地面塌陷主要集中在扬子地台和华北地台的碳酸盐岩分布区，因构造特点、气候和地形的差异所造成的岩溶发育特点不同，大体可分为北方岩溶地面塌陷高发区和南方岩溶地面塌陷高发区。

1. 北方岩溶地面塌陷区

本区位于长江以北，由于华北地台大多为大型宽缓的褶皱和断块构造，气候较干旱，降水量少，岩溶发育程度不高，除古代的岩溶洞穴系统有部分残留外，现代岩溶主要以溶蚀裂隙为主。因此，岩溶地面塌陷大多集中在山区与平原的过渡地带。如：辽宁省的南部，山东的泰安、枣庄、莱芜，河北的唐山、秦皇岛柳江盆地，江苏的徐州，安徽的淮南、淮北等地。除此之外，本区也分布有古代岩溶塌陷的痕迹——陷落柱。陷落柱的成因主要是，华北地台曾经历过多次构造运动，尤其是始于早古生代的晋冀鲁豫运动和中生代的燕山运动，使本区发生多次地壳的升降，地下水的区域排泄基准面也多次变迁，致使碳酸盐岩地层形成大量的洞穴。洞穴的坍塌使上覆的石炭一二叠纪煤系地层随之下陷，从而形成大小分散的陷落体，也称为陷落柱。陷落柱有的可延伸到地表形成不同形态的地面洼地，在许多地方，这些洼地至今仍清晰可见，证明其残余的活动对现代地面还有一定影响。古代岩溶塌陷主要分布在晋、冀、鲁、豫、陕等省，太原西山、汾河沿岸、河北太行山一带的煤田中较为常见。

根据资料，北方现代岩溶塌陷区已发的地面塌陷点有1252个，占全国岩溶塌陷点总数的3.5%，说明北方岩溶对地面塌陷的影响并不十分突出。

2. 南方岩溶塌陷区

本区位于长江以南的广大地区，是我国碳酸盐岩分布最集中、面积最大的区域（图5-1），总面积约$176.08\times10^4km^2$。该区气候温热湿润，植被茂密，地质构造多为紧密的褶皱和密集的断块，现代岩溶十分发育，有些地方还分布着大型的地下暗河系统。裸露岩溶区和半裸露岩溶区的面积占碳酸盐岩总面积的41.3%，主要分布于云南、贵州、四川、广西、湖南、江西、湖北等省区。据1993年的不完全统计，南方岩溶地面塌陷点已发现34072个，占全国总数的96.5%。其中湖南有14152个，居全国之首，其次为广东和广西，分别为8751个和8735个，再其次为贵州、云南、四川。尤其值得注意的是，本区岩溶地面塌陷的统计数据表明，矿山排水、开采地下水、水库蓄水等人为干扰岩溶水流场的活动，是诱发岩溶地面塌陷的主导力量，而自然地质过程驱动岩溶演化致塌比例则很小，仅占南方区的4.5%。在人为活动导致岩溶地面塌陷方面，仍以湖南为首位，达14115个，广东次之，为8741个，广西排第三，为7598个。

（二）矿山采空区地面塌陷的现状

矿山采空区地面塌陷是我国地面塌陷中的另一种重要形式。其中煤矿开采造成的地面塌陷比例最大。

我国煤炭资源十分丰富，煤炭资源储量占世界总储量的30%，已探明可开采资源量约1145亿吨。作为一种重要能源，目前在我国一次性能源消费构成中约占76.4%，是经济发展、人民生活不可或缺的物质基础。据预测，到2050年我国原煤年产量将达26亿~28亿吨，开采规模将比现在要大得多，煤矿开采所带来的各种地质环境问题，包括地面塌陷问题仍难以从根本上得到解决。我国目前煤炭开采方法有50多种，其中绝大多数矿山采用井下开采，其产量占全国煤炭产量的95%。井下开采会形成面积巨大的采空区，按照传统自然放顶的生产流程，采空区的顶板会发生冒落（坍塌），严重时可导致覆岩变

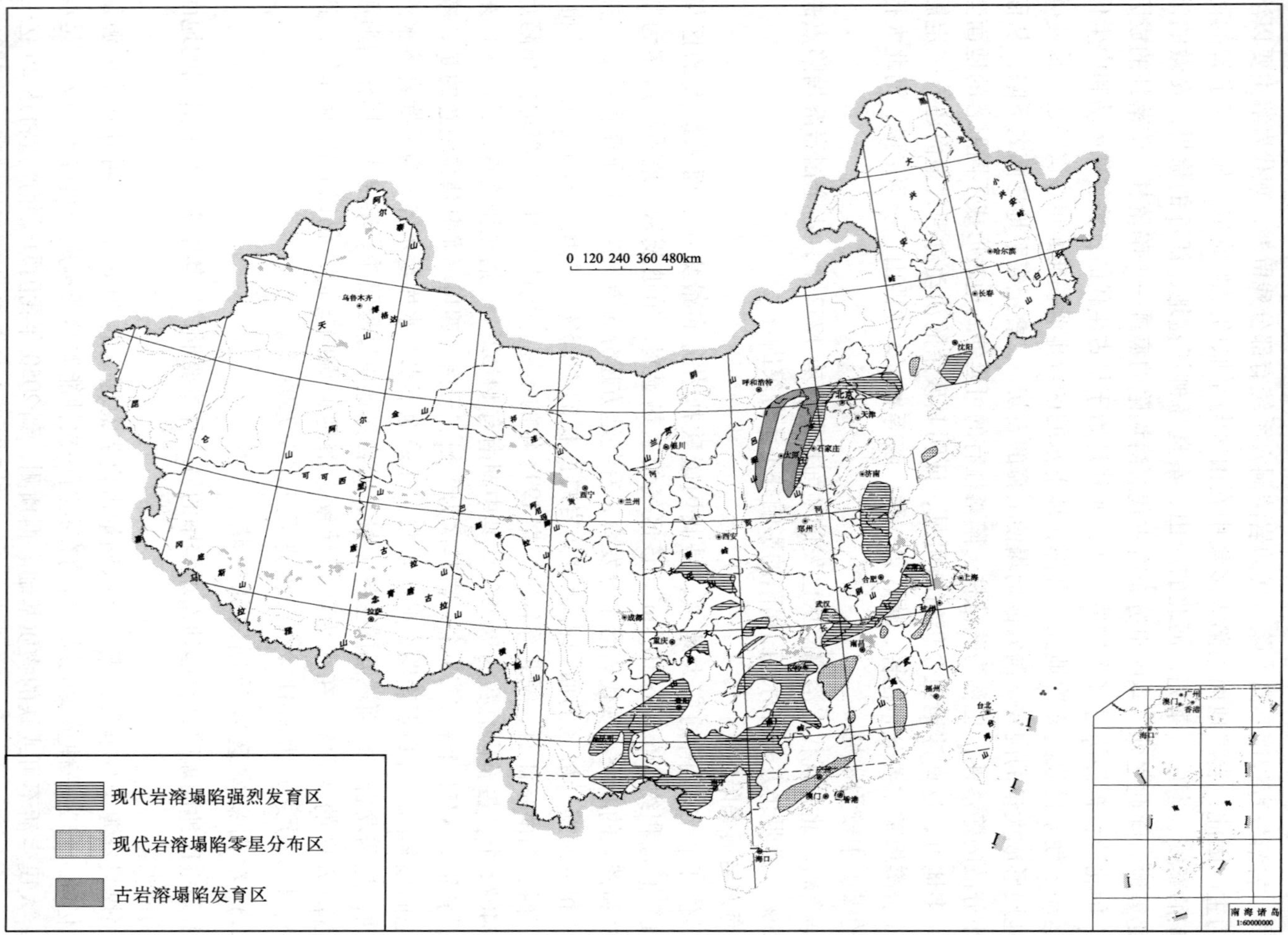

图5－1　中国岩溶塌陷发育分布图

（据李瑞敏等，2007）

形、变位，引起地面塌陷。

我国采空区塌陷高发时期主要出现在20世纪70年代以后，尤其是最近10余年来，全球能源紧张的形势，促进了我国煤炭业的快速发展，大量个体采矿业者也加入到这一活动中，致使采空区地面塌陷在各地频频发生。据统计，目前我国采矿业造成的地面塌陷面积累计达1150km^2，分布在全国20个省市区，塌陷点总数达17138个，占全国各种类型地面塌陷总点数44.4%，其中湖南为12549个，其次为内蒙古2800个，再其次分别为山西、黑龙江、安徽、河南等省。

有关部门曾做过测算，我国每年因煤矿开采形成的塌陷土地约在15000～20000hm^2，每生产1万吨煤平均塌陷土地0.2hm^2，而且每采出1000万吨煤就将有2000人因房屋毁损而被迫迁移。

二、地面塌陷的危害

地面塌陷会导致地面快速变形、陷落，同时伴随地面沉降、开裂、错动，从而严重破坏地面建筑物、农田，并造成人员伤亡的重大事故。其危害主要表现在以下几个方面。

（一）破坏地面建筑，造成人员伤亡

据不完全统计，我国受矿山采空区地面塌陷危害的城市近40个，造成严重破坏的有25个。例如，河南鹤壁市因煤矿采空区地面塌陷，房屋道路、公共设施损毁严重，不得不进行城市搬迁，后因新址也出现同样的问题，又进行第二次和第三次搬迁。又如，黑龙江鹤岗煤矿，开采70多年来，已塌陷土地41.97km^2，搬迁房屋总建筑面积139.7×10^4m^2，且因危房倒塌，不断有人员伤亡。1989年7月邯郸团城铁矿因采空区地面塌陷，机修车间10间房屋突然陷落，形成直径30m、深11m的塌坑，导致4人丧生。1991年4月27日山西大同青磁窑煤矿地面塌陷，致8人死亡，塌陷还诱发3.9级地震，受灾面积为0.7km^2。1987年10月7日山东朱崖铁矿庙子采空区突然发生地面塌陷，塌坑长310m，宽8～12m，坑内陷入8户人家，死伤12人，周围20户人家百余间房屋受损或倒塌。此类灾害也发生在岩溶地面塌陷区，例如，山东省泰安市因取岩溶水作为供水水源，在1972～1982年间，在自来水厂周围、火车站岔道、化肥厂、旧镇和铁路交汇区陆续产生了100多个塌陷坑和多处地裂缝，造成房屋倒塌、农田毁坏和铁路路基破坏，铁路三角区受害最大，在3km^{2}内出现塌坑30多个，使路基悬空，交通一度中断。

（二）损毁铁路、公路和水利设施

采空区地面塌陷会对铁路、公路和水利工程设施造成严重损害。例如，安徽淮南地面沉陷区内，国铁支线穿越李一矿井上方，铁路压煤达3298万吨，10多年间已从国铁线下采出煤炭558万吨，导致路基累计沉陷11m多，西移1.74m；新庄孜、李嘴孜和孔集三个矿临近淮河，由于河下采煤，淮河大堤最大沉陷13m之多，原有堤坝已低于淮河常年水位，以致不得不加高加宽堤坝以防洪水泛滥。

（三）破坏农田

地面塌陷会造成地面的严重变形，许多农田甚至被错落不一的地裂缝分割成台阶状，而无法正常耕种。据统计，我国地面塌陷的土地中，有30%是农田，每年为土地复耕投入的补偿费用就占总费用的60%。辽宁省因矿山采空区塌陷，农田破坏或因高程降低而

遭水淹，1988 年全省受影响的农田为 3851 亩，有 22% 被地下水淹没，到 1991 年水淹没农田达到 1670 亩，为此，辽宁省每年需要投入抢险救灾资金 5000 万元。吉林省辽源、通化、舒兰、珲春等矿区，因采空区塌陷，沉陷面积累计达 95810 亩，其中农田赔偿面积就达 48516 亩，占 50%。

（四）引发矿井水患

地面塌陷形成的塌坑、地裂缝往往会成为大气降水、地表水进入井下巷道的通道，导致矿井水患。例如，广东凡口铅锌矿，多年疏干排水采掘，使地面塌陷范围已与疏干漏斗大体一致，地面出现塌陷坑 1923 个，大量密集的塌坑把矿区地面破坏得百孔千疮，$6800m^2$ 房屋被迫拆迁，1000 多亩农田受损，4km 铁路和 1.4km 公路遭破坏，洞穴充填物和塌落物随降水涌入巷道，并一度引起凡口河水倒灌。又如，2009 年 7 月 22 日黑龙江省鸡西市鑫永丰煤矿发生采空区地面塌陷（图 5－2），形成面积约 $3000m^2$、深 10 余米的塌坑，由于正值降雨，水与流沙大量涌入坑内，使矿井淹没，23 名当班矿工被困井下。

图 5－2　黑龙江鸡西鑫永丰煤矿地面塌陷

第三节　地面塌陷的形成条件及发生机理

一、地面塌陷的形成条件

地面塌陷是岩土体快速变形、向下坠落的动力学过程，其过程的发生必须具备一定的内、外条件。

（一）岩土体的内部条件

1. 地下存在空洞

与其他岩土体变形的条件不同，地面塌陷必须具备一定规模的地下无岩土的空间，即空洞。地下空洞的存在有着两方面的意义：①它是洞体顶板、侧壁局部冒落物以及塌陷发生时坠落物的储容空间，在地下岩溶发育区，地下洞穴以及隙宽稍大的溶蚀裂隙还起着将洞穴暂时堆积物输移到远处或深处溶洞的通道作用。所以，地下空洞的存在是地面塌陷发生的先决条件，或者说地下空洞是地面塌陷——地下空间置换地面变形空间的基础。②地下空洞为具有多个临空面的空腔，空洞的顶、底板和侧壁在周围岩压的作用下极易发生应力集中，而处于稳定性很差的状态，一旦受到外力干扰，容易失稳而发生覆岩的冒落，甚至发生波及地表的塌陷。

地下空洞的形成，可以是自然力而为，也可以是人工挖掘的结果。

在可溶盐岩分布区，尤其是以碳酸盐岩为主的岩溶地区，石灰岩、白云岩中的裂隙在地下水流的溶蚀、冲刷作用下，可不断加宽、扩容，形成较大的地下空洞或洞穴系统。这种岩溶空洞的形成通常需要经历长时间的发育过程，甚至与构造变动的历史有关，所以，在岩溶地面塌陷高发区，空洞的形成时间与塌陷发生时间会相差甚远。

岩溶洞穴包括各种形态的溶洞、溶隙、管道等。由于岩溶作用受着地下水水流系统的控制，因而各种岩溶现象也往往组成一定的系统，称为岩溶系统。受各种因素的影响，岩溶的发育有强弱之分。一般而言，当可溶岩岩性较纯，岩层厚度较大，出露分布较广，断层较发育，岩层较破碎时，岩溶较易发育；当可溶岩岩性不纯，含泥质及其他不溶杂质成分较多，岩层厚度不大或夹有多层非可溶性岩层，出露分布较局限，断层不发育，岩层较完整时，岩溶发育较弱。

岩溶发育愈强烈，岩溶洞隙数量愈多，其规模也愈大，愈有利于岩溶塌陷的形成。岩溶洞隙的发育一般受岩溶地下水排泄基准面的控制，多发育于浅部，向深部逐渐减弱。浅部岩溶洞隙由于地下水活动频繁，交替强烈，一般连通性较好，成为塌陷物质的储集空间和运移通道。塌陷坑与开口洞隙存在着密切的垂向对应关系。洞穴愈大，塌陷规模也愈大；洞隙开口愈大，塌陷速度愈快。洞隙的平面展布形态对塌陷平面形态有着决定性影响，裂隙状洞隙往往形成长条状塌陷坑，沿地下河管道往往产生链状或串珠状分布的塌陷坑群。

地下井巷系统是最易引发地面塌陷的一种人工洞室。这种空洞与自然形成的岩溶洞穴有很大的区别：①人为针对某种专门目的而挖掘的，可以出现在不同的岩性地层中，而不只限于可溶盐岩地层，洞室的规模可大可小、可深可浅；②人工洞室随施工进度或采矿计划不断扩大，即在施工完成或闭矿之前，洞室的面积和体积随时间而变，采掘区地应力的变化和调整一直在持续进行，而处于宏观的不稳定状态。因此，人工洞室，尤其是长时间不间断采掘的矿山发生地面塌陷的几率也最大。

2. 洞穴围岩状况

地下洞穴的受力状况如同梁的受力，洞的顶板相当于承载上覆岩土体自重的梁，洞的两侧如同位于梁端的两个支点。若洞顶的直接顶板或间接顶板为坚硬完整的岩层，例如，许多发育在巨厚灰岩层中的溶洞，顶板和两侧壁均有足够的支撑力，保证洞穴的稳固。若洞体围岩缺失坚硬完整的岩层，或洞的跨度过大，围岩的稳定性就会降低，即使不发生全部覆岩的变形、垮塌，也会形成局部的失稳现象。一般而论，当洞穴埋藏深度与洞穴高度之比小于25:1时，洞顶上部就会形成三个变形特点不同的带，即冒落带、裂隙带和弯曲带（图5－3）。冒落带常常位于洞顶和洞壁上方，是洞体形成过程中围岩受力变形破裂而局部垮落的部分，垮落物会堆积在洞底，成为洞穴堆积物，在岩溶洞穴中，这些崩落物常常会被地下水流带走，而见不到它的痕迹。裂隙带又常被称为断裂带，位于冒落带之上一定高度，它是因洞顶冒落后新的顶板所受的向下拉张力减小，而处于暂时的稳定状态，由于围岩的压力，顶板岩层仍以切层、离层的方式开裂，形成众多相互嵌合的块石集合体，借助块石之间的咬合，裂隙带整体微微向下凸起，起着支撑洞顶覆岩自重的作用。裂隙带以上直至地表为弯曲带，该带裂隙发育程度不如裂隙带，主要表现为整体弯曲变形，其上表面即是下沉的地面。

需要指出的是，在某些条件下，上述三个变形带可能会缺失一个甚至两个。另外，洞顶变形的同时，洞壁也会变形，并形成大量裂隙，无论哪个部位的裂隙都有继承性和新生性的特点，即有些裂隙是地质体原有的如构造裂隙、节理、层面等，而有些则是洞穴形成过程中围岩受力条件变化而新产生的，或追踪原有裂隙的结果。所以，洞穴和围岩的稳定性分析，必须充分结合区域地质背景，对褶皱、断层的分布规律要做到心中有数。

（二）岩土体的外部条件

引发地面塌陷的外部条件，也包括自然的和人为的。

1. 自然影响因素

（1）大气降水

激发地面塌陷的各种自然因素中，大气降水的影响最普遍也最重要。无论是岩溶地面塌陷，还是矿山采空区地面塌陷，雨季都是其高发期。

首先，降水入渗水可以使洞顶覆岩的含水层增大，自重加大，提高了对洞顶的垂向压力；其次，下渗水流会湿润裂隙面，降低岩石块体间的抗滑阻力，从而引起洞顶和洞壁的进一步变形而失稳。另外，降雨强度大、历时较长时，入渗的水流可以以灌入的方式快速进入围岩中的宽大裂隙，形成较大的动水压力和冲刷作用，使原已不稳定的洞室（穴）瞬间垮塌。

在岩溶地区，大气降水除上述作用外，还可起到另一种激发效果，即降水入渗对岩溶水的水量补给，会抬高岩溶水水位，若洞穴顶部开口被松散的黏土物质覆盖呈封闭状，快速上升的岩溶水会压缩洞内空气，形成上挤的压力，导致气爆发生，引发洞顶塌陷。

（2）河、湖近岸地带的侧向倒灌作用

河、湖近岸地带多有阶地发育，普遍分布着孔隙潜水与岩溶水组成的双层含水介质。一般情况下，地下水向河、湖排泄。其水位随河、湖水位的起落而波动。但在汛期洪水位急剧上升的情况下，河、湖水将向地下水产生侧向倒灌，地下水位随之上升。这时岩溶地下水对洞隙上覆盖层土体产生正压力或使浮托力增大。在洪水位迅速回落时，岩溶地下水位由于其径流较通畅亦随之很快下降，对洞隙上覆盖层的浮托力很快消减，而潜水位因渗透性相对较弱则下降较缓慢，使潜水位与岩溶水位之间的双层水位差增大，从而通过洞隙开口处从潜水含水层向岩溶洞隙产生垂向的渗透潜蚀作用，在盖层中形成土洞进而扩展形成塌陷。这种现象称为洪水倒灌潜蚀塌陷，简称洪水塌陷。

（3）地震

地震对地面塌陷的发生起到两个作用：①地震力可使洞顶覆岩以及洞壁的裂隙进一步扩大，引起岩层破裂、位移加剧；②洞隙上覆松散饱水细粒物质发生“液化”，而形成地面塌陷。

2. 人为活动的影响

对于矿山采空区的地面塌陷来说，人为激发活动主要表现在地面施加荷载、人为爆破和车辆振动、水库蓄放水的人工调节等。对于岩溶地面塌陷，除上述人为活动外，地下水的抽排、回灌，尤其是快速、大降深的抽水活动往往是引发地面塌陷最普遍的原因。

二、地面塌陷发生的机理

（一）矿山采空区地面塌陷的机理

矿山开采一般是在疏干地下水之后，才进行地下的掘进、回采活动，所以，采空区地面塌陷的主要原因在于地下洞巷系统和围岩的结构变化。

目前关于采空区围岩破坏和地面塌陷的机理研究有多种理论模式，如拱形冒落理论、悬臂梁理论、岩块碎胀填充理论、冒落岩块铰接理论、砌体梁理论等。这些理论大多数是围绕某种特定的平衡状态而言的。然而，采空区围岩的变形和地面塌陷是一个具有时间特征的动态过程，而且洞室的边界也随掘进、回采的进行不断变化。所以，有必要将上述理论与开采过程相联系，构建四维的（时、空变化的）形成机理。

一般来说，矿层开采造成的围岩变形可分为三个阶段。

第一阶段为掘进和回采的初期，采空区长宽尺寸较小。若长度最大者小于1/4～1/3采深时，顶板覆岩的破坏形式分为三个带，即冒落带、裂隙带和弯曲带（图5－3）。

如前所述，冒落带是洞顶和洞壁上部岩层断裂破坏并垮落的范围，它所形成的崩落物因大小混杂、块体彼此支撑而形成大量空隙，其总体积会比垮落前的原岩增大许多，即出现碎胀现象。如果矿层较薄，采厚小，碎胀的崩落物可能会把冒落带和坑道全部充满。此时，崩落物会对冒落带之上的裂隙带施以一定的支撑力，减小裂隙带的弯曲变形量。在这种情形下，地面以沉降为主，能否出现地裂缝取决于地表微地形和浅表岩土的岩性，但变形量较小，一般不会影响土地的正常耕作和房屋的安全性。

如果崩落物不能全部充满冒落带和坑道，冒落物与裂隙带之间存在“空腔”。随采空区扩大，围岩和地面变形进入第二个发展阶段（图5－4）。由于采空区长宽尺寸进一步变大，冒落带的厚度也会增大，其顶面会较第一阶段有所升高，宽度也有所加大。若采深/采厚比小于25:1，且采空区最大长度大于1/2采深时，裂隙带的顶面有可能已接近或达到地面，此时，弯曲带消失。这个阶段，洞室的顶板如同梁受力弯曲的极限状态，裂隙带不仅裂缝增多，整体弯曲下移量也急剧增大。由于冒落带厚度大于第一阶段，崩落物会更多，当岩石碎胀使崩落物与裂隙带底部相接时，覆岩也可形成相对稳定的状态。然而由于裂隙带发育到地表，而且裂隙带整体弯曲变形大于第一阶段，地面会产生明显下沉并伴生大量的地裂缝，地裂缝的错动可形成一些塌陷槽沟。此时，地面建筑物也处于损毁较严重的阶段。

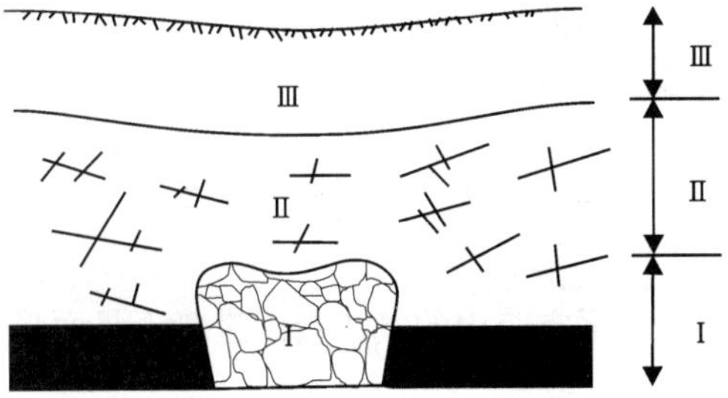

图5－3　第一阶段洞室覆岩破坏示意图

Ⅰ—冒落带；Ⅱ—断裂带；Ⅲ—弯曲带

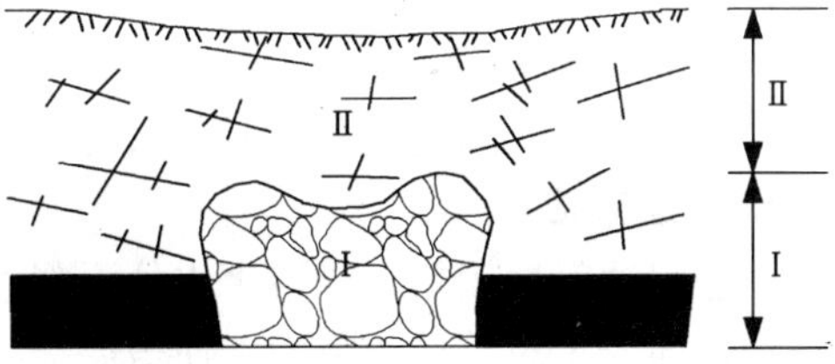

图5－4　第二阶段洞室覆岩破坏示意图

Ⅰ—冒落带；Ⅱ—断裂带

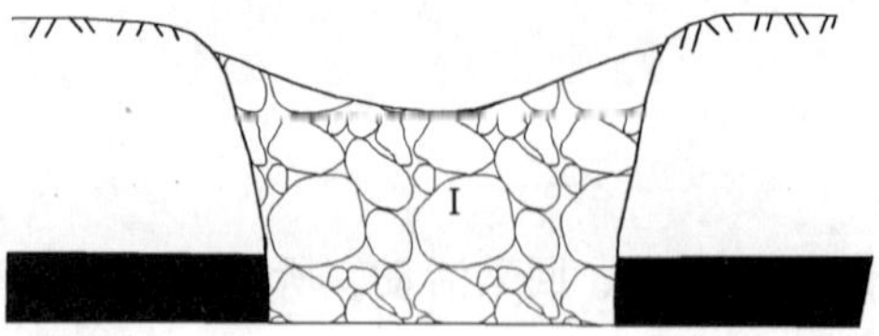

图5-5　第三阶段洞室覆岩破坏示意图

Ⅰ—冒落带

如果在第二阶段，洞室的崩落物与裂隙带之间存在空腔，随着回采的继续，围岩和地面变形则进入第三阶段（图5-5）。由于采空区范围的扩大，采空区中心距其四周边界（非采空区）超过某一临界值时，中心点附近的覆岩将会全部折断，而外围地段覆岩的受力状况如同悬臂梁。此时，覆岩全部折断的范围，冒落带已发展到地表，地面会出现最为严重的塌陷变形，地面建筑损毁严重，有些房屋会陷落到坑中，地形基本改观。在严重塌陷区的外围地面变形状况与第二阶段相似。

对于一个特定矿区而言，是否会出现第三个阶段，何时出现，出现的范围有多大，这些问题都需要从开采深度、采厚、采空区扩大的时间过程以及岩层的组合、力学性质等多个方面的综合分析中获得答案。想了解这方面知识的读者，可参阅本书列出的相关参考文献。

（二）岩溶地面塌陷的机理

岩溶地面塌陷可分为岩溶地区矿山采空区地面塌陷和非人工采空区的岩溶地面塌陷。大量实例表明，许多岩溶矿山在地下井巷施工前的抽排水阶段，已开始出现地面塌陷，这种地面塌陷的发生机理与非人工采空区的岩溶地面塌陷相同。而地下开挖井巷、回采阶段引发的地面塌陷，即所谓的岩溶地区矿山采空区地面塌陷，在发生机理上与非岩溶地区矿山采空区塌陷相似，只是前者对大气降水、地表水的作用更加敏感。因此，岩溶矿山采空区地面塌陷的形成机理既有采空效应也有岩溶发育特点所决定的响应过程。

到目前为止，有关非采空区岩溶地面塌陷形成的机理可归纳为六种。需要注意的是，这些机理是针对近地表岩溶，特别是洞穴、溶隙上部开口处被松散的第四纪堆积物覆盖的条件下而讨论的，也可以说是围绕岩溶水饱水带与包气带之间的岩、土、水、气变化所导致的地面变形响应而展开的。其次，非采空区岩溶塌陷的形成，不一定是一种作用，而是多种效应综合的结果。

1. 失托加荷效应

岩溶水由承压变为无压状态或水头下降时，岩溶水对顶板的上托力消失或减小，相当于覆岩（土）增加了附加荷载，从而使顶板破坏导致塌陷发生。

2. 渗透变形效应

岩溶水位下降过程中，水流将溶洞（溶隙）中的充填物冲刷带走，形成空洞，同时上部含水层漏水或地表水下渗，使盖层发生潜蚀形成空腔。

3. 土体崩解效应

岩溶水水位升降变化，会使盖层土体时干时湿，导致土体散解破坏而失稳。

4. 负压效应

当盖层通气性较差，岩溶水水位下降急速时，地下空腔内的气压会因进气不足而形成负压，从而产生对盖层的吸力，使盖层破坏。

5. 气爆效应

岩溶水水位快速上升，空腔内气体受压，冲破盖层，导致盖层失去其整体性而坍塌。

6. 土壤液化效应

地震爆破或井下突水，饱水砂液化流入矿井或其他洞穴，从而引起地面塌陷。

第四节　地面塌陷的防治

与其他地质环境问题一样，地面塌陷这种地质灾害的预防与治理也应遵循“以防为主，及时治理”的总原则。在此原则的指导下，具体的防治措施应根据岩溶地面塌陷和采空区地面塌陷形成机理的不同而分别考虑。

一、岩溶地面塌陷的防治

（一）岩溶地面塌陷灾害预防

（1）查明洞穴分布。从防灾减灾的角度来考虑，岩溶地面塌陷的发生主要与地表浅部存在着天然岩溶洞穴有关，因此，查明洞穴的分布情况是防治工作中最基本的环节。也是岩溶地区建造各种人工建筑物之前必须进行的常规工作。

调查工作应在查明区域地质、水文地质背景的基础上，运用钻探和物探手段确定浅表洞穴的分布情况，并从危险性的角度进行分区。对松散堆积物厚度不大，且直接覆盖在溶洞和隙宽较大溶隙开口处的那些地段，要予以高度重视，不应布设任何建筑物。

（2）对已出现地面变形，但尚未塌陷的地点，要圈围出警戒区，及时撤离人员，以防酿成人身安全事故。

（3）拟建的以岩溶水为开采对象的供水源地布设地点，场地选择时，应事先进行致塌危险性的充分论证，并尽可能远离村镇和人口密集区。

（4）对分散开采的农村井机，应强调小流量小降深逐渐过渡到预定开采量的操作方法，以避免洞穴负压的形成。此外，分散的农用井的布设必须在水文地质人员指导下进行，避免井群干扰、降深过大问题的出现。

（5）在可能出现塌陷的地段，要防止地表水的进入，对严重漏水的河溪、库塘进行铺底防漏或人工改道。

（6）加强对岩溶水位，尤其是地面变形的监测，要注意宣传，加强群测群报的工作。

（二）岩溶地面塌陷的治理

（1）充填塌坑，填坑时首先应清除表土，先填块石和粗大骨料堵塞洞体，再填细料使之形成反滤层。

（2）跨越塌陷区的公路、铁路应修建桥梁，桥梁基础应坐落在厚度较大的基岩上。

二、矿山采空区地面塌陷的防治

（一）采空区地面塌陷危害的预防

（1）矿山开采前应结合开采方式、开采进度，运用采动理论估算不同开采期，以及地面变形的范围和程度，做出风险评估，必要时修改原有开采方式和流程。

（2）要明确禁采区和限采区，对地表重要建筑物、水库和城镇所在地要结合采深采厚和地质条件分析，制订出危害后果最小的开采方案。

（3）开采过程中要对不同区块的地面变形进行监测预报，及时撤离人员。

（4）矿坑排水设计必须考虑地面塌陷的可能地点、规模，避免单纯追求疏干工期的做法。

（5）改进井巷顶板管理方法，在条件允许的情况下，尽可能采用充填法。在一般情况下，为减少地面变形造成的损失，应留有足够数量的保安矿柱，而且禁止对矿柱进行回采。

（二）采空区地面塌陷的治理

（1）对破坏的土地应进行整理、平复，以防滑坡、崩塌的出现。

（2）危房改造必须到位，严重损毁的房屋必须拆除。

（3）对进入充分采动阶段（冒落带发育到地表）的地段，土地整理工作至少应在塌陷后两年进行，由于残余变形将持续很长时间，这些地段短期内一般不宜建造永久性建筑物。对仍处于非充分采动阶段的地段，不宜开展正规的土地整理，以免前功尽弃，或采用钻孔灌注法，填充地下空腔，使之达到稳定状态。

第六章　地 面 沉 降

第一节　地面沉降概述

地面沉降是指发生在较大面积的地表高程降低、地面舒缓变形的现象和持续过程。地面标高降低会导致沿海地区海水倒灌，码头失效，城市排水系统报废；而地面变形尤其是不均匀沉降会使建筑物倾斜、开裂，道路、桥梁扭曲，地下管道破坏，从而造成重大经济损失。地面沉降被视为一种地质环境问题。

地面沉降的成因是多方面的，不同地区地面沉降的规模和变形的特点也不同。归纳起来，大致可分为以下三种成因类型。

一、构造运动引起的地面沉降

因基底断块快速下降可造成的地表高程降低、地面急剧变形，如地震。与此不同的是，构造运动还可以一种缓慢连续的方式进行，表现为基底断块持续的缓慢沉降或岩层的拗陷，因形变速率很小，持续时间很长，又被称为构造蠕变。构造蠕变也可造成地面高程的缓慢下降和连续的地面变形。如在天津市的地面沉降中，由于基底下降形成的沉降值约为1.7mm/a，沉降持续的时间已达8000~9000年。在洞庭湖区，构造蠕变引起的沉降约为1~2mm/a。

二、地面加载引起的地面沉降

地面加载可以是自然的，也可以是人为的。

自然原因如冰川期大陆冰盖的形成，曾经使现今的挪威、芬兰等国发生地面沉降。现有证据表明，最近的一次冰期中，欧洲大陆冰盖一度达到2000m，巨大的静压力使这些国家地面下沉，估计最大沉降量可达2.5m。冰期过后，冰川消融，目前这些地区正处于回弹阶段。

人工施加荷载造成的地面沉降可以有多种方式，如修建水库、建造房屋等。其中一个典型的例子是美国亚利桑那州的米特人工湖。该人工湖蓄水后的15年间库底下沉了180mm。20世纪90年代以来，我国许多城市建造大量密集的高层建筑，巨大的自重使地基土体发生变形，尽管其变形量和地面沉降值都在允许范围内，但仍构成了区域性问题。例如，上海市现在发生的地面沉降有30%来自高层建筑和大型工程的影响，建筑密度越高，建筑体积越大，地面沉降也越显著。浦东陆家嘴金融区高楼林立，仅2004年地面沉降量就达到3cm，成为上海地区沉降最严重的地区。

三、地下水、石油、天然气开采引起的地面沉降

随着经济发展和人口不断增多，水资源和能源利用量也在日益增大。大量抽汲地下水

已使世界上许多地区发生了严重的地面沉降。如墨西哥城的最大沉降量达9m之多，日本东京地面最大沉降量4.6m，美国加州圣华金城最大沉降量9m，我国上海、天津、西安、太原等大城市也都长期受地面沉降问题的困扰。石油、天然气的开发也带来同样的问题，例如美国加利福尼亚的威明顿油田，20世纪30~60年代，地面沉降面积发展到75km²，沉降中心地面下沉值达8.8m。又如阿塞拜疆，因抽取天然气，地面下沉2.5m。

资料表明，目前发生最普遍、范围最广、对社会经济影响最明显的，就是这类地面沉降。因此，本章主要是围绕这种成因的地面沉降来讨论。

除上述成因外，黄土的湿陷、矿山采空区塌陷、地震，也会造成地表高程降低、地面变形。这些地面沉降的形成机理不同于开采地下水、石油、天然气，而且沉陷的范围也较局限，一般只当作上述过程发生时的一种伴生现象来对待，而不纳入地面沉降这一特定的地质环境问题之中。

第二节　我国地面沉降的分布特点及危害

一、我国地面沉降的分布

我国地面沉降主要发生在新生代松散堆积物分布区，特别是砂、砂砾石等粗颗粒物质与亚黏土、黏土等细粒物质叠置、交错，相变复杂的冲洪积扇中段、前缘、扇间地带，以及河湖平原和滨海地区。正因如此，我国地面沉降问题主要出现在中部和东部，包括长江三角洲、珠江三角洲、渤海湾及其他沿海地区。在内陆，主要分布在华北平原、汾渭盆地等大型盆地和广袤的冲积平原区。

20世纪60年代初，我国地面沉降的城市主要为上海和天津，到80年代初，已扩展到北京、西安、常州、无锡、苏州、嘉兴、杭州、宁波、太原和河北平原一些中小城市。目前，我国已有17个省（市、区）的55个城市出现了地面沉降，总面积超过$6.5\times10^4km^2$。

（一）长江三角洲平原的地面沉降

长江三角洲平原是我国发生地面沉降现象最具典型意义的地区之一。上海市是我国发生地面沉降现象最早、影响最大、危害最严重的城市。20世纪80年代以来，江苏省的苏锡常地区及扬州—泰州—南通地区与浙江省杭嘉湖地区及宁波—绍兴地区相继发生了地面沉降灾害。20世纪90年代末，苏锡常、杭嘉湖以及上海市累计沉降超过200mm的范围已达1/3，面积近10000km²，并在区域上有连成一片的趋势。以上海市中心城区、江苏省苏锡常地区、浙江省嘉兴市为代表的沉降中心区的最大沉降量分别已达2.63m、2.80m、0.82m。

上海市于20世纪60年代初期，开始建立地面沉降监测网络，采取多种措施进行防治，使地面沉降得到了有效控制。20世纪90年代以来，由于大规模的城市建设，高层建筑荷载及市区周边增加开采地下水，致使中心城区地面处于新的加速沉降阶段。

在苏锡常地区，虽然近年来已实行地下水禁采，大部分地区地下水位已开始回升，但沉降速率仍然达到20~40mm/a，部分乡镇甚至高达80~120mm/a。1990年后，苏锡常地区由于不均匀地面沉降引发了地裂缝，目前已发现20余处，发育规模较大的地区已形成长数千米、宽数十米不等的地裂缝带，地裂缝带的差异沉降还在继续发展，仍处于高发时期。

杭嘉湖平原地面沉降不断向区域性发展，形成多个沉降中心。截止到2000年，嘉兴沉降中心累计沉降量达到827.6mm，1991～2000年，平均沉降速率为23mm/a，2000年沉降速率为14mm/a，表明其沉降速率有减缓趋势。近年来，浙江省沿海地带城市由于地下水超采严重，地面沉降发展较快。2002年，宁波市沉降中心累计沉降量484.6mm，沉降面积超过175km^2，沉降速率3～12mm/a。温岭市西部平原已形成了多处沉降带，中心累计沉降量已大于1300mm，地面累计沉降量大于300mm的面积已达36.45km^2，已成为浙江省地面沉降灾害最为严重的地区。

长江三角洲地区的地面沉降主要是开发利用地下水引起的。1970年前，城市地区纺织业发达但能源紧缺，因而大量集中开采地下水用于纺织业工厂的空调降温，使地下水位大幅下降而导致城市地区严重的地面沉降。20世纪90年代以来，在城市周边地区乡镇企业兴起的同时，长江三角洲水环境不断恶化，导致水资源极为丰富的长江三角洲水网地区地表水质量普遍下降，使整个区域成为水质型缺水地区，加剧了广大农村地区居民用水紧张，促使地下水开采量的急剧增加，产生了区域性水位降落漏斗，由此诱发的地面沉降目前已成为以城市为中心的区域性地质环境问题。

（二）华北平原区的地面沉降

华北平原地面沉降较严重的地区包括北京、天津、河北和山东等地的平原地区。

1935年，北京市地面沉降仅发生在西单到东单一带，1935～1952年局部地面沉降量最大仅为58mm。20世纪50年代以后，随着北京地区地下水的开采量不断增加，逐渐形成了以东郊工业区为中心的区域性地下水位降落漏斗，到1983年5月，北京市东郊地面沉降区面积达600km^2，累计地面沉降量大于100mm的沉降面积达190km^2；大于200mm的沉降面积约为42km^2。1966～1983年，北京市北郊的来广营地面沉降中心沉降量约为277mm，南部大交亭地面沉降中心沉降量累计约532mm。1987年以后，北京市地面沉降影响范围快速扩展到1800km^2，沉降量大于200mm的地区达到350km^2。

天津市坐落于渤海之滨，地面标高3～5m，是全国海拔高程较低的工业港口城市之一。1959年前，地下水开采地区年沉降量约10～20mm；1959年后，天津市内大部分地区沉降量超过50mm，1975年达262mm/a。天津市区从1959～1988年累计沉降约1356mm，最大沉降量为2628mm，沉降面积达7300km^2以上。

河北平原区地面沉降主要形成于20世纪80年代，随着地下水水位的下降和地下水水位降落漏斗的形成，河北平原逐渐形成了沧州、保定、衡水、任丘、南宫、霸州、大城、曲周、唐海等9个主要地面沉降区。截至1998年，河北平原地面沉降大于200mm的面积达48550km^2。沧州地面沉降累计已达2250mm，加上基底断块差异升降，出现了20多条地裂缝。

山东省德州市地面沉降影响面积已达2037.5km^2，累计沉降量150～387mm，沉降中心在300～387mm之间。从20世纪70年代末到现在，年均沉降量25～32.25mm。济宁市自1989年至今已累计沉降208.9mm，沉降量大于60mm的面积已近90km^2，中心最大沉降速率每年达48.8mm。

北京地区由于第四纪沉积物相对致密，地面沉降及其危害轻于天津和河北平原地区。

但是，由于高层建筑和其他重大工程对地面变形要求很高，其潜在威胁不容忽视。

（三）汾渭地堑盆地的地面沉降

汾渭地堑沿陕西渭河、山西5大盆地斜列展布，是我国构造活动强烈区，基底构造差异升降大。由于地下水的开采，不仅引发了地面沉降，而且形成了多条顺构造线展布的地裂缝，逐渐形成了西安、大同、太原3个严重的地面沉降及地裂缝区。其中，西安地区地面沉降累计达2.6m，产生了13条地裂缝，总长73km；太原地面沉降累计大于3m，近年地裂缝灾害有加剧趋势，长度达到15km；大同、榆次、临汾、运城等盆地已出现地面沉降和多条地裂缝。

西安地面沉降自20世纪60年代初发现至今已有40多年的历史。截至1996年，西安地面沉降累计沉降量超过100mm的面积已达150km^2，波及范围达200km^2，最大沉降速率300mm/a，并形成了7个沉降中心，累计沉降量均超过2000mm，最大累计沉降量达2600mm。

山西太原市地面沉降范围南北长约40km，东西宽约15km，形成多个沉降中心。目前，该沉降区正在向东部的高新技术开发区发展。1980年太原市盆地内沉降量大于100mm的面积为108km^2，沉降中心在吴家堡一带，累计沉降量达819mm；1990年吴家堡累计沉降量2600mm，10年间下沉了1781mm，年平均下降178.1mm；2002年累计沉降量为3700mm。

山西大同市地面沉降出现于20世纪70年代末，沉降中心累计地面沉降量一般为40～50mm，最大累计沉降量124mm，平均沉降速度8～10mm/a。大同地面沉降与地下水降落漏斗在时空分布上有较好的对应关系。

二、地面沉降的危害

地面沉降是地面累进性的缓慢形变过程。这种形变既有水平方向的剪切、拉张和压缩应变，又表现为垂向上的位移，而且常具有不均匀形变的特点，伴随地面沉降，在不同地段会出现地面开裂的现象，从而带来巨大危害。

地面沉降的危害具体表现在以下几个方面。

（一）地面积水难排，河道行洪能力下降，洪涝灾害加剧

地面沉降长期发展，使沉降中心的地面高度明显降低，形成碟形洼地，改变了原始地表水径流条件，影响排涝和排水管网运行能力，若遇较大洪水，积水难排。例如，地面沉降使天津市近1/2的区域地面标高降低1～3m，市区出现排水困难，1997年7月底的暴雨积水，直接经济损失达到2亿元。河北省沧州市因地面沉降导致排水不畅，1989年7月20日的强降雨导致市区低洼地段积水深达60～100cm，20多家企业被淹，工厂停产。江苏省苏州市相城区鹤泾村受地面沉降影响，地面高程不足3m，村内地面低于周边水面达1m之多，常年内涝，每年仅排涝费用就高达10万元之多，由于房屋地基长期受渍，地面潮湿，出现了严重的风湿病这一新的“地方病”，村内1000多居民的生产和生活难以为继。

（二）建筑物基础下沉，工程设施毁坏

地面沉降尤其是不均匀沉降及其引发的地裂缝，会造成铁路的路基沉降、桥梁裂缝、

沥青路面开裂、地下管道错断、供水井井管上升、泵房报废等；特别是对标高要求严格的堤坝、水闸、桥梁、铁路、高架道路等基础设施标高一旦降低，将使得安全运营和维护成本增高，造成的房屋开裂倒塌，甚至直接威胁到人的生命安全。例如，陕西省西安市截至2002年的不完全统计，因地面沉降与地裂缝毁坏楼房170余栋，厂房、车间57座，民房近2000间，74条道路遭到破坏，累计错断供水供气管道50余次，立交桥2座，毁坏田地$413\times10^4m^2$，破坏文物古迹8处。因地面沉降造成的地下排水管道倒坡、破坏，严重影响到天津市城市生活污水和雨后积水的排放。为此，不得不在主要排水管道部位增设泵站60多个，自20世纪80年代以来，仅这些增设的泵站运行费用就高达300～400万元/年。又如，上海市地铁一号线自1994年投入运营以来，到2002年全线平均累计沉降81.5mm，最大累计沉降量达224.1mm，导致地铁隧道变形，增加了运营和维护成本。

（三）导致地下水环境恶化

地面沉降所造成的地面标高下降和积水洼地的形成，严重影响着城市污水的排放，所造成的排污管道破坏也使污水溢出，这都会污染地下水。在沿海地区，地面沉降还会造成海水入侵或海水倒灌，使地下水矿化度增高，并引起土壤盐渍化。部分内陆地区在地面沉降过程中，劣质地下水和许多有毒、有害元素污染的地下水会随着含水层的压密释水向淡水扩散，造成地下水水质变差。

（四）滨海地区风暴潮及海岸侵蚀加重

在沿海地区，地面沉降会造成海平面相对上升，风暴潮灾害加重。地面沉降使天津市部分地区已处于海平面以下，伴生的风暴潮灾害加剧。在1985、1992、1997、2003年发生了4次风暴潮，天津防潮堤有十几处被冲垮，天津港码头仓库、油田被淹，沿海渔民虾池、鱼池被冲坏，农户进水等。1985年8月2日和8月8日的两次强潮上岸，水深1.2m，受灾面积$5.9km^2$，直接损失达1亿元。此外，地面沉降使地表排水不畅，河床坡降减小，淤积严重，输沙量降低，沿岸及河口三角洲不能充分发育，致使波浪潮对海岸改造作用加强。因地面沉降影响，渤海湾冯家堡一带1954～1985年间海岸侵蚀距离为150m，狼坨子岸边达350m。

第三节　地面沉降的形成机理

地面沉降之所以多发生在新生代松散堆积物分布区，是因为这些地区堆积物形成的时间较短，往往处于未固结或欠固结阶段，松散的自然堆积结构一旦受到外部施加力，容易变形，体积变小。抽汲地下水、石油、天然气等流体，会使原有流体与周围介质的压力平衡被破坏，等效于给介质施加新的应力，引起介质压密、体积缩小，从而导致地面下沉。因此，含水层的释水压密，油、气储层的释油、释气压密，则是区域性地面沉降形成的主要原因。

一、饱水多孔介质含水层的失水压密原理

饱水的多孔介质是由固体颗粒（岩石碎屑、矿物颗粒）和粒间赋存的孔隙水组成。在天然的压力平衡状态下，上覆地层的自重由颗粒和水共同承受。

颗粒受到的应力称为有效应力，用 σ' 表示，它是通过颗粒之间的接触点传递的。如果颗粒受到的应力超过其粒间的摩擦阻力时，颗粒彼此错位，形成更紧密的排列方式。在天然堆积过程中，颗粒间的压密始终在缓慢进行，由于自然压密速率非常小，当以地面沉降的速率来衡量时，可以忽略这种自然变化，将未受人为干扰的饱水含水层视为压力平衡状态。

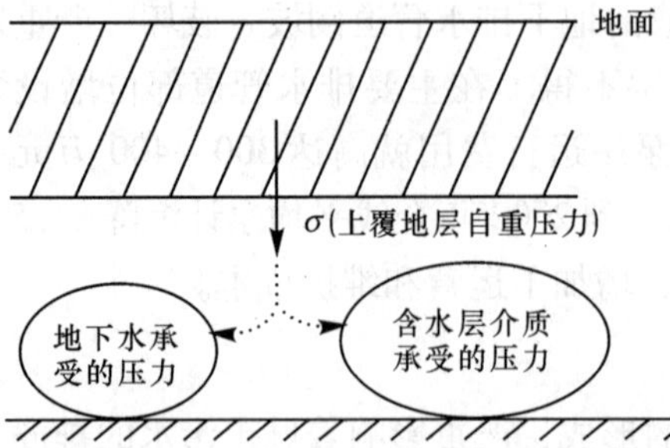

图6-1　饱水多孔介质含水层压力分配示意图

粒间孔隙水所承受和传递的应力称孔隙水压力，用 μ 表示。在径流缓慢的情况下，地下水可近似看作静止状态，孔隙水压力服从静水压力分布规律，即任一点的不同方向上的压力相等。因此，静水压力条件下，孔隙水压力不会使固体位移，而只能起到使颗粒压缩变形的作用。然而实验表明，固体颗粒的压缩率比水的压缩率小一个数量级。所以，在一般情况下，颗粒的自身变形量也可忽略不计。

在近似的静水条件下，上覆地层自重形成的压力（图6-1）可用下式表示：

$$\sigma = \sigma' + \mu$$

式中：σ 为总压力；σ' 为颗粒骨架承受的压力，又称有效应力；μ 为粒间孔隙水压力，又称孔隙水压力，$\mu = \gamma_{水} H$，即水的容重 $\gamma_{水}$ 与该点测压管水头高度 H 的乘积。

这一关系由太沙基给出，所以上式又称为太沙基公式。

（一）抽水条件下饱水多孔介质含水层的失水压密

由太沙基公式可以看出，抽水时，含水层水位下降，会使颗粒间的孔隙水压力变小，由于上覆地层自重不变，为保持平衡，有效应力必然会增大。如果有效应力的增量（附加应力）大于颗粒间的摩擦阻力时，颗粒就会位移、错动，形成更紧密的排列，含水层压密，体积变小，地面下沉，直至形成新的压力平衡。

$$\sigma = (\sigma' + \Delta\sigma') + (\mu - \Delta\mu)$$

$$\Delta\sigma' = |\Delta\mu|$$

式中：$\Delta\sigma'$ 为有效应力的增量；$\Delta\mu$ 为孔隙水压力的增量，因抽水是减压过程，所以用负值表示；$|\Delta\mu|$ 为孔隙水压力增量的绝对值。

（二）注水条件下饱水多孔介质含水层厚度变化

如果注水或水位恢复上升时，孔隙水压力 μ 会增大且为正值，由于上覆地层自重不变，水的浮托力会使有效应力减小，颗粒会变得松散，在宏观上含水层厚度变大。

$$\sigma = (\sigma' - \Delta\sigma') + (\mu + \Delta\mu)$$

$$|\Delta\sigma'| = \Delta\mu$$

式中各符号意义同上。

（三）地面加载条件下饱水多孔介质含水层的失水压密

地面加载会使总压力 σ 增大，孔隙水压力和有效应力也随之增大。如果 $\Delta\sigma'$ 大于粒间阻力，而且大于 $\Delta\mu$ 时，会引起骨架压密，表现为含水层总体积变小，水将从孔隙中挤出，进入水井中。这种平衡状态可用下式表示：

$$(\sigma + \Delta\sigma) = (\sigma' + \Delta\sigma') + (\mu + \Delta\mu)$$

$$\Delta\sigma' > \Delta\mu$$

应用太沙基原理，可以较好地解释在上述三种情况下，含水层的压密造成的地面沉降效应。

二、开采条件下油、气储层压密固结原理

在天然条件下，石油、天然气储层一般处于封闭的地质环境中，上覆地层的自重由储层中的流体和骨架共同承担。当覆岩与油气层处于压力平衡状态时，可用太沙基公式表示：

$$\sigma = \sigma' + \mu + \nu$$

式中：σ 表示覆岩的自重压力；σ' 表示储层中介质骨架承受的压力；μ 表示液体（水、油）承受的压力；ν 表示气体承受的压力。

采油或采气时，储层中三种物质承受的压力会随之改变。气体会减压，液体的水和油也会减压，而储层中骨架将会承受更大的压力，即发生压力的重新分配。由于气体的压缩率较大，减压过程快，且 $|\Delta\nu|$ 大；液体减压较气体慢，$|\Delta\mu|$ 相对较小；储层骨架所获得的有效应力增量为 $\Delta\nu$ 和 $\Delta\mu$ 的绝对值之和。储层压力的分配情况可用下式表示：

$$\sigma = (\sigma' + \Delta\sigma') + (\mu - \Delta\mu) + (\nu - \Delta\nu)$$

$$\Delta\sigma' = |\Delta\mu + \Delta\nu| \quad 且 \quad |\Delta\nu| > |\Delta\mu|$$

由于石油、天然气储层埋藏在地下数百米甚至数千米深处，储层介质既可以是半固结的松散岩类，也可以是基岩。开采时一旦将储层开启，处于高承压状态的油、气会喷涌而出，迅速减压，开采前后的巨大压力差会使半固结甚至成岩的骨架变形，孔隙或裂隙缩小，储层厚度变薄，连带上覆岩层下沉。这就是为什么油气田开采往往会造成较大地面沉降量的根本原因。

第四节　不同类型岩土失水压密特点

广义的地下水不仅赋存在空隙较大的含水介质中，也会以结合水或毛细水的形式存在于包气带和黏性土层中。抽汲地下水或采油气时，压密过程不只限于含水层或油气储层，上下的相对隔水层或非储层也会受其影响而失水压密或减压变形。由于介质的岩性、水的存在形式不同，压密的过程以及地面沉降的特征也相差甚远。

一、砂砾质含水层失水压密特点

（一）砂砾质含水层地下水与介质的特点

由砂砾石、砂等粗粒物质组成的含水层，粒间孔隙大，地下水往往以重力水为主。重力水又称自由水，可在重力作用下，自由进入含水层或排出含水层。由于含水层介质的渗透性好，水压传递也十分迅速，所以，在抽水过程中，水头下降较快。孔隙压力的调整、应力消散可在较短时间内完成，形成新的水力平衡。

在砂砾石、中粗砂含水层中，颗粒之间主要以颗粒表面和棱角相接触，相当于一种硬联结，有效应力增大时，主要是颗粒的移动错位，形成更紧密的结构，与此同时，部分孔隙水会被挤出。一旦孔隙水压力得到恢复，较紧密的排列又会变得较松散，重力水会再次进入粒间孔隙。

（二）地面沉降效应

由上述水和介质的特性所决定，砂砾质含水层失水压密所引起的地层沉降有如下特点：①砂砾质含水层一旦被抽汲，释水快，压力传递快，压密作用显现得快，地面可在较短时间内出现沉降，即滞后时间短，延迟效应不明显；②由于砂砾质含水层本身的孔隙度较小，可供压密的空间小，所以，地面总沉降量较小；③砂砾质含水层颗粒间为硬连接，失水和充水能够以可逆方式进行，形成的地面沉降具有弹性变形的特点，抽水时，地面下沉，水位恢复时，又可回弹。

二、黏性土的失水压密特点

位于砂砾质含水层上下的相对隔水层大多由黏土、亚黏土等细粒物质组成，当含水层抽水降压时，渗流场的变化也会导致这些地层的失水压密。

（一）黏性土及其含水特点

这类土虽具有大量的孔隙，但孔隙直径小，其中水的存在形式主要为结合水。它们受颗粒表面的吸引，比重力水难移动和失去。只有当水力梯度超过某一临界值——起始水力梯度，即超过结合水的抗剪强度时，水才能渗透释放出来。

由于黏性土渗透性差，水压的传递、消散需要相对较长的时间，所以，黏性土的释水压密具有滞后时间长、延迟时间也长的特点。

除了水的特点外，黏性土的结构对失水压密过程也有重要影响。黏性土黏粒由黏土矿物组成，黏土矿物为片状晶体，力学强度低，它们往往呈絮凝型、分散型、片架型、片堆型的结构方式形成黏土颗粒。晶体之间孔隙大，并以结合水的水化膜连接。一旦受外力作用，不仅晶体间孔隙变小，晶内的结构也发生改变，而呈定向排列，水化膜变薄。所以在较低的有效应力增量的作用下，土体容易压缩变形。由于晶体结构一旦形成定向排列，晶格之间的孔隙就会被压缩，失去的结合水难以恢复，所产生的变形主要表现为塑性变形。

（二）地面沉降效应

根据黏性土及土中水的存在方式，可以分析得出，由黏性土失水压密而引起的地面沉降具有以下特点：①黏性土孔隙虽小，但孔隙度大，远远超过砂砾质土，黏性土一旦失水压密，可压缩空间大，能够产生较大的地面下沉量；②由于黏性土中的水主要是结合水，水压传递和应力消散慢，失压后需要相当长的时间才可建立新的压力平衡，所以抽水对它的影响来得慢，即滞后时间长，延迟效应也十分明显，这就是为什么在许多粗细颗粒相叠置的地下水分布区抽水时地面沉降不明显，水位恢复后，地面沉降仍会持续发展的原因；③黏性土失水压密过程失去的水主要是结合水，骨架的压密是塑性变形，两者都是不可逆过程，所以，所造成的地面沉降大部分是永久性的。

（三）黏性土层失水压密过程

黏性土层不是通常所说的含水层，其失水压密过程的发生，主要是由相邻砂砾质含水层的抽水而引起的。在许多地区，特别是河湖相平原区，黏性土层与砂质含水层常形成“千层饼”状的垂向分布格局，其中黏性土层的累计厚度甚至远远大于含水层的累计厚度，在开采地下水的条件下，当地地面沉降量的主要贡献者为黏性土层。因此，黏性土的失水压密过程特别引人注意。

黏性土层的失水压密过程可用下图（图6－2）来说明：

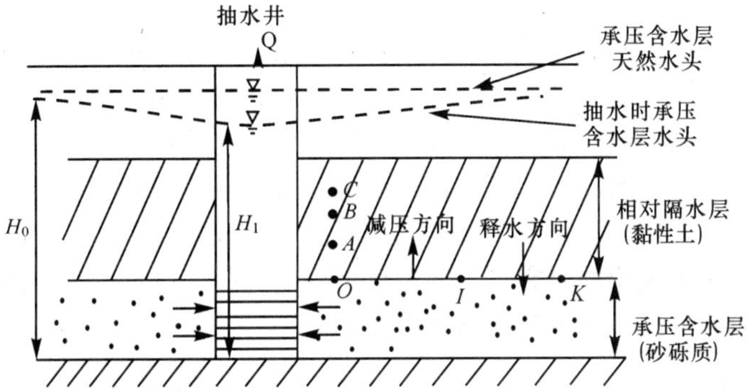

图6－2　抽水条件下承压含水层和黏性土相对隔水层的释水过程

为了讨论方便，可做出以下规定：①从承压含水层抽水，初始水头为 H_0；②承压含水层为均质各向同性无限含水层；③抽水形成的承压水水头的下降，认为是在瞬间完成的。

1. 垂向上的失水过程

当井中水位由 H_0 变为 H_1 的一瞬间，隔水顶板边缘的点 O，孔隙水压力最先变为 H_1，而隔水层内部 A 点的水头（孔隙水压力）仍为 H_0，于是 $O-A$ 之间的水头梯度为 $I=(H_0-H_1)/L$（L 为 $O-A$ 间的距离）。若 I 值大于弱结合水的起始水力梯度（I_0），黏土中的结合水会被破坏，变为重力水，则 $O-A$ 段开始释水，并产生介质的压缩变形。与此同时，A 点的水头也开始变小。

在 $O-A$ 段失水压密的同一时刻，相对隔水层内部的 B 点水头值仍为 H_0，过一段时间后，A 点水头接近为 H_1，$A-B$ 段开始释水压密，而 C 点水头值仍为 H_0。随着时间的延续，$B-C$ 段开始释水。可以看出，在垂向上，黏性土的释水最先从抽水含水层的界面开始，逐渐向隔水层内部发展，这一过程也是隔水层由外向内，水压力逐渐降低的过程，而隔水层中的释水方向则是从隔水层内部排向承压含水层。黏性土失水是个较慢的过程，如果抽水时间较短，失水过程还未发展到整个隔水层，井水水位就开始恢复，隔水层的内部水压调整不会立即终止。隔水层应力变化对上覆地层的影响不会立即终止，地面仍会在一段时间里继续下降。

2. 水平方向上的失水过程

抽水条件下，承压水的水头传递很快。即便如此，当 O 点孔隙水压力变化为 H_1 时，其右侧 I 点的孔隙水压力不会同时变为 H_1，若 $I-O$ 的水力梯度还达不到起始水力梯度，I 点不会释水，因而出现滞后现象。

由此可以看出，距抽水井水平距离不同的点存在滞后现象。即使抽水效应已波及 K

点，由于 O、I、K 各点的水头降低值不同，有效应力的增量不同，O 点上方的黏性土层失水压密较 K 点上方的黏土层来得大。当井中水位快速恢复，O 点的水头重新达到 H_0 时，I、K 点可能仍处于由起始水头 H_0 减小的过程中，从而表现出延迟的现象。

第五节　地面沉降的时空特征

地面沉降是沉降区不同岩性层失水压密的叠加结果。距抽水井远近不同的点，地层岩性的组合形态可以不同，水头的降落值也会各不相同，与岩性渗透性有关的水力传导速度也相差甚远，滞后、延迟效应的大小，也会有所差异。这些影响综合在一起，就会使地面沉降的时空分布呈现复杂的局面。所以，地面沉降研究一般分为两个层次：一是区域分布规律的归纳；二是不同地点沉降形成条件的分析。

地面沉降区域分布规律的研究主要用于危害程度的分区以及危害原因的分析判断。为此，地面变形形式的分析工作就显得格外重要。

一、地面沉降的变形形式

地面沉降造成的地面变形主要有两种形式，即垂直位移和水平位移。

（一）垂直位移

地面沉降以地层的垂直位移变形为主，并随各地点有效应力增量大小的不同而不同。在宏观上呈现出开采中心垂直沉降量最大，随距离开采中心长度的增加，地面垂向沉降量逐渐减小（图6-3）。在土体的总应变中，垂直应变量比水平应变量可大一个数量级。

由于垂直应变不均匀，在沉降区中心，两侧土体会向中心挤压，产生剪切破裂面，地面出现地裂缝。

美国斯坦福研究院和格兰特、里伦斯基的研究成果证实，沉降中心附近存在集中的压缩带（图6-4），在那里挤压应力较明显，可形成挤压性的“逆断层”和地裂缝。地面的这种变形方式，会给建筑物稳定造成巨大威胁，导致建筑物不均匀下沉、倾斜和开裂。

（二）水平位移

地面沉降垂直变形的过程中，土体也会形成侧向拉力，产生水平位移。与垂直位移相比，水平位移形成的变形量要小得多，明显的水平位移出现在沉降中心两侧的中间地带

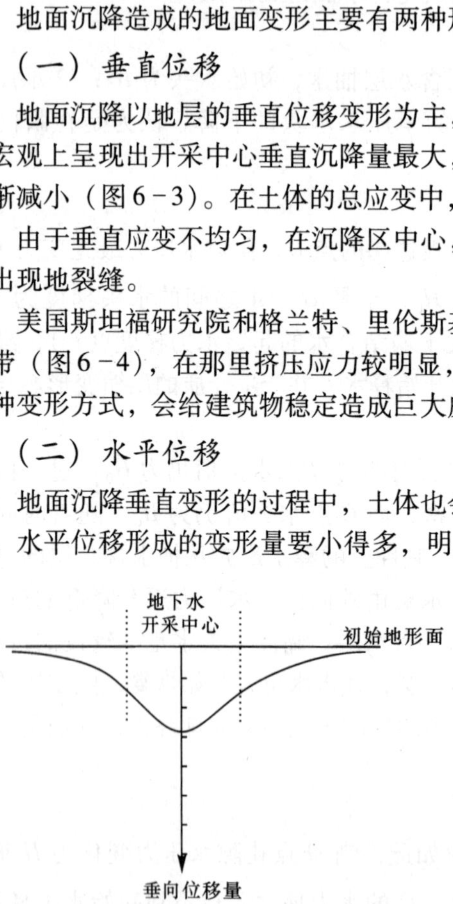

图6-3　地面沉降的垂向位移量分布曲线

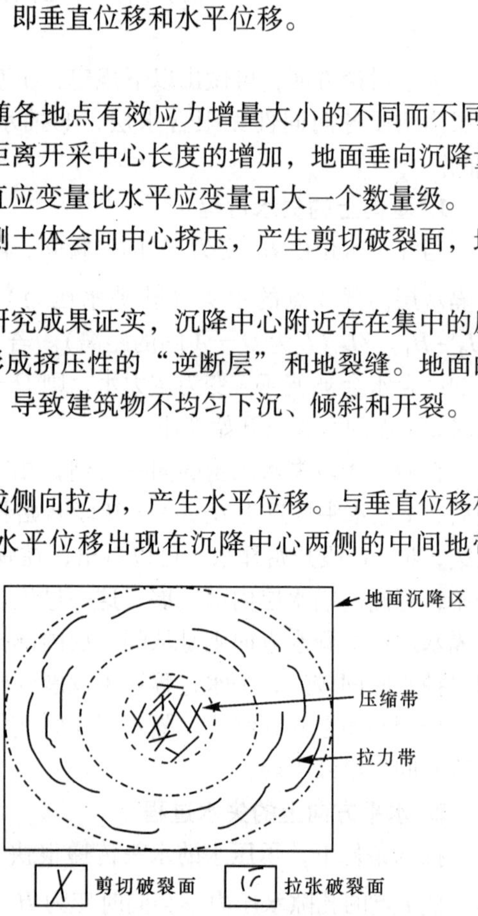

图6-4　地面沉降不同变形区的分布

（图6－5），此地带的两侧水平位移逐渐减小。

根据水平位移的空间分布图，格兰特和里伦斯基指出，地面沉降中心两侧的中间地带存在土体拉力区，在平面上呈圆环状包围着沉降中心（图6－4），区内土体受拉张力作用，往往形成多条长度较小、彼此不相连的地裂缝，这些地裂缝在总体上呈同心圆。位于此区的建筑物会因土体开裂而遭到破坏。

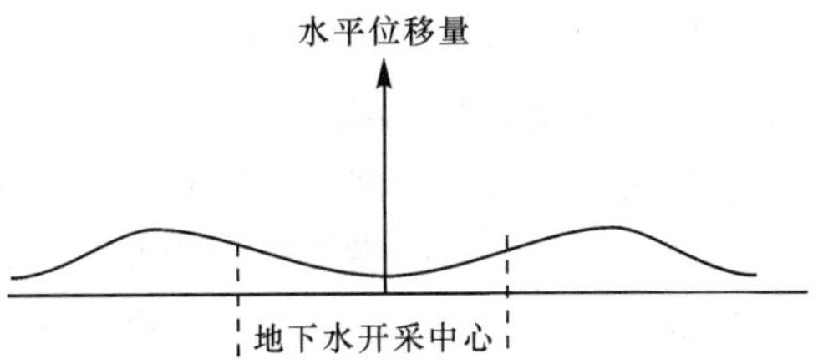

图6－5　地面沉降的水平位移量分布曲线

二、地面沉降的影响因素及其对地面形变的作用

地层的岩性、厚度、地层组合形式在空间上的不均匀分布，往往会使不同地点在沉降速率、总沉降量、沉降的时间过程以及地面变形的可恢复性等方面相差很大，此外，抽水方式、抽水地点和抽水量的大小，也对地面沉降的发展起着重要作用。

（一）岩性和地层组合对地面沉降的影响作用

地面沉降主要是由抽水含水层和受抽水影响的周围相对隔水层的共同失水压密、层厚降低而导致的。其中相对隔水的黏性土层的压密作用最为显著。一般来说，在地层剖面中，抽水含水层以上黏性土层的累积厚度越大，地面沉降的总幅度也越大。若砂砾质含水层的累积厚度与黏性土相同，地面沉降的发展过程主要受黏性土失水压密过程控制。

若含水层上覆地层中的黏性土累积厚度相同，但层数不同，则层数越多，单层厚度越小的地点，地面沉降的速率越大，地面稳定所需的时间长度也越短；反之，地面沉降的滞后和延迟效应越明显。这是因为黏性土分层多，它与其他含水层的界面也多，可进行多个释水面，单层厚度小有利于黏性土内部失压过程在较短时间里完成。

由于在许多地区，如大型冲积平原的中部和河湖平原，粗粒相与细粒相在剖面上交错分布。若开采水源地的一侧以粗粒相为主，另一侧以细粒相为主（图6－6），地面沉降的中心就会随时间向细粒相分布区移动，从而出现沉降中心与开采中心不重合的现象。

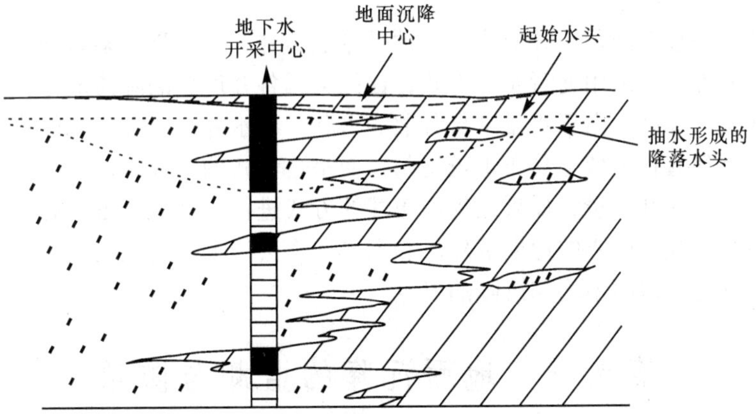

图6－6　导致地面沉降中心与地下水开采中心不一致的水文地质条件

（二）抽水对地面沉降的影响

1. 距抽水井远近的影响

抽水形成的水头降落漏斗大体可以反映不同地点垂向的水头分布以及各层位孔隙水压力的变动情况。当地层的岩性组合相似时，距抽水井较近的地点，水压降低值大，介质有效应力增量也大，地面沉降量也大，沉降速率相对较快；而离抽水井越远的地点，地面沉降速率越小，沉降量也越小。正因如此，在地层岩性组合较一致的地区，地面沉降中心往往与地下水开采中心在位置上吻合一致。

2. 抽水量的影响

根据地下水渗流理论，在介质相同的情况下，抽水量与地下水降深基本具有线性统计关系。抽水量越大，降深值也越大，漏斗的范围也越大。因此，抽水量大，地面沉降的发生范围也大，抽水中心区地面沉降量大，沉降速率也大；反之，当抽水造成的孔隙水压力增量不足以使黏性土中的结合水剪切破坏，或者低于介质的固结强度时，地面不会发生沉降。

需要指出的是，地下水的补给量是有限的，若采区抽水量小于地下水补给量，地下水降落漏斗不会一直扩张开采，而是在一定范围内，随补给的情况，张缩有秩，在长期稳定开采过程中，地面沉降会由开采初期的快速发展逐渐趋于稳定，直至地面不再变形下沉。如果地下水开采量超过采区所能得到的补给量，地下水降落漏斗会不断扩大，地面沉降区也越来越大，开采中心地面沉降量会持续增长，沉降速率会因各地地层组合的情况不同，有的地点快，有的地点慢。

3. 抽水方式

间断性的抽水，如农田供水的季节性开采，对地面沉降的影响主要表现在：抽水初期，沉降速度较快。停抽期间，对于以砂砾质土为主的地段，地面可出现一定量的回弹，而以黏性土为主的地段，地面沉降不会马上停止，一般还要持续一段时间，但沉降速率会逐渐减弱，之后可以有少许的回弹或无回弹。如果间断性的抽水方式保持多年，在抽水量保持恒定的情况下，年地面沉降量会逐渐减小，并有可能最终由以塑性变形为主变为以弹性变形为主要变形方式。这一过程等同于对土体反复加荷、卸荷，压缩曲线与恢复曲线相重叠的那种土体变形结果。

地下水开采一般有两种布井形式，一种是分散布井，另一种是多口井集中在一很小区域内的集中开采方式。采用前者布井方式，往往会因各井产生的降落漏斗相互连接，形成宽缓的区域水位下降区。由于水量来自分散的水井，各水井的水位降低值均不大，即使引发地面沉降，沉降值在区域上分布也较均匀，而呈平盘式的沉降区，对建筑物安全的危害也相对较小。同样的开采量，如果以集中布井的方式进行，围绕开采中心会形成一个降深值很大的漏斗区，开采中心的地面沉降量和沉降速率会较大，而且会因漏斗面的梯度明显变化，导致部分地段地面不均匀沉降的发生。

第六节　地面沉降的监测与防治

为了避免地面沉降造成持续性的危害，其调查和防治不能仅局限于现状，而要把握地面沉降的区域、沉降特征和沉降发生的过程。抓住了过程，就有可能去预测预报，并及早采取措施予以防范和治理。

一、地面沉降的监测

（一）区域地面沉降监测技术

1. 精密水准测量

由于传统的水准测量，特别是一等精密水准测量的精度可以满足监测地面沉降的要求，故仍是目前较为普遍和常用的方法。为了有效了解地面沉降动态与规律，我国大部分地面沉降区在城市水准高程系统的基础上，建立了高精度的水准测量控制网，采用从整体到局部的高程方法，使研究区平均布点与沉降区加密布点相结合。经过水准网的平差计算，可以求出监测点的地面高程，由此可以计算出某一监测点的起始年份到目前为止的累计沉降量。根据地面高程的测量结果，可以绘制地面高程等值线图，也可以绘制累计沉降量等值线图，以了解地面沉降的空间分布特点。

水准测量是传统的沉降监测技术，具有测量精度高、成果可靠、操作简便、仪器设备便宜等特点，但该方法的作业效率低、劳动强度大、难以实现自动化观测。另外，由于布设的沉降监测点数量有限，只能从宏观上掌握地面沉降的特征，沉降的整体分布特征难以精确掌握。随着电子水准仪的普及应用，水准测量的劳动强度得到较大的降低，数据处理也更为方便快捷，特别是该仪器对操作技能的要求大大降低，有效地提高了成果的精度和可靠性。

2. GPS 测量

全球定位系统（GPS）是 20 世纪 70 年代末研制出的新一代卫星定位系统，具有全球、全天候、自动化观测、实时精密导航和定位能力，而且，其测量精度高，成果稳定可靠。我国于 20 世纪 80 年代初引进 GPS 技术，20 多年来取得很大的发展，已广泛应用于各种大地和工程测量、地壳形变和地质灾害监测，以及飞机和舰艇的导航。

近 10 多年来，美国等国家开始将 GPS 技术应用于区域地面沉降监测，并取得了初步成效，但我国的成功经验还不多。采用大地高（椭球高）进行测量，当不进行传统的正常高（海拔高）转换时精度可达到 3mm，能够满足地面沉降监测的精度与快速反应效率。

但 GPS 由于设备比较昂贵，一般难以进行大规模的布网监测。同时，GPS 在高程测量方面的精度也低于平面测量的精度，这在某种程度上影响了其在沉降监测方面的推广应用。目前，由于 GPS 设备的大幅降价，以及一机多天线技术的推广应用，GPS 监测网的建立成本得到了很大的降低，这对 GPS 在地面沉降监测中的推广应用起到了很好的促进作用。

3. InSAR 技术

InSAR（合成孔径雷达干涉测量）技术是利用不同时间测量的卫星合成孔径雷达地面图像相重叠而形成的微分干涉图像，图像中一个相干颜色条纹循环代表一定数量的地面变形量，并通过对比地面变形实测值来确定，再利用计算机处理成地面变形等值线图。

InSAR 作为近 10 多年来新发展的观测地表形变的先进技术，可以克服 GPS “离散监测”的缺点，在建立数字地面高程模型和监测地表变化方面具有广阔的应用前景。与常规的测量方法相比，InSAR 监测地面沉降具有大面积、快速的优势，是水准测量和 GPS 测量的有效补充。

（二）地面沉降分层动态监测

基岩标和分层标监测是进行地面沉降监测的重要技术手段，是地面沉降分析研究和制订相应措施的基础。

基岩标是埋设在地下完整基岩上的特殊观测点，可以作为地面沉降测量的高程控制点。基岩标作为高程控制测量的基准，可以减少传递误差，提高测量精度。

分层标是根据土层的性质，埋设在地下不同深度土层和含砂层中的特殊观测点，是有效测量松散土层变形量的设施。

（三）自动化监测技术

2000年，上海市率先应用自动化监测技术监测地面沉降。自动化监测系统主要包括由地面沉降监测控制中心（主机）、通信网络（有线或无线）和现场测量系统（从机）三大部分组成。主机（微机+通信卡）一般放置在监控中心，配备测控软件和数据库软件，负责管理从机的工作状态和取回各从机的测量结果，进行观测资料的分析处理和图表输出。通信网络利用公共设施的电话网络或无线通信方式实现。从机安置在测量工作现场，负责按主机设置的工作方式对各测点进行测量、结果保存及向主机传输。主机和从机的通信接口为通信卡，传输介质为电话装置，不同类型观测项目的从机可以方便地接入同一个通信网，可以实现系统的扩充。主机的测控软件与现场仪器的通信接口方式有现场和远程控制测量两种，这两种连接方式也可以同时采用，只需一套软件即可完成对上述各类仪器及两种通信方式的管理。

二、地面沉降的防治

地面沉降是一种连续的、渐进的、累积式的地质环境问题，它形成的初期，沉降变形量较小，对人的生产、生活和自然环境的危害程度较低，人们尚且能够容忍和接受，所以不大能够引起足够的重视和警觉。然而当地面沉降一旦形成一定的规模和可观的损坏，以人类现有的能力和技术，治理和恢复起来是极为困难的。人类现在甚至将来，所能采用的应付地面沉降的手段，最多只能减缓或中止地面正在下沉的趋势，而不可能将下沉的地面恢复至原貌，也难以将受损的地面构筑物恢复如初。因此，地面沉降如果任其发展，其后果是严重的，必须要对其进行有效的预防和治理。

（一）区域构造运动引起的地面降低

对于构造蠕变形成的地面降低，由于沉降速率小且沉降均匀，除断裂带附近可能会引起建筑物不均匀沉降而逐渐破损外，一般危害不大。在沿海地区为防止海水倒灌可修筑海堤。防治的办法主要是对于大型工程设施的选址进行科学论证，避免在活动断裂带附近修建重要建筑物。

（二）人工抽取地下水、油、气引起的地面沉降

地面沉降与地下水开采紧密相关，只要地下水位以下存在可压缩地层就会因开采地下水而出现地面沉降。与此同时，人工抽取油、气等资源也会导致地面沉降。为了防止这类地面沉降，或是将沉降造成的损失减小到最低限度，可从以下几个方面着手进行防治。

1. 合理规划水资源开发利用布局

这是在开采利用地下水之前进行的一项工作，包括：① 取水地点尽可能安排在砂砾

石层厚、黏性土夹层少的地段；② 在黏性土层多且相变复杂的地区，尽量以地表水作为供水水源，减少或不开采地下水；③ 减少开采量，且尽量采用恒定开采办法，不要形成长期增长的开采局面，这是我国目前采用最广泛的方法，以减小总沉降量和沉降时间；④ 将集中开采变为分散开采；⑤ 减小各地开采强度，使降落漏斗平且缓，减少沉降的不均匀性和局部沉降过大，避免出现明显的挤压带和拉张带，以减少水平位移和垂直位移集中的现象。

2. 等量置换

主要用于油气田，即通过人工回灌对抽汲的液体进行等体积替换，以保证孔隙水（油）压力不造成明显下降。因水比油气比重大，同时还可起到驱赶油气的作用。

这种方法还可以用于地下水开采引起的地面沉降的治理，由于一般注入地下的是废水或者中水，要科学论证含水层的自净能力，以避免造成地下水污染。

（三）人工加载引起的地面沉降

随着经济的发展和城市建设力度的加大，人工加载已经成为城市地区引发地面沉降的重要因素。为了有效防治此类地面沉降，应在建筑物地基勘察、设计时，仔细查明工程地质条件，正确选择持力层。同时在城市规划时，要降低城市市政工程建设的容积率。

（四）管理和立法方面

地面沉降防治措施的制订不仅涉及技术层面，更重要的是每一项地面沉降防治措施都会引出一系列相关的社会经济问题。它必须在政府强有力的支持下，在法律、行政措施、经济保证的前提下，才能使社会各部门、各方面从共同的利益（更重要的是社会效益）出发，才能取得地面沉降监测与防治的成效。

同时，政府应将地面沉降监测研究、防治与城市规划、建设与管理各方面相结合考虑，形成有效的地面沉降监测与防治决策体系，及时了解城市在规划、建设与管理过程中所需要的地质信息与服务。建立地面沉降预警预报体系，以系统的地面沉降监测网为依托，开展地面沉降的预测预报。

目前，世界各国防治地面沉降的主要技术措施大同小异，主要包括：建立健全地面沉降监测网络，加强地下水动态和地面沉降监测工作；开辟新的替代水源、推广节水技术；调整地下水开采布局、控制地下水开采量；对地下水开采层位进行人工回灌；实行地下水开采总量控制、计划开采和目标管理。除上述措施外，还应查清地下地质构造，对高层建筑物的地基进行防沉降处理。在已发生区域性地面沉降的地区，为了减轻海水倒灌和洪涝等灾害损失，还应采取高加固防洪堤、防潮堤以及疏导河道，兴建排涝工程等措施。国外学者还提出了在地面沉降区回灌砂以控制沉降、在滨海地区以海水回灌含水层抬升地下水位控制沉降等新设想，但其可行性和环境后效尚有待进一步深入研究。

总而言之，地面沉降的防治措施应逐步关注技术层面与管理层面的配合，并与社会经济的可持续发展相协调。

第七章 海水入侵

第一节 海水入侵的概念

一、海水入侵的定义

海水入侵是指海水沿着陆地含水层向陆地方向潜入的现象和过程。海水入侵可以使陆地含水层咸化、机井报废、淡水供应量减少，也可引发沿海地区土地盐渍化，农业减产甚至绝收等生态问题，因而成为一种地质环境问题。

海水入侵与地质学中所讲的“海侵”是两个不同的概念。海侵又称海进，是因为海面上升或陆地下降造成海水面积扩大，陆地面积缩小，海岸线向陆地方向推进的地质现象。与海水入侵不同的是，海侵发生的时空尺度要大得多，往往发生在一个广大的区域上，一般认为，海侵面就是一个不整合面，也是一个典型的穿时面。海侵的过程往往用地质演化的时间尺度来表达，另一个不同之处是海侵是海陆界线的变化，更注重的是海水沿陆地表面向内陆扩张的过程，而不进一步追究是否有部分海水从地下含水层通道进入内陆。

由于海平面的上升，陆地下降也会在中小时空尺度上造成沿海局部地区（段）被海水侵没，给人带来危害，对这种发生在中小时空尺度上的海侵现象，一般称为海水倒灌。

应该强调的是，海侵发生时，在特定的水文地质条件下，也会同时发生海水入侵。所以研究海水入侵问题时，不能忽视海面上升这一重要的方面。

二、海水入侵发生的条件

海水入侵的发生必须具备以下几个条件：

1. 存在海水与陆地含水层的水力联系通道

海洋是陆地地表水、地下水的最终排泄区，海平面则是地球表面的最低排泄基准面。如果沿海地区存在着裂隙、岩溶和松散的孔隙介质含水层，而且这些含水层延伸到海中，就有可能成为海水入侵的通道。

2. 海水压力大于陆地含水层的水头压力

水的流动是在存在压力差的情况下发生的。由于陆地地下水的密度小于海水，要避免海水侵入，就必须具有较高的水头压力。在没有发生海水入侵的沿海地区，可能存在两种情况，一是没有水力联系的通道，二是有通道，但陆地地下水水头高，压力值大于海水，此时，陆地地下水可不断地从海面以下出口排向大海。

需要说明的是，海水和淡水存在着密度差，即使在陆地含水层的水头压力大于海水压力且存在水力联系通道的情况下，海水也只会呈楔状体插入到含水层的底部，楔状体的上方则是陆地地下水的排泄通道（图 7－1）。

在天然条件下，海水有潮涨潮落，陆地地下水的水头也会有动态变化，于是，陆地地下水与海水的压力差也是动态的，如果两者的水压差处于正常涨落的范围内，海水楔则会随压力差的变化进退有序，也是正常涨落，楔形体不会一直向陆地方向伸展，这种动态过程，不能称为海水入侵。只有当陆地地下水水压不断降低或海面升高，水压向增大的方向发展，地下水和海水的压力差增大，潜伏在含水层底部的海水楔就会不断前进，此时才能说是发生了海水入侵。

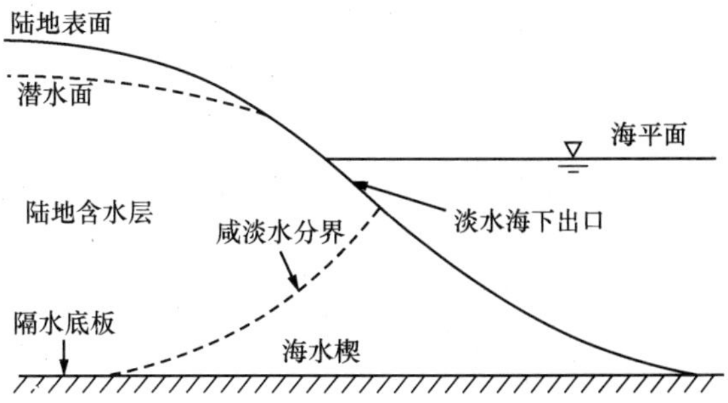

图7－1　海水入侵示意图

第二节　中国海水入侵现象的发展现状

我国海岸线长度为 3.2×10^4km，其中大陆海岸线 1.8×10^4km，北起辽宁鸭绿江口，南到广西北仑河口，海岸线涉及辽宁、河北、天津、山东、江苏、上海、浙江、福建、广东、广西、海南等17个省、市、自治区。主要的滨海城市有丹东、大连、营口、锦州、秦皇岛、天津、烟台、威海、青岛、上海、宁波、温州、福州、厦门、汕头、湛江、海口、北海等。这些地区是20世纪80年代以来我国的重点开发区，经济发展速度快，对水资源的需求量很大。为满足日益增长的水资源需求，很多沿岸地区过量开采地下水，导致沿海含水层地下水位（头）下降。另外，部分地区还大量拦蓄截取地表水，导致地表水的入海量减少，造成沿海地区地表水对地下水的补给量减少，地下水位下降。这些水资源开发活动为海水入侵的发生创造了外部条件，而我国沿海地区独特的水文地质特点则为海水入侵创造了内部条件。

我国总体地势西高东低，沿海地区恰位于最低处，长江、黄河、海河、珠江等大江大河和其他中、小型外流河自此入海，同时将从中、上游带来的大量松散物质堆积在此，与海相沉积物相叠置，形成了透水性良好的细砂、粗砂和细砾含水层，海水和海岸带含水层间水力联系密切，为沿海平原区发生大面积的海水入侵提供了有利条件。沿海地区的河道和古河床堆积物相对粗大，透水性好，并呈舌状向外一直延伸到大海，为海水向陆地含水层入侵提供了便利的通道。

在上述人类活动和水文地质条件的综合作用下，我国沿海地区海水入侵问题发展迅速。目前，我国主要滨海城市大多存在不同程度的海水入侵，比较严重的有大连、秦皇岛、青岛、烟台、福州、广州等城市。环渤海地区是我国海水入侵危害最严重的地区。据国家海洋局监测结果显示：辽东湾北部及两侧的滨海地区，海水入侵的面积已超过 4000km^2，其中严重入侵区的面积为 1500km^2，最大入侵距离达68km；胶州湾海水入侵面积已达 2500km^2，其中莱州湾东南岸入侵面积约 260km^2，莱州湾南侧（小清河至胶莱河范围）海水入侵面积已超过 2000km^2，最大入侵距离达45km。截至2005年，河北省海水入侵面积 81.43km^2，秦皇岛地区海水入侵距离约6km，唐山市地区最大入侵距离超过10km。

许多沿海城市最初的海水入侵只在孤立的个别点上发展，范围很小。随着地下水开采量持续增加，则逐渐由点到面，最终发展为沿海岸带呈连续的面状入侵。如大连 1969 年发现海水入侵面积仅 4.2km^2，1977～1988 年间由 84km^2 扩大到 180km^2。20 世纪 70 年代中期，山东莱州只出现零星的海水入侵，70 年代末达到 15.8km^2，80 年代初期增到 39.2km^2，80 年代中期为 71.1km^2，并开始连接成片，80 年代后期入侵速度达到最大，整个莱州湾南岸地区基本连为一片，形成了一个宽 3～5km，长约 200km 的狭长入侵带，在烟台夹河下游，青岛白沙河、大沽河下游等地也出现了较明显的海、咸水入侵。

第三节　海水入侵的原因

海水入侵是陆地地下水的压力与海水压力失衡造成的。这种情形的出现，可有以下几种原因。

一、海平面上升

1. 海水量增大

温室效应导致的全球变暖，使大陆冰川和海洋冰川消融，地球表面海水量增大、海面上升。研究表明，第四纪冰期全球冰川体积为 $71.36\times10^6km^3$，进入间冰期的最近几千年间，由于气候变暖，冰川融化，大量的固态水变为液态水回归海洋，海水增加了近 $47.30\times10^6km^3$，由此造成的全球海面上升达 92m。有人做了推算，假定全球变暖的趋势一直延续下去，全球冰川消失，全球海面还将升高 60～70m。

有些学者认为，气候变暖会使海水温度上升，引发海水体积膨胀。费尔布里奇（Fuirbrige）曾做过假定情况下的计算，若现有海水温度普遍增温 1℃，海平面将较目前上升 2m。拉姆（Lamb）计算结果为 1.0m，高迪（Goudie）认为海面只上升了 0.6m。虽然这些假设是否真实存在还无科学依据，但海水温度的升高对海平面上升的影响却是毋庸置疑的。

2. 海洋盆地容积的变化

海底扩张引起的大洋盆地容积变化，是导致全球海面升降的另一个原因。当大洋中脊体积增大，洋盆容积变小，即使海水量不变，也会引起海面的上升。与之相反，若大洋中脊收缩，洋盆容积增大，全球海面将会下降。因此，板块运动对全球海面升降的影响是不容忽视的。除此之外，地质学家还注意到，海洋作为陆源物质的汇区，会不断接纳来自陆地的各种搬运物，形成海洋沉积。彭克（Penck）做了一种假定，如果地球陆地最终被剥蚀而夷平，形成的海洋堆积物将会使全球海平面比现在高出 250m，即使按现在每年搬运量 12km^3 计算，1000 年后，由此引起的海面上升高度也会达到 3.3cm。

虽然上述推算结果的客观真实性还很难说，但有一点是毋庸置疑的，就是目前全球海平面的确是在缓慢上升。据 IPCC 的第四次科学评估报告（2007 年），验潮仪资料估计结果为 1961～2003 年间全球平均海平面上升的平均速度为（1.8±0.5）mm/a。TOPEX/Poseidou 卫星高度仪于 1993～2003 年间测量的全球海平面平均上升速度为（3.1±0.7）mm/a。

3. 滨海地区地面沉降

构造运动尤其是陆地边缘地块的相对下降，会使沿海地区的地面高程降低，海面上升。这种具有区域性特点的海面上升，不会造成全球问题，仅会给发生地带来影响。

二、陆地地下水水头下降

当陆地表面和海平面处于相对稳定状态时，陆地地下水会受各种自然或人为活动的影响，导致水位（水头）的降低，而引发海水入侵。例如入海河流的上游修建水库，切断了下游地区地表水对地下水的补给途径，造成地下水位的下降；又如沿海地区地下水的开采，直接引起地下水位的降低。除此以外，某些地区气候的干旱化、水文过程的失调也会使区域地下水因补给不足，造成沿海一带地下水位的明显下降。

目前，我国海水入侵问题较突出的地区，主要与人为活动引发的沿海地下水水位下降有关。随着社会经济的发展，水资源需求量的增加和取水技术的现代化，也已成为影响区域水文循环的重要因素，通过在入海河流中、上游大量修建水库、塘坝等拦蓄地表径流工程和强烈开采地下水，干扰了陆地水文循环的自然节奏，使进入下游地区的补给量和补给速度大大减小，造成滨海平原地下水位持续下降，导致海水入侵加剧。例如，我国海河流域目前仅大型水库就建有 34 座，地表水调蓄工程控制的水量已占河川径流总量的 80% 以上，到 20 世纪 90 年代，海河水平均入海量较 50 年代减少了近 90%，致使沿海地区地下水流场发生了明显变化，许多地区出现或不断加剧着海水入侵。

三、其他原因

除海平面上升和陆地地下水位下降外，提引海水进入陆地冲洗污染物、进行陆地海水养殖、修建盐田，会因将海水人工引入内陆，引发或加剧咸水侵入陆地含水层；近海河道中采沙清淤，会使河床降低，河水位下降，助长海水沿河道上溯并向周边含水层入侵；沿岸和城市工程建设，可能会改变含水层结构，打通海水入侵的通道，或筑路建房使土地硬化，大大减少降水入渗量，使地下水位下降；某些人工填海形成的陆地区，也可能在相当长的时间里面临海水入侵的问题。

第四节　海水入侵的形成机理

海水入侵发生时，会出现海水（咸水）楔状体不断扩大，前端持续向内陆方向移动的现象。所以，对海水入侵机理的讨论，通常侧重于楔状体移动的动力学过程，并把楔状体的上表面即海水与陆地地下水的分界面作为考察对象。

为了便于研究，可以将海水与陆地地下水分界面的不稳定运动过程，处理为由多个时间段构成的，而每个时段都可近似为特定的稳定状态。通过对各时段的分析，可最终把握分界面的位置和形态的变化过程。基于这种考虑，国外学者提出两种描述海水入侵的模式。

一、稳定分界面的静力平衡模式

稳定分界面的静力平衡模式是 19 世纪末和 20 世纪初，由吉本（Badon Ghyben）和赫尔兹伯格（A. Herzberg）提出来的，其假定条件是海水和陆地的地下水均不流动，地下水与海水区各点的压强按静水压强分布，两者的分界面是固定的。在图7-2的情况下，分界面的任一点的静水压力可以用其上方的水体重量来表示，也可以用与之同等高度的海水压力表示，因为静水平衡条件下，两个值是相等的。于是有下式成立：

$$(h_s + h_f)\rho_1 = h_s\rho_2 \tag{7-1}$$

式中：ρ_1、ρ_2分别为陆地地下水和海水的密度；h_s、h_f分别为离海岸线某一距离处（A点），地下水潜水面高出海平面的高度和分界面在海面以下的距离。

将式（7-1）做简单整理，得到下式：

$$h_s = \frac{\rho_1 h_f}{\rho_2 - \rho_1} \tag{7-2}$$

若陆地地下水为标准淡水，密度$\rho_1 = 1.000\mathrm{g/cm^3}$，海水为标准海水，密度$\rho_2 = 1.025\mathrm{g/cm^3}$，由式（7-2）得到下式：

$$h_s = 40h_f \tag{7-3}$$

从上述几个定量表达式中可以得到以下两点重要的认识：

（1）陆地地下水面的高度与分界面在海平面下所处的深度呈线性定量关系。例如：在地下水潜水面高程为1m时，由式（7-3）可知，对应的分界面深度约在海拔以下40m处。换句话说，陆地地下水水位越高，分界面埋藏深度越大，越接近海岸线，分界面埋深越浅。

（2）将式（7-3）中的h_s、h_f对水平距离求导数，得到

$$\frac{\mathrm{d}h_s}{\mathrm{d}s} = -40\frac{\mathrm{d}h_f}{\mathrm{d}s} \tag{7-4}$$

式中：$\frac{\mathrm{d}h_s}{\mathrm{d}s}$表示分界面在水平方向的梯度；$\frac{\mathrm{d}h_f}{\mathrm{d}s}$表示潜水面在水平方向的梯度；右端的负号表示两个曲面下降的方向是相反的（图7-3）。由式（7-4）可以看出，从AC断面到BD断面，潜水面的梯度变化要小于分界面，分界面的梯度为潜水面的40倍，因此，分界面在向内陆延伸时，往往具有快速收敛的特点，能够在离海岸线不远的地方，与含水层的隔水底板相交。

需要强调的是，这个模式是有局限性的，在静水平衡条件下，潜水面和分界面均不可

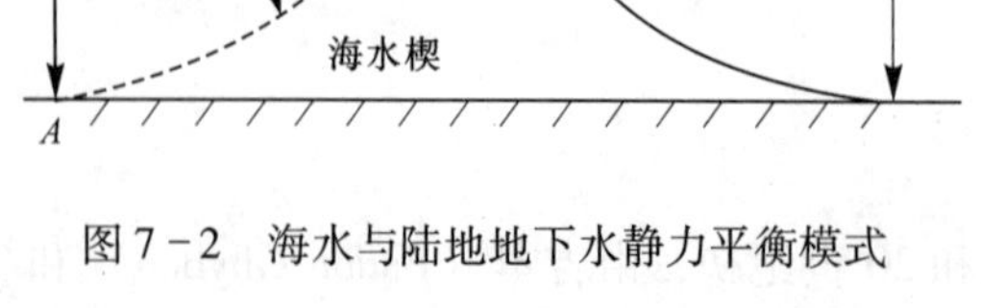

图7-2 海水与陆地地下水静力平衡模式

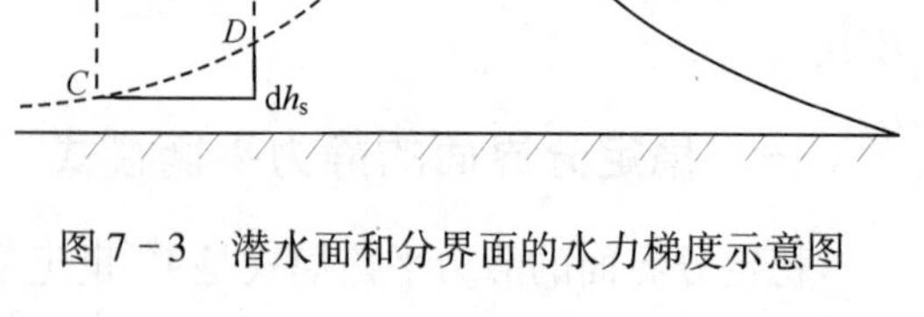

图7-3 潜水面和分界面的水力梯度示意图

能是弯曲的曲面，潜水面的弯曲，意味着地下水在向海洋方向运动并排泄。另外，地下水的标高为零时，则式（7－3）中的 $h_s=0$，即地下水无排泄断面，这显然是讲不通的。尽管如此，该模式在用于厚度固定的水平承压含水层海水入侵时，仍获得了较好效果，误差可在5%以内。

考虑到陆地地下水与海水之间不可能存在静水压力平衡，即使在稳定状态下，地下水也会不断排向大海，而且分界面的形态和分布高程受陆地淡水的排泄量、排泄带宽度、含水层的渗透系数以及与海岸线的距离等多个因素的影响。为此，维鲁特等人在20世纪60年代提出了更为符合真实情况的海水入侵模式。

二、稳定分界面的动水压力平衡模式

根据地下水动力学中有关流网的知识，当地下水向大海排泄时，将呈现图7－4所示的形态特征。一是远离海岸的地方潜水的流线由上向下弯曲，靠近大海则由下向上弯曲，流速的垂直分量是不同的；二是在岸坡地带潜水会形成渗出带，同时含水层在海面以下的部分也会有水量排泄的出口。

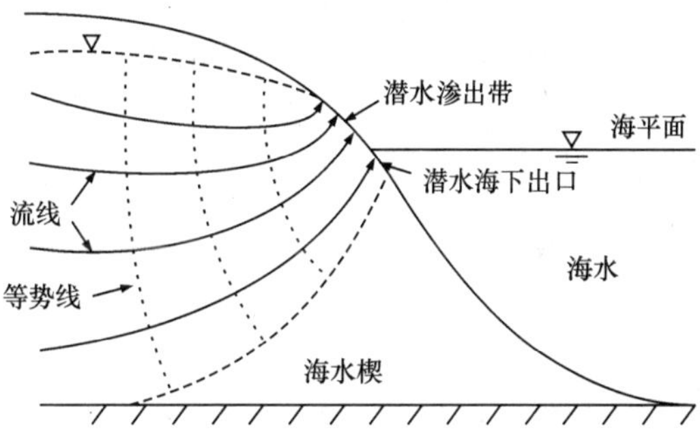

图7－4　海岸附近的流网示意图

（一）潜水含水层的海水入侵问题

维鲁特等人将吉本一赫尔兹伯格的静水压力平衡模式和水平流动的裘布依假设结合起来考虑，得出了关于潜水含水层中海水入侵的解析法模型。该模型的假设前提条件为潜水含水层的介质是均质各向同性的；地下水流为渐变流时，可忽略渗透速度的垂直分量，而视为平面二维稳定流。

根据图7－4可以看出，咸淡水分界面的形态与潜水面的水头分布有关，所以，要了解不同时刻海水入侵的状况，必须考虑该时刻潜水面的水头分布，在稳定流的前提下，潜水面的水头分布可用下式描述：

$$y = \sqrt{\frac{2\beta q}{k(1+\beta)}x} \qquad (7-5)$$

式中：x 为从海岸线（海平面与陆地相交处）起算的水平距离（m）；y 为潜水面的水位（海拔高度）（m）；q 为潜水向大海径流的单宽流量（m^3/s）；k 为潜水含水层的渗透系数（m/s）；β 为潜水与海水的相对密度差，$\beta=\frac{\rho_2-\rho_1}{\rho_1}\approx 0.025$，$\rho_1$、$\rho_2$ 分别为潜水和海水的相对密度。

x、y 的坐标系如图7－5所示。

将已知量代入式（7－5），可得到 q 值，再代入咸淡水分界面的曲线方程式（7－6）中，便可推算出距海岸线不同地点的分界面的海下高程（Y）。咸淡水分界面的曲线方程如下：

$$Y = -\sqrt{\left(\frac{q}{k\beta}\right)^2\left(\frac{1-\beta}{1+\beta}\right)+\frac{2qx}{k\beta(1+\beta)}} \qquad (7-6)$$

式中：Y 为分界面的高程，由于位于海平面以下，所以方程右端加负号；式中其他符号含义同式（7-5）。

由式（7-6）可以分析得出以下结果，当 $x=0$（即海岸线处），Y_A 值为

$$Y_A = -\sqrt{\left(\frac{q}{k\beta}\right)^2\left(\frac{1-\beta}{1+\beta}\right)} \quad (7-7)$$

相当于图7-5中所示的 A 点；若 $Y=0$，x 值为

$$x = -\frac{q(1-\beta)}{2k\beta} \quad (7-8)$$

相当于图7-5中所示的 B 点。A、B 点的连线与陆坡的交点为 C 点，坐标原点与 C 点的连线 OC 就是潜水含水层的海下出口。如果潜水含水层的隔水底板是水平的，可以设想，分界线总会与其相交，交点的高程也就是海水楔前端所处的高程，将该值代入式（7-6），便可反算出对应的 x 值，即海水入侵的纵深长度。

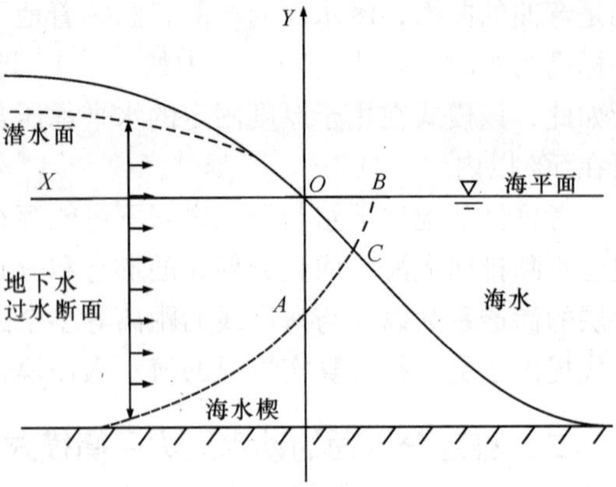

图7-5　潜水含水层的海水入侵示意图

（二）承压含水层的海水入侵问题

根据前一模型的假设条件，纽曼推导出承压含水层海水入侵的解析解。由于承压含水层上覆相对隔水层，地下水无自由表面，所以，海水入侵的方式如图7-6所示。

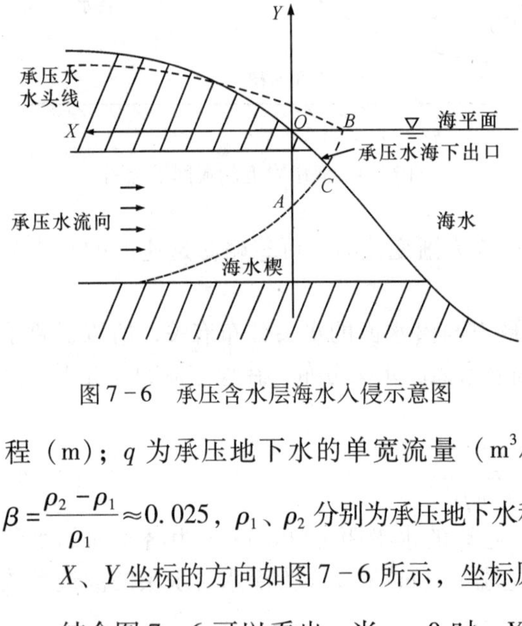

图7-6　承压含水层海水入侵示意图

描述咸淡水分界面位置的曲线方程为

$$Y = -\sqrt{2\left(\frac{q}{k\beta}\right)x + 0.55\left(\frac{q}{k\beta}\right)^2} \quad (7-9)$$

式中：x 为某点距海岸线的水平距离（m）；Y 为与 x 点相对应的咸淡水分界面的海下高程（m）；q 为承压地下水的单宽流量（m^3/s）；β 为承压地下水与海水的相对密度差，$\beta = \frac{\rho_2 - \rho_1}{\rho_1} \approx 0.025$，$\rho_1$、$\rho_2$ 分别为承压地下水和海水的相对密度；其他符号含义同式（7-5）。

X、Y 坐标的方向如图7-6所示，坐标原点为海平面与海岸的交点。

结合图7-6可以看出，当 $x=0$ 时，$Y = -0.741\frac{q}{k\beta}$，即图中所示的 A 点；当 $Y=0$ 时，$x = -0.275\frac{q}{k\beta}$，即图中的 B 点；AB 连线与陆坡相交为 C 点，C 点与承压含水层隔水顶板之间有一间隙，即为承压地下水的海下出口。

三、实际工作中咸淡水分界面的判别

前面所说的咸淡水分界面，严格地说是不存在的，实际观测到的是一个溶质浓度介于海水浓度与陆地地下水浓度之间的过渡带。过渡带或称咸淡水混合带，主要是因陆地淡水

与海水的浓度势引起的扩散作用，以及微观介质孔隙不均匀发生的机械弥散作用所致。为了便于进行海水入侵状况的判断和计算的需要，通常将过渡带中溶质浓度达到某一规定值的部位视为海水入侵的标志，并将该浓度值的等值域作为咸淡水的分界面。

海水入侵陆地含水层后，会引起陆地地下水化学组分发生变化，其中最明显的是 Cl^- 含量的改变。Cl^- 是海水中主要的常量标志，且较为稳定，所以大多数学者都把 Cl^- 作为衡量海水入侵的一个敏感指标。例如 Winner 等人（1996）在研究美国北卡罗纳州东部滨海平原地下水时，以 Cl^- 含量 250mg/L 作为咸淡水分界值；我国学者在研究山东省莱州—龙口一带海水入侵时，将地下水中 Cl^- 含量大于 200mg/L 作为判定海水入侵的标准；在青岛市白沙河—城阳河海水入侵研究项目中，则以 Cl^- 含量大于 300mg/L 作为分界值；中国地质调查局于 2004 年编订的《城市环境地质问题调查评价规范（征求意见稿）》中规定，Cl^- 含量为 250mg/L 是咸淡水分界的最低值，表征海水严重入侵的 Cl^- 限制为 1000mg/L。除此之外，也有人采用总盐度指标判断海水入侵的界面，认为当某一深度的地下水总盐度达到 1500～2000ppm 时，该深度就是分界面所在的位置。

地下水中的总盐度可以利用美国农业部（USDA）推荐的方法来计算。该方法是依据电解质电导率与总盐度存在一定的折算关系的道理，利用电测井获得的电导率，按下式计算地下水的总盐度，即

$$EC = \frac{TDS}{k}$$

式中：EC 为电导率（dS/m）；TDS 为地下水中的总盐度（ppm 或 mg/L）；k 为折算系数，当 $0.1 < EC < 5.0$dS/m 时，$k \approx 640$，当 $EC \geqslant 5.0$dS/m 时，$k \approx 800$。

由于许多滨海地区在沉积过程中埋藏有古代海进时残留的海水，或者因大陆盐化作用形成的陆相咸水体，它们的 Cl^- 含量也很高。在实地勘探时若用 Cl^- 含量或总盐度判别，容易造成海水入侵的假象，所以有人建议将溴钠比（r_{Br^-}/r_{Na^+}）和咸化系数 A（$r_{Cl^-}/r_{HCO_3^-}$）作为辅助指标。近年来也有人认为硼同位素适合于滨海地区含水层海水入侵的监测。

第五节　海水入侵的防治

海水入侵的发生需具备两个基本条件：①海平面上升或陆地地下水位下降，海水和陆地淡水间动水压力失衡；②存在联系海水与地下淡水的“地下通道”。海水入侵的防治也应从这两方面着手。

在当前科学技术水平下，人类对海平面的升降运动仍难以操控，只能通过调整地下水流动系统的结构使海水和陆地地下水间达到压力平衡，即通过改变地下水的源、汇条件，使渗流场形态发生改变，从而防止海水入侵，甚至使入侵的咸水退回海洋。由于这类方法改变的是地下水渗流场结构，我们形象地称之为地下水系统软结构的调整，而将采用工程措施切断海水和地下水通道的方法称为地下水系统硬结构的调整。

一、地下水系统软结构的调整

（一）限制淡水开采量（削弱人工汇的强度）

在当前阶段，海水入侵的根本原因是大量开采地下水导致沿海地区地下水位下降。因

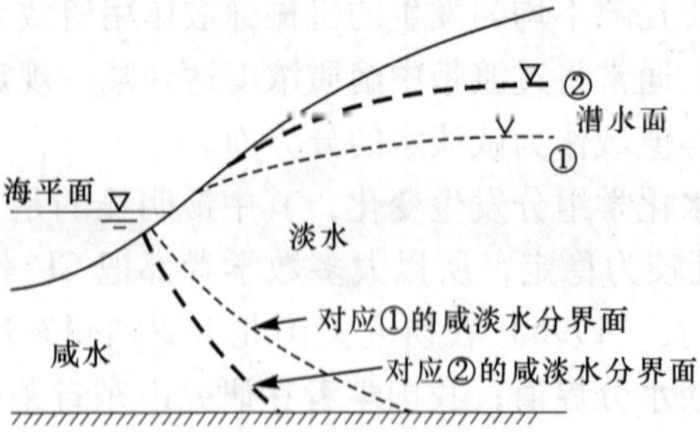

图 7-7　地下水位抬升防治海水入侵的示意图

此，防治海水入侵最有效的方法是减少地下水开采量，对水资源进行合理调配。从压力平衡分析也可以看出，为保证海水侵入体不持续向陆地方向延伸，就必须使沿海地区淡水的压力与海水压力达到平衡，或大于海水压力。为做到这一点，必须限制淡水开采量，保证一定的地下水位和地下水径流入海量。

（二）人工回灌（建立人工源）

在滨海地带有计划地回补地下水，是世界各国普遍施行的防治海水入侵的有效方法。该方法的原理是：通过建立人工源，增大滨海含水层地下水的补给量，使地下水位得到抬升，地下水径流入海量增加，陆地淡水的压力增大，与来自海水的压力达到新的平衡，或大于海水压力。从静水压力平衡模型的分析也可看出，由于咸淡水分界面在海平面以下的深度 h_s 大约是该处潜水面海拔高度 h_f 的 40 倍，当潜水面抬升 Δh_f 时，咸淡水界面在海平面下的深度也相应增加 Δh_s，即陆地地下水位的微小抬升，可以使咸淡水界面的埋藏深度发生较大变化，通过人工回灌防治海水入侵的效果也因此非常显著（图 7-8）。

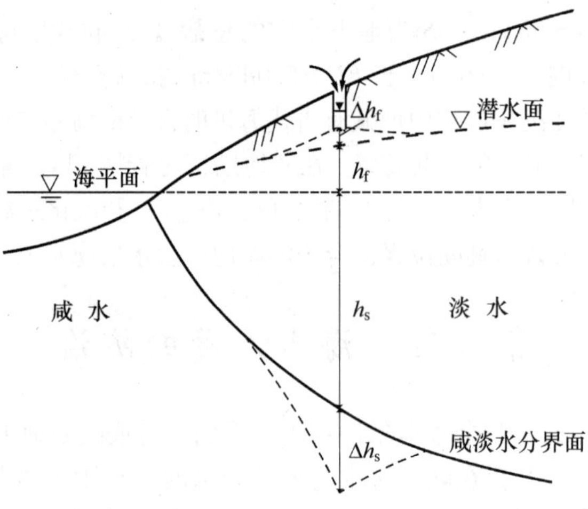

图 7-8　人工回灌防治海水入侵的示意图

在具体操作中，沿海地区人工回灌可通过注水井、渗井、坑塘、沟渠、河道及田间工程等实现，回灌水的来源有汛期降水、引调客水、废水或中水等。例如，在美国纽约，为增加长岛砂砾石冰碛层的供水量和阻止海水入侵，在大约 250km^2 的面积上建立了近 400 个汇集雨水的渗水池；加利福尼亚州为防止海水入侵，在沿海岸线 16km 长度内布置了一系列的注水井，每天通过钻孔的回灌水量达 2×10^4m^3，回灌水包括用三级处理法处理过的下水道污水；在加利福尼亚的奥尔良市和洛杉矶市，每年都要回灌 6200×10^4m^3 的中水以防止海水入侵；我国莱州市在位于海水入侵区的王河下游 219km 长的河段上开挖 80m

×20m×2m 的渗渠 122 条，在渗渠两端开挖渗井 244 眼，于 1990 年汛期的 3 次降雨中，入渗补给地下水量达 $3117\times10^4m^3$，使距河道 100m 范围内的地下水位回升 15m，500m 范围内地下水位回升 6～8m，2000m 范围内地下水位仍有不同程度的回升，地下水质得到一定程度的淡化；在山东省广饶县预备河以南 $5km^2$ 的咸淡水交界带，利用黄河水在试区周围开挖沟渠回渗，经过 3 年的试验，回灌黄河水几百万立方米，使地下水位升高 3～4m，阻止了咸水前移。

（三）抽水槽（重建咸淡水的区域汇）

所谓的抽水槽，是指在沿海地区打一排抽水孔，将咸水和淡水一起抽出，排入大海，在地下含水层中形成一个抽水槽，即线状汇，以阻止海水入侵（图 7－9）。美国洛杉矶市附近曾做过抽水槽试验，当时沿 198m 的海岸线打了一排口径 30.5cm 的抽水井，每口井以 1.85～$3.4m^3/min$ 的流量抽水，含水层的疏干深度超过 6m。该试验工程投资 1500 万美元，每年运行费 440 万美元。从理论上讲，抽水槽是防治海水入侵的一种方法，但该方法造成了淡水资源的浪费，并且经济上过于昂贵，在实践中的应用较少。

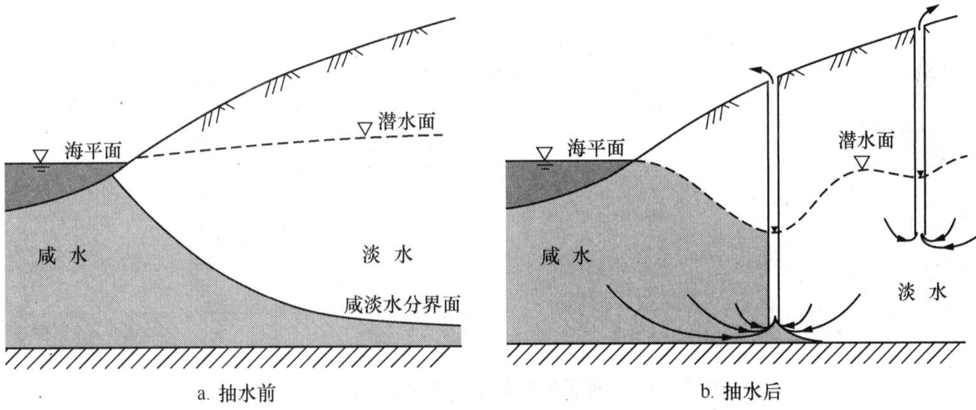

图 7－9　抽水槽防治海水入侵示意图

二、地下水系统硬结构的改变

改变地下水系统硬结构以防治海水入侵的原理是切断连通海水和陆地地下水的通道。常见的方法是在沿海含水层中以帷幕灌浆的办法修造隔水屏障，将咸水和淡水隔开，以彻底防止咸水入侵（图 7－10）。该方法适用于含水层隔水底板不深的条件下，在含水层很厚的条件下，隔水墙亦可起到加长咸水渗透路径、减少入侵量的效果。隔水墙可通过钻孔喷灌水泥浆、乳状沥青、膨润土泥浆、硅胶、丙烯酸钙等方式修建。

目前，许多沿海地区开始实验和推广地下水库技术，其实质就是在陆地含水层中修建隔水墙或隔水坝，在阻止海水对淡水入侵的同时，对地下淡水资源进行拦蓄调节（图 7－11）。例如，日本于 1979 年建造的冲绳宫古岛皆福地下水库，蓄水 $70\times10^4m^3$，1980 年修建的长崎县野母崎町桦岛地下水库，蓄水 $713\times10^4m^3$，1983 年修建的神井三方町常福地下水库，蓄水 $713\times10^4m^3$，这三座地下水库均达到了增加地下水资源、防止海水入侵的良好效果。我国山东省龙口市采用高压定向喷射灌浆方法，近几年来在八里沙河和黄水河

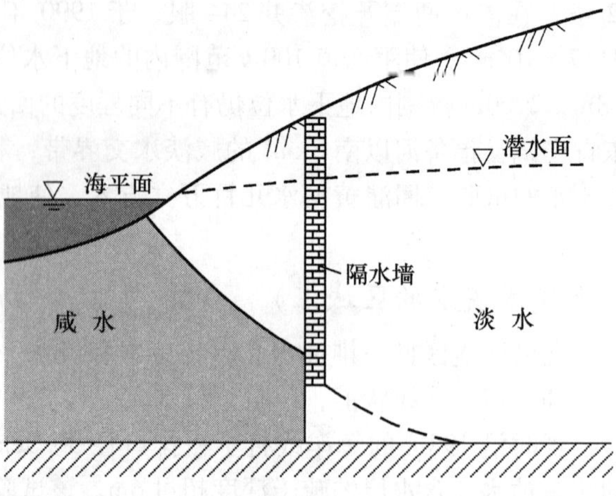

图 7－10　隔水墙防治海水入侵示意图

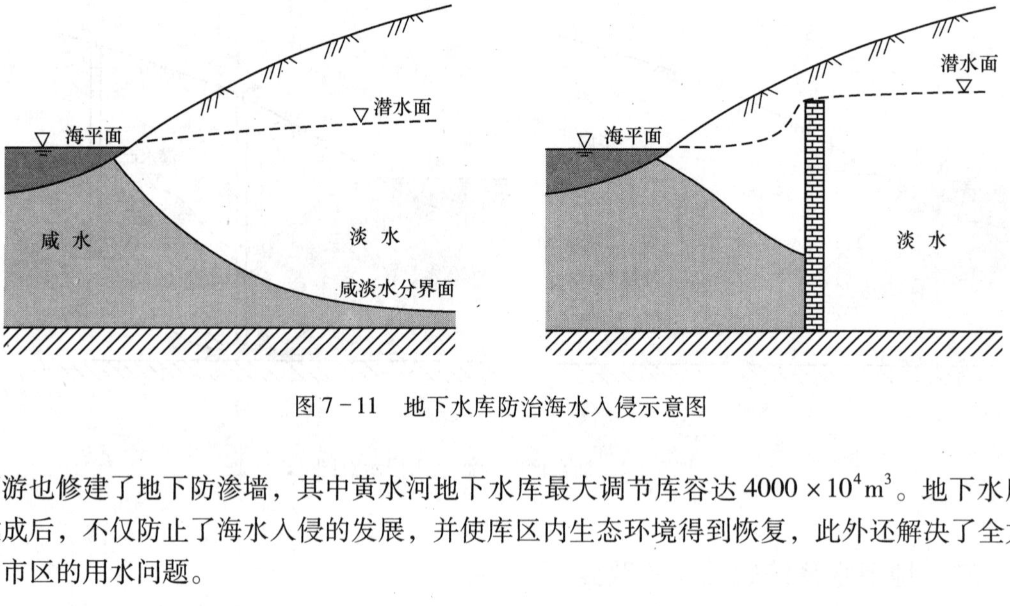

图 7－11　地下水库防治海水入侵示意图

下游也修建了地下防渗墙，其中黄水河地下水库最大调节库容达 $4000\times10^4m^3$。地下水库建成后，不仅防止了海水入侵的发展，并使库区内生态环境得到恢复，此外还解决了全龙口市区的用水问题。

第八章　地下水污染

第一节　地下水污染的概念

存在于地表以下岩土空隙（孔隙、裂隙、溶穴）中的水，特别是饱水带中的水称为地下水。地下水是人类生存、发展的重要物质基础，属于一种地质资源。同时，它又是地质环境系统的重要构成要素。地下水是按系统分布的，在天然条件下，地下水系统中的地下水形成宏观稳定的渗流场、水化学场、温度场。如果受到人为活动的干扰，如抽取地下水、农田灌溉、地表排放废弃物等都可能引起地下水状态的异常涨落，最终导致地下水组分的改变，影响其资源的可利用性，并出现环境的负面效应。因此，长期以来，人们对地下水水质的异常变化予以高度重视，并作为地质环境问题的一种专门课题——地下水污染，加以研究。

关于地下水污染的含义，至今仍有不同的看法。从环境地质学的认识出发，所谓地下水污染是指在人为活动影响下，地下水的组分超过其天然背景值的现象和发展过程。正确地理解这个定义，必须把握以下几个要点：

（1）人为活动的影响体现在两个方面，一是人为排放的三废（废气、废液、固废）通过降水、污水、灌溉水的下渗进入地下水，即污染物是人为提供的；二是污染物是自然物，仅仅是因为人为抽水、排水，改变了地下水流场，进而改变了天然组分分散、迁移、聚集的途径，使原先某一地点不存在的物质组分开始出现，或者原有浓度较低而现在浓度变得较高。

（2）“地下水的组分超过其天然背景值”有两层含义。首先是说，地下水的组分不仅仅指化学组分，还包括物理和生物方面的状态和物质含量，如温度、悬浮物以及细菌、病毒等微生物。尽管在实际工作中化学组分的变化在地下水污染中具有举足轻重的地位，但是，不能因此把地下水污染仅视为一种化学反应或把污染物理解为水中的溶解物。此外，应该注意到地下水是以渗流场方式分布和运动的，即使在天然条件下，地下水的化学场处于宏观稳定态时，不同地点、不同深度地下水水质也会因溶质进入、迁移、富集途径以及水化学背景的差异而不尽相同。在自然条件下，各地点不同深度地下水水质的组分及其组分比通常称为天然背景值。由于地下水化学场宏观稳定态是自然长期作用的结果，具有较强的稳定性，微小外界干扰对地下水水质的影响可通过地下水系统自身的调节予以化解，在此过程中，水质的变化仍属于正常涨落的范围，因此，各处的天然背景值也具相对稳定性，处于各自一定的有限值域内。然而，在人为活动较明显的地区，地下水化学场容易失稳，天然条件下形成并保持的水质分布格局会被打破，其标志就是地下水水质超过其天然背景值的波动范围。

应该指出，对上述内容的理解上目前存在着以下几个误区，其一是将地下水水质用水评价与地下水污染评价两者混淆，认为地下水某些组分的浓度超过用水水质标准时就是地下水污染。与此相类似的提法还有“地下水某些组分浓度达到不能允许的程度”、“适用性遭到破坏”等。这些提法都是从用水安全的角度出发的，具有明显人为规定（主观性）的成分。实际上，地下水的用途十分广泛，不同的用途，对水质适用的标准也差异较大，不可能出现唯一的具体标准。这些观点不仅在实际工作中难以操作，更重要的是对地下水污染的客观本质认识不足，例如一些天然高矿化水，不能因其不适合作为生活用水、灌溉用水，而将这些地下水称为污染的水，同样也不能把已有人为污染物组分参与，尚能适用的地下水称为没有污染的地下水。其二，有人将“地下水质变化朝着水质恶化方向发展的现象统称地下水污染。”这种观点存在两个问题，一是水质朝恶化方向发展，需要掌握水质动态监测的结果方能知晓，对其判断是事后的，难以及时得出是否污染的结论。二是对于评判恶化的“度”的把握仍缺少客观标准。理论分析和实践表明，当污染物的输入大体上保持常量时，初期污染物浓度会有一个浓度逐渐升高的阶段，此后，地下水污染水平会保持某一水平，如果调查时间不是污染初期，则不会发现污染物浓度不断增高的现象，这种情况下，当然不能否定已被污染的客观事实。总之，地下水是否污染的判断标准应是客观、唯一的，这就是其组分超过天然背景值的波动值域。

地下水污染是不利于人类的一种地质环境问题。所以，定义中对地下水水质差异的方向做出了明显规定，即一定是超过其所在地的天然背景值。如果地下水中的组分浓度降低，小于天然背景值的下限则不能称污染。

天然背景值是反映天然条件下地下水水质的天然状态。在许多地区由于时过境迁，现在已很难获得这种数据，所以，常用当地历史水质数据，或水文地质条件相近且无明显污染来源地区的水质状态作为参照标准。在这种情况下，只能判断工作区地下水是否发生污染加剧的现象和加剧的程度。

（3）地下水污染既是一种现象，又是一个有其发生发展的地质过程。因此，对地下水污染的认识和研究必须要从污染组分的来源、污染组分的迁移等几个方面在时间（动态）和空间上予以把握。

第二节　我国地下水污染的发展现状

按人均计算我国是一个水资源相对贫乏的国家，仅为全球人均值 $9531m^3/a$ 的 1/4。然而，随着人口增长和社会经济的快速发展，水资源的开发力度不断增长，我国已成为世界水资源的开发大国之一。仅就地下水而言，近 30 年来，我国地下水的开采量以每年 $25\times10^8m^3$ 的速度递增，全国有 400 个城市以地下水作为供水水源，40% 的耕地部分或全部依靠地下水进行灌溉，地下水的供给量已经占全国总供水量的 20%，其中北方地区占 52%，开采重点区主要在半干旱和干旱的华北和西北。地下水资源不足和大规模开发不仅使我国水资源短缺问题日趋突显，而且粗放的经济发展模式导致的污染后果也在进一步加剧地下水资源可采量的急剧下降。因此，地下水污染已成为制约许多地区经济快速发展和人民生活质量提高的重要障碍。

根据有关资料，我国地下水污染发展现状有以下几个特点（图 8－1）。

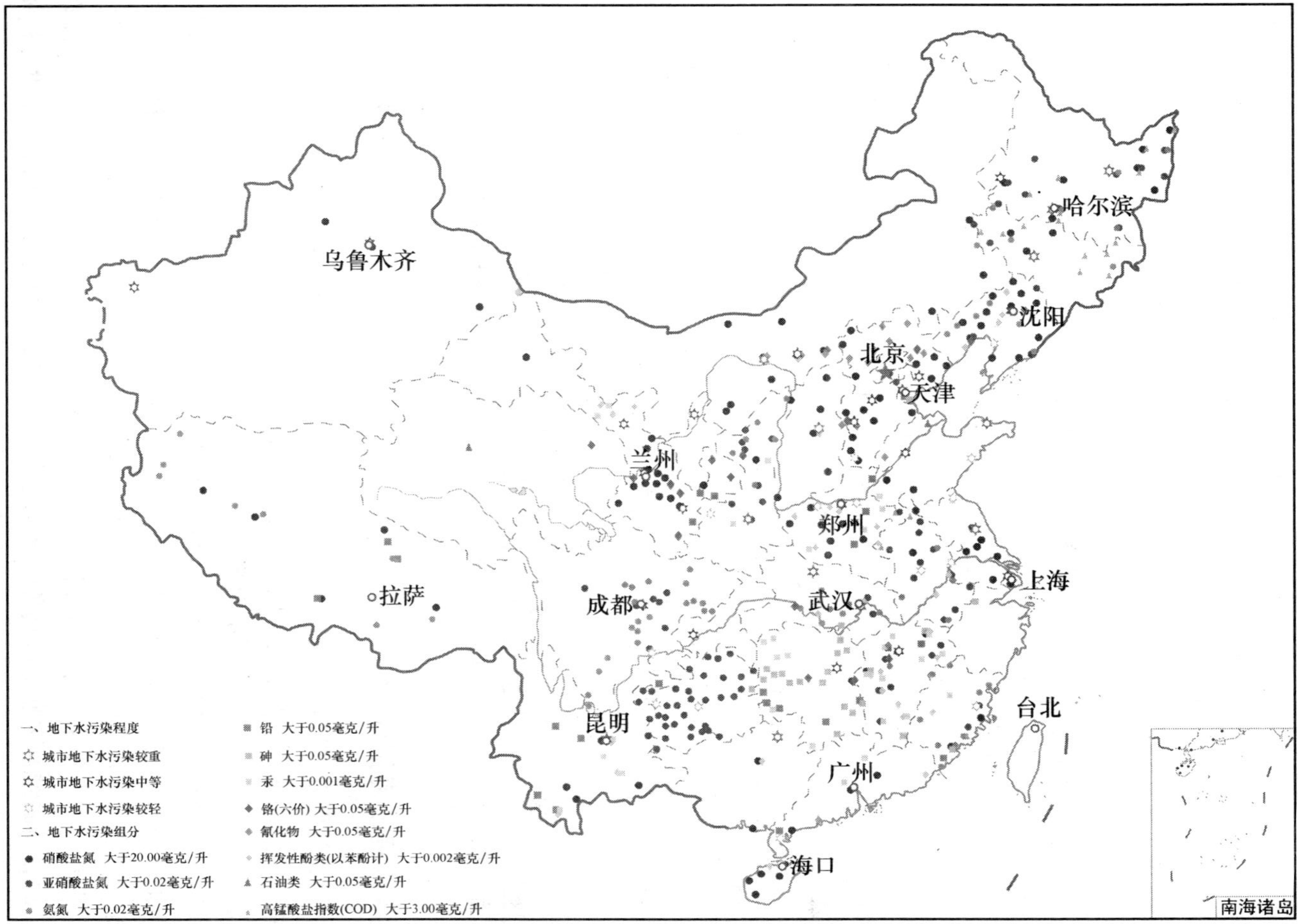

图 8－1 中国地下水污染状况图

（据中国地质调查局）

一、污染现象普遍

有关部门调查的结果表明，截止到2005年，全国 $199.6\times10^4km^2$ 的平原区地下水有24.84%的面积已经被不同程度地污染。在195个城市中，97%的城市均存在地下水污染问题，其中40%地下水污染趋势加重。被调查的省会城市中，北方17个城市有16个污染程度加重；南方14个城市中3个污染加重。按流域中平原面积统计，太湖平原地下水污染占据比例最大，达90.07%，其次是淮河平原、辽河平原（表8-1）。总体看来，在我国国土范围内，从东到西，从南到北，地下水污染问题已普遍存在。

表8-1 全国主要流域平原区地下水污染分布情况

水资源一级区	评价面积 10^4km^2	污染区面积比例/%		
		轻污染	重污染	合计
松花江（平原区）	29.99	2.87	20.64	23.51
辽河（平原区）	9.77	14.02	29.79	43.81
海河（平原区）	14.60	23.63	19.11	42.74
黄河（平原区）	19.62	2.91	3.52	6.43
淮河（平原区）	17.88	37.14	8.95	46.09
长江（含太湖平原区）	12.97	15.91	10.95	26.14
太湖（平原区）	2.82	69.86	20.21	90.07
珠江（平原区）	2.13	1.41	1.41	2.82
东南诸河（平原区）	0.68	1.47	16.18	17.65
西北诸河（平原区）	89.15	8.80	9.59	18.39
全国（平原区）	199.60	12.38	12.45	24.83

（引自《中国地下水质量评价（Ⅱ）——地下水水质现状和污染分析》）

二、污染程度发展较快

地下水污染程度发展较快，表现在：①污染源由少变多；②污染区范围不断扩大，呈现由点到面、由浅层地下水向深层地下水、由城市扩展到农村之势；③污染组分浓度增高。例如北京近郊硬度增高的面积由1980年的 $216km^2$ 发展到1990年的 $274km^2$；河北省11个主要城市自1960年至1985年地下水硬度普遍升高了8～10德国度；1965年至1985年上海市地下水中的硝酸盐氮增加了130%，SO_4^{2-} 增加了67%，锌增加了几十倍。一些西部城市如青海省西宁市20世纪80年代末与60年代相比硝酸盐氮增加了几十倍，有些地点增加了近百倍。近年来，辽宁省沈阳、锦州、阜新、营口等市，河北省唐山市，陕西省西安、宝鸡，新疆维吾尔自治区乌鲁木齐、喀什、库尔勒，浙江省宁波市，福建省福州市，湖南省长沙，邵阳等地区地下水污染程度也都有加剧的趋势。

三、污染组分复杂

我国地下水污染的组分十分复杂，分布的地区也不完全相同。其中“三氮”（NO_3^-、

NO_2^-、NH_4^+）污染在全国均有所表现，矿化度和硬度的增高主要在东北、华北、西北和西南地区，铁、锰污染主要出现在南方地区。

1999年以来，随着检测手段的推广，在京津冀、长江三角洲、珠江三角洲等地普遍检出有毒微量的有机污染物，其中邻苯三甲酸酯（2－乙基己基）和邻苯二甲酸二丁酯浓度均已超过饮用水安全标准。此外，检出的卤代烃类、单环芳烃类、多环芳烃类、酞酸酯类、酚类、酮类等工业品污染物也日益增多。

四、污染原因多样化

我国地下水污染现象普遍、组分复杂、发展趋势明显的主要原因与污染源、污染方式的多样性有关。调查发现，城镇和工业区周边污染源主要是工业的固废、废水和生活废弃物，农村地区主要是农药、化肥的施用和污水灌溉。目前我国城市垃圾产生量已进入高峰期，全国现有720亿吨垃圾包围着大中小城市和乡镇，是世界上垃圾包袱最重的国家。据中国环境监测总站2001年对47个环境保护重点城市生活垃圾处理场的调查结果，几乎所有垃圾填埋场排放的污染物均未达到国家相关污染控制标准。农药、化肥的过量使用也是令人触目惊心的，据太湖地区的资料，太湖流域肥料的使用历史随化肥的出现发生了质的变化，20世纪90年代，化肥几乎替代了农家肥，两者施用比例已倒置为9:1，使用量也由20世纪70年代的100kg/hm^{2}逐渐增至130.9kg/hm^2。有些地区氮、磷化肥的施用量已高达566.2kg/hm^2（常熟）和741.83kg/hm^2（无锡），远远超出了农作物所需的最大值，残留物随水流进入周边地表水体或地下水是太湖“水华”爆发、地下水污染严重的重要原因之一。

除上述原因外，沿海地区的海水入侵、矿区周围渗流场的改变、深层抽水造成的水化学环境变化，都会在不同地区造成天然污染物侵入供水含水层，导致地下水污染。

五、污染造成的后果严重

我国地下水污染正面临着由点到面、由浅到深、由城市到农村不断扩展和污染程度日益严重的趋势。在以地下水为供水水源的许多城市和乡村，地下水污染已造成了严重危害，危及供水安全。例如辽宁省海城市污水排放造成地下水大面积污染，附近一个村的居民因长期饮用污染地下水而患病，导致160人死亡；淮河安徽段近5000km^{2}的范围内，只有11%的浅层地下水可以作为饮用水，其余均被污染；由于地下水严重污染，山东淄博日供水$51\times10^4m^3$的大型水源地面临报废；山东省沿海地区海水入侵导致地下水水质污染，造成当地群众饮水困难，多数农田减产甚至绝产。根据国家环保总局和国家统计局发布的《中国绿色国民经济核算研究报告》，仅2004年，全国环境污染造成的经济损失已高达5118亿元，占当年GDP的3.05%。其中水污染的环境成本为2862.8亿元，占总成本的55.9%，固体废物和污染事故造成的经济损失57.4亿元，占总成本的1.2%。总之，地下水污染对人身健康的危害，工、农、牧业产品品质的下降，生产设施的损害、处理费用的增加、水资源的减少和生态平衡破坏的种种事实表明，地下水污染的防治已迫在眉睫。

第三节　地下水的污染物及污染源

无论是开展地下水调查，还是地下水污染的治理工作，首先都必须查明污染物的种类及其来源。

一、污染物的种类

地下水污染物通常按组分的性质分为化学污染物、生物污染物和具有某些特殊物理性质的污染物。

（一）化学污染物

化学污染物是目前分布最广，对人的危害最突出的一种污染物类型。按其组分可进一步划分为无机污染物和有机污染物。

1. 无机污染物

无机污染物包括地下水中常规的阴、阳离子，如 K^+、Na^+、Ca^{2+}、Mg^{2+}、HCO_3^-、CO_3^{2-}、SO_4^{2-} 等。这些离子大多数在浓度为中低水平时对人无害，但浓度过高时，就会对环境和人体健康带来不利影响，如 NO_3^-、NO_2^-、NH_4^+、Cl^-、SO_4^{2-}、F^- 等。另外、这些常规离子的浓度若超过其天然背景值，往往意味着人为活动已干扰或改变着地下水天然的水质状况，有可能出现新的化学组分。所以，在地下水污染评价中，这些常规组分的变化也应予以重视。除上述污染组分外，在某些地区地下水中还存在一些毒性较大的微量元素如 Cr、Hg、Cd、Zn、As、Cu、Pb 等，这些物质少量来自地层中，大部分是工业废弃物排放所导致的。

2. 有机污染物

随着化工和日用消费品生产的不断发展，有机污染物的种类也在不断增加。目前地下水中已发现有机污染物达 180 多种，主要包括芳香烃类、卤代烃类、多环芳烃类、邻苯二甲酸酯类等。这些有机组分虽然在地下水中含量很少，一般仅为 ng/L 水平，但对环境和人体健康构成极严重的危害。对此，世界卫生组织（WHO）2004 年在《饮用水水质准则》中对来源于工业和居民生活的 19 种有机污染物，以及来源于农药的 30 种有机化合物的含量已经做出了规定。

（二）生物污染物

地下水是某些微生物生存的环境，但天然条件下，由于营养物质缺乏和对其他条件的不适应，一般微生物数量很少。若人为活动无意间改变这些条件，很可能使细菌、病毒、寄生虫出现在地下水中，使地下水成为传播疾病的媒介。研究表明，地下水中曾发现存活的病菌有霍乱病毒、伤寒沙门氏菌、志贺氏菌、胎儿弧菌等。发现的病毒有脊髓灰质炎病毒、甲型肝炎病毒、呼吸道肠道病毒等以及痢疾阿米巴、梨形鞭毛虫、蛔虫等人体寄生虫。

（三）具有某些特殊物理性质的污染物

具有某些特殊物理性质的污染物主要包括放射性核素和固体悬浮物。前者主要包括 ^{226}Ra、^{90}Sr、^{289}Pu、^{137}Cs、^{3}H、^{129}I 等，这些物质可以来自放射性矿床或含放射性元素的地层，也有可能来自核电站、核试验的散落物或来自供实验室和医院使用的放射性源的泄露，其主要危害是释放α、β粒子和γ射线，使人体和骨骼病变。后者指进入地下水的悬浮固体（SS）如泥沙等。固体悬浮物的危害性不大，主要影响水的感官特征，如透明度、颜色等，常常是地下水遭受污染的间接标志。

二、污染源的种类

污染物的最初释放地称污染源。按最初释放地的种类可将污染源分为天然污染源和人为污染源。

（一）天然污染源

天然污染源所释放的物质均是天然物质。天然条件下，它们存在于地层之中，并随地下水的运动不断迁移，形成特定的补给、径流、排泄路径或富集的场所，在此路径空间中，这些物质不是污染物，只是地下水的天然组分而已。然而，一旦受到人为活动的干扰，地下水渗流场发生改变，这些组分有可能改变原先的迁移途径，进入新的地区，此时，这些组分就成为污染物，其源头也就成为新进入区的污染源。

地下水的天然污染物来源繁多。例如滨海地区抽水或上游拦截地表水，引起陆地地下水水头下降，导致海水入侵到淡水含水层中，造成淡水咸化，从地下水污染的角度来看，海洋就是天然污染源。又如大强度地开采地下水引起深层高矿化水进入浅部含水层，或浅部劣质水的下移以及开采过程中导致含水层水化学环境的变化，都有可能改变地下水原有组分浓度，超过其天然背景值。此外，一些矿区、油田生产过程中，地下水渗流场的明显改变，都可以导致一些有害成分向周边地区扩散，造成地下水的污染。若这种情况发生，矿区、油田就成为天然污染源。

（二）人为污染源

地下水的污染都与人为活动有关，不存在与人为活动无关的污染活动。因此，所谓的人为污染物是特指人为释放的物质，无论是有意的排放，还是无意间的泄露，也不管释放的物质是人造的，还是自然物，只要释放过程中是通过人力直接实施的，其源头都称为人为污染源。

最有代表性的人为污染源大致有以下几种：

1. 城市三废排放

即工业生产和生活中排放的废水、固废、废气。其中，废水可通过地表水的下渗，进入地下水；固废可经降雨的淋溶下渗将可溶成分带到含水层中；废气进入大气通过降水落到地面，一部分进入地下水中。目前，许多城市三废排放缺乏有效的管理，是造成城市地下水污染的主要原因。由于城市三废数量庞大，成分极其复杂，排放区又处于人口稠密区，所以，地下水污染程度十分严重，其危害性远远超过农村地区。

2. 农药、化肥施用和污水灌溉

农药包括杀虫剂、除草剂，是保证农林业生产消灭病虫害常用的物质；化肥包括氮肥、磷肥、钾肥以及其他促进农作物生长发育的化学品，是提高农业产量所必需的消费品。这些化学品的大量使用，是农业的一场革命，称为传统农业走向现代化农业的象征，同时，由此带来的负面效应——环境污染，也成为现代社会不可回避的重大问题。例如有机氯（滴滴涕和六六六）、有机磷（1605、1059、苯硫磷和马拉硫磷）和氨基甲酸酯等杀虫剂都可进入到地下水中，造成地下水污染。

在水资源缺少的地区，污水常被利用于农田灌溉。目前我国城市污水回用农田灌溉的比例很高，其中50%～60%为工业废水，其余为生活污水。因污水中含有多种有毒有害组分，尤其是重金属和难以降解的有机物通过土壤向下迁移，会对地下水水质造成严重污染。

3. 矿山废渣、废水排放

我国是个矿产大国，矿业生产会形成数百亿吨的废矿渣和矿坑水。废矿渣的露天堆放不仅占压土地，而且会因风化、降水淋溶使有害成分进入土壤和地下水，而矿坑水、尾矿渗出液、洗矿厂的废水会在排放后渗入地下水，给周边地下水资源的可利用性带来严重危害。特别是矿山废渣废水中含有大量重金属组分，被污染的地下水若作为饮用水则会严重损害人体健康，若作为灌溉水则会使农作物不能食用。

三、污染源的分布状态

污染源可按其规模大小和分布的形态分为三种，即点状污染源、线状污染源和面状污染源。

点状污染源一般指集中在一点或可当作一点的小范围排放污染物的发生源，如废水排污口、矿渣堆放地等；线状污染源主要指对地下水有补给作用的污水沟、污水河等线状的污染水体；面状污染源是指面积相对较大，以面状水流入渗、污染地下水的污染源，如污水灌溉的农田，施用化肥、农药的土地均可称为面状污染源。目前也有人将上述线状污染源和面状污染源合并，把各种污染源划分为点污染源和非点污染源两种。

第四节　地下水污染的特点和污染途径

一、地下水污染的特点

地下水与地表水（河流、湖泊、水库、海洋等）是水文循环中的两个不同环节，它们在水动力学和环境化学方面也有不同的特点，因而地下水污染有着与地表水体污染不同的特点。

1. 地下水污染具有隐蔽性

地下水赋存在距地表以下一定的深度，被包气带与地表相隔开，除非被井孔揭露，一般难以用肉眼直接观察，也不像地表水体那样，可以从颜色、气味或水中生物的种类及死亡的个体推断水体是否被污染；另外，地表水与发生在地面的各种人为活动可直接发生联系，污染物很容易进入水体，也容易被及时检测发现，而地下水则因上覆土壤或包气带，有一定的防护能力，特别是上覆地层透水性较差如有一定厚度黏性土层分布，可通过过滤吸附和植物根系的吸纳作用，减少污染物的进入量，甚至使之截留在土壤、包气带中，减轻甚至避免污染的发生。

2. 污染过程缓慢

与地表水体污染过程相比，地下水污染过程相对缓慢。其原因有三个方面，一是地下水上覆的土壤、包气带有一定的截留、自净能力，或者说有一定的环境容量，只有当污染组分的量值接近或超过土壤、包气带容量时，污染物才可进入地下水；二是含有污染组分的水流通过土壤、包气带进入地下水往往需要一定的渗透时间，所需时间的长短与入渗强度、土壤包气带厚度、岩性的渗透性有关，也就是说，由地表进入的污染水流与地下水检出污染物两者在时间上有滞后的现象；三是地表水流往往以网状形式在河道中运动和排泄，速度快，更新交替所需时间短，而地下水是以渗流场的方式运动，含水层分布广、体积较大，实际流速远远小于河水的流速，所以污染物进入地下水后，会向四周散开，被稀释或在水岩作用下浓度降低。因此，污染物进入地表水的时间过程要比进入地下水快捷得多，地下水的污染过程也就显得较缓慢。

3. 地下水污染难以治理

地下水实际流速慢，含水层体积大，水质的交替更新周期与地表水相比要长得多。全球统计表明，地表水（河流）水质更新的平均时间一般在 15 ~ 20 天，而地下水水质更新时间平均为 1400 年，从这两个数字的比较可以看出，地下水一旦被污染，很难靠天然过程在短期内去除污染后果，用人工方法也难以将如此庞大且深埋的含水层中的污染物清除，所以，地下水污染问题的解决主要依赖于源头治理和事先防范。这也是许多学者认为地下水污染难以治理的道理所在。

二、地下水污染途径

地下水污染过程包括污染物从污染源进入地下水的方式和溶质在含水层的迁移途径两个方面，又称污染途径。地下水污染过程与许多条件有关，这其中涉及污染物本身的化学特性、进入的方式、土壤包气带的自净能力、地下水的水动力条件等。

（一）污染物进入地下水的方式

1. 直接污染及间接污染

从地下水污染组分与污染源两者之间的联系来分析，可分为直接污染和间接污染。

（1）直接污染

指地下水中的污染组分直接来自污染源的释放，这种污染就如同物理示踪试验一样，示踪源投放什么物质，地下水中就可检出什么物质，因此，可根据水中污染组分直接判断污染源及其大致的途径。

（2）间接污染

间接污染的特点是地下水中检出的污染组分不直接来自污染源，或者污染源处同样的组分含量并不高，而是污水在迁移中与含水层介质或微生物发生一系列的作用，形成的新产物。例如含 Na^+ 较多的水在经过碱性土壤时，与土壤中的 Ca^{2+}、Mg^{2+} 交替吸附，地下水中 Na^+ 减少，而 Ca^{2+}、Mg^{2+} 浓度增高，导致地下水的硬度增大并超过其天然背景值。又如，含有农药 DDT 的污染液渗入土壤后，在微生物作用下，可以转化为毒性更大的 DDE。

2. 间断性入渗污染及连续入渗污染

进入地下的污染物通常是以入渗水作为载体，包括间断性降水、持续渗漏的地表水。水流下渗的方式不同会直接影响到地下水的污染浓度和浓度的时间动态。据此，可将地下水污染的方式分为间断性入渗污染及连续入渗污染。

（1）间断性入渗污染

受土壤、包气带的透水性及地层厚度条件的限制，或者入渗水流是由降水、灌溉水、地表污水的偶尔泄露，下渗水通常以淋雨状、短时的饱水状态进入地下水，造成的污染也往往具有波动的时间特征。入渗水的污染组分浓度越高，入渗量越大，地下水污染程度越严重；反之，地下水污染程度较轻，甚至有可能因土壤、包气带对水分的固持、对污染物的截留，地下水不会遭受污染。

（2）连续性入渗污染

若土壤、包气带透水性良好，或者存在水流快捷下渗的通道，如虫孔、根孔、裂隙等，常年积水的污染地表水体，可以连续饱水状态下渗补给地下水，并将污染物源源不断地输送到含水层中，造成地下水持续的污染过程。这种情形常出现在污水塘、排污河的附近。

3. 垂向渗透污染及侧向径流污染

已进入地下水的污染组分，会随地下水的径流向周边和下游迁移，不断扩大污染区的范围。根据地下水径流的特点，也可将地下水污染方式分为垂向不同含水层之间的渗透污染和侧向地下水的渗流污染。

（1）垂向渗透污染

垂向渗透污染的意思是指，上下不同含水层之间以某种水力联系的方式，使其中一个含水层携带污染物（天然的或人为污染物）的地下水向另一含水层运移，导致后者污染的现象和过程。这类污染大致有如下三种情形：①越流渗透污染；②天窗渗透污染；③混合抽水污染。

越流渗透污染是伴随地下水的越流过程发生的，其关键是上、下含水层存在较大的水头差，且层间相对隔水层有一定的透水能力。越流渗透污染可以是下层含水层对上层含水层的污染，也可以是相反。地下水的天然越流现象一般出现在地下水流动系统的汇区，且大多是深部地下水向浅部含水层的越流，然而，在人为开采条件下，越流也可发生在径流区，如开采深层淡水造成的深层含水层水头低于上覆的浅层含水层的水头值，就会发生浅层地下水向深层含水层的越流现象，如果此时浅层水已被污染或为天然劣质水，深层水很可能会被污染。

天窗渗透污染发生的关键是“天窗”的存在。天窗是指地层沉积过程中，因岩相变化，层间相对隔水层厚度不稳定，在相对隔水层的间断处分布着小范围渗透性能良好的沉积物，而成为隔水层下方承压层局部减压开启的窗口，也是上下含水层发生水力联系的通道。因此，当某一含水层受到污染，且水头大于位于上方或下方的含水层时，就会造成另一含水层的污染。

混合抽水污染往往是在打井和抽水过程中，上下含水层因井孔串通或分层止水不佳，造成不同层位的地下水混合，从而导致天然劣质水或污染水进入抽水井，造成井水污染。

（2）侧向渗流污染

地下水在径流过程中如果上游（水位或水头较大的地段）遭到污染，就有可能将污染物组分输移到下游，这种污染方式称为侧向渗流污染。侧向渗流污染普遍存在于地下水污染过程之中，也是溶质迁移的一种主要形式，既发生在非承压层中，也发生在承压层中。废水处理井、地下掩埋废弃物和饱水带中污水管道的泄露，地下矿床有害组分随人工干扰地下渗流场所造成的污染主要是以这种方式实现的。

第五节 污染物在地下水中的迁移

污染物在地下水中的迁移过程十分复杂，严格地讲，这种迁移已超出了通常所理解的搬运、输送的概念。它是污染组分与水中原有组分、岩土、生物之间的物理、化学、生物作用和水动力支配的综合结果。

为了论述方便，讨论污染物的迁移可人为划分为两个方面，即迁移过程中的物理、化学、生物效应和地下水水动力作用。

一、污染物迁移中的物理、化学、生物效应

污染物进入地下水后，可与原先的水、岩土介质和水中生物主要是微生物发生各种物理交换、化学反应和生物分解等多种联系，从而引起地下水水质的变化，其结果称为物理、化学、生物效应。这些效应有正、有负。所谓正效应是指在上述作用下，地下水中污染物浓度降低并基本达到天然背景值或某一规定水平，有时又称自然净化。另一种是负效应，即经过物理、化学、生物作用使污染程度加剧。事实上，无论是物理作用、化学作用，还是生物作用，都具有两重性。在某些情况下，其中一种具体作用可能会降低某种组分的浓度，减轻或去除这种污染物，而在另一种条件下，则会使这种组分增加，而加剧其污染效果。因此，研究时要针对不同的物理、化学条件以及具体的污染组分，做出具体分析。

（一）物理作用

地下水污染物在迁移过程中发生的物理作用有吸附、过滤、稀释三种。

1. 物理吸附

物理吸附是由于岩土表面静电引力，使水中的离子被吸附在岩土颗粒表面的现象。由于键联力比较弱，在一定条件下，岩土颗粒所吸附的离子也可以被水中另一种离子替换，即发生离子交换。附着在岩土颗粒上的离子再次进入水中的现象称为解吸。物理吸附是可逆过程。一般而言，当水中的某种离子被吸附的同时，岩土颗粒表面也会有另一种离子解吸，所以，物理吸附只是对某些污染组分的暂时截留，不会彻底去除。物理吸附对如下污染组分具有截留的作用，如 K^+、Na^+、Ca^{2+}、Mg^{2+} 和一些金属离子，包括 Cu、Hg、Pb、Ni、Cd、Co、Mn 等，另外，对某些碳氢化合物如苯、酚、石油类产品也具有截留作用。

2. 过滤

过滤是指透水介质的空隙小于固体污染物粒度的条件下，固体污染物被阻滞而不能随水流迁移的现象。能够被过滤的地下水污染物包括化学沉淀物如 $CaCO_3$、$CaSO_4$、$Fe(OH)_3$、$Al(OH)_3$ 等，以及泥、沙、絮凝状的微生物集合体和絮凝状的有机物等悬浮或漂浮物质。显然，过滤作用是否明显，与固体污染物的粒度和透水介质的隙径有关，隙径越小，过滤作用越明显，所以，亚黏土、亚砂土要比砂砾石、裂隙、岩溶地层具有更好的防止固体污染物迁移的效果。

3. 稀释

稀释是高浓度的污染水进入含水层与地下水混合，混合后地下水污染组分浓度低于原污染水，或者是已污染的地下水得到未污染水的补给（降水入渗补给或侧向径流补给），

使污染组分浓度降低的过程。地下水长期观测结果表明，地表堆放污染物的地段，降水后，潜水的污染程度会增高。在地表和土壤均未被污染的地段，侧向渗流污染的潜水会因降水入渗水的掺和，污染程度降低。这些现象均与稀释有关，只不过前一种情况是污染物溶解，地下水遭到污染；后者是地下水污染浓度因稀释而降低。

（二）化学作用

化学作用包括化学吸附、溶解沉淀和氧化—还原反应三种。

1. 化学吸附

化学吸附不同于物理吸附，是以化学键的方式将吸附的离子束缚，使之成为胶体结晶格架的一部分，如果水化学条件不发生明显改变，被吸附的离子不会重新返回水中，所以，化学吸附是不可逆的，可使某些污染物从水中去除。由于在实际工作中，严格区分物理吸附和化学吸附是十分困难的，所以，常将两种吸附效应一并考虑，用交换容量（CEC）来表示。交换容量是表征岩土介质吸附能力大小的一个指标。一般而言：①颗粒比表面积越大，即颗粒个体越小，交换容量也越大，所以黏粒含量高的土壤具有较强的截留污染物的能力；②岩土颗粒表面电荷的正、负性及电荷的多少与 pH 有关，pH 低时，正的表面电荷占优势，吸附水中的阴离子，pH 高时，岩土颗粒表面完全是负电荷，吸附水中的阳离子。能够被化学吸附的污染组分有 Al、K、Mn、Zn、Cr、Co、Ni 等金属离子，另外，化学吸附也可去除如硫磷、毒莠定、西维因、百草枯、多氯联苯等有机化合物。

2. 溶解和沉淀

溶解和沉淀是污染物进入地下水和从中脱出的两种相反的化学过程。前者是使污染物从固相变为液相，后者是从液相变为固相，这两种作用既发生在某些固体污染源释放污染物的过程中，又是含水层中水—岩相互作用的一个重要方面。至于溶解和沉淀是在什么条件下会发生，需要读者参考水文地球化学的相关知识，在此不再赘述。

3. 氧化—还原反应

氧化—还原反应是地下水中非常普遍的化学过程，而污染组分进入含水层后，这一过程会变得更为复杂。污染物（水）会与业已存在的天然水、岩土介质、微生物相互作用，某些物质失去电子，发生氧化反应，另外一些物质会得到电子，发生还原作用。由于电子转移和得失是同时发生的，所以称这种化学反应为氧化-还原作用。由于各种物质的氧化态还原能力不同，而且许多元素具有多种氧化态，如 Fe 有二价和三价，Mn 有二价和四价，吸引电子的能力强弱也不同，因此，在某些条件下，有些物质或氧化态更易吸引电子，发生还原反应，相应地下水中另外一些物质会释放电子发生氧化反应。至于哪些物质以何种氧化态的形式出现在水中，则与地下水中的 $pH-E_h$ 条件有关。例如 Cr、As、Se 在氧化条件下（E_h 值较高），pH 为 7 左右的地下水中，往往以一价或二价的阴离子形式存在，容易随水迁移，当 E_h 值很低时则形成难溶的硫化物沉淀。又如 Fe 当地下水 E_h 值大于 0.77V，pH 小于 2.76 时，Fe^{3+} 出现在地下水中，当 pH、E_h 值超出这个范围时，可能形成 $Fe(OH)_3$ 沉淀或转变为 Fe^{2+}。研究表明，氧化环境有利于硝化作用的形成，所以地下水中常见 NO_3^-，而 Cr 和一些难溶的金属硫化物可转变为易溶的硫酸盐；还原环境不利于 Pb、Cd 等重金属的迁移，NO_3^- 也因反硝化转为气态氮逸散。除此之外，地下水中发生的氧化还原反应几乎都需要微生物的催化。起催化作用的微生物主要是细菌，如硝化杆菌、反硝化杆菌、硫还原菌等，它们的作用是加快氧化-还原反应的进行。

（三）生物作用

除上面提到的微生物对氧化-还原反应的影响外，这里所说的生物作用主要是指微生物的降解和生物的吸纳作用。

1. 生物降解

生物降解主要是微生物对天然的和人工合成的有机物的破坏或矿化作用，使复杂的有机物变为简单的有机物或者转变为无机物的过程。微生物降解可在溶解氧较多的地下水中快速进行。在缺氧条件下，有些微生物可通过对含氧化合物如 NO_3^-、SO_4^{2-} 的分解，获取其中的氧生存，以完成对有机物的降解过程。生物降解的最终产物是无机盐、CO_2 和 H_2O，可以消除有机物污染的危害，但在不充分降解时，也可能会形成中间产物，成为有毒害作用的新污染物。

2. 生物的吸纳

地下水是某些微生物的生存环境，地下水中许多化学组分是微生物的生长与繁殖所必需的营养物质，如 N、P、K、Ca、Mg、Na、S、Cl 等。另外，有些微量元素如 Cu、Zn、Cr、I、Co 等，它们对调节生物的生理机能也起着重要作用。所以，当地下水的污染组分中含有这些物质时，微生物的存在将有助于减轻污染程度。

二、地下水动力作用对污染物迁移的影响

如果说上面关于物理、化学、生物效应的讨论主要是围绕污染物是否容易迁移的问题展开的。本段落则侧重于讨论污染物是如何迁移的，或者说不同水动力形式对迁移的影响。进入地下水的污染组分，随水流运动可由两种水动力方式控制，这就是对流迁移、机械弥散迁移两种形式。

（一）水动力作用的两种形式

1. 对流迁移

当含水层中的地下水存在压力差时，就会产生水的流动，由压力高的地方向压力低的地方流动，这种现象称对流。污染物以地下水为载体，随水流一并运动的过程就是对流迁移。研究表明，污染物的移动是质点的运动，其移动速度相当于地下水动力学所讲的实际流速（u），而不是渗透流速（v）。前者是指由岩土空隙组成的通道中水流的真实流速，后者是指由空隙和不透水介质共同组成的某一断面与其水流通量的比值，可由下式计算得出

$$v = \frac{Q}{W} = KI$$

式中：Q 为通过过水断面的流量；W 为过水断面的面积；K 为含水介质的渗透系数；I 为过水断面上、下断面的水力梯度。

由上式可以看出，渗透流速是个面积平均的概念，又称平均渗透流速。由于渗透介质孔隙通道蜿蜒曲折，呈网络状，很难测度各质点的真实流程和速度，所以实际流速往往用平均渗透流速换算而得，即平均实际流速 u。

$$u = \frac{Q}{W \cdot n}$$

式中：n 为介质的孔隙度；u 为平均实际流速；其他符号同上式。

当污染物在水压力差作用下以平均实际流速迁移时，就是对流迁移。

如果仔细考察会发现，污染物从某一位置到达另一位置，各质点所走的路径以及运动的速度是不完全相同的，即使同时出发的不同质点，到达终点所需时间也有长短之分。正因如此，以平均实际流速确定的污染物锋面位置往往与实际观察结果有较大偏差，为此，必须考虑另外一种水动力现象，即机械弥散。

2. 机械弥散迁移

在恒温条件下，多孔介质中流体在微观尺度上实际流速不均匀，方向不一致，而引起的溶质运移的时间不同步、分布范围不断扩大的现象称为机械弥散。机械弥散产生的原因主要是含水层介质孔隙、裂隙分布的不均匀，几何形状和大小不同，溶质沿着曲折的通道运动时，阻力大小也不一致，于是，在同一断面上，有的孔洞实际流速快，有的流速慢，运动方向也不一致。随着流程的增大，就会呈现出较大尺度的分散现象。机械弥散效应的大小可用机械弥散系数表征，即：

$$D_{\mathrm{h}} = \lambda v$$

式中：D_{h} 为多孔介质的机械弥散能力；v 为地下水的平均渗透流速；λ 为多孔介质平均粒径及其不均匀特征。机械弥散系数有纵向弥散系数 $D_{\mathrm{h}x}$ 和横向弥散系数 $D_{\mathrm{h}y}$，前者是沿水流方向的弥散；后者是垂直水流方向的弥散作用。室内试验表明，纵向弥散比横向弥散一般要大 5 ~ 20 倍。

（二）分子扩散的物理作用

造成污染物随地下水流呈不断扩大分布范围的另一种普遍存在的，不同于水动力学的物理作用就是分子扩散。所谓分子扩散是指，静止水体中溶质在溶液浓度梯度的支配下，从高浓度处向低浓度处的运移现象。它可以发生在静水环境中，也可以出现在动水中，既可以沿水流运动方向出现，也可垂直水流方向发生。分子扩散与分子、离子及质子的热运动有关，溶液中溶质的分子扩散速度服从费克（Fick）定律：

$$q_x = -D_0 \frac{\partial C}{\partial x} \quad \text{或} \quad q_y = -D_0 \frac{\partial C}{\partial y}$$

式中：q_x、q_y 分别为溶质在 x、y 方向的分子扩散速度；C 为溶液溶质浓度；$\partial C/\partial x$、$\partial C/\partial y$ 分别为沿 x、y 方向溶质的浓度梯度；D_0 为溶液中溶质的分子扩散系数。

（三）污染水锋面的移动

1. 污染水锋面

由于机械弥散和分子扩散作用，污染物在地下水中迁移时，污染水与天然水之间往往不存在一个清晰的界面，而是一个水质相互混合的过渡带。若用污染物相对浓度 $\overline{C}$ 来表示，即：

$$\overline{C} = \frac{C}{C_0}$$

式中：$\overline{C}$ 表示相对浓度；C 为地下水流场中某点污染物浓度（扣除本底值后的浓度）；C_0 为污水中污染物的浓度（不计本底值）。由图 8－2 可以看出，污染水占据的区域 $\overline{C}=1$，未被污染的天然水区域 $\overline{C}=0$，在两个区域之间存在一个 $0<\overline{C}<1$ 的地带，这个地带就是

过渡带。过渡带与天然水区域的大致界面，即 $\bar{C}$ 趋于0的位置，就是污染水的锋面。

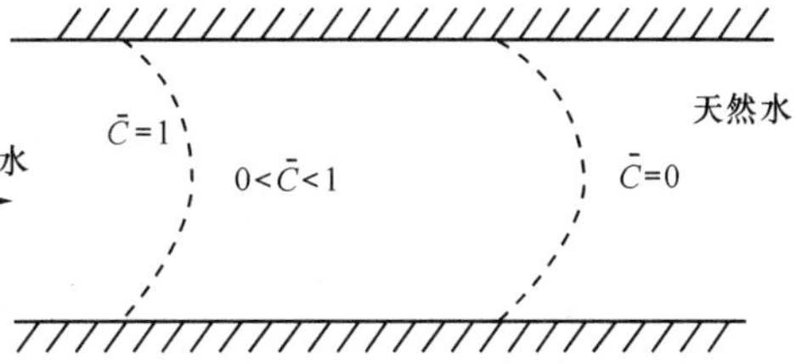

图8－2　污染水锋面及过渡带示意图

2. 锋面的形状

污染水进入含水层后，锋面的形状如图8－3所示。

在连续垂直渗透的条件下，如果渗透介质是均质的，锋面呈舌状，并在水动力的驱动下缓缓下移（图8－3a）。如果含水层是倾斜的，锋面会拉长变形成楔状。倾斜的角度（倾角）越小，楔状体的长度就越大（图8－3b）。锋面形状之所以会发生变化，除与水动力条件的改变有关外，另一重要原因是污染水和天然水存在着密度差。楔状体的具体形状可分为两种情况：①污染水的密度 ρ_1 小于天然水的密度 ρ_2 时，楔状体的前端位于含水层的上部，并收敛于含水层的顶板；楔状体的后端位于含水层的底部，与含水层的底板相交（图8－3c）；②污染水的密度 ρ_1 大于天然水的密度 ρ_2 时，情况恰恰相反，楔状体的前端位于含水层的底部，后端位于含水层的顶部（图8－3d）。通俗地讲，上面两种情形出现的原因就是重的液体有下沉的倾向，轻的液体会浮在上面。

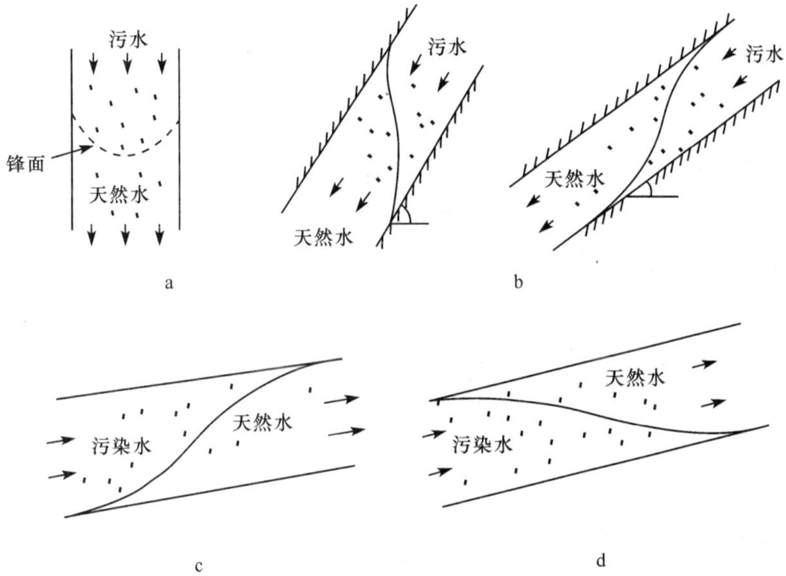

图8－3　不同流动条件下锋面的形态

在地下水系统中，由于含水介质粒度的分布十分不均匀，岩相变化也较复杂，往往很难见到上述理想的锋面形状，大多为参差不齐的复杂曲面。渗透性良好、地下径流较强的含水层，锋面的位置会更靠前，相对弱的含水层锋面位置会靠后，从而呈现犬牙交错的格局，但在总体上仍可保持楔状体的大体轮廓（图8－4）。

3. 锋面的移动

污染地下水锋面所处位置是圈定污染范围的依据，在地下水水动力作用的驱动下，锋面随时间不断移动，地下水的污染范围也不断扩大。查明锋面所处位置，认识其移动的规

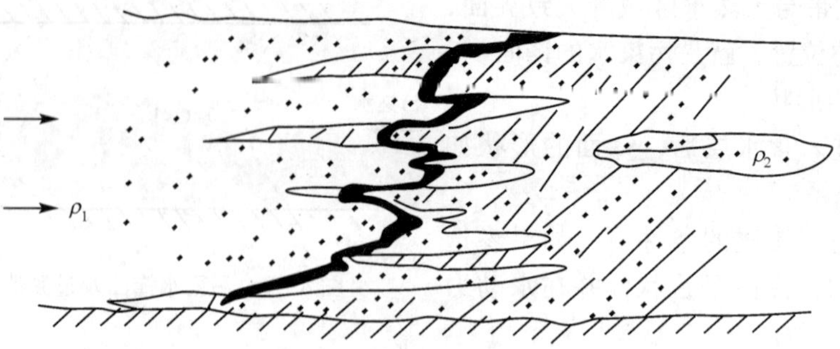

图 8-4　多层含水层中污染水锋面形状

（污染水密度 ρ_1 小于天然水密度 ρ_2，粗线表示锋面位置）

律，是地下水污染评价、预测的主要基础性工作。

污染水在含水层中移动的过程，可用图 8-5 来说明。从图中可以看出，当地表污染源中的污染物经过降水淋溶入渗，进入潜水面，在 t_1 时段，锋面可保持在两个流（线）面之间，污染区的范围也较小。到 t_2 时段锋面的大部分仍限于两个流面之间，只有一小部分超出流面位置，前锋移动的距离要大于前一时段。此后各时段（t_3，t_4…）锋面位移的距离会逐渐增大。其中的缘由，可用下述的物理过程予以分析（图 8-6）。

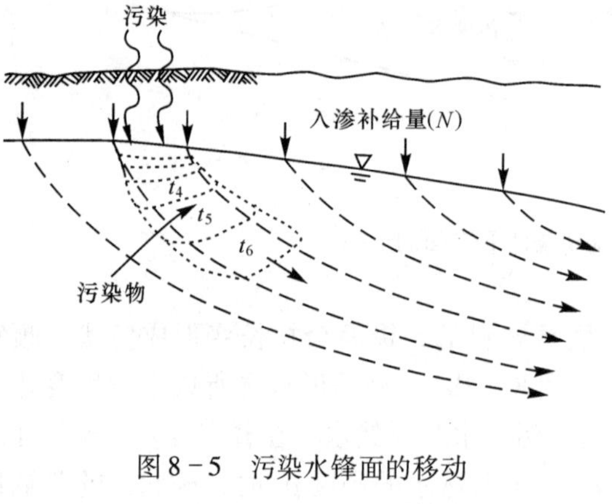

图 8-5　污染水锋面的移动

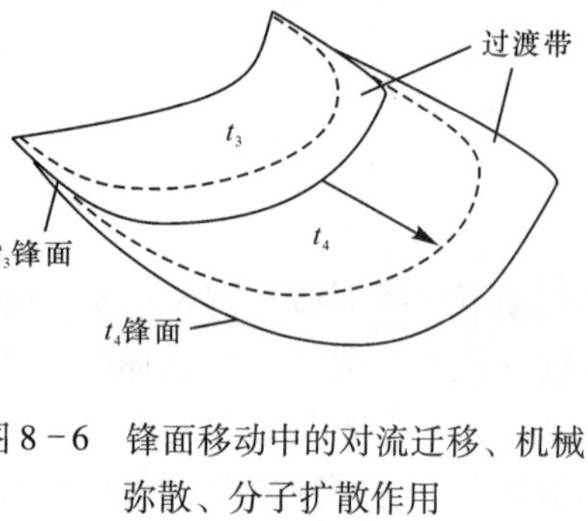

图 8-6　锋面移动中的对流迁移、机械弥散、分子扩散作用

假定含水层渗透介质是均质的，地下水的水力梯度不发生改变，地下水的实际平均流速大致可视为常量。在对流迁移作用下，t_3 时段末的锋面到 t_4 时刻末时应移动到图中实线箭头所示位置。然而，在 t_3 到 t_4 时间过程中由于机械弥散和分子扩散作用的影响，锋面真实的位置会比仅考虑对流迁移所达到的位置更远，而且 t_4 时段的过渡带宽度要大于 t_3 时段，污染水体的侧边缘也会向四周扩大，突破流线（面）的限制。除此之外，由于流线方向的变化，近地表处以垂直渗透为主，逐渐变为近水平渗透，锋面也发生变形，图中所示的是污染水密度小于天然水密度时的变形情形，即

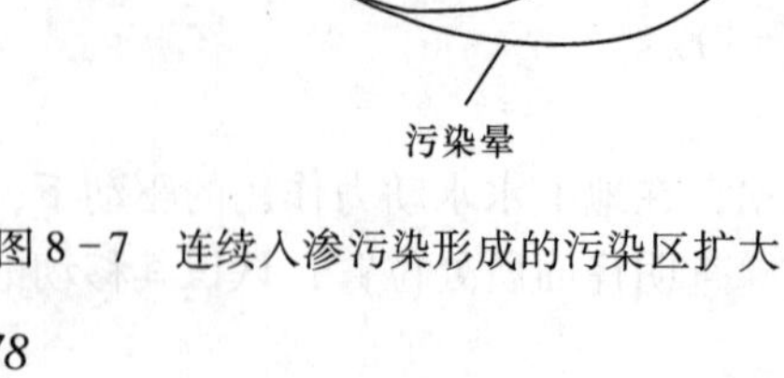

图 8-7　连续入渗污染形成的污染区扩大

锋面最前端前伸，后端退后。

根据上述道理，不难理解如果污染水的入渗是长时间的连续过程，污染水锋面的移动速度会越来越快（因不断叠加机械弥散、分子扩散效应）；过渡带的宽度也会越来越大，前半部的浓度值会越来越小；污染水体的侧边缘也会超出流线（面）的限制，而向两侧发展；锋面的形状则由入渗端的舌状逐渐拉长呈楔状；污染区的平面投影呈现出如图 8－7 所示的形状。

第六节　地下水污染的预测

地下水中溶质的运移是水岩作用的综合结果，涉及各种物理、化学、生物作用，其中的关联关系十分复杂。到目前为止，要想全方位地整合各种关系，构建一个完整的本构方程还难以做到。计算过程往往采用如对流–弥散方程，考虑吸附作用的对流弥散方程等。这些内容见诸于地下水动力学专题研究书籍中，感兴趣的读者可从本书参考文献目录中查找，以便搜寻、阅读，此处不再展开。本节主要围绕地下水污染物锋面的迁移规律介绍一些在实际工作中应用较广泛、便于操作的近似预测方法。

一、污染物锋面推进距离的判断

含水层渗透介质为均值的条件下，假定地下水保持均匀流，污染水连续入渗，污染物的锋面移动可视为活塞式的推进。按此假定，在 Δt 时段内，污染物锋面推进的距离可按下式计算：

$$L = L_{\varphi} + 0.5(L_{\mathrm{d}} + L_{\mathrm{p}}) \tag{8-1}$$

式中：L 为 Δt 时段锋面推进的距离（m）；L_{φ} 为 Δt 时段对流作用导致锋面推进的距离（m）；L_{d} 为 Δt 时段机械弥散和分子扩散所形成的过渡带附加增量（m）；L_{p} 为在 Δt 时段因流线倾角变化形成的锋面前突的增量。

（一）对流迁移形成的位移长度 L_{φ}

根据对流迁移的概念，对流迁移导致污染物锋面在 Δt 时段的位移长度 L_{φ}，可按下式计算：

$$L_{\varphi} = u \cdot \Delta t = \frac{Q}{W \cdot n}\Delta t = \frac{v}{n}\Delta t \tag{8-2}$$

式中：u 为平均实际流速；v 为平均渗透流速；Q 为通过过水断面 W 的流量；W 为过水断面面积；n 为渗透介质的孔隙度。其他符号同前。

（二）机械弥散和分子扩散的附加增量

污染物锋面的迁移不仅受对流迁移的影响，与此同时，机械弥散和分子扩散也会在 Δt 时段内不断进行，原先的锋面移动 L_{φ} 距离后，会因机械弥散、分子扩散作用附加一个增量，形成新的锋面。鲍切维尔认为原过渡带中 $\overline{C}=0.5$ 的点在对流影响下，以 u 的速度移动，$\overline{C}>0.5$ 的点会在平移过程中不断扩散，附加增量只计算弥散带宽度的 1/2，即 $0.5L_{\mathrm{d}}$，所以式 8－1 中 L_{d} 要乘以 0.5。L_{d} 可按下式计算：

$$L_{\mathrm{d}} = B\sqrt{\frac{D \cdot \Delta t}{n}} \tag{8-3}$$

式中：L_d 为（机械弥散和分子扩散区域）在 Δt 时段可形成的弥散带总宽度；D 为机械弥散和分子扩散系数之和；B 为经验系数。

式（8－3）中系数 D 由两部分组成，即 $D=D_n+D_0$，其中 D_n 为机械弥散系数；D_0 为分子扩散系数。它们是各向异性的参数，取值大小与浓度梯度、机械弥散通量 ϕ_n 和分子扩散通量 ϕ_0 有关。根据 Fick 定律：

$$\phi_n = -D_n \, \mathrm{grad}C$$
$$\phi_0 = -D_0 \, \mathrm{grad}C \tag{8-4}$$

D_n、D_0 可在实验室测定，但因试样不能完全代表野外实际情况，测定结果往往比野外实测小 2～5 个数量级，所以，一般情况下多采用现场的单井脉冲法或多井法测定。在松散介质中 D/n 的大小为 10^{-2}～$10^{-5}\mathrm{cm^2/s}$。

（8－3）式中 B 值的选取与浓度测量精度及要求的计算精度有关。当过渡带 $\overline{C}$ 观测精度为 0.999～0.001 时，$B=8.8$；当 $\overline{C}$ 为 0.99～0.01 时，$B=6.6$；当 $\overline{C}$ 为 0.9～0.1 时，$B=3.6$。

（三）过渡带变形构成的增量

在地下水流动过程中，流线（面）倾斜角度的不断变化，会使过渡带前端的锋面变形。研究表明，若以锋面在 x 轴上的投影长度 L_p 表示过渡带变形程度（图 8－8），则 L_p 与两种水（含污染物的水与天然水）的相对密度差、介质的渗透性能及渗透时间、流面的倾角有如下关系：

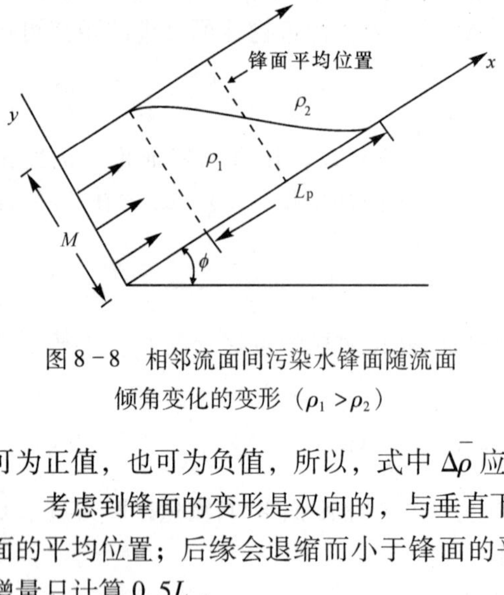

图 8－8　相邻流面间污染水锋面随流面倾角变化的变形（$\rho_1>\rho_2$）

$$L_p = \alpha \sqrt{|\Delta\overline{\rho}| \cdot k \cdot M \cdot \Delta t \cdot \cos\phi / n} \tag{8-5}$$

式中：α 为系数，一般取 1.4～2.2；k 为介质的渗透系数；M 为相邻两个流面的距离或含水层的厚度；$\Delta\overline{\rho}$ 为污水与天然水的相对密度差；ϕ 为流面或含水层的倾角。其中 $\Delta\overline{\rho}=(\rho_1-\rho_2)/\rho_2$，$\rho_1$ 为推挤液体（污染水下渗时，污染水是推挤液体）的密度，ρ_2 为被推挤液体（天然水）的密度。由于 ρ_1、ρ_2 大小不同，$\Delta\overline{\rho}$ 可为正值，也可为负值，所以，式中 $\Delta\overline{\rho}$ 应以绝对值计算。

考虑到锋面的变形是双向的，与垂直下渗时的锋面形态相比，其前端会前凸，超过锋面的平均位置；后缘会退缩而小于锋面的平均位置，因此，式（8－1）中，锋面变形的增量只计算 $0.5L_p$。

（四）密度差对“对流迁移”的影响

污染水与天然水两者的相对密度差 $\Delta\overline{\rho}$ 不仅关系着非垂直入渗条件下锋面的形状，而且会因液体黏滞性的差异对锋面的运移速度带来影响。因此，在计算时常要求对对流迁移的 L_φ 做出修正。考虑密度差的影响，对流迁移中的平均实际流速采用 u_ϕ。

$$u_\phi = \frac{v}{n} - \frac{k\Delta\overline{\rho}\sin\theta}{n} \tag{8-6}$$

式中：n 为介质的孔隙度；$\Delta\overline{\rho}$ 为两种液体的相对密度差（可正，可负）；θ 为流线正方向

与 x 轴正向的夹角（按360°计算）。

根据式（8－6），可做如下讨论：

（1）在水平含水层或流面呈水平时，$\theta=0°$或180°，$\sin\theta=0$，式（8－6）变为

$$u_{\phi}=\frac{v}{n}=u$$

在此条件下，对流迁移不受两种液体相对密度差的影响。

（2）在倾斜含水层或流面倾斜时，应根据相对密度差和流向作具体分析。

若 $\Delta\bar{\rho}$ 与 $\sin\theta$ 正负号相同，即 $\rho_1>\rho_2$，θ 在第一、二象限；或者 $\rho_1<\rho_2$，θ 在第三、第四象限时，$u_{\phi}<u$，如图8－9所示。这种情况下，锋面对流迁移速度变小。

若 $\Delta\bar{\rho}$ 与 $\sin\theta$ 正负号相反，即 $\rho_1>\rho_2$，θ 在第三、四象限；或者 $\rho_1<\rho_2$，θ 在第一、第二象限，$u_{\phi}>u$（图8－10）。此时，锋面对流迁移速度要变大。

（3）在垂直下渗或流面铅直，即 $\theta=270°$，$\sin\theta=-1$，若 $\rho_1>\rho_2$，$u_{\phi}>u$，污染水对流迁移速度较快；若 $\rho_1<\rho_2$，$u_{\phi}<u$，污染水对流迁移速度较慢，这些情况与重的液体容易下移沉底，轻的溶液容易漂浮在水面的道理是一致的。

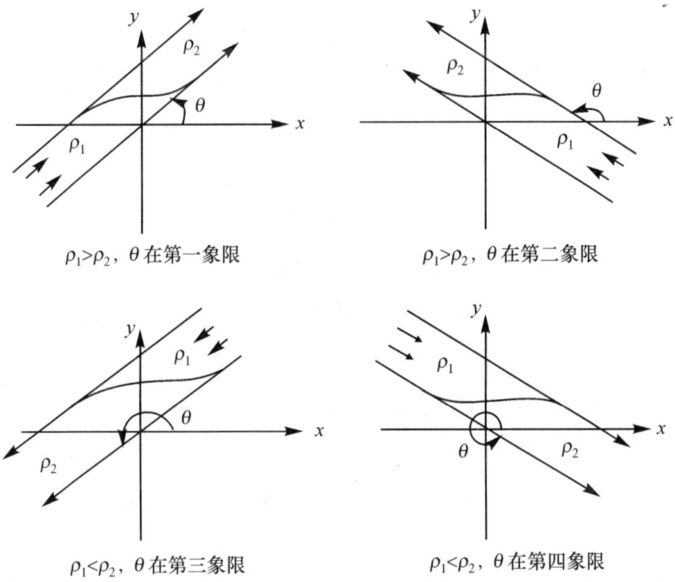

图8－9　流面倾斜时相对密度差和流向对平均实际流速的影响（$u_{\phi}<u$）

（五）吸附作用对“对流迁移”的影响

如果考虑渗流介质对污染物的吸附作用，原有污染物的浓度会降低，其结果就好像迁移受阻一样，等效于平均实际流速减慢，所以，考虑吸附作用对溶质的影响，常对对流项做出修正。修正值可采用下式：

$$L_{\varphi A}=\frac{v}{An}\Delta t \tag{8-7}$$

式中：$L_{\varphi A}$表示考虑吸附作用时 Δt 时段锋面推进的距离；A 为吸附作用的修正系数，其他符号同前。

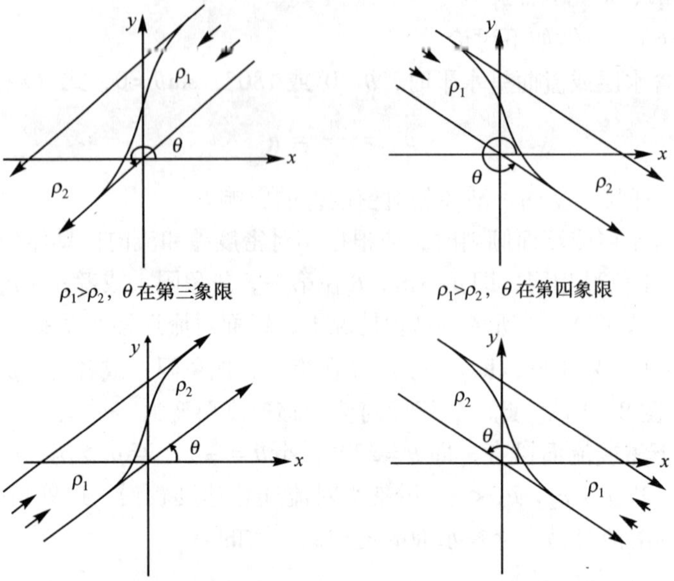

$\rho_1>\rho_2$，θ 在第三象限　　$\rho_1>\rho_2$，θ 在第四象限

$\rho_1<\rho_2$，θ 在第一象限　　$\rho_1<\rho_2$，θ 在第二象限

图 8－10　流面倾斜时相对密度差和流向对平均实际流速的影响（$u_\phi>u$）

A 的取值按下式计算：

$$A=\frac{1+\beta}{\beta},\quad \beta=\frac{C_0'}{N_0}$$

式中：β 为均衡吸附条件下的分配系数；C_0' 为溶液中吸附组分的极限均衡浓度；N_0 为介质吸附容量，由于 A 往往大于 1，所以，在吸附条件下，溶质对流速度相比不考虑吸附时要小。

（六）吸附作用对水动力弥散的影响

吸附作用具有使污染物浓度降低的效果，于是有人认为这一现象也会反映在机械弥散和分子扩散上，从而应该对 L_d 作进一步的修正。修正的表达式为：

$$L_{dA}=B\sqrt{D\Delta t/(nA)} \tag{8-8}$$

式中：L_{dA} 表示考虑吸附作用时 Δt 时段机械弥散和分子扩散形成的弥散带总宽度，其余符号同前。由于 $A>1$，所以，上式体现了吸附作用减弱时机械弥散和分子扩散的效果，即 $L_{dA}<L_d$。

二、污染物对水源地影响的预测

防范地下水供水源地的污染，是保证安全用水的重要前提，所以无论是水源地的选址，还是在其周边续建各种工程前都必须就水源地使用期内被污染的可能性做出科学、可靠的论证。如果地下水系统中业已存在局部的污染区或新建工程在未来使用过程中有可能造成地下水的污染，前期论证时还需要对以下几个问题作出明确的结论：①污染物是否会进入水源地；②污染物锋面进入水源地的时间；③开采水的污染物最高浓度是否超过安全用水的标准，以及出现的时间是否在水源地的正常使用年限内。

（一）水源地污染的可能性分析

如前所述，地下水流是溶质迁移的载体，当然也是水中污染组分的载体。地下水流动的途径或者说地下水渗流场的特征，对于判断污染物能否进入水源地是至关重要的。因此，地下水源地污染可能性的分析中往往对渗流场的分析予以高度重视。

分析污染物是否进入水源地的开采井，通常采用两种水动学方法，一种是流网分析法，另一种是流量函数（简称流函数）分析法。这两种方法的使用前提有以下三点：①在开采条件下，地下水的运动近似稳定流；②含水层均质、渗透系数、厚度基本不变；③污染水与天然水的分界面以活塞式的推进方式前进，即污染水推挤天然水前进。尽管实际工作中，极少见到符合这些条件的地下水渗流场，但是作为一种近似的半定量方法，上述的条件大大简化了研究难度，具有方便、快捷、一目了然的优点，所得结论仍可满足实际工作的要求。

1. 流网分析法

在开采条件下，水源地附近的地下水流网近似于图 8－11 所示情形。由于抽水井是人工汇，井的外围形成一个向上游敞开的有限汇流区。位于汇流区的地下水都会流向抽水井，而无论距离远近。据此可以认为，如果汇流区以内有污染物，最终会流入抽水井；若污染物在汇流区外，即使离抽水井很近的地点，也不会污染抽水井。

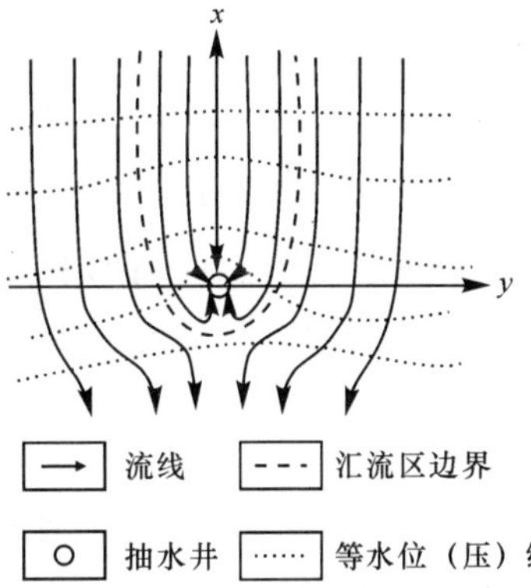

图 8－11　抽水井工作时地下水流网图

地下水流网图可根据野外地下水水位（头）测量值绘制。由于地下水位（头）存在动态变化，汇流区的范围也随之扩大或缩小。若抽水量常年恒定，雨季时汇流区的范围较窄，旱季较宽，所以，污染物进入水源地的可能性要依据流场的具体情况做出分析。为保险起见，最好采用旱季的流网图进行分析。

2. 流函数分析法

流函数 ψ 是地水动力学中与流线位置有关、用于产生单位流量的函数，又称拉格朗日函数。在地下水渗流场中不同流线有不同的流函数。如果两个点都在同一流线上，那么，$d\psi=0$，流量也为零，而流线间的流量则等于这两条流线流函数之差。流函数 ψ 与势函数 φ 的关系可用下式表述：

$$\psi = \int \frac{\partial \varphi}{\partial x} dy$$

式中：ψ 表示无限边界渗流场中，任一点（x，y）的含水层单位厚度的流函数；φ 为势函数；$\frac{\partial \varphi}{\partial x}$为上下游之间的平均渗透流速。坐标的方向如图 8－12 所示。

假定无限边界渗流场中有一抽水井（井径可视为无穷小），抽水量为定值 Q，渗流场中任一点（x，y）的单位厚度流函数，可用下式表述：

$$\psi = \frac{1}{M}\left(q_0 y + \frac{Q}{2\pi}\theta\right) \tag{8-9}$$

式中：M 为含水层厚度；q_0 为地下水天然单宽流量；Q 为水源地（抽水井）开采量；θ 为

点（x，y）与坐标原点连线和 x 轴的夹角（θ 可按顺时针或逆时针的角度计）。

从式（8-9）中可以看出，在抽水条件下，单位厚度流函数由两项叠加而成，前一项为天然流场的单位厚度流函数，后一项为抽水形成的单位厚度流函数增量。

由流网分析法可知，抽水时，井的周边会形成一个向上游敞开的汇流区，进入抽水井的水量全来自这个区域。因此，汇流区边界上的单位厚度流函数可用抽水量 Q 和含水层厚度来计算，考虑到井的两侧流场是关于 x 轴对称的，于是有

$$\psi_N = \frac{Q}{2M} \qquad (8-10)$$

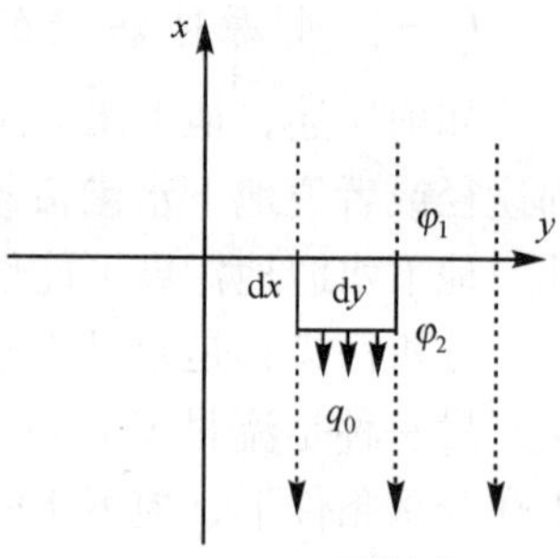

图 8-12　流函数坐标

如果污染物的检出点在汇流区内，可根据该点的坐标用式（8-9）计算其单位厚度流函数 ψ，必定有 $\psi \leqslant \psi_N$ 成立。这表明，只要污染物在途中不会被完全自净掉，污染物会或迟或早地进入井中。反之，污染物的检出点在汇流区处，$\psi > \psi_N$，则污染物不会进入水源地。

（二）预测开采水的污染物最大浓度

在污染水连续补给的情形下，井中污染物浓度最高时，必定是相对浓度 $\overline{C}$ 接近 1 时，所以可假定此时进入井的地下水为等浓度，可采用下面的全混模型来计算。

$$C_{\max} = C_e + \frac{\Delta Q_{污}}{Q}(C_{污} - C_e) \qquad (8-11)$$

式中：C_e 为地下水的天然背景值或参照值；$C_{污}$ 为污染水 $\overline{C}=1$ 时的浓度；$\Delta Q_{污}$ 为污染水进入井中的最大流量；Q 为井的抽水量（即水源地开采量）；$C_{\max}$ 为开采水的污染物最大浓度值。

式（8-11）中除 $\Delta Q_{污}$ 外，其余自变量可通过野外实测获得具体数值。$\Delta Q_{污}$ 则需根据以下各种具体情况，用流函数法分别计算：

1. 污染区位于汇流区内 x 轴的一侧（图 8-13）

取污染区最宽处边缘上的两点（A 和 B），并假定污染物由这两点到达井中的时间相等。利用式（8-9）分别计算 A 点和 B 点的流函数 ψ_A 和 ψ_B，再采用下式计算出 $\Delta Q_{污}$。

$$\Delta Q_{污} = M(\psi_B - \psi_A)$$

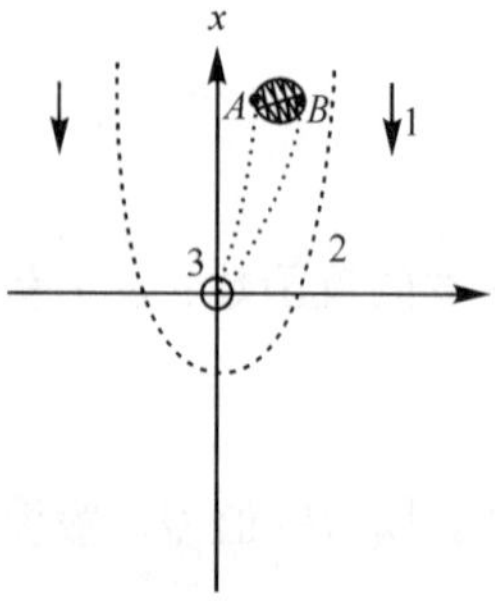

图 8-13　第一种情况示意图
1—地下水流向；2—汇流区边界；3—开采井

2. 污染区横跨汇流区边界，并位于 x 轴一侧（图 8-14）

在汇流区内，选取污染区最宽处的点 A，计算出 ψ_A 和 ψ_N，然后用下式计算 $\Delta Q_{污}$。

$$\Delta Q_{污} = M(\psi_N - \psi_A)$$

3. 污染区位于抽水井上游，且横跨 x 轴（图 8-15）

选取污染区最宽处两个点 A 和 B，分别计算出 ψ_A 和 ψ_B，然后用下式计算 $\Delta Q_{污}$

$$\Delta Q_{污} = M(\psi_A + \psi_B)$$

4. 污染区位于抽水井下游，但处于汇流区范围内，且横跨 x 轴（图 8-16）

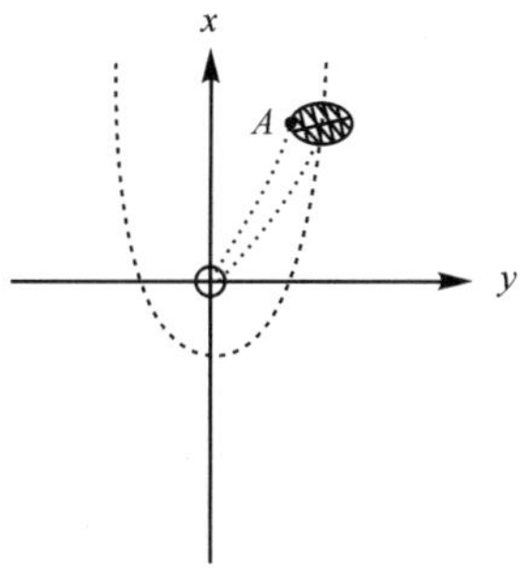

图 8-14　第二种情况示意图

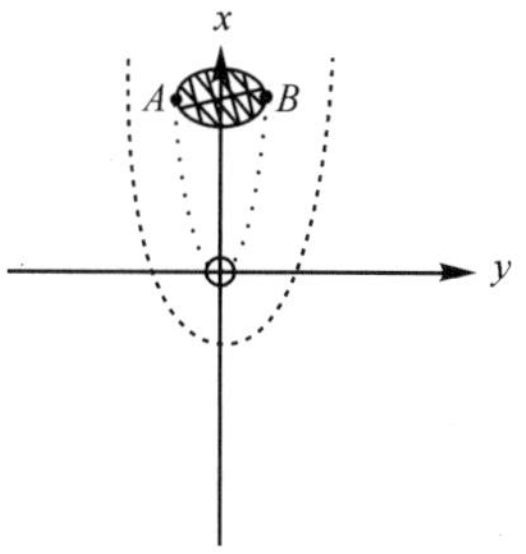

图 8-15　第三种情况示意图

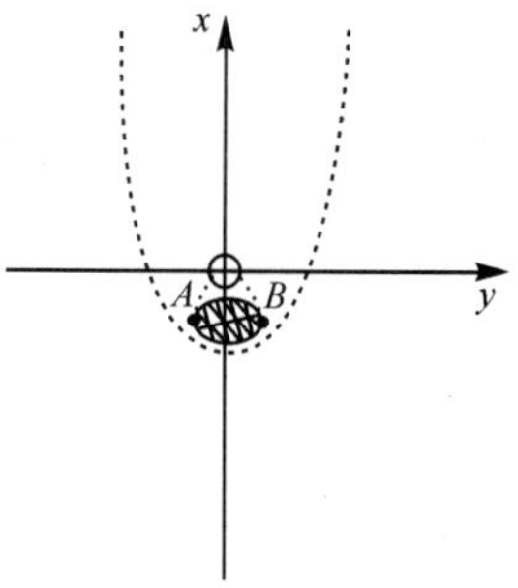

图 8-16　第四种情况示意图

选取污染区最宽处两个点 A 和 B，分别计算出 ψ_A 和 ψ_B，然后用下式计算 $\Delta Q_{污}$：

$$\Delta Q_{污} = Q - M(\psi_A + \psi_B)$$

（三）预测水源地被污染的初始时间

如果污染区位于抽水井汇流区范围内，污染水锋面到达抽水井所需时间也就是井水污染的初始时间。对于无限边界单井抽水，污染物进入抽水井的初始时间（t）可选取污染区边界上距抽水距离最小的点的坐标代入下式：

$$t = \frac{nM}{q_0}\left\{x - \frac{Q}{2\pi q_0}\ln\left[\frac{x}{y}\sin\left(\frac{2\pi q_0}{Q}y\right) + \cos\left(\frac{2\pi q_0}{Q}y\right)\right]\right\} \qquad (8-12)$$

若污染水锋面与 x 轴相交，位于主流线即 x 轴上的交点运移路途最短，所需时间也最小，抽水井最先被该点的污染物污染，此时初始时间（t）可用下式计算：

$$t = \frac{nM}{q_0}\left[x - \frac{Q}{2\pi q_0}\ln\left(1 + \frac{2\pi q_0}{Q}x\right)\right] \qquad (8-13)$$

（四）预测开采水污染最大浓度出现的时间

地下水污染是个时间过程，进入抽水井的污染物浓度与地下水污染过程是紧密相关的。不同的输入方式地下水中污染物的时空分布是不同的，其结果也直接影响开采水的污染组分含量。

若污染区位于抽水井的汇流区，污染物进入地下水是连续不断的，且大体保持某一浓度，随着时间的推移相对浓度 $\overline{C}$ 近似等于 1 的污染水流终会到达抽水井。在此过程中，开采水也会从未污染经过轻微污染，发展到与污染水相对浓度接近的污染程度，此后，开采水的污染组分含量将大体保持稳定水平。在这种情况下，可选取目前污染区最宽处且距坐标原点最远的点，利用式（8-12）计算出开采水污染浓度达到最大时将要花费的时间。

若污染区位于抽水井汇流区，污染物进入地下水仅仅是一次偶然的泄露相当于瞬时源的脉冲输入方式。污染水在迁移过程中将因对流、机械弥散、分子扩散而逐渐散开，污染浓度不断下降。这种情况下污染水的浓度是时间和流程的函数，大体遵循如下规律。

$$\overline{C}(x,y) = 0.5\left[\operatorname{erfc}\frac{x - vt/n}{\sqrt{2Dt/n}} - \operatorname{erfc}\frac{x - v(t - t_p)/n}{2\sqrt{Dt/n}}\right] \qquad (8-14)$$

式中：$\overline{C}$ 为相对浓度；erfc 为概率积分；x 为距污染源的水平距离；t_p 为污染物输入的瞬

间时刻；$(t-t_{p})$ 为相对浓度为 $\overline{C}$ 时需要的运移时间长度。

第七节　地下水污染防治

一、概述

人类活动的广度和深度日益扩大的今天，人的行为已成为地质环境物质循环和再分配的重要环节和驱动力。在这种背景下完全避免地下水污染现象的发生，几乎是不可能的，然而，任其发展又会给人类自身的生存、发展带来极大危害，并最终影响到社会的可持续发展。要实现人—地关系的和谐，寻求社会经济和环境良性发展的途径，就必须对地下水的污染进行防治，并将这项工作纳入到水资源科学管理体系之中。

水资源科学管理体系之中，地下水污染防治属于水质管理部分。管理工作包括法律、行政、经济、技术等多方面内容，目的是为了防止人为活动不当造成水源污染和破坏；而不是恢复或保持地下水天然水质状态。为此，科学管理强调一个基本思路，就是根据地下水系统演化规律，适时调整和控制人类各种活动，尤其要重视那些可能给地下水水化学场造成严重干扰的行为，以保证地下水资源得以安全、永续地利用。

从广泛的意义上来理解地下水污染的防治不是单纯的技术问题，也包括法律、道德层面应该采取的措施。如强化水法、环境保护法及配套地方法规的建设，加大执法力度；普及有关地下水污染的科学知识，增强广大民众的环保意识等。这些工作在我国已普遍开展，许多地区已初见成效。除此之外，地下水污染的预防和治理还需从科学技术上加以保证。本节主要围绕这个方面进行讨论。

在工程技术上地下水污染的防治可分为预防和治理两个方面。其中预防是指事先采取的为阻止污染物进入地下水水源地的人为措施。此项工作一般安排在地下水水源地选址之前或城乡规划阶段，配合环境质量评价同时进行。治理往往针对地下水污染已发生地区，为保证取水安全，而采取的去除地下水中有毒有害组成物质，或减轻污染程度的各种工程技术手段。鉴于我国地下水污染现象十分普遍，涉及的国土面积大、污染组分复杂、成因多样及人口众多的具体国情，以及地下水污染难以治理的特殊性，我国地下水污染防治工作应本着以下几个原则：

1. 以防为主，治理为辅

地下水污染是人为活动或在其影响下发生的。在人类尚没有能力按照自己的主观意愿，驾驭地质环境系统物质能量循环全过程的当今时代，“防患于未然”应是一种现实、可行的作法。其实质就是通过规范人的生产、生活活动方式，将废弃物限制在指定的地方，防止其扩散进入供水源地。然而，对于已污染地区，当务之急是如何减少或去除污染组分的危害，特别是对人身健康的直接危害，此时必须辅以治理工作。在地下水污染的防治中，治理属于一种被动的行为，所花费的成本也十分高昂，所以，这种举措不宜大面积开展，更不应作为解决区域地下水污染之道，只能是在迫不得已的情况下的权宜之计。

2. 防治工作应区分轻重缓急

为了使地下水污染防治工作取得明显成效，防治工作应根据当地具体情况（水文地质条件、危害程度、居住的人口状况等），确定重点的防护区和重点的治理区，并明确不同的防护目标、治理的具体对象和地点，要避免盲目性。众所周知，地表水与地下水的相互转化是十分常见的现象，两者的转化又需要通过土壤包气带，因此无论是地表水体还是土壤包气带的污染最终都可能使地下水污染，这种过程既可发生在地下水的补给区，也可发生在径流区。在人类活动十分分散的情况下，要杜绝污染发生是件难以做到的事情。所以，地下水污染的防治只能是突出重点区，强调有限目标的实现。

3. 防治工作必须重视水文地质条件与人为活动耦合关系的分析

地下水污染是天然水化学场受人为活动干扰所致的结果。人为污染源布局不合理，会对水源的水质安全造成直接威胁。所以，地下水污染防治方案和工程设计都必须以当地水文地质条件分析为基础，查明溶质迁移的途径，尤其是在地下水开采条件下，地下水动力场和水化学场的变化。在此基础上，对污染源（如三废排放场地）的分布格局进行评估，并提出具体的调整建议。这项工作不仅应在规划阶段，而且在城乡建设发展过程中应不间断地进行。事实表明，数十年前城市规划和建设中，大多将各种垃圾和污水排放场安排在郊区，以保证城市环境质量，但是随着城市化进程发展，原先的郊区变成城市，地下水污染现象也随之发生。应该指出，这种“短视”的规划思想在实际工作并不鲜见。现代城市规划中虽然运用了系统工程的思想，但更多侧重于城市功能、交通管理、地面景观的协调、美观，以及建筑物的稳定、安全，而在地下水污染问题上考虑得并不十分充分。垃圾堆放场、污水排放点的安排更多侧重于城市功能的要求，对地下水质防护，尤其是对污染物可能进入地下水的途径、迁移转化过程考虑得不够充分。城市地下水污染之所以难以从根本上得以遏制，不能不说与此有一定关系。因此，必须加强水文地质条件与人为活动耦合关系的分析。

二、预防地下水污染的技术措施

地下水污染的预防可分为区域性防护和重点区的防护。

（一）区域性防护

区域性防护思想的提出，是基于以下两点认识：①地质环境系统对污染物有一定的自净能力；②含水层上覆地层（主要是土壤、包气带和层间相对隔水层）对来自地表的污染物或多或少有一定的阻滞性能，从而表现出屏蔽污染的功能。通过野外现场调查，可对不同地区的屏蔽功能做出评价。依据评价结果，可有针对性地提出哪些地区防污性能好，哪些地区太敏感，以此为依据人为规划垃圾填埋场或污水排放点。

区域性防护主要着眼于来自地表的污染，侧重考虑地层的屏蔽作用，例如介质越粗大，空隙越发育，渗透能力越强，溶质的吸附过滤作用愈小，地表污染物很容易随降水入渗或地表水渗漏进入地下水；反之，渗透性较弱的黏土、亚黏土和裂隙不发育的页岩、泥岩等，不利于水流的下渗，黏土矿物的高含量也使之具有较强的过滤和吸附作用。因此，关于地下水污染区域防护评价，要考虑土壤、包气带的岩性、厚度、地下水的埋藏特征、含水层与相对隔水层组合特点以及地下水渗流场的源汇关系和径流方式等。

目前，有关地下水防污性能的评价指标体系有两种：一种是由德国学者维尔赫夫(H. Verhuff，1981）提出的（图 8－16）；另一种是由美国水井协会和美国环保局于 1985 年提出的，又称地下水脆弱性评价指标体系。

关于土壤、包气带的防污能力评价，除可参考图 8－17 外，还有人提出用阻水系数来

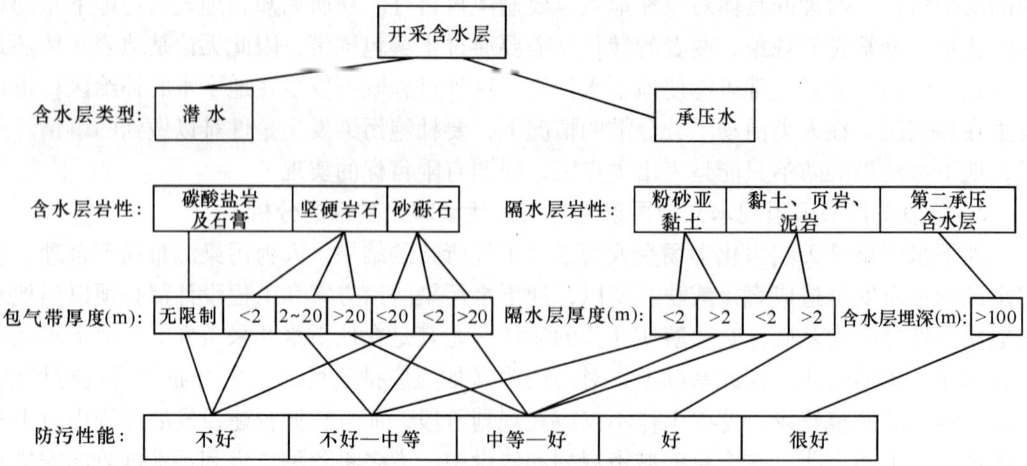

图 8-17　维尔赫夫的地下水防污性能评价体系

（据维尔赫夫，1981）

评价，评价采用下式：

$$B = \frac{m_1}{k_1} + \frac{m_2}{k_2} + \cdots + \frac{m_n}{k_n}$$

式中：B 为阻水系数，B 越大表明土壤包气带阻滞污水进入的能力越强；m_1，m_2，…，m_n 和 k_1，k_2，…，k_n 分别表示土壤、包气带各类土层的厚度和相应的渗透系数。

地下水脆弱性评价指标体系由 7 个指标组成，包括地下水埋深 D、净补给量 R、含水层介质 A、土壤层介质 S、地形 T、包气带介质 I 和含水层的水力传导系数 C。该指标体系又常按上述指标英文单词的词头字母缩写 DRASTIC 命名。与维尔赫夫的指标体系不同，DRASTIC 指标体系在应用时，需要事先对评价区进行分区，并通过野外调查获得各区的上述 7 个方面（因子）的数据之后采用下式进行统计计算，得出各区的脆弱性指数 D_i。

$$D_i = \sum_{j=1}^{7} (R_{ij} \times W_{ij}) \qquad (i = 1,2,\cdots,n;\quad j = 1,2,\cdots,7)$$

式中：D_i 表示第 i 区地下水的防护能力，即脆弱性指数；R_{ij}表示第 i 区第 j 个因子的评分；W_{ij}表示第 i 区第 j 个因子的权重。

DRASTIC 指标体系对地下水防污能力的评价，采用的是一种加权计算方法。因子的评分标准参照表 8-2，权重取值见表 8-3。权重取值表中区分了两组不同情况，一组适用于一般条件下的脆弱性评价；另一组是专门为农业活动区防农药污染而设计的。根据脆弱性指数可以对评价区的各小区进行防污能力的等级划分，划分的等级大致为四级，即低敏感、中等敏感、高敏感和极度敏感。

（二）重点区防护

重点区防护主要目的是保护水源地的水质，使水源地在使用期内始终能够保证合格水质的供应。从补给区到水源区的整个流程上着眼，不允许任何污染现象存在，但在现实中，这种要求过于严格，很难做到。因此，实际工作中更切实的考虑是开采水不超标的问题，而并非杜绝污染。

表8-2　DRASTIC模型各指标评分体系

地下水位埋深/m		净补给量/mm		含水介质			土壤带介质		地　形		包气带介质			水力传导系数 ($mm \cdot d^{-1}$)	
范围	评分	范围	评分	类型	评分	典型评分	类型	评分	坡度百分比/%	评分	类型	评分	典型评分	范围	评分
0~1.5	10	0~51	1	块状页岩	1~3	2	薄层或缺失	10	0~2	10	承压层	1	1	0.05~4.89	1
1.5~4.6	9	51~102	3	变质岩/火成岩	2~5	3	砾石层	10	2~6	9	淤泥/黏土	2~6	3	4.89~14.67	2
4.6~9.1	7	102~178	6	风化变质岩/火成岩	3~5	4	砂层	9	6~12	5	页岩	2~5	3	14.67~34.23	4
9.1~15.2	5	178~254	8	冰碛层	4~6	5	泥炭土	8	12~18	3	灰岩	2~7	6	34.23~48.93	6
15.2~22.9	3	>254	9	层状砂岩、灰岩和页岩序列	5~9	6	涨缩性或团块状黏土	7	>18	1	砂岩	4~8	6	48.93~97.86	8
22.9~30.5	2			块状砂岩	4~9	6	砂质壤土	6			层状砂岩、灰岩、页岩	4~8	6	>97.86	10
>30.5	1			块状灰岩	4~9	6	亚黏土	5			含较多淤泥或黏土的沙砾	4~8	6		
				砂砾石层	4~9	8	淤泥质黏土	4			变质岩/火成岩	2~8	4		
				玄武岩	2~10	9	黏土	3			砂砾	6~9	8		
				岩溶灰岩	9~10	10	腐殖土	2			玄武岩	2~10	9		
							非涨缩或非团块状黏土	1			岩溶灰岩	8~10	10		

（据 Aller 等，1987）

重点区地下水水质防护是通过防护带的设立来实现的，防护带设置主要考虑卫生和化学污染两个方面。

1. 卫生防护带

卫生防护带一般是针对供应生活饮用水的地下水水源地而设立的。卫生防护带一般分两个区，一是严禁区，另一个是限制区。严禁区内除取水技术要求所必需的建筑物外，不得有其他建筑物和人为活动，不允许非工作人员进入，更不允许有任何污染源存在。限制区内禁止土地利用、水源开发，不允许有垃圾、污水坑、厕所、下水道等建筑物。

表 8-3　DRASTIC 模型及农药 DRASTIC 模型中各指标权重

指标因子	DRASTIC 权重	农药 DRASTIC 权重
地下水位埋深	5	5
净补给量	4	4
含水介质	3	3
土壤带介质	2	5
地形	1	3
包气带介质	5	4
水力传导系数	3	2

（据 Aller 等，1985）

对于严禁区划定的范围，荷兰学者韦根尼和杜文布认为，大部分病菌的存活期为 40～50天，所以严禁区的长度应以地下水流 60 天的运移距离确定。也有人认为，病菌的分布除与地下水流的运动速度有关外，还与它们的生态习性，如摄取食物的条件和生存期有关，例如有些致病细菌生存期可长达数年，但受生存条件的限制，分布的范围十分有限，在孔隙介质中细菌的污染范围只有几十米或几百米，而裂隙、岩溶含水层中，活动范围一般不超过几千米。根据北京市的经验，严禁区的半径可控制在 160m 左右。

限制区的范围一般取地下水 10 年的运移距离。例如北京市某个地下水水源地根据 12 眼井的井群计算结果，提出在砂砾石含水层限制区半径最小为 672m，最大为 938m。

2. 化学污染的防护

化学污染的防护适用于不同供水对象的地下水水源地，包括生活饮用水供水源地、农村人畜饮用水源地，农田灌溉、工业用水的自备水源地等。防护带的设立应根据供水对象对水质的不同要求，和污染源典型污染组分的含量，加以区别对待。对于潜水含水层可通过下式计算防护半径来设立防护带

$$r = \sqrt{\frac{Q_{井}}{\pi Q_{补}}\left[1 - \exp\left(\frac{-t}{bn}\right)\right]}$$

式中：r 为防护带半径（m）；$Q_{井}$ 为水源地开采量（m^3/a）；b 为潜水含水层厚度（m）；n 为含水层的孔隙度（%）；$Q_{补}$ 为地下水的垂向补给量（m^3/a）；t 为汇流区污染物的运移至抽水井所需时间（a）。

此外，防护带还可根据地下水污染预测一节介绍的方法，结合水源地的使用年限来设防。

三、治理地下水污染的技术措施

治理地下水污染的技术措施不外乎四个方面：①去除污染源；②清除污染的土壤、包气带及地下水；③改变污染物的迁移路径；④增强含水层的净化能力。

1. 去除污染源

将污染源从地下水防污能力较弱的地区或水源地防护区内清理出去是彻底治理地下水污染的有效办法。为此，可在污染企业中建立污水（物）处理系统，或企业间构建三废资源化系统，将废弃的有害、有毒物质回收或者再利用。在城市居民区可推广“中水”利用，以减轻生活污染负荷对环境的压力。

2. 清除土壤、包气带及地下水中的污染物

长期过量使用农药、杀虫剂和污水灌溉的农田，或发生化学品泄露的仓库、加油站、垃圾填埋场等附近的土壤和包气带已被严重污染，在有可能不断释放污染物的地段，应考虑“换土”——将富集的污染物连同土壤一起挖出运走另行处理，回填未污染的土壤或填充物。对于距离水源地较近或污染浓度过高难以通过天然净化作用去除有害有毒组分的地下水，可考虑抽水净化的办法。

换土法和抽水净化法是目前世界各国普遍采用的治理方法。由于其成本较高，实施前必须查明污染区土壤包气带、地下水的污染组分浓度和危害程度，并论证这些方法的有效性和必要性。与此同时，还需要对置换的土壤、抽出的地下水作妥善处理，避免二次污染。

在地下水径流强度较大地区，也可考虑利用淋滤冲洗法和化学处理法清除土壤包气带和地下水的污染物。具体实施时，可根据污染组分的物理化学性质，用清水或加入化学试剂对土层灌注淋洗。其作用有两个：一是促进污染组分快速迁移进入地下水；二是使某些污染物生成难溶物质，使其固定在土壤中阻止进一步迁移。为防止二次污染，使用淋滤冲洗法要设计排水系统，用垂直或水平集水建筑物回收进入含水层的淋洗液。如瑞典用此方法对一个农药厂场地污染进行处理，在实施前，工厂周围浅部土层设置了密集的渗水管网，含水层中布置了许多集水管道，最终实现了清除污染物和回收淋滤液的效果，抽出的淋滤液用活性炭吸附净化，整个过程用了五、六年才完成。对于淋洗过程中产生的难溶物质要注意满足以下要求：①生成物应具有稳定的物理、化学特性，不易再次迁移；②尽量避免对其他无害组分，特别是植物生长所必需的养分造成过度耗损。

3. 改变污染物的迁移路径

与清除污染源相联系的另一种思路就是改变污染物的迁移路径。具体地说，可有两种选择，一是将现有污染源搬到地下水防污能力较强的地段，或者移至地下水局部流动系统的汇区以减小其扩散能力；二是对现有污染源进行防渗漏处理，切断对地下水的污染途径。

4. 增强地区环境的净化能力

增强地区环境的净化能力包括两个方面，一是增强含水层的净化能力，主要是设置反应性渗透墙，做法是在地下开挖槽沟，槽内充填可生物降解的聚合物或具有强吸附、氧化还原能力的固体液体添加剂，当污染水流经墙体时，污染物可被去除或降解；二是利用地表的植物吸纳功能和坑塘、湿地的自净作用，使地表的污染物在经过土壤或地表水体下渗途中被拦截、吸收。

第九章 水土流失

第一节 水土流失的概念

水土流失是指在水力侵蚀作用下，地球表面土壤及其母质所发生的破坏、分离、移动的过程与现象，属于土地退化的一种形式。

一、水土流失与土壤侵蚀的区别

在许多研究中，常将水土流失与土壤侵蚀等同。土壤侵蚀指水力、风力、冻融、重力等外部地质营力作用下，地球表面土壤及其母质发生的各种破坏、分离（分散）、搬运（移动）和沉积的过程和现象。例如，美国水土保持学会（1971）将土壤侵蚀定义为："水、风、冰或重力等营力对陆地表面的磨蚀，或造成土壤、岩屑的分散与移动。"英国学者 M. J. 柯克比（M. J. Kirkby）认为："土壤侵蚀是指由水或风所引起的土地表面物质的移动。"《中国农业百科全书·水利卷》（1987）的"土壤侵蚀"条目对土壤侵蚀的定义为："在水力、风力、冻融、重力等营力作用下，土壤、土壤母质及其他地面组成物质被破坏、剥蚀、搬运和沉积的全部过程。"从上述定义可以看出，水土流失与土壤侵蚀两个概念存在着关联，但也有着明显的区别。

（1）土壤侵蚀是一个自然地质过程，不包含人类的价值取向。对人类而言，土壤侵蚀既可能产生不良后果，也可能产生良性后果。世界上许多适宜人类生存的大型冲积平原，正是地表物质在水力作用下沉积形成的。澳大利亚的沙尘在西风流的搬运下，越过塔斯曼海，为新西兰火山岛提供了肥沃的土壤，被称为"澳大利亚出口的珍贵产品"。这些都属于土壤侵蚀的良性影响。而在环境地质学中，水土流失作为一种地质环境问题，强调的是土壤侵蚀的不良影响，即其造成的水土资源和土地生产力的破坏和损失。

（2）土壤侵蚀的地质营力包括水力、风力、冻融、重力等，据此可将土壤侵蚀分为水力侵蚀、风力侵蚀、冻融侵蚀、重力侵蚀及混合侵蚀等。水土流失只是其中的水力侵蚀过程，其自然营力以水流作用为主。另外，土壤侵蚀强调自然地质营力对地表物质的作用。对于水土流失，由于科学技术和社会经济的发展，人类活动已成为一种重要的地质营力，人类不合理的活动，如滥垦、滥伐、滥牧、工程开挖等已成为水土流失的重要营力。

（3）作为一种发生在地表的地质过程，土壤侵蚀由物质的侵蚀、搬运和沉积三个环节构成，水土流失则只强调其中的侵蚀和搬运环节，即地表物质的破坏、分离、流失过程，不包括物质的堆积过程。

二、水土流失是坡地系统失稳的过程

从系统科学的角度来看，水土流失是指在水力和人类活动（如植被破坏、坡地开垦、

耕作方式的改变、坡形改变等）等外界输入的共同作用下，坡地系统以渐变形式失稳演化的过程。在该过程中，土壤厚度、养分含量等持续减小，系统的状态变量处于异常涨落。

需要注意的是，在许多植被发育与保护良好的地区，虽然可能存在着水力侵蚀，但因地表有植被保护，水力侵蚀作用强度很弱，所形成的侵蚀速度一般不会超过成土速度，土壤厚度和土壤中的养分含量的变化属正常涨落，其多年平均值趋于定值，坡地系统处于一种宏观的稳定状态，并未失稳演化。这种情况下的水力侵蚀不能视为水土流失。

第二节　我国水土流失的特点

我国山地和丘陵占据了我国国土面积的2/3，平原地区的土地资源明显不足。人口增长形成的经济压力必然会向山区和丘陵地带扩散，过大的负荷和不当的开发措施导致坡地的水土流失以前所未有的高速度发展，并已成为制约经济持续发展，危害人民生活环境的重要问题。

一、分布广泛

我国水土流失的面积为 $186.75\times10^4km^2$，与新中国成立初期的 $150\times10^4km^2$ 相比，增长了24.5%。目前还在以每年约 $0.5\times10^4km^2$ 的速度增加。我国的水土流失主要集中在大兴安岭—阴山—贺兰山—青藏高原一线以东的季风区（图9-1）。

目前，我国多采用侵蚀模数作为水力侵蚀强度的量化指标（表9-1）。根据水和土的容许流失量标准，结合我国各地域的不同自然地理地质条件，将水力侵蚀强度划分为五个级别，即轻度、中度、强度、极强度和剧烈侵蚀。我国31个省（区、市）水力侵蚀强度分级和分布见表9-2。可以看出，极强和剧烈侵蚀区主要分布在我国的黄土高原地区、花岗岩丘陵及砂页岩丘陵区，涉及陕西、山西、甘肃、内蒙古、宁夏、河南、青海、辽宁、河北、山东、江西、湖北、广西、四川、重庆、浙江等省（区）。水利部1997年颁发的《土壤侵蚀分级标准》以地质地貌、气候特点和侵蚀发生规律等为依据，将我国水土流失区分为西北黄土区、东北黑土区、北方土石山区、南方红壤丘陵区和西南土石山区五大区域。

1. 西北黄土区

西北黄土区位于大兴安岭—阴山—贺兰山—青藏高原东缘一线以东，西为祁连山支脉日月山，西北为贺兰山，北为阴山，东为管涔山及太行山，南为秦岭。从地貌单元上看，

表9-1　水力侵蚀强度分级及侵蚀模数标准

侵蚀强度分级	侵蚀模数/（$t\cdot km^{-2}\cdot a^{-1}$）
轻度侵蚀	500~2500
中度侵蚀	2500~5000
强度侵蚀	5000~8000
极强侵蚀	8000~13500
剧烈侵蚀	>13500

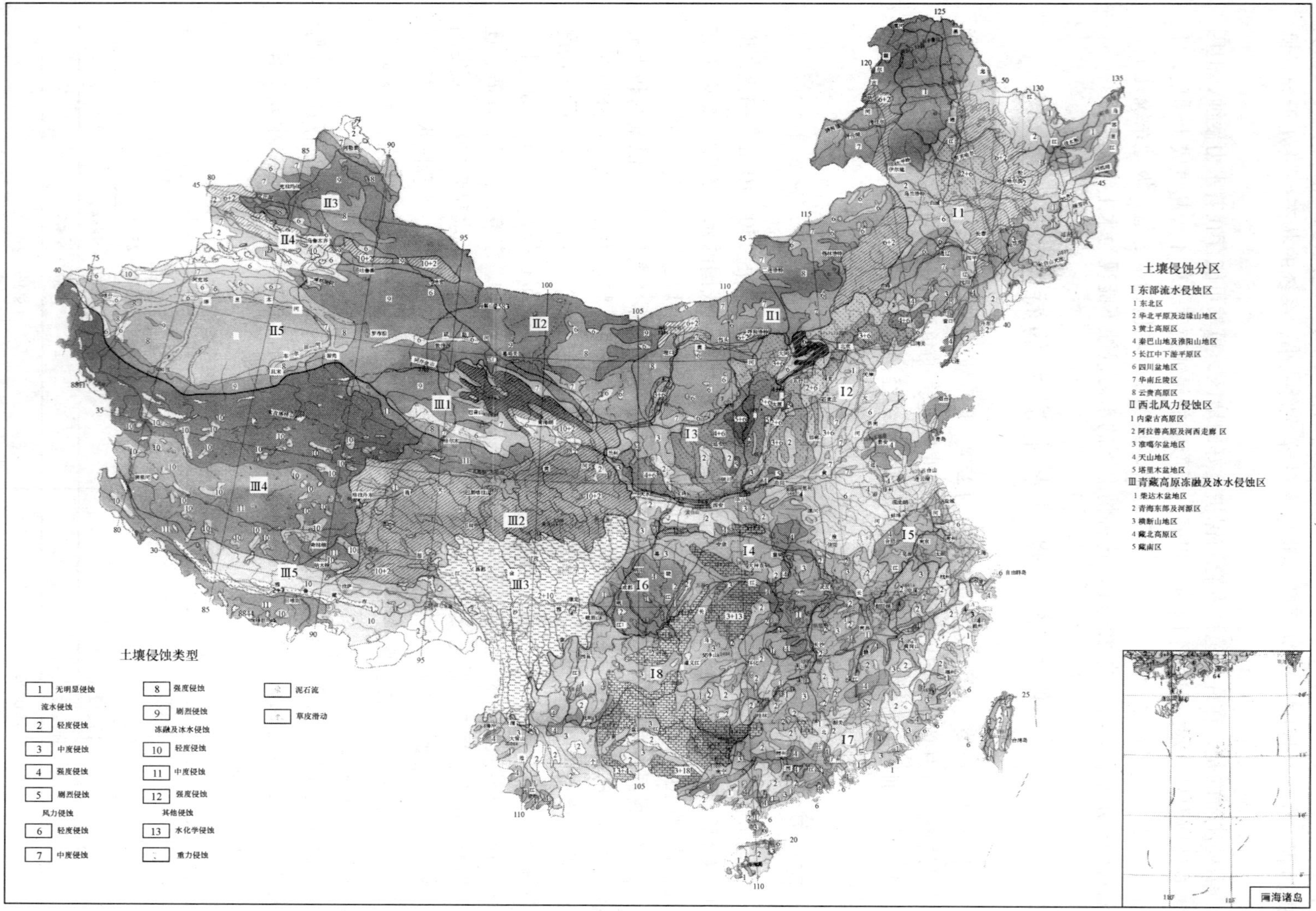

图9-1　中国土壤侵蚀类型及分区图
（据唐克丽,2004）

表 9-2 全国各省（区、市）水力侵蚀强度分级统计表

<table>
<tr><th rowspan="2">省份</th><th rowspan="2">总面积
10^4km^2</th><th colspan="5">强度分级及面积/10^4km^2</th></tr>
<tr><th>剧烈</th><th>极强</th><th>强度</th><th>中度</th><th>轻度</th></tr>
<tr><td>北京</td><td>0.41</td><td>—</td><td>—</td><td>—</td><td>0.11</td><td>0.30</td></tr>
<tr><td>天津</td><td>0.05</td><td>—</td><td>—</td><td>—</td><td>—</td><td>0.05</td></tr>
<tr><td>河北</td><td>5.21</td><td>—</td><td colspan="2">0.24</td><td>2.39</td><td>2.58</td></tr>
<tr><td>山西</td><td>9.50</td><td>—</td><td>+</td><td>+</td><td>+</td><td>+</td></tr>
<tr><td>内蒙古</td><td>16.29</td><td>—</td><td>1.41</td><td colspan="2">5.75</td><td>9.13</td></tr>
<tr><td>辽宁</td><td>5.12</td><td>—</td><td>0.03</td><td>0.33</td><td>1.28</td><td>3.48</td></tr>
<tr><td>吉林</td><td>3.59</td><td>—</td><td>—</td><td>3.07</td><td>0.33</td><td>0.19</td></tr>
<tr><td>黑龙江</td><td>8.88</td><td>—</td><td>—</td><td>0.33</td><td>2.48</td><td>6.07</td></tr>
<tr><td>上海</td><td>—</td><td>—</td><td>—</td><td>—</td><td>—</td><td>—</td></tr>
<tr><td>江苏</td><td>0.90</td><td>—</td><td>—</td><td>0.05</td><td>0.19</td><td>0.66</td></tr>
<tr><td>浙江</td><td>1.90</td><td>0.01</td><td>0.07</td><td>0.14</td><td>0.68</td><td>1.00</td></tr>
<tr><td>安徽</td><td>3.59</td><td>—</td><td>—</td><td>0.10</td><td>0.93</td><td>2.56</td></tr>
<tr><td>福建</td><td>1.31</td><td>—</td><td>—</td><td>0.44</td><td>0.27</td><td>0.60</td></tr>
<tr><td>江西</td><td>3.52</td><td>0.17</td><td>0.24</td><td>0.84</td><td>1.04</td><td>1.23</td></tr>
<tr><td>山东</td><td>5.20</td><td></td><td></td><td></td><td></td><td></td></tr>
<tr><td>河南</td><td>3.01</td><td></td><td></td><td></td><td></td><td></td></tr>
<tr><td>湖北</td><td>6.08</td><td>—</td><td>0.42</td><td>1.73</td><td>1.61</td><td>2.32</td></tr>
<tr><td>湖南</td><td>4.04</td><td></td><td></td><td></td><td></td><td></td></tr>
<tr><td>广东</td><td>1.10</td><td></td><td></td><td></td><td></td><td></td></tr>
<tr><td>广西</td><td>3.06</td><td>0.04</td><td>0.03</td><td>0.20</td><td>0.57</td><td>2.22</td></tr>
<tr><td>海南</td><td>0.03</td><td>—</td><td>—</td><td>—</td><td>0.01</td><td>0.02</td></tr>
<tr><td>重庆</td><td>3.56</td><td>0.02</td><td>0.16</td><td>1.03</td><td>1.21</td><td>1.14</td></tr>
<tr><td>四川</td><td>24.21</td><td>0.48</td><td>3.00</td><td>6.35</td><td>8.18</td><td>6.20</td></tr>
<tr><td>贵州</td><td>7.32</td><td>—</td><td>—</td><td>—</td><td>—</td><td>—</td></tr>
<tr><td>云南</td><td>14.13</td><td>—</td><td>—</td><td>—</td><td>—</td><td>—</td></tr>
<tr><td>西藏</td><td>6.21</td><td>—</td><td>—</td><td colspan="2">0.34</td><td>5.87</td></tr>
<tr><td>陕西</td><td>11.81</td><td>+</td><td>+</td><td>+</td><td>+</td><td>+</td></tr>
<tr><td>甘肃</td><td>14.81</td><td></td><td></td><td></td><td></td><td></td></tr>
<tr><td>青海</td><td>8.30</td><td>—</td><td colspan="2">0.54</td><td>0.80</td><td>6.96</td></tr>
<tr><td>宁夏</td><td>2.08</td><td>—</td><td>0.11</td><td>0.44</td><td>0.72</td><td>0.81</td></tr>
<tr><td>新疆</td><td>11.54</td><td>—</td><td></td><td></td><td></td><td></td></tr>
<tr><td>合计</td><td>186.76</td><td>>0.72</td><td>>6.25</td><td>>21.14</td><td>>22.80</td><td>>53.39</td></tr>
</table>

注：一表示无或不发育；+表示没有统计；空格表示情况不明，两种强度未分开时，将其计入强度高的一级。

（据李瑞敏等，2007）

该区北为鄂尔多斯高原，南为黄土高原。第四纪时期陕甘宁盆地堆积了 100～200m 厚的风积黄土。第四纪以来新构造运动表现为间歇式抬升，使盆地成为黄土高原。地带性土壤在半湿润气候带自西向东依次为灰褐土、黑垆土、褐土；在干旱及半干旱气候带自西向东依次为棕钙土、灰钙土、栗钙土。

黄土高原地区降雨量不大，但年内比较集中，且以暴雨为主。黄土疏松多孔，抗蚀能力极差，受降雨特征、岩性、地形条件及强烈的人类活动影响，黄土高原地区的水土流失极为严重，其强度居世界之首。特别是每年汛期，特大暴雨引起的水土流失量极大。黄土丘陵沟壑区河口镇—龙门区间的 $11\times10^4\mathrm{km}^2$ 是剧烈侵蚀区，为黄河流域粗砂的主要来源区。

2. 东北黑土区

这一地区的南界为吉林省南部，东、西、北三面被大、小兴安岭和长白山所围绕，包括漫山漫岗区和漫岗丘陵区。漫山漫岗区为松嫩平原，是大、小兴安岭延伸的山前冲积洪积台地，地势呈阶状由北向南倾斜；坳谷和岗地相间是本地区的重要地貌特征；砂页岩上发育典型黑土，松花江二级阶地侵蚀严重（中度—强度）。漫岗丘陵地区包括：①大、小兴安岭山地区，系森林地带，坡缓谷宽，岩性是花岗岩及页岩，发育暗棕壤，属轻度侵蚀；②长白山、千山山地丘陵区，系林草灌丛，岩性为花岗岩、页岩及片麻岩，发育暗棕壤、棕壤，属轻度—中度侵蚀；③三江平原区（黑龙江、乌苏里江及松花江冲积平原），为古河床，由自然堤形成低岗地，河间低洼地为沼泽草甸，岗洼之间为平原，发育厚层黑钙土和黑土，属轻度侵蚀，由于降雪在该区的降水中占有一定比例，因而融雪侵蚀在水土流失中占有重要地位。总体来说，这一地区的土壤侵蚀属于轻微侵蚀，但由于东北地区在我国粮食生产中的特殊地位，侵蚀引起的土壤退化对粮食生产及区域可持续发展都是威胁。

3. 北方土石山区

本区主要包括东北漫岗丘陵区以南、黄土高原以东、淮河以北的广大地区，在行政上包括东北南部及河北、山西、内蒙古、河南、山东等省份。这些地区的共同特点是植被覆盖度低、土层较薄，但降雨的侵蚀能力相对较弱。尽管该区的绝对侵蚀量可能不大，但因土层薄，侵蚀所带来的危害较严重。

该区内土壤侵蚀相对严重的地区有太行山山地区、辽西—冀北山地区和山东丘陵区：①太行山山地区属暖温带半湿润区，包括大五台山、小五台山、太行山和中条山山地，是海河五大水系发源地，岩性主要为片麻岩类、碳酸盐岩类，土壤以褐土为主，属中度—强度侵蚀，是华北地区侵蚀最严重的地区；②辽西—冀北山地区的岩性主要为花岗岩类和砂页岩类，发育山地褐土，常有泥石流发生，阳坡水土流失较阴坡严重，总体上属中度侵蚀；③山东丘陵区位于山东半岛，由片麻岩类和花岗岩类组成，发育棕壤、褐土等，土层薄（尤其是沂蒙山区），属中度侵蚀。

4. 南方红壤丘陵区

本区南以大别山为界，西以巴山、巫山为界，西南以云贵高原为界，东南包括台湾、海南岛及南海诸岛。这一地区广泛分布红壤及黄壤，此外还有紫色土、石灰土等地方性土壤。在高温高湿条件下风化强烈，土壤十分黏重，透水性较差，易形成超渗产流，且区内降水丰沛，虽然植被覆盖度较高，但植被一旦遭到破坏，将导致严重的水土流失。

该区内土壤侵蚀相对较严重的地区为江南山地丘陵区和岭南平原丘陵区：①江南山地丘陵区位于长江以南，南岭以北，西以云贵高原为界，包括幕阜山、罗霄山、黄山、武夷山等，由花岗岩类、碎屑岩类组成，山间小盆地发育红壤、黄壤、水稻土等；②岭南平原丘陵区包括广东、海南岛和桂东地区，以花岗岩类、砂页岩类为主，发育赤红壤和砖红壤，局部花岗岩风化层深厚，水力侵蚀严重。

5. 西南土石山区

本区北与黄土高原区接界，东与南方丘陵区接壤，西接青藏高原冻融区，包括云贵高原、四川盆地、湘西及桂西。除碳酸盐岩广泛分布外，还有花岗岩、紫色砂页岩、泥岩、灰岩等。受青藏高原隆起的影响，本区河流下切强烈，形成了山高坡陡的地形特征，加上降水丰沛，水土流失十分严重。因本区易于开发利用的土地资源有限，水土流失的危害显得更为突出。

本区水土流失比较严重的区域有四川盆地丘陵区、云贵高原山地区和横断山区。

四川盆地除成都平原外多为山地和丘陵，以紫色砂页岩、泥页岩类为主，发育紫色土、紫泥土、水稻土，因土地垦殖率高，陡坡地占很大比例，且紫色土有机质含量低，抗蚀性差，导致本区水土流失严重，为强度侵蚀区，同时还常有泥石流发生，是长江上游泥沙来源区之一。

云贵高原山地区内有雪峰山、大娄山、乌蒙山等，主要由碳酸盐岩和砂页岩类组成，主要发育黄壤、红壤和黄棕壤等，土层薄，基岩常大片裸露，属轻度—中度侵蚀，但侵蚀后果严重，薄层土壤因侵蚀而很快流失殆尽，最后形成西南地区特有的石漠景观，该过程又被称为石漠化。

横断山区包括藏东南高山深谷、横断山脉、无量山及西双版纳地区，由变质岩、花岗岩及碎屑岩类组成，发育黄壤、红壤、燥红土，属轻度—中度侵蚀。

二、危害严重

在水土流失的侵蚀区，由于水土物质和养分的流失，土层变薄和肥力下降，导致土地生产力下降和耕地减少。在堆积区，泥沙物质的沉积，易导致河道、水库、湖泊产生泥沙淤积。在径流区和堆积区，由于养分的输入，易造成地表水体的水质下降。

（一）直接危害

1. 土地生产力下降

据水利部2002年的调查资料，我国因自然营力的水土流失导致的N、P、K养分损失量相当于4000×10^4t标准化肥，总量超过每年的化肥施用量。例如，陕北黄土丘陵区每年的土壤养分流失量折合化肥2250kg/hm^2，坡耕地养分损失量相当于当年肥料投入量的17.9倍。南方红壤区坡耕地养分每年流失量为全氮89.8kg/hm^2，水解氮16.3kg/hm^2，全磷244.4kg/hm^2，全钾3870.3kg/hm^2。长江流域陡坡和荒地的侵蚀模数达1×10^4t/km^2·a以上。云南每年流失土壤超过849t/km^2，且大多是肥力强、颗粒细、有机质含量多的表土，相当于每年冲毁16×10^4hm^{2}良田，损失有机质975×10^4t、氮72×10^4t、磷120×10^4t、钾0.5×10^4t。湖北竹山县由于大面积陡坡开荒，每年流失的土壤相当于1067hm^{2}农田的耕作层土壤，流失的养分相当于1.4×10^4t硫酸铵和1.65×10^4t过磷酸钙，分别为该县两种肥料年销售量的1.47倍和9.8倍。南方花岗岩的严重侵蚀区，土壤A层全部流失的土地占土地总面积的20%～40%，极强和剧烈侵蚀区红壤中的有机质含量分别为无明显侵蚀区土壤的1/4和1/8左右，全氮含量为1/4和1/40左右，全磷为1/5和1/16左右。水土流失引起表土养分流失的直接结果是导致土地生产力下降，表现形式是作物产量降低。陕西渭北高原的模拟试验结果显示，平均每流失1cm厚的表土，小麦减产22.5～

43.5kg/hm²。

水土流失导致地表大量肥沃土壤随水流走，土层日益变薄。据统计，我国每年因自然营力而导致的土壤流失量达 50×10^8t 以上，相当于从全国耕地上刮去3mm厚的肥沃表土。众所周知，土壤厚度影响着土壤水分、养分的贮量和植物根系分布空间的大小，是决定植物生长状况的一个重要因素。目前，随着水土流失的加剧和土层变薄，许多生产力较高的土地已变为生产力极低或难以利用的劣质土地。在我国西南部某些水土流失严重的地区，地表土壤甚至被全部冲走，基岩大面积裸露，形成独特的石漠景观。例如，贵州森林调查资料表明，全省石山面积由1975年占全省总面积的5%已上升到1998年的9.6%，该省纳雍县水土流失的迅速发展使全县 1.7×10^4hm² 的山地石漠化，成为毫无生产力的不毛之地。

此外，水土流失还影响着土壤的物理性状。以水力侵蚀为例，在坡度为3°~5°的缓坡上，土壤中粒径的黏粒含量可达83.59%，而在坡度为7°~15°的坡麓土壤中，其含量减少到40%。与之相对应的土壤容重、孔隙度等也必然发生变化，并引起土壤的理化性质和物质迁移特征发生变化。

2. 石漠化

我国广西和贵州等地分布有大面积的碳酸岩。在这些地区，由于大面积的陡坡开荒种地，造成植被不断遭到破坏，地表覆盖度降低，加上岩溶山区土层薄，暴雨冲刷力强，水土流失非常严重，需要成千上万年才能形成的薄土层在水力侵蚀下流失殆尽，基岩大面积裸露地表，形成岩质荒漠景观，该过程又称石漠化。有关石漠化问题，将在第十一章详细讨论，此处不再赘述。

（二）间接危害

1. 水体泥沙淤积

水土流失不仅造成侵蚀区土地生产力下降，大量洪水下泄携带泥沙在江河下游还会造成河道、水库、湖泊淤积，影响航运，磨蚀损坏水利水电设施，抬高河床或减少库容，影响河道行洪能力，降低水库与湖泊的调洪蓄水能力，增加防洪费用和抗洪风险，形成了我国江河“小洪水、高水位、大灾害”的后果。自新中国成立以来，因水土流失而损失的库容累计达 $200\times10^8\text{m}^3$ 以上；全国5万多条河流上的8万多个水库每年因泥沙淤积损失库容量达 $10\times10^8\text{m}^3$。

长江流域的水土流失面积从1957年的 $36.38\times10^4\text{km}^2$ 增加到1999年的 $56\times10^4\text{km}^2$，导致大量泥沙被携带进入长江，并在中下游堆积。据湖北宜昌站测定，在20世纪50年代以前，每年携带到长江中下游的泥沙量为 5.22×10^8t，而80~90年代则达 7.20×10^8t，增加了38%，加上中下游地区流失的泥沙量 8.25×10^8t，总共达 15.45×10^8t，其中真正被携带到海洋中的泥沙只有9.3%，而90%的泥沙被留在长江口段堆积起来，平均淤沙 $72.5\times10^4\text{t/km}^2$，干流城陵矶—汉口的240km河段，河床平均垫高0.45m。河道淤积造成洪水泛滥和航道缩短。1998年的洪水量小于1954年，但水位却比1954年高，共造成了3000多人死亡，1600多亿元的经济损失，全国共动员30多万解放军和近200万民工抢险，影响了正常的生产和生活秩序。1957年长江水系总航运里程 7×10^4km，至20世纪80年代中期仅为 3.5×10^4km，下降了1/2。长江流域的水土流失同时还造成了中下游湖泊的淤积，导致其湖容减少，蓄洪能力下降，相应增大了洪峰流量。1949年长江中下游共有湖泊面积 25828km^2，到 1997 年仅余 14074km^2，减少了 45.5%。有资料表明，与 20 世纪 50 年代相比，由荆江进入洞庭湖的水量下降超过 1/2，洞庭湖 1998 年的容量比 1952 年减少了 36.1% ~47.9%；鄱阳湖平均每年接受的泥沙量由 20 世纪 70 年代的 $800\times10^4m^3$ 增加到 90 年代的 $900\times10^4m^3$，调蓄能力逐年下降，近 20 年湖面缩小 1210km^2，损失湖容 $50\times10^8m^3$。长江中上游地区日益严重的水土流失也将直接危及三峡水库。目前，长江上游的水土流失面积已经达到 $35.5\times10^4km^2$，占长江流域水土流失总面积的 60% 以上。有专家预测，如不能有效治理长江上游的水土流失，三峡水库的使用寿命可能不足 30 年。

黄河流域的水土流失也极为严重，导致黄河河床每年升高 4 ~12cm，成为我国著名的“悬河”。从先秦到 1949 年约 2500 年间，发生洪灾 1500 余次，大的改道 26 次，平均三年一决口，百年一改道。1950 年后虽然没有决口，但因泥沙淤积，河床不断抬高，致使河床高出堤外地面 3 ~5m，在河南新乡高出 20m，开封市区高出 13m。1949 ~1998 年，黄河下游淤积泥沙近 100×10^8t。近几年断流增多，进入黄河的泥沙很少被输送入海洋，大部分淤积在主河槽内，导致其行洪能力进一步减弱。1958 年黄河洪峰最大流量为 22300m^3/s，经“严防死守”顺利入海；1984 年流量为 15300m^3/s，就不得不利用东平湖进行分洪；1996 年洪峰最大流量仅为 7600m^3/s，就造成巨大损失。

全国各地水库和池塘淤积也十分严重。山西省在 1995 年以前修建大、中、小型水库 997 座，总库容 $32.3\times10^8m^3$，因淤积已损失库容 25% 以上；陕西省 1973 年前建成的 10^8m^3 以上库容的水库 192 座，现已被泥沙填满 41 座，其余水库 40% 有效库容被淤积；四川省 7.3 万处塘堰，年淤积量 $4620\times10^4m^3$，相当于减少灌溉面积 $8130\times10^4hm^2$；举世闻名的三门峡水库因泥沙淤积而没有发挥原设计作用；丹江口水库年淤积量高达 $6300\times10^4m^3$，等于淤死一个中型水库。

2. 水体水质下降

水土流失不仅将大量泥沙物质带入下游水体，同时也向其输入大量营养物质，并且伴随农药与化肥施放量的增加逐年增长，农田径流的污染负荷量不断增加，各种有机物、无机物、氮磷营养元素及农药成为受纳水体的重要污染源。大量化肥、农药随水土流失进入饮用水源后会降低水质级别，甚至造成严重的非点源污染，加快水体富营养化进程。

我国 1984 ~1994 年化肥施用量增加了 90.7%，而粮食产量只增加了 9.1%。我国单位面积施氮量为 191.6kg/hm^2，是世界平均水平的 3.55 倍，但氮的谷物产量仅为 20.95kg/kg，不到世界平均值的 1/2。显然，化肥流失是造成氮利用率低的重要原因。据农业部调查，我国的化肥平均利用率仅为 20% ~30%，氮肥平均损失率在 60% 以上。我国每年施用氮肥 2000×10^4t，按 50% 的损失率计算，损失氮量达 1000×10^4t。目前，我国每年使用农药的土地超过 $1.5\times10^8hm^2$，我国农药使用量达 120×10^4t，可挽回总产量 7% 的粮食损失。但农药的利用率只有 40% ~50%，喷洒的农药仅有 20% ~30% 附在目标作物上，30% ~50% 落到地面，其余进入大气。大量化肥、农药通过雨水冲淋、农田灌溉、土壤渗透等途径进入江、河、湖、库等水域。

水土流失所导致的农业面源污染是下游水体富营养化的主要原因之一。例如，有研究表明，在滇池入湖污染负荷中，农业化肥的流失占总氮输入量的 53% 和总磷输入量的 42%。云南大理市水土流失面积 $1.3\times10^4hm^2$，每年流失的泥沙及营养物质通过溪流进入洱海，不仅导致洱海淤积，而且使其富营养化逐渐升级。

第三节　水土流失的形成过程

一、产流过程

产流是降雨或融雪时产生地表径流的过程，是流域中各种径流的生成过程，也是流域下垫面对降雨的再分配过程。明确产流过程及其发生机理，对水土流失的预测十分重要。

降雨过程中径流的强弱主要受降雨特征、土壤物理性质、地表覆盖和地表粗糙度等影响。降雨特征包括雨强、雨量和降雨历时；影响地表产流的土壤物理性质主要有颗粒级配、土壤结构、土壤含水量等；地表覆盖主要指植被类型、植被覆盖度、植被的层片等。

地表产流与否及产流大小是上述要素协同作用的结果，这些因素的影响最终体现在降雨强度与入渗强度的相对大小上。当降雨强度大于地表入渗强度时，才会发生产流过程，二者相差越大，地表产流越快，产流强度越大。

地表产流的具体过程为：降水初期，降落到受雨区的雨水一部分被植物截留，另一部分下渗进入土壤和岩石的孔隙中。因此，降雨初期不能立即产生地表径流。随着降雨继续，当降雨量大于上述消耗时，首先在地表发生积水。地表积水达到一定程度后开始填洼，即积水首先流入地表比较低洼的地方并积蓄起来。上述过程是对降水的一个耗损过程，又称为蓄渗阶段。当蓄渗阶段完成后，开始形成漫流或薄层片流，随着降雨过程的持续，薄层片流开始汇聚形成股流，最后汇入沟道形成河川径流。

在上述产流过程中，降雨是径流的来源，一般情况下，地表产流量与雨量和雨强成正比，雨强越大，单位时间内降雨越多。另一方面则是雨滴对地表的打击，雨滴打击地表会破坏土壤表面结构，堵塞土壤空隙，使地表入渗减少，产流强度增大。地表覆盖通过减弱雨滴对地表的打击和增加入渗来影响产流。一般而言，地表产流强度与覆盖度成反比。地表粗糙度则通过影响填洼量和径流速度来影响地表产流过程及其强度，地表越粗糙，填洼损失的径流越多，径流流速越低。

在降雨过程中，径流的形成过程因不同的供水条件和介质条件而各异。根据其发生过程，地表产流可分为超渗产流和蓄满产流两种。超渗产流主要发生在地下水埋藏深、包气带厚度大、土壤透水性差、植被覆盖度低的丘陵或干旱区。超渗产流的特点是降雨强度大于入渗强度时才产生地表径流，当产生地表径流时，整个包气带并未全部达到饱和。蓄满产流则发生在包气带较薄、植被覆盖度较高、土壤透水性较强的地区。这些地区土壤比较湿润，包气带很容易达到饱和。

二、侵蚀过程

由于土壤富含有机质和黏土矿物，土壤颗粒一般以一定的结构联结在一起。土壤颗粒在被地表径流搬运前首先要从土体表面分离出来。侵蚀过程就是土壤结构被破坏和土壤颗粒被剥离进入地表水流的过程。如果说产流过程为水土流失提供了“水”的来源，则侵蚀过程提供了“土”的来源。在水土流失过程中，可将土粒分离的作用分为有雨滴的溅蚀作用和径流的分散作用。

（一）雨滴的溅蚀作用

雨滴落到裸露的地面特别是农耕地上时，具有一定质量和速度，必然对地表产生冲击，使土体破碎、分散，引起土体结构的破坏，被雨滴击碎后的土体很容易被流水搬运。此外，雨滴动能还可造成土粒的飞溅，最远可使土粒飞溅1m左右。影响雨滴击溅作用的因素有降雨强度或雨滴大小、土壤含水量、粒径大小、土壤有机质含量及地表积水厚度等。一般而言，雨滴打击分离土块的能力与降雨强度或雨滴大小成正比，与土壤有机质含量成反比。

溅蚀对表层岩土的作用主要表现为：①破坏土壤结构，分散土体或土粒，降低其抗蚀能力，并形成泥浆薄膜，造成土壤表层孔隙减少或者堵塞，导致土壤渗透性下降，利于地表径流形成和流动；②直接打击地表，导致土粒飞溅并沿坡面向下迁移；③增强地表薄层径流的紊动强度，从而显著加剧径流的侵蚀能力和输沙能力。

上述三个方面在溅蚀过程中相互联系，就其过程而言大致可分为四个阶段：①干土溅散阶段。降雨初期由于地表土壤水分含量较低，雨滴首先溅起的是干燥土粒。②湿土溅散阶段。随降雨历时延长，表层土壤颗粒逐渐被水分湿润，此时溅起的是水分含量较高的湿土颗粒。③泥浆溅散阶段。随着降雨的继续，地表呈泥浆状态，雨滴击散泥浆，使之向周围分散。④地表板结阶段。由于雨滴击溅作用破坏了土壤表层结构，地表将露出下伏的硬土或形成板结现象。

雨滴溅蚀是降雨和土壤相互作用的结果，溅蚀作用的大小受雨滴的侵蚀力和土壤的抗蚀性两方面制约。雨滴的侵蚀力是降雨引起土壤侵蚀的潜在能力，它是降雨物理特征的函数，其大小完全取决于降雨性质，即某次降雨的雨量、雨强、雨滴大小等。土壤种类不同，其黏粒、有机质含量以及其他对土壤起黏结和胶结作用的物质也不同，土壤抗蚀力也不同。土壤团粒黏结构的增加能降低雨滴击溅下的土粒分散破坏。随着团粒中黏土含量的增加，团粒强度增大，雨滴溅蚀量减少。

（二）径流对土壤的分散作用

径流对土壤的分散作用，是径流浸泡破坏土壤结构，径流紊动上举土粒，径流剪切力剥离土粒等作用的综合体现。

在产流过程中，水流首先会浸泡土壤，形成土壤结构的胶结物质首先溶解，许多土壤遇水还会膨胀，使土粒从土体上分离下来。

受边界条件的影响，水在流动过程中还会发生紊动现象，水流的紊动也会分离土壤。在同样流量和含沙情况下，水流的紊动程度越大，且分散土粒的能力越强。紊动程度可用水流的雷诺数、脉动强度等水力学参数来表示。

径流在流动过程中，其不同深度的流速存在差异，导致不同水层间产生剪切力。径流剪切力对土壤的剥蚀作用是径流分离土壤的主要过程，其分散土壤的强度可用分离能力来表征。径流分离能力是指特定水动力条件下清水分散土壤的能力，表示径流分离土壤的最大可能性。径流分离能力与径流剪切力成正比，但在径流剪切力作用过程中存在着临界剪切力。只有当径流剪切力大于临界剪切力时，径流才开始分离土壤。影响径流分离能力的水力参数有水流形态、水深、流速、流量、水温和含沙量等，土壤参数有土壤结构、有机质含量、颗粒组成、土壤坚实度、土壤黏结力和土壤抗剪强度等，流路形态特征有流路宽度、密度、弯曲度和边壁粗糙程度等。

片状侵蚀、细沟侵蚀、浅沟侵蚀和沟谷侵蚀都是径流分散作用的结果，其形成的过程机制如下。

1. 片状侵蚀

片状侵蚀是片状或层状水流作用的结果。片状水流的水层一般较薄，其厚度仅几毫米至几厘米，水的流速也较慢，一般在2～3cm/s至30cm/s之间，所以它的侵蚀力较弱。在坡面片流形成初期，水层很薄，速度较慢，且受地形起伏影响，往往处于分散状态，没有固定的路径，在缓坡地上，能量不大，冲刷力微弱，只能搬运被雨滴溅蚀而悬浮于水中的细微颗粒。随着径流沿坡面向下漫流，汇水面积不断增大，同时又继续接纳沿途降雨，因而片流的流量不断增大，坡面糙率随之减小，促进流速增大。流速和流量的增加大大增加了片流的冲刷力，当冲刷力大于土壤颗粒的抗蚀力时，片流将起到侵蚀和搬运的双重作用。

2. 细、浅沟侵蚀

从片蚀到细沟侵蚀的转化是径流能量或侵蚀力超过某一临界状态时的结果，这一临界状态是细沟侵蚀发生的临界条件，可以用坡度、径流量、径流动能、径流剪切力以及土壤抗剪强度等多个参数来表示。不同土壤类型的坡地上，细沟侵蚀发生的临界条件有很大不同。

细沟侵蚀发展深化的结果是在坡面中下部形成浅沟。浅沟侵蚀是一种集流侵蚀过程，它的发生需要满足一定的径流量和临界动能值，因此浅沟侵蚀常发生在坡度较陡的坡面上，且一般多发生在坡面中下部。浅沟侵蚀的发生需要一定的径流量作保证，即在一定的土壤和地形条件下，汇水面积有一个临界值，它等于发生浅沟侵蚀的临界坡长与沟间距的乘积。

从细沟侵蚀开始，由于径流形态发生了显著变化（从片流变为股流），径流剥蚀、搬运土粒的方式也相应发生变化。在细、浅沟侵蚀过程中，径流已不再有选择地搬运土粒，不仅以单粒方式起动土粒，被搬运的物质还包括很多没有完全被分散的土块；搬运形式也从悬移为主转变为推移为主；在细沟侵蚀过程中，除作用于土壤表面的径流剪切力外，在沟头溯源回升及沟壁崩塌展宽过程中，重力也起着重要作用；由于片流汇集成股流后，流量和流速都显著增大，细、浅沟中的径流与坡面片流相比，其携沙力和含沙量也显著增大。

3. 沟谷侵蚀

沟谷侵蚀是溯源侵蚀、垂直侵蚀（下切作用）和侧向侵蚀共同作用的结果，其动力包括径流冲刷力、所携泥沙的磨蚀力和岩土体自身重力。

大多数侵蚀沟是由浅沟发展而来，其形成过程就是浅沟向侵蚀沟的转化过程。与坡面的其他部位相比，降雨过程中浅沟部位汇集的径流冲刷能力较强，尤其是在局部坡度较陡处，水流下切力加大，长期作用易形成一系列串珠状跌水，并发展为一个个下切沟头的雏形。在浅沟沟口，因整个浅沟中的水流都在此汇合，径流的单宽流量和流速大于浅沟中上部，剪切力和下切力显著增强，也会形成下切沟头。随着土壤侵蚀过程的发展，这些下切沟头从不同部位同时下切，对浅沟进行加深，同时进行溯源侵蚀，使浅沟沟头向坡面上部推移，对浅沟进行加长。随着下切作用的不断发展，边壁就会出现不稳定，随后就崩落在沟槽内，浅沟不断加宽。最后，从不同部位发展的下切沟头贯通一体就形成侵蚀沟。该阶段的侵蚀沟又称切沟，它是由浅沟向侵蚀沟发展的过渡形态，其横剖面呈“V”字形，纵剖面呈阶梯状，与地面线基本一致，但已开始出现较平缓的沟底段，一般深度和宽度都在几米到十几米之间，长达数百米。

切沟一旦形成，每次降雨产流时都会通过沟床下切和边壁扩展方式发展，并通过溯源侵蚀向坡顶发展，从而发展为冲沟。随切沟的沟头向坡顶继续前进，侵蚀沟出现分支现象，集水区的地表径流从主沟顶和几个支沟顶流入侵蚀沟内。因此，每一个沟顶集中的地表径流就会减少，侵蚀沟向长发展的速度减缓。另外，由于沟顶处于陡坡上，侵蚀作用加剧，在沟顶下部形成明显跌水。冲沟是发育完全成熟的侵蚀沟谷，谷宽与谷深皆可达数十米至上百米，长度以千米计。在平面上，主沟顶呈圆形，支沟顶处于切沟阶段。其纵剖面与原来的地面线不一致，沟底较平缓，且已完全脱离局部坡面。冲沟是侵蚀沟发育的后期，但还没有达到相对稳定的阶段。

随冲沟的进一步发展，沟底下切作用已经甚微，以两岸向宽发展成为主要形式。在平面上支沟呈树枝状的侵蚀沟网；在纵断面上，沟顶跌水不太明显，形成平滑的凹曲线。沟的上游水路没有明显的界线，但中游沟底和水路已具有明显的界线。谷底开始有薄层泥沙沉积物。这个阶段的侵蚀沟又称为坳沟，它是发育到老年期阶段的冲沟。

当冲沟发展到沟顶接近分水岭，沟底纵坡接近临界侵蚀曲线，沟岸大致接近自然倾角时，沟顶的溯源侵蚀基本停止，沟底不再下切，沟岸停止扩张。此时，沟谷侵蚀不再进一步发展，侵蚀沟由原来的失稳阶段进入了宏观稳定状态，由冲沟转变为河沟，沟底已有微弱的常年沟水，沟底冲积土上开始生长草类或灌木。

三、搬运过程

搬运过程是指径流将从土体上分离出来的土壤颗粒向下坡输送的过程。径流在沿坡下流过程中水流势能会转化为动能，一部分能量用于分离土壤，一部分能量则用于输送和搬运被分离进入径流的土粒。

水流对泥沙的搬运形式可分为推移和悬移两大类，这两种形式运动的泥沙分别称为推移质及悬移质，它们各自遵循不同的规律。

径流搬运土粒的能力大小主要受制于径流具有的能量，径流能量大小则取决于流量、流速等参数。除径流能量外，水中的泥沙量多少及水在流动时的状态都会影响径流输沙过程。在一定地形和土壤条件下，对于一定量的径流，其挟运泥沙的最大值称为水流挟沙力，常用符号 ρ_0 表示，其单位与含沙量相同（kg/m^3）。当水中含沙量达到和超过水流挟沙力时，就会发生沉积。水流携沙力应该包括推移质和悬移质的全部沙量。由于推移质运动要比悬移质运动复杂得多，当前的测验工作仅限于悬移质方面，对于推移质测验还有不少困难。此外，水流的紊动特性也会影响水流搬运过程。对粒径较粗的土粒，水流紊动上浮对其迁移搬运过程起着重要作用。但强烈的紊动也会通过增加水流阻力而使流速减小，从而减小径流搬运能力。

水流携沙力反映了径流搬运泥沙的潜在能力，但当含沙量小于携沙力时，径流实际输沙量主要受制于其侵蚀能力，理论上这时侵蚀的泥沙能全部向下坡运移，所有影响侵蚀的因素都影响径流输沙量。只有当径流含沙量超过携沙力时，径流实际输沙量才取决于径流携沙力。这时无论径流侵蚀量是多少，径流向下坡输沙量固定不变，始终等于携沙力。

第四节　水土流失的发育条件

水土流失的实质是当外界施加的水动力超过地表岩土系统抵抗能力，系统稳定性遭到破坏的现象和过程。因此，水土流失的发生与否及其发育程度，一方面取决于来自系统外部的输入作用的强度及其方式，另一方面则取决于系统通过自组织来消除干扰和保持自身稳定的能力，即取决于岩土系统的结构特点。虽然不同水土流失类型的具体影响因素可能存在差异，但都可以据此将其发育条件分为外界作用和内部结构两类。下面以分布最为广泛的坡面侵蚀为例，对动力因子和抗蚀因子的类型及其作用方式进行详细论述。

一、外界作用

在自然条件下，影响坡面岩土系统的外部输入主要是降雨，它是坡面侵蚀发生发展的动力来源，决定了外界作用对表层岩土系统的侵蚀力大小，因此又常被称为动力因子。

（一）降雨

与土壤侵蚀过程和侵蚀强度有密切关系的降雨要素包括雨滴大小、雨滴下落速度、降雨量、降雨强度、降雨历时、降雨类型等，而各因素之间又有着复杂的相关性。

1. 雨滴的大小和速度

来自高空的雨滴具有较高的势能，当它们落到地面后势能转化为动能，为雨滴击溅侵蚀提供了能量，而雨滴的大小和速度决定着它的动能大小。因此，雨滴的大小和速度主要影响击溅侵蚀的强度。

降雨由大小不同的雨滴组成。不同直径雨滴所占的比例称为雨滴分布。小雨滴直径约为0.2mm，大雨滴直径约6.0mm以上。一次降雨的雨滴分布，可用该次降雨雨滴累积体积百分曲线表示，其中累计体积为50%所对应的雨滴直径称为中数直径，用D_{50}表示。不同强度降雨雨滴分布不同，通常雨强愈大，D_{50}愈大，降雨强度变小，D_{50}也相应减小。在其他条件相同的情况下，D_{50}越大，雨滴对地表的冲击力越大，击溅侵蚀能力也越大。

雨滴降落时，因重力作用而逐渐加速，但周围空气的摩擦阻力也随之增加，两者会部分抵消，雨滴落到地面的速度即为终点速度。雨滴的终点速度越大，对地表的冲击力也越大，换言之，对地表土壤的溅蚀能力也随之加大。但要注意的是，雨滴大小和终点速度这两个影响雨滴动能的因素间也存在着复杂的关系：终点速度的大小主要取决于雨滴直径的大小和形状（表9-3）。

表9-3　静止空气中不同大小雨滴的终点速度

直径/mm	0.25	0.5	1	2	3	4	5	6
终点速度/$m \cdot s^{-1}$	1	2	4	5.58	8.06	8.85	9.15	9.2

2. 降雨量

在一定区域内，只有降雨量达到并超过一定数值后才可能出现土壤侵蚀。这是因为降雨量影响着地表径流的流量和流速，降雨量过小，不会形成地面径流，除雨滴溅蚀外不会有明显的土壤侵蚀、搬运过程发生。中科院西北水土保持研究所的试验表明，在黄土地区能形成土壤侵蚀作用的降雨量临界值大约是 8～15mm/次，美国确定的标准量为 12.7mm/次。

3. 降雨强度

坡面侵蚀与降雨量之间的关系不很显著，而与降雨强度之间的关系十分密切。在相同雨量条件下，不同雨强导致的侵蚀力相差甚远。这是因为：①降雨强度与雨滴的各种特征参数关系密切。通常情况下，雨强越大，雨滴的大小及其速度越大，所引起溅蚀的强度也越大。而当降雨量大而强度小时，雨滴的直径及其速度都较小，只有较小的动能，对土壤的击溅破坏作用就较轻。②雨强越大，地面雨水积累速度就越快，产流量越多，地表径流的流速和单宽流量就越大，侵蚀力就较大，而强度较小的降雨大部分或全部渗入土壤，或被植物截留、蒸发作用所消耗，不能或者只能形成很小的径流，侵蚀力较弱。当降雨强度小到与土壤的稳渗速率相等时，地面就不会产生径流，此时径流冲刷破坏土壤的侵蚀力就不存在。

4. 降雨历时

在相同的降雨量或降雨强度下，不同的降雨历时也会造成侵蚀力的较大差异。长时间的连续降雨可以使较小的雨强形成地表径流，而间断性的较小雨强，往往不产生地面径流，即使总降雨量相同，两者的土壤侵蚀量也可以相差很大。

5. 雨型

降雨的类型是降雨量、降雨强度和降雨历时等各要素的综合体现，与土壤侵蚀强度密切相关。雨型会影响着雨滴大小，进而影响到溅蚀作用的强度。如黄土地区降雨分为两种形式，一种是由局部地形和气候影响产生的来势猛、历时短（1 小时左右）的小面积降雨，称短阵雨型，其雨滴较大；另一种主要是锋面影响的大面积普通降雨，其雨滴直径相对较小。当雨强一定时，局部地区短阵雨型比大面积的普通雨型更易引起土壤溅蚀。

降雨类型还会影响地表径流的流量和流速，并进而影响片状及细、浅沟侵蚀的强度。如陈水宗等（1988）把子洲团山沟的雨型概括为均匀型、起伏型、中大型、超前型和延后型。均匀型降雨一般强度小、历时长，雨水大部分为土壤吸收，产流量小，是侵蚀力最弱的雨型；起伏型降雨时强时弱，侵蚀居中；中大型降雨开始时强度小，经过一段时间后强度增大，再经过一段时间，强度变小，侵蚀力在五种雨型中为第二位；超前型降雨开始强度大，以后变小，初期溅蚀量可能较大，但入渗量也可能较多，径流量相对较小，侵蚀力不强；延后型降雨的特点是前期强度较小，使表土充分湿润，土体分散，处于易起伏状态，然后再发生高强度降雨，产生强烈侵蚀。

（二）人类活动

尽管影响坡面侵蚀的因素很多，但人类活动是导致坡面侵蚀加剧的主要原因。自然过程本身造成的地表岩土体剥蚀和运移可称为地质侵蚀（自然侵蚀或正常侵蚀），而由于人类活动的干预发生的地表侵蚀过程称为加速侵蚀。地质侵蚀是地质、地貌、气候、水文、植被、土壤等因素综合作用下水流搬运岩土体的自然过程；加速侵蚀是因为日益膨胀的人口开发自然资源所引起的侵蚀。人类开发自然资源的过程往往导致扰乱地表状况，打破地表平衡，使流水更易搬运岩土体。现代侵蚀过程大多是在自然侵蚀基础上叠加人类活动后的加速侵蚀。

人类活动对地表作用的增强主要是因为人口数量日益增长。人口数量增加，人类生存所需要的耕地资源数量和质量相应发生变化，与人类生产、生活相应的环境也发生变化，结果引起土地利用结构的变化。一般情况下，随人口增加，土地垦殖率相应增大，天然坡地被大量开垦为农田；社会经济发展和人口增长造成城镇、工矿等占用耕地和天然坡地。此外，由于人口增加需要大量粮食、木材、燃料、肉类等，造成滥砍滥伐、过度放牧等现象十分普遍。

人类活动是来自坡地岩土体外部的作用，可视为外部因素，它对坡面侵蚀的影响可分为两类，一是正面影响，即水土保持活动；二是负面影响，即加速坡面侵蚀的活动。人类活动加速坡面侵蚀的方式多种多样，但人为作用的实质，却是通过改变坡面形态，表土性质，降低坡面岩土系统的抗蚀能力等三个方面，即内部结构的三个方面来实现的。

二、内部结构

对于坡面岩土系统，降雨决定了外界环境对系统所作用的侵蚀力的大小。这一侵蚀力能产生什么样的侵蚀后果，则取决于系统的内部结构。坡面岩土系统的结构决定了其抵抗侵蚀力的能力大小。在同样的外部输入作用下，不同的系统结构对其具有不同的抵抗力，所发生的侵蚀作用的过程和强度也会存在着差异。

影响坡面岩土系统抗蚀力大小的因素有坡形、土壤及母岩的性质、植被覆盖等，这些因素又称为抗蚀因子。需要指出的是，坡面岩土系统的抗蚀力并不仅仅取决于这些要素本身的性状，而是很大程度上受这些要素的组织方式、配置形式及相互作用关系的影响。要了解影响坡面侵蚀发生的内部条件，需要进行坡面岩土系统的结构分析。

（一）坡形

在区域尺度的土壤侵蚀评价中，考虑的地形因素主要有沟壑密度、沟壑切割裂度、平均坡度、陡坡面积比、陡坡平均坡度、地势比等。在小尺度上，影响坡面侵蚀的地形要素主要有坡度、坡长、坡面和坡向等。

1. 坡度

在其他条件相同时，土壤侵蚀量随坡度的增加而增加。坡面越陡，坡面水流的势能转化为动能越快，水流流速越大，动能和冲刷力越大。当坡度较小时，水流与土壤之间的摩阻变大，能量损耗也大，流速较小，土壤的抗蚀能力就会增强。地面径流流速与水面坡降的关系，可用下式表示：

$$v = Kh^m J^n$$

式中：v 为坡面径流速度；K 为系数；h 为径流水深；J 为水面坡度即地面坡度；m、n 为指数。

另外，坡面越陡，土壤受重力下滑作用也越大，更容易被水流推移。坡度对雨滴溅蚀也有影响，在地面坡度较大的情况下，土粒被溅起后向下坡方向飞溅的跨度较向上坡方向飞溅的距离大，而且飞溅距离随坡度的增加而增大。事实上，坡面侵蚀并不随坡度的增大而无限增加，而是存在一个“侵蚀临界坡度”。在这个坡度以下，土壤侵蚀量与坡度成正相关，超过这个坡度，侵蚀量反而减小。

2. 坡长

对于连续不断的降雨过程而言，坡面越长，受雨的范围越大，可能产生的地面径流量就越大，其侵蚀力也越大。苏联学者通过实验得出了有关径流量与坡长的经验公式：

$$Q = 0.0062LI$$

式中：Q 为径流量；L 为坡长；I 为降雨强度。

然而有一些实验表明，坡面侵蚀与坡长在一定条件下正相关，在另一些条件下，两者会呈负相关或无关，于是认为上式中的 I 不适合所有的雨强情况。研究表明对于雨量在 10～15mm/次以上、强度超过 0.5mm/min 的特大降水，坡长与径流量、冲刷量是正相关；若降雨强度较小，或雨强较大但历时很短的情况下，坡长与径流量呈负相关，与冲刷量成正相关；若雨强很小（只有 3～5mm/次）、雨量很小且历时较短的情况下，坡长与径流量及冲刷量均呈负相关。

坡面侵蚀与坡长的不确定关系，主要是因为土壤侵蚀是多种因素协同作用的结果。坡面下部的径流不仅要搬运当地的物质，还要携带上方冲刷下来的物质，因此，冲刷量（侵蚀量）是一个传递、累加的过程，与降水历时和输运距离有关。例如，当降雨量和雨强较小时，由于降雨很快渗入土壤而不易形成坡面径流，即使能形成，当降雨停止后，径流沿坡面流动一定距离后就会全部渗入地下，土壤侵蚀不能一直顺坡发展，而是在水流变小或消失的局部地区转为堆积。

3. 坡面

从地形剖面来看，坡地可分为直形坡、凹形坡、凸形坡和复合形坡。坡面形状对坡面水蚀的影响实际上是坡度和坡长的不同组合方式对水蚀的影响。直形坡与凸形坡的径流量和径流速度都是在坡的下部最大，土壤侵蚀也以坡的下部最为强烈，凸形坡表现的尤为突出。凹形坡则以中部侵蚀最为剧烈，坡地下部流量和流速最小，变为堆积为主；台地状复合坡面常在台阶前沿有侵蚀加剧现象，可出现细、浅沟侵蚀。

4. 坡向

坡向是指斜坡的朝向，可分为阳坡和阴坡。坡向主要是因水分和热量不同而对坡面侵蚀产生影响。一般情况下，阳坡的气温、地温和土壤蒸发大于阴坡，而相对湿度、土壤含水量和植被覆盖度小于阴坡，岩石风化比较强烈，坡面侵蚀往往重于阴坡。另外，迎风坡和背风坡所遭受的降雨侵蚀力会有很大差别，迎风坡的侵蚀力大于背风坡。

（二）土壤及母岩的性质

土壤、土壤母质及母岩的性质影响着其对侵蚀作用的抵抗能力，即抵抗雨滴打击和径流分散与悬浮泥沙的能力。土壤抗蚀能力的大小主要取决于土粒与水的亲和力。亲和力越大，土壤越易分散悬浮，土壤结构也越易受到破坏。另外，不同的土壤类型，其渗透性不同，会对地表径流过程产生影响，进而影响坡面侵蚀的强度。

1. 抗蚀能力

衡量土壤抗蚀能力大小的常见定量指标是分散率和侵蚀率，此外还有抗冲力、抗剪强度、团聚体表面率等指标。

土壤分散率是表示土壤在水的侵蚀下分散难易的指标。其确定方法如下：取 1% 土壤悬浮液，振荡 20 次，然后测定其粉砂与黏粒含量，并与筛分（机械分析）所得粉砂与黏粒含量相比，所得比例即分散率（%）：

$$分散率 = \frac{水散粉砂含量 + 水散黏粒含量}{粉砂含量 + 黏粒含量} \times 100\%$$

土壤分散率可作为衡量土壤易被雨滴或径流分散的指数。分散率越高，土壤越易流失。米维迩顿（Middleton，1930）将分散率为5.2%～15%的十壤定为耐蚀性土壤，分散率为15%～60%的土壤为易蚀性土壤。我国黄土的分散率为23%～60%，显然属易蚀性土壤。

土壤侵蚀率是由土壤分散率转换而得出的综合性抗蚀指标，是根据土壤分散率及水分当量与土壤胶体含量的比值计算出的，具体公式如下：

$$侵蚀率 = \frac{分散率 \times 水分当量}{胶体含量} \times 100\%$$

土壤的抗冲力是指土壤抵抗径流对其机械破坏和推动下移的能力。土壤的抗冲力可以用土块在水中的崩解速度来判断，崩解速度越快，抗冲能力越差；有良好植被的土壤，在植物根系的缠绕下，难于崩解，抗冲能力较强。

2. 渗透性

在坡面侵蚀地区，土壤渗透性大小对每次降雨形成径流的分配有很大影响。渗透性强的土壤，可使一般雨强的降雨全部入渗，而不形成地表径流，从而降低坡面侵蚀的强度。对土壤渗透性的评价，一般用土壤的颗粒级配、结构、有机质含量及土壤湿度等几个方面的指标。

对于母岩来说，上述指标意义不大，关键是岩石风化速度、风化物的形状和裂隙发育情况。

（三）植被覆盖

在坡面侵蚀过程中，植被可以改变降雨对坡面岩土系统的作用方式和作用强度，也是影响坡面侵蚀的内在要素之一。

植被抑制坡面侵蚀的方式有：①植物的枝叶对雨滴有阻滞和拦截作用，可降低雨滴溅蚀；②植物的树冠具有截留蓄水功能，其枯枝落叶具有吸收和调节土壤水分的作用，可减少地表径流量；③植物的枯枝落叶层可增加地面糙度，减小径流速度；④植物落叶分解形成的腐殖质及根系分泌物质有利于土壤发育和团粒结构的形成，增强土壤的蓄水和径流能力；⑤植物根系对土体起着穿插、缠绕、固定的作用，增强土壤的固结能力而减少侵蚀。

在各项植被参数中，植被覆盖度与土壤侵蚀的关系研究较多。实验数据表明，植被覆盖与侵蚀的关系是曲线型的。目前，土壤侵蚀量与植被覆盖度之间的指数关系被多数研究者所认可。

第五节　水土流失的区域特征

在各类侵蚀现象中，以坡面水蚀发育最为广泛，危害性最大。水土流失机理的研究结果表明，水土流失是侵蚀（erosion）、搬运（transportation）、堆积（accumulation）（简称ETA）三种相互联系、相互作用的地质营力共同作用的结果。在坡面上，雨滴的击溅和由雨水转化成径流的冲刷，使土壤结构遭到破坏并与土体或母质分离，产生侵蚀产物（E）；当径流的搬运能力足够大时，侵蚀产物继而被机械或溶解搬运迁移（T）；若径流的搬运能力衰减到小于搬运所需的最小能量时，出现堆积（A）。虽然E、T、A的表现形式、发生发展的物理机制不同，但它们是相伴而生、互为因果的。所以广义的水土流失可以理解为ETA过程，又可以从E、T、A的结果来研究。在具体问题上分析的角度和侧重点虽然可以不同，但将E、T、A三者孤立或忽视某一方面的作用则不可取。正是因为E、T、A的共同作用，才有现今所见岩、土物质分布的格局和坡地系统地表的外观形态。

在区域性的水土流失过程中，ETA具有一定的结构性（有序性）。这种结构性一方面决定了ETA产物的时空分布特征，体现出坡地系统的组织状况；另一方面通过多种影响因子的组合和各子系统的协调，坡地系统可随层次的提高形成低层次系统所不具备的新质，产生功能上的叠加和互补，即空间尺度效应。因此，分析ETA的层次结构特征和空间尺度变化产生的效应是区域性水土流失评价、防治对策研究中不可回避的两个重要问题。

一、水土流失的ETA及其层次结构

在坡面角度单一、植被分布均匀、土壤质地一致且与周围地块隔离的侵蚀试验标准小区中，因坡长很短，路程效应不明显，人们往往认为被降雨扰动、破坏的土壤被全部搬运到小区的泥沙池中。汇聚在泥沙池中的泥沙量便当作试验条件下小区的土壤流失量或侵蚀量。

事实上，小区的土壤流失量与土壤侵蚀量是两个不同的概念。在一次完整降雨过程中，被扰动破坏的土壤总量（土壤侵蚀量）要大于到达泥沙池中的土壤量（土壤流失量），因为总有或多或少的土壤在途中停滞下来。然而，为了回避土壤输移的非连续泥沙动力学难题以及土壤侵蚀量、暂时堆积量不易直接观测的困难，在具体评价时，往往采用简化处理的办法，将小区的侵蚀、搬运视为均衡发展过程，有多少土壤被扰动破坏，就有多少土壤流失离开小区。由于两者数量相等，就可以把反映土壤侵蚀的背景条件近似替代复杂多变的水土流失条件。对于面积很小的试验地块而言，这种静态的平衡模式不会造成较大的偏差，所以，这种处理方式一直被人们采用。

但当地块面积增大，坡长随之增长，组成地块的众多小区彼此不再隔离时，土壤侵蚀量实际并不等于土壤流失量的问题就会明显地暴露出来。一次降雨过程或许可将相当多的土壤搬运到坡脚或地块的边界之外，但仍有一定数量的土壤在中途堆积；也可因降雨历时较短，大部分扰动破坏的侵蚀产物滞留、堆积在途中。这种现象不仅在地块整体上可以出现，即使在田块内部也会存在。各小区除本身产生土壤侵蚀量外，还接受上方相邻小区流失而至的土壤输入量和向下转移的输出量。由于输入、输出的不平衡，暂时堆积不可避免。正因如此，地块总体的水土流失模式不是侵蚀—搬运（流失），而是侵蚀—搬运—堆积—再侵蚀—再搬运的递续性连锁形式。

在湖南湘西丘陵地区的水土流失研究中，我们注意到不同地点ETA发育的程度有所不同。按地貌特点可把研究区分为三个地带，第一地带为区域地表分水岭附近的坡地，在那里侵蚀作用表现得十分强烈，岩石裸露地表，坡面上很少见到原生土壤。除坡度变缓的地段和坡脚分布着零星的堆积物外，总体呈现为极端侵蚀的地貌景观，表明风化母岩的成壤速度远不及侵蚀速度，即侵蚀过度、沉积不足。第二地段为距地表分水岭较远的地段。尽管此处也有地形的起伏，但母岩很少出露地表，侵蚀对象主要是原生土壤和上游迁移来的土壤。由于地形变化及植被分布不均，某些地段原生土壤得以保存。迁移土壤的再次侵蚀为T、A的发育提供了主要物源。这种侵蚀和再侵蚀现象随微地形的差异和降水的多寡交替发生。第三地带是河谷盆地，此带的原生土壤大部分被迁移来的土壤覆盖，土层有逐年增厚的趋势，侵蚀对象主要是迁移来的土壤。整体上表现为侵蚀作用不如堆积作用发育。大量的野外观察表明，以侵蚀作用为主的地区存在不甚发育的堆积和搬运作用，以沉积为主的地区也发育有局部的侵蚀和搬运现象，这是坡地系统的普遍规律。换句话说，大级别（高层次）的 ETA 中嵌套小级别（低层次）的 ETA 是坡地系统所共有的。

与一般具有连续的物理场的系统不同，坡地系统的 ETA 空间结构的嵌套形式中，具有明显的方向性和分支特征。在同一分支中，ETA 的作用沿着地面径流的流动方向由小到大嵌套起来。高层次的 ETA 嵌套着低层次的 ETA，低层次的各自又包含着更低级别的 ETA 作用和产物。在一个 ETA 子系统中，ETA 作用顺次发展形成不可逆过程。不同层次的 ETA 子系统以地表分水岭、坡面的分水脊线等作为边界。所以在垂直径流方向上，不同分支的子系统之间没有水量和土壤输移量的交换。正是这种结构的方向性和分支特点，才使 ETA 的作用在空间上分布不均匀。局部 ETA 子系统的相对独立性可以明显地显示出来。土壤侵蚀严重区中存在侵蚀轻微的局部地段；侵蚀轻微区中也夹杂严重侵蚀地段。类似现象在野外随处可见，森林与边缘裸地荒山的鲜明对照；保留原生土壤的阶面与母岩裸露的沟谷共存。然而，随研究范围的扩大，ETA 层次的提高，水土流失的宏观特征和 ETA 的整体行为将会以不同于低层次子系统的全新性质表现出来，出现所谓的“空间尺度效应”。

二、水土流失的空间尺度效应

坡地系统 ETA 结构实质是坡地系统内部自组织过程的具体体现。坡地系统与外界环境的密切联系，以及土壤侵蚀与各影响要素的非线性时变的关系是发生自组织过程的基本前提。由这个前提所决定，土壤、植被、坡形等背景条件与降水作用的相干与协同不仅制约着共同作用过程中诸因素的关系以及作用大小的排列顺序，而且最终决定着 ETA 作用强度和移动土壤的时空分布格局。正因如此，多个低层次的 ETA 子系统组成较高层次 ETA 系统时，低层次子系统的相互作用发生协同，可使高层次系统呈现出不同于构成它的子系统的性质和特征。这正是水土流失研究中空间尺度效应产生的根本原因。

坡地（或坡地系统）水土流失的空间尺度效应主要表现为随着研究区范围的扩大，土壤侵蚀的宏观特征更为明显，单位面积平均土壤流失量减小；影响土壤侵蚀或流失的主要因素的数目改变；影响因素的主次排序也随之易位。

（一）区域化现象

大量水土流失研究的成果说明，随着研究范围大小的变化，土壤侵蚀的整体特征会出现质的差异。当研究的面积较小时，虽然可以观察到具体的 ETA 现象，但很难划分“侵蚀区”和“堆积区”，即使划分出来，也难以确定影响因素的主次排序。在不同地段，主要影响因素可以完全不同，或以坡形变化为主或以植被条件为主，也可突出表现为土壤（或母质）抗蚀能力的差异。当研究面积不断扩大到一定程度时，宏观的侵蚀区、堆积区的轮廓就会清晰地显现出来。与此同时，地貌特征、河流形态、植物群落乃至气候都相应地表现出与高层次 ETA 相契合的分区规律。野外调查发现，在以侵蚀为主的湘西山地丘陵区，严重侵蚀的面积占有相当高的比例，地形的优势坡角一般较大。而在以堆积为主的洞庭湖区，轻微侵蚀和土层逐年增厚的范围占据相当大的比例，地形的优势坡角一般仅为

5°～10°。

（二）水土流失量的非线性减小趋势

与研究区的空间大小相适应，单位面积平均土壤流失量随流域集水面积的增大表现出依次减小的规律。根据湖南湘西地区的水文观测资料（表9－4），在三级支流的红岩溪流域，其含沙量为1.4kg/m³，当范围扩展为一级支流的溇水流域时，水中含沙量的平均值明显下降，仅为0.51kg/m³。对这种空间尺度效应，美国土壤保持局也进行过详细的研究，结果也证实了随集水面积增大，总的输沙率呈下降的趋势，两者具有非线性的反比关系。对于某一特定的小流域，有时情况并非完全如此，例如流域背景条件的抗蚀性高于周围其他小流域，或优于中等流域的平均水平，该小流域单位面积的产沙量可以小于中等流域。但对大多数小流域来说，上述的关系仍然成立。从ETA的作用过程来分析，不同流域的土壤流失量是指各测点的泥沙通量，也就是流域中沟道、河流的土壤输移总量与发生在沟道暂时性堆积总量的差值。然而，由于沟道、河流所占据的面积远小于流域总面积，沟道河流的输移量远小于包括坡面搬运作用在内的土壤搬运总量。随着流域面积的扩大，堆积作用出现的频率也越来越大，而且以嵌套、重叠的形式进行。如果在最低层次的坡面小区中搬运量近似等于流失量的话，那么在较大流域中堆积作用的重叠发生、真正能够转化为沟道河流输移量的土壤必然随流程的延长而减小。

表9－4　不同尺度流域水中含沙量对比

流域名称	层次	集水面积 km²	平均径流量 m³·s⁻¹	平均含沙量 kg·m⁻³
溇水	一级	4875	1080	0.51
红岩溪	三级	5～6	1.738	1.395
竹耳湾	五级	0.0618	0.112	1.941

（三）侵蚀、堆积作用的强化与抑制

水土流失过程的ETA层次化还会形成另外一种空间尺度效应，这就是背景条件的协同现象。区域性的水土流失研究表明，在“侵蚀区”，各种背景条件有助于侵蚀作用发育的倾向，而在“堆积区”，背景条件更利于堆积物的形成。这是因为各背景条件组合时，彼此的协调和相互作用可使其共性得到强化，个性则被抑制。像岩土、坡度、坡长等这类既可加剧又可阻抗侵蚀的因子则会在这种协同中跟随大趋势变化，或成为侵蚀因素，或成为阻抗因素。随着ETA层次的提高，区域背景条件主导作用的取向将变得更为明显。野外调查发现，在侵蚀较严重的山地丘陵区，地形高差较大，高角度坡面占优势，尽管土质的抗蚀能力、植被条件的平均水平与平原相差不大，土壤侵蚀仍朝加剧的方向发展。土壤可蚀性的一面得到强化，抗蚀性的一面受到抑制。植被覆盖不完善、坡长的增加等都可成为侵蚀发育的有利条件。于是林中的小径、局部采伐的空地都可加速侵蚀沟的发育，并成为一种诱发因素导致更大范围的正反馈侵蚀过程。例如在页岩分布区，优势坡度虽然不大，但母岩的抗风化能力很差，坡面上的杂草或阻滞在细沟中的枯枝一旦被清除，土壤和风化的岩屑就会迅速泻溜和水蚀，而且规模也越来越大。与此相反，在滨岸平原，背景条

件的协同往往表现为侵蚀弱化的趋向，土壤抗蚀性的一面得到充分体现，植物固土阻滞、地形的消能等作用表现更明显。然而，当研究的范围较小时，整个背景条件的取向则不明显，侵蚀、堆积可在局部地段分别发生。

（四）诸背景条件相互关系的改变

随着空间尺度的加大，区域整体水土流失趋向明朗化的同时，各种背景条件的关系随之改变。局部条件的变化可加速原有的侵蚀过程或原有的堆积过程。一种因素变化速率的增长可使其他因素的作用受到抑制或强化。土壤侵蚀量或土壤流失量与某种因素的定量关系也随之变化。一般认为，坡度是控制侵蚀强度的重要因素，坡度增大侵蚀强度也应增大。但利拉德、尼尔等人的野外研究却否定了这一点。他们指出，不是所有的研究都表明侵蚀量一定随坡度的增加而增加。同样，坡长增加侵蚀强度也随之增大的认识也被威斯奇迈尔、莱尔等人的研究所动摇。产生这些问题的原因可能来自两个方面。首先，土壤侵蚀是多因素综合作用的过程，当某一因素量的变化处于一个特定的变化域内，可与土壤侵蚀量保持近似线性或非线性的统计关系。一旦该因素量的改变突破其阈值时，原有的统计关系也随之变异；另外，各因素与土壤侵蚀量之间的统计关系不同，可能产生变异的阈值也不同。当坡度或坡长的改变超过相应的阈值时，若其他因素的量仍处于各自阈值内，坡度、坡长与其他因素的组合关系就会形成新的协同形式，并最终表现为某些因素异军突起，掩盖或破坏了坡度或坡长与土壤侵蚀量的原先统计规律。

第六节　水土流失的防治

水土流失的形成是外界输入和表层岩土系统内部结构综合作用的结果。因此，水土流失的防治也应从这两方面入手：一是对外部环境的输入（降雨和人类活动）进行控制，降低其侵蚀力；再就是人为改造表层岩土系统的内部结构，提高其抗蚀力。

对于外部环境的输入，虽然降雨目前还难以实现人为控制，但某些工程手段的施用却可以改变它对表层岩土系统的输入方式。

表层岩土系统内部结构的调整主要是使系统各构成要素的空间配置和组织形式更为合理，从而最大程度地发挥其抵抗外部侵蚀力的功能。表层岩土系统内部结构的调整所遵循的原则是：将原来的土壤侵蚀—搬运—堆积系统分解为多个更小的系统，或者减弱水、土、岩等物质在其中的流通量和流通速度，从而使水土流失停止发育或减弱，这就是系统理论中所谓的隔离机制。

上述原理的具体应用主要体现在以下三个方面，即水土保持的农业技术措施，水土保持的生态措施和水土保持的工程措施。

一、农业技术措施

（一）等高耕作

即沿等高线横坡种植。这种种植方式可以拦蓄地面径流，减少冲刷，翻耕的土地增大了顺坡方向的地面糙度和蓄水能力，增加入渗，避免了顺坡细沟的发育，这是改变微地形因子的办法。实践表明，变顺坡耕作为横坡耕作，可使径流量减少60%～80%，冲刷量减少70% ~90%。

（二）沟垄种植

沟垄种植是在等高种植基础上，等高开沟起垄，使之在坡面上形成一道道平行于等高线的沟和垄。它具有明显的防蚀保土增产作用。这种种植方式可使地表径流减少60% ~90%，土壤冲刷减少80% ~90%。

（三）间、混、套、复种

间、混、套、复种是指增加地面植被覆盖度。间种是指在同一地块上顺行间隔种植两种或两种以上生长期相近的作物；混种是指在同一地块上同一行或穴内同时混种两种以上生长期相近的作物，作物选取植株高低错落，根系深浅不同，喜阳喜阴相互搭配的品种；套作是指一种作物生长后期，在行间套种另一种作物，以充分利用土地延长作物覆盖的时间。

（四）少耕免耕

这是20世纪60~70年代世界上广泛重视的防蚀保土新种法。所谓少耕法是指一次完成多种作业的耕作法。少耕减少到除将种子播进土壤外，不再进行任何耕作的最少量耕作法，称免耕法。这种方法，是不破坏坡面根系的固定作用和直立残茬截留水土和覆盖土壤表面的作用。据美国北阿巴拉契试验站的田间试验资料，当7月份降雨量为127mm时，坡度为6°~8°的大田传统耕作，每英亩（1英亩约合4046m^2）流失土壤20t，采用此耕种成果时，每英亩流失土壤不到45kg。

（五）覆盖耕作

指增加地面覆盖，主要保留作物残茬的留茬覆盖，秸秆粉碎铺地，以及塑料薄膜覆盖等方法。

上述方法中的第一、二种，其道理是使原来顺坡发育的连续加速强化的侵蚀和搬运过程，分割成一个个较小的相对孤立的ETA微小系统，而不使它们串通助强；第三、四、五种方法则是通过增强作物枝叶密度或施加覆盖，减少雨滴的击溅和地表径流对土壤和母质的直接冲刷作用，虽然是对表层岩土系统内部结构的调整，却是针对外部环境输入而提出的防治办法。

二、生态措施

（一）水土保持造林

植树造林使林冠覆盖以截留降水，减少雨滴击溅能力。枯枝败叶吸收和阻滞径流，林木根系固持土壤，以达到保持水土的作用。

（二）水土保持种草

草本植物生长迅速，枝叶茂密，覆盖效果好，一般生长繁茂的草坡，可以使径流冲刷减少80% ~90%。据内蒙古自治区坝口子水土保持试验站观测，在16°左右坡地上，草木樨地与一般坡耕地相比，地表径流减少61.5%，土壤冲刷量减少90.8%。此外，种草可增加绿肥，有助改善土壤肥力和土壤结构，改善小气候等。

（三）植物篱

又称生物篱，其主要形式是在坡面沿等高线布设灌木或灌化乔木以及灌草结合的植物篱带，带间种植作物。植物篱技术的根本目的是利用植物篱拦截或阻滞地表径流，并使其根系固持土壤，提高其抗蚀能力。如果选用某些具有经济价值的植物作为植物篱，还可以提高农田的总产出，如果选用某些根系具有固氮功能的物种作为植物篱，还可促进养分的循环利用及提高养分的利用效率。

水土保持的生态措施主要针对外部环境输入而提出的防治办法。在实施过程中应特别注意植物群落垂直结构的构建，使其形成尽可能多的层片，从而达到自上而下层层拦截的功效。

三、工程措施

（一）梯田工程

梯田工程是改善坡形结构的措施，也是运用隔离机制最典型的例子。梯田的作用是将坡面上连续发育且不断强化的 ET 过程肢解为多个不相互贯通的局部 ETA。梯田分为田面水平的梯田、田面外高里低的反坡梯田和田面有一定坡度的坡式梯田。其中，以反坡梯田和水平梯田的隔离效果最佳。为了提高田坝的稳定性，防止坍塌，可以根据土质确定或用石料垒砌，一般梯田的梗坝面积占梯田总面积的 5% ~20%。为了充分利用这部分土地，并保护梗坎，可以种植速生树木、灌木、药材、草类和瓜类，将生态保护措施与改善坡形结构措施相结合。

（二）坡面蓄水工程

拦蓄坡面径流，以减少水流的冲蚀能力，这类工程包括：①挖雨鳞坑与种树结合；②旱井贮蓄地表径流；③涝地，即挖坑塘（减少地面径流，限制地下径流的办法）。

（三）截流防冲工程

在坡地上，自上而下，每隔一段距离，横坡修筑具有一定纵坡，可以拦截、输排坡面水流的沟道，其作用是改变坡长，拦蓄暴雨径流。

第十章　土壤盐渍化

第一节　土壤盐渍化的概念

土壤盐渍化又称土壤盐碱化，是指土壤表层盐分含量不断增加，以至超过某一限度的现象和过程。土壤盐渍化可使正常土地变为盐碱地，导致农作物减产或绝收、生态环境恶化，由土壤盐渍化所造成的土地退化也是荒漠化的主要类型之一（盐漠化）。因此，土壤盐渍化被视作一种地质环境问题。土壤盐渍化是一个世界性的问题，涉及全球100多个国家和地区，仅我国就有近 $1 \times 10^8 hm^2$ 的盐渍化土壤，约占我国国土面积的1/10。研究表明，当土壤含盐量达到干土重的0.3%～1.0%时，即相当于弱盐渍土或中等盐渍土时，农作物的产量仅为正常产量的1/10～1/30。

盐渍化按其成因可分为原生盐渍化和次生盐渍化两种。由自然环境因素（气候、地质、地貌、水文和土壤条件等）变化引起的土壤盐渍化称原生盐渍化，而次生盐渍化是指人类对土地资源和水资源不合理利用引起的区域水盐失调，所导致的土壤表层不断积盐的过程。

第二节　我国土壤盐渍化的特点

一、发展速度快

我国是一个农业大国，但因山地、丘陵、高原占全国面积的69%，因此，适宜耕作的土地数量不多。根据统计资料，1950年我国人均耕地为2.7亩，20世纪90年代降至1.5亩，2006年降至1.4亩。在耕地严重不足的条件下，为满足人口急剧增长对植物食品的需求，迫使人们不断扩大耕地规模，由于利用和管理不当，土壤盐渍化问题日益突出，盐渍化土地的面积以每年近 $700 km^2$ 的速度扩大。除基本建设和住宅建设平均每年占用耕地2000万亩外，土壤盐渍化的快速发展是可耕地不断减少的原因之一。

总体来看，我国土壤盐渍化的发展经历了以下三个阶段：

(1) 20世纪50年代～70年代中期，是土壤盐渍化急剧发展阶段。在该阶段，为了促进农业生产，不断扩大灌溉面积、开发大型灌区，兴建了许多大型灌溉工程，由于对水盐失调问题重视不够，导致盐渍化土地的面积急剧增加，仅1958～1978年间全国就有 $660 \times 10^4 hm^2$ 耕地退化为次生盐渍化土地。1956～1961年间华北平原大搞引黄灌溉便是一例。在新中国成立前，冀、鲁、豫三省平原共有盐渍化土地3200万亩，占总耕地面积10%左右（滨海区除外）。新中国成立后，不少老盐碱地经排水冲洗得到了改良。但是自20世纪50年代末期起，在黄淮海平原上大量引黄河水灌溉和进行平原蓄水，忽视了排水，曾导致平原北部大面积土壤盐渍化，使盐渍土面积由2800万亩增加到4800万亩，经过10年的治理才逐步恢复。

（2）自20世纪70年代开始，国家和各省（市、区）开始大力治理盐渍化土地，通过停止不合理灌溉、完善排灌配套工程、推广生物和农业技术措施等，使灌区地下水位得到控制，与第一个阶段相比，全国盐渍土的面积在80年代显著减小。例如，20世纪60年代初华北平原盐渍化耕地约达$4\times10^4km^2$，到1980年和1984年时盐渍化耕地分别减少到$2.1\times10^4km^2$和$1.7\times10^4km^2$，盐渍化程度也显著降低。

（3）自20世纪80年代后期起，我国土壤盐渍化问题在总体上进一步趋于减缓，但在部分地区，由于农村实行土地联产承包责任制以及缺乏相应的管理措施，加上灌区地下水位的普遍下降，使得人们对次生盐渍化发生的警惕性放松，导致排水设施破坏，土壤盐渍化现象再次反弹。土地盐渍化加重的地区主要分布在东北平原、西部干旱区和部分沿海地区。在东北平原，黑龙江松嫩草原盐渍化面积每年以15%的速度递增，土壤次生盐渍化的威胁越来越大，个别地区已变成不毛之地；与20世纪80年代相比，90年代吉林省的盐碱化程度明显加重，盐碱化土地面积增加了$341km^2$。地处西部干旱区的新疆部分地区、甘肃河西走廊地区、陕西榆林—宁夏盐池地区，由于气候干旱，积盐作用加剧，再加上不合理的灌溉、水库蓄水等造成地下水位上升，土地盐渍化有不同程度的加重；另外，在塔里木河下游、黑河下游等地区，随着生态调水，地下水水位上升，局部低洼处盐渍化作用加剧。沿海部分地区则是由于大量开采地下水引起海水大面积入侵，从而导致土壤盐渍化加重。

二、分布区域广

土壤盐渍化在我国分布很广，主要分布在淮河—秦岭—巴颜喀拉山—唐古拉山一线以北，即北纬33°以北的干旱、半干旱地区。此外，在东部季风区的内陆盆地、冲积平原及滨海平原也有分布。据统计，我国盐渍化土壤分布于辽、吉、黑、冀、鲁、豫、晋、新、陕、甘、宁、青、苏、浙、皖、闽、粤、内蒙古及西藏等19个省区，北纬32°~48°、东经78°~130°的范围内皆有分布，其中分布面积最广的是内蒙古，其次是山东，再次是新疆，第四位是河北（图10－1；表10－1）。我国盐渍土总面积约1.0×10^8ha，其中现代盐渍土约占37%，残留的盐渍土约占45%，潜在盐渍土约占18%。

按自然地理条件、形成过程和盐分组成，可将我国盐渍土划分为7个类型区。

（一）极端干旱荒漠盐渍土区

主要包括塔里木盆地、吐鲁番盆地和柴达木盆地。本区年降水量小于100mm，蒸发力大于2500mm，属极端干旱区。本区均为内陆盆地区，四周水分和盐水都向盆地中心汇集，在蒸发作用下水去盐留，土壤积盐过程十分强烈，各种现代盐土的地表均覆盖有厚厚的盐结壳，含盐量由百分之十几到百分之几十不等。本区积盐过程多样，除由地下水引起的积盐过程外，残余积盐、洪积积盐及湖滨盐壳、盐泥的形成也十分广泛。

（二）干旱荒漠和荒漠草原盐渍土区

1. 黄河中上游半干旱、半荒漠盐渍化区

包括陕西、甘肃、青海、内蒙古的部分地区和宁夏的大部分地区，主要气候特点是干旱少雨，年降水量为150~500mm，年蒸发力为1800~2400mm。区内除现代积盐的硫酸

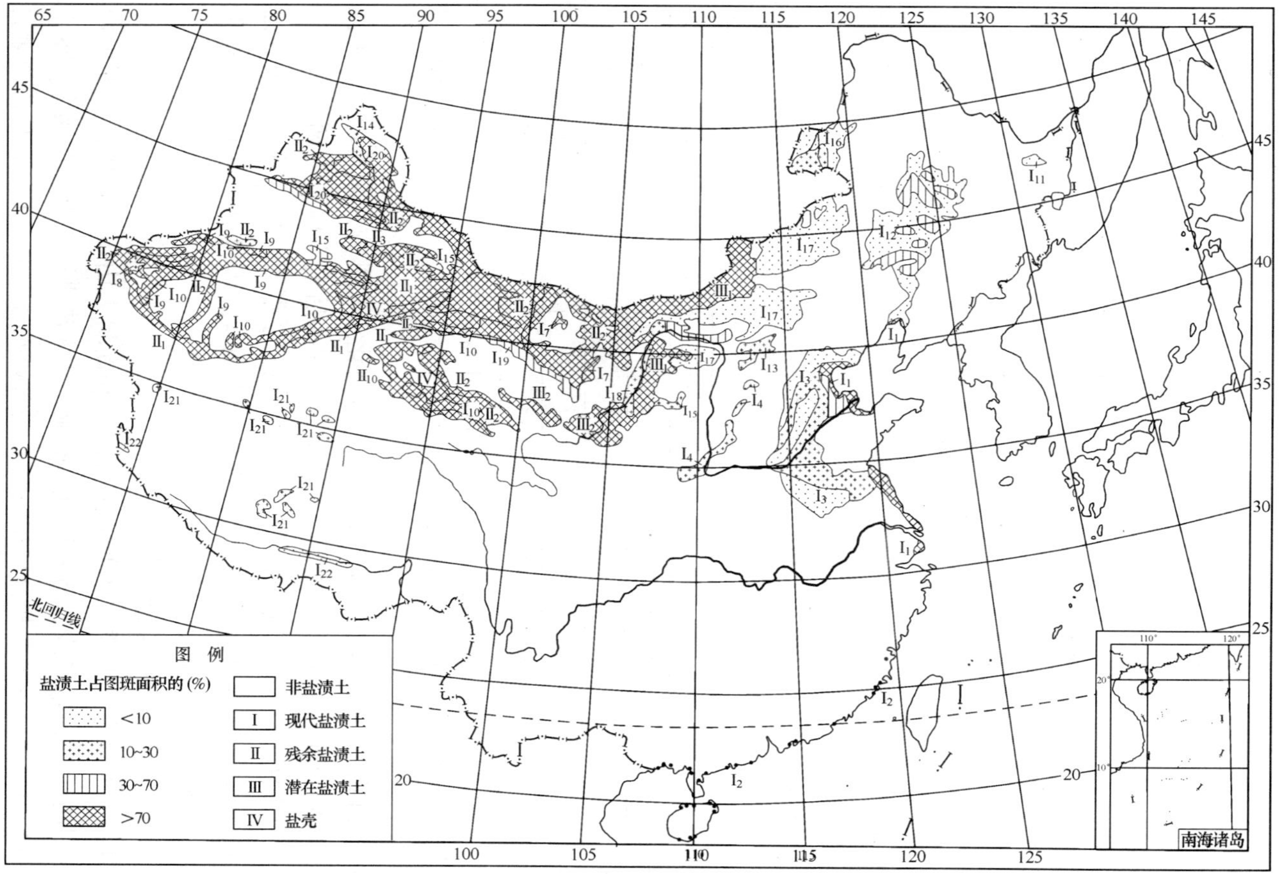

I 现代盐渍土
I_1 半湿润氧化物滨海盐渍土
I_2 湿润硫酸盐酸性滨海盐渍土
I_3 半湿润－半干旱斑状氧化物－硫酸盐或硫酸盐－氯化物盐渍土瓦碱土
I_4 半干旱斑状氧化物－硫酸盐渍土
I_5 漠境－草原氯化物－硫酸盐盐渍土
I_6 漠境－草原氯化物－硫酸盐或硫酸盐－氯化物、苏打碱化盐或硫
I_7 漠境氧化物－硫酸盐或硫酸盐龟裂碱化盐渍土
I_8 漠境硫酸盐盐渍土
I_9 漠境龟裂碱化、苏打－氧化物－硫酸盐或硫酸盐－氯化物盐渍土
I_{10} 漠境硫酸盐－氧化物或氯化物－ 硫酸盐结壳盐渍土
I_1 半湿润斑状苏打草甸沼泽盐渍土
I_{12} 半湿润－半干旱斑状苏打草甸碱化盐渍土
I_{13} 草原斑状苏打草甸碱化盐渍土
I_{14} 漠境草原苏打碱化草甸盐渍土
I_{15} 漠境苏打－氯化物－硫酸草甸盐渍土
I_{16} 草原斑状碱化、苏打草甸盐渍土
I_{17} 草原斑状碱化土
I_{18} 漠境－草原龟裂碱化、氯化物－硫酸盐渍土
I_{19} 漠境镁质碱化、氯化物－硫物－硫盐盐渍土
I_{20} 漠境龟裂碱化、氯化物－硫酸盐盐渍土
I_{21} 寒漠苏打草甸－沼泽盐渍土
I_{22} 漠境－草原硫酸盐盐渍土
II_1 残余盐渍土
II_2 漠境石膏－盐磨残余盐渍土
II_3 漠境石膏残余盐渍土
II_4 漠境硝酸盐、硫酸盐－氯化物残余盐渍土
III 潜在盐渍土
III_1 漠境－草原碱化上和底层盐化潜在盐渍上
III_3 漠境－草原底层盐化潜在盐渍土
IV 盐壳

图 10－1 中国盐渍土的分布
（据王遵亲等，1991）

表 10-1　全国各省（区、市）土地盐渍化情况统计表

省份	盐渍化面积/km^2	占省区面积/%	含盐量分级及面积/km^2		
			轻度	中度	重度
天津	2356	19.80			
河北	10181	5.42			
山西	5370	3.44			
内蒙古	32000	2.70			
辽宁	4940	3.39			
吉林	16619	8.70	1578	13735	1306
黑龙江	18873	4.15			
上海	622	9.87			
江苏	10609	10.34	7580	3029	—
浙江	3976.7	3.91			
安徽	200	0.14	200	—	—
福建	2129.3	1.75			
山东	14013.9	8.94	9373.75		4640.15
广东	1071.3	0.60			
广西	776	0.33			
海南	60	0.18			
西藏	7218.21	0.59	1744.52	2559.54	2914.15
陕西	801.38	0.39	289.85	394.79	116.74
甘肃	11380	2.50			
青海	22781	3.16			
宁夏	4055.3	6.11	2283.2	1200.3	571.8
新疆	97066.2	5.85	70225.9	20232.1	6608.2

注："—"表示无此类型；空格表示情况不明；江西、湖南、湖北、重庆、四川、贵州、云南等七省（市）无盐渍化现象；北京、河南等两省（市）已基本无盐渍化现象。（据李瑞敏等，2007）

盐—氯化物或氯化物—硫酸盐盐渍土外，还有龟裂碱化土和部分残余盐渍土。本区主要水系是黄河，有两个著名的河套平原（黄河的前套平原和后套平原）和两个高原（黄土高原和鄂尔多斯高原），积盐最为强烈的是黄河河套地区。长期以来，大量引水使这里的地下水位抬升，加之降水量少，蒸发强烈，土壤普遍积盐。1954 年，耕地中的盐斑面积占 11% ~15%，1963 年为 22%，1973 年达 58%。

2. 甘、蒙、新干旱荒漠盐渍化区

包括甘肃河西走廊、内蒙古西部阿拉善高原和新疆天山以北地区，主要为内陆盆地区。高山冰雪融水和降水形成的地表径流、潜流，或入渗湮灭于戈壁沙漠中，或汇集成内陆湖泊。源自山区水流带来的盐分聚积在水流缓滞处或盆地中心地带，形成土壤含盐量很高的内陆盐渍土。

（三）半干旱和干旱草原盐碱化区

主要分布在内蒙古东部高平原，包括呼伦贝尔高平原和内蒙古草原东部地区，海拔多在700～1500m，年蒸发力为1500～2000mm，年均降水量为200～350mm，气候干燥，属温带干草原景观。地下水埋藏随地形变化很大，岗地或高阶地多在6～8m之间，矿化度一般为1～2g/L；河谷低地及湖滨低地地下水埋深多在1～2m之间，矿化度达2～3g/L。由于成土条件和过程的不同，盐渍化土壤形成了两个不同性质的土类——盐土和碱土。

（四）半干旱、半湿润苏打盐渍化区

集中分布在松嫩平原、三江平原和内蒙古东部地区。本区气温较低，冬季时间长，年降水量为500～700mm。一年中干湿季节明显，往往因春雨不足而形成春旱，加上冻融作用影响，土壤积盐作用十分明显。在区内很多短小河流或季节性河流的较低地段往往形成星罗棋布的湖泊、泡子或沼泽地，构成了广阔的闭流积水区。这些湖泊汇集四周径流，蒸发浓缩，使湖泊水的矿化度增高，一般在1～3g/L之间，有的高达5～7g/L，为土壤盐分积累提供了物质来源。区内的盐渍化土壤为苏打土，可分为松辽平原半湿润草甸碱化、苏打斑状盐渍土和三江平原半湿润草甸沼泽零星苏打盐渍化土。

（五）半湿润季风气候盐渍—苏打碱化区

是我国盐渍化土壤分布面积最大的类型区，主要分布在半干旱、半湿润的华北平原、山西汾河流域和陕西泾、渭河流域，可分为黄淮河草甸盐渍土亚区和汾渭河谷半干旱氯化物—硫酸斑状盐渍土亚区。

1. 黄淮海草甸盐渍化亚区

位于我国东部，总面积约$31\times10^4km^2$，是我国重要农业区之一。在历史上，该区旱涝、碱灾严重，作物产量低且不稳定，近年来经大规模的治理，农业生产面貌发生很大变化，但土壤盐渍化和次生盐渍化危害并没有根除，还有约$333.33\times10^4hm^2$的土地受土壤盐渍化影响，其他土壤也都不同程度地受次生盐渍化威胁。

黄淮海平原的土壤盐渍化问题主要分布在三个区域：①沿海湾低平原区，主要分布在沿渤海湾海岸线150km左右的范围内，海拔2～5m，包括天津市大部、河北省及山东省大部，土壤盐分以氯化钠为主。由于海水顶托，土壤脱盐过程缓慢，但近年来土壤盐渍化已减轻。②黑龙港中游盐渍土区，位于衡水周边的深县、武邑、枣强、冀县、新河一带，衡水北部的深县盐渍化较为严重。本区盐渍化的形成与半湿润季风气候条件及浅层地下咸水分布有关。③鲁西南盐渍土区，主要包括鲁西南南四湖西岸及黄河右岸的梁山、嘉祥、金乡、郓城、鄄城、菏泽等地，土壤盐分以硫酸盐为主。本区是引黄灌溉区，地下水埋深在1～3m之间，土壤自然积盐过程较强。

2. 汾渭河谷半干旱氯化物—硫酸盐斑状盐渍化亚区

主要是指汾河和渭河河谷平原。该区较华北平原更为干旱，加之汾河引水方便，排水不畅，极易发生土壤盐渍化。晋中盆地有两个积盐较重的地区，一是晋源洼地，二是晋中盆地末端。渭河流域盐渍化土主要分布在渭河下游的河漫滩阶地和古河床阶地，土壤盐分组成以硫酸盐为主。除此之外，晋冀山间盆地（如大同盆地、忻定盆地、长治盆地等）还有少量氯化物—硫酸盐盐渍化土分布。

（六）半湿润和湿润季风气候滨海盐渍化区

主要分布在我国东部滨海低平原和各大河三角洲。由于长期受海水侵袭，土壤和地下水含盐量很高。

1. 渤海氯化物盐渍化亚区

位于北纬35°～41°之间，北起辽东湾，南至莱州湾，包括辽宁、河北、天津和山东沿海，属暖温带季风气候区，年降雨量为500～700mm，降水主要集中在7～9月间，春旱、秋涝、晚秋旱的气候特点使得土壤相应具有季节性积盐和脱盐的频繁交替过程。本区海拔2～10m，地下水埋深1～2m，已开垦的农田土壤含盐量多在0.1%～0.3%之间，土壤盐分以氯离子和钠离子占绝对优势。

2. 东海、黄河氯化物盐渍化亚区

位于北纬26°～35°之间，北起海州湾，南至闽江口。年降水量在1000～1800mm之间，年均温度为13～18°C，属亚热带和暖温带气候。土壤盐分主要为氯化物，与海岸线呈大致平等的带状分布，自东向西盐分含量逐渐减少，地下水矿化度逐渐降低，土壤盐分类型从氯化物为主过渡到硫酸盐—氯化物为主再到重碳酸盐—氯化物为主。

（七）高寒荒漠—湖盆盐渍土区

主要指昆仑山以南、横断山以西的青藏高原。该高原的众多短而分散的内流河汇成许多孤立的湖泊，形成世界上海拔最高的湖群区。湖水矿化度多在1g/L以上，由于气候干旱、蒸发强烈，有些已浓缩为咸水湖。有些湖泊水面逐渐缩小，有的湖泊干涸或消失，留下多级湖滨阶地，沿湖周围大量积盐形成各种盐渍土。羌塘高原土壤盐分以苏打—硫酸盐—氯化物为主，藏西北高山河谷区土壤盐分以硫酸盐为主，雅鲁藏布江河谷还有零星硫酸盐盐渍土分布。

三、危害严重

土壤盐渍化是一种渐变性地质环境问题，也是造成耕地数量减少和质量下降的原因之一。土地盐渍化主要危害农业、畜牧业和基础设施，还对植被环境造成破坏。严重的盐渍化，使土地的利用率降低，荒地增多，加深了人多地少的矛盾，严重制约当地经济的发展。

（一）危害农业和畜牧业

由于盐渍化土壤中含有大量的可溶盐，使土壤溶液的渗透压升高，植物根系吸水困难，甚至难以生长，过量的氯离子使作物体内的叶绿素含量降低，影响光合作用，减少淀粉的形成，大量的钠离子使叶子边缘焦枯，造成生理灼伤现象，土壤中代换性钠过量存在，使土壤的理化性质恶化，土壤导水性能降低，促使表土易干燥、板结，抑制作物出苗生长。重度盐渍化土壤的作物缺苗率达50%以上，碱性强的土壤，钙、锰、磷、铁等元素易被土壤固结，营养元素不易被作物吸收，碳酸钠等强碱性物质破坏作物根部的各种酸，影响作物新陈代谢，特别对幼嫩作物的芽和根直接产生腐蚀作用，造成农作物减产甚至绝收。例如，辽宁康法地区盐渍化土壤232万亩，平均亩产仅150～200kg，辽中、新民地区盐渍化土壤面积72万亩，平均亩产仅75kg左右，又如，银川平原北部重度盐渍土22.77万亩，每年减收粮食4×10^7kg以上。据统计，宁夏全区每年因土壤盐渍化危害而造成的经济损失年均达0.2亿元，山东全省盐渍化耕地8162.13km^2，每年造成经济损失约17.14亿元。

土壤盐渍化也使草场牧草衰退，对畜牧业造成损失。如松嫩平原草场曾是全国十大片草地之一，牧草质量好，但由于草原盐碱化面积每年以15%的速度递增，且重度盐碱化面积大，约占30%，造成每年部分牛羊处于饥饿状态，损失牛羊肉6000t。

（二）危害交通电力等基础设施安全

盐渍土具有腐蚀性，对建筑物基础产生一定危害。如在盐渍土地段埋设的混凝土电线杆，会发生电线杆被腐蚀和局部裂缝现象，严重危及送电线路的安全；盐渍土对铁路路轨的腐蚀性也不容忽视。

盐渍土在干燥时，具有较高的强度，当盐类进入溶解液态时，土的强度变低、压缩性增强，工程地质性质差，影响地基的稳定性。盐渍土的季节性涨缩作用，导致渠道及交通道路的严重破坏。例如，根据调查，新疆8条全长9233km的公路干线上受盐渍化危害的路段长达880km，占公路干线总长的近1/10。此外盐渍化危害还使路基产生不均匀沉降、路面鼓包成波浪状，并产生纵向裂缝和坑槽，地面阶段性呈现弹簧状态并冒泥翻浆，造成季节性翻浆。

（三）导致生态环境恶化

重度盐渍化地区，地表返盐严重，形成大片盐碱地或光板地，盐结皮普遍，无植物生长或仅局部可见低矮、稀疏的红柳和盐蒿，生态环境严重恶化，再进一步发展即造成盐漠化。

第三节　土壤盐渍化的机理

在20世纪50年代，前苏联学者认为，潜水积极参加土壤的成壤过程是土壤盐渍化最普遍和最根本的原因。实践表明，这种说法并不全面，在我国西北地区许多地下水埋藏很深的地方，可因风的吹扬携带盐分及干旱的气候而形成地表积盐，而在潜水埋藏很浅的地方，并非都会形成盐渍土。所以，有必要从盐渍土的形成条件和土壤中盐分的运移机理两方面来讨论。

一、形成条件

（一）土壤盐渍化的外部条件

1. 地形条件

从区域地貌的角度上看，现有的盐渍土和潜在盐渍化土地大都集中在低地和洼地中。例如，我国的盐渍土多分布在内陆盆地（如柴达木盆地、河西走廊等）、河谷平原（如银川平原、汾渭平原等）、山前平原（如河北平原、松嫩平原等）、滨海平原、河流三角洲内。在盆地或平原内部的不同地貌单元中，土壤盐分的空间分布也存在差异，盐渍土多分布在山前洪积扇的扇前洼地、扇间洼地、河谷的低阶地、河谷洼地等地势较低处。

这种盐渍土多在地势低洼处出现的现象，又被称为盐渍土与地形的共生性。其形成原因是：①地势低洼处多是地下水的排泄区。地下水从补给区到排泄区的径流过程中，随蒸发浓缩和水岩相互作用，盐分不断积聚，矿化度不断增高，为土壤盐渍化的发育提供了充足的盐分来源；②低地和洼地通常也是地表水的汇区，地表径流将盐分从周边地势较高处携带到此，也为土壤的盐渍化提供了盐分来源；③低地或洼地处的潜水埋藏深度相对较浅，包气带由细粒物质组成，具有较强的毛细力，潜水可因毛细作用为包气带提供水分和盐分，水分蒸发散失在大气中，而盐分则留在土壤中，不断在地表积累。此外，微地形的变化也会引起土壤盐分的再分配。

2. 气候条件

气候条件是影响土壤盐渍化的另一重要因素。我国大部分盐渍土分布在北方干旱、半干旱区和滨海地区，其分布特征与气候条件的分布相一致。

（1）降水与蒸发

降水和地面蒸发强度与盐渍土的形成关系密切。对于长江以南的大部分地区，降水量大，蒸发力相对较小，土壤中的可溶性盐分会随水分进入土壤深层，最终进入地下水。在蒸发力大于降雨量的干旱、半干旱区，地下水或土壤水中的可溶盐分会随水分进入土壤表层，水分最终散失在大气中，而盐分则积聚在地表，形成土壤盐渍化。

关于降水和蒸发与土壤积盐的关系，考斯加柯夫提出了水盐均衡系数的概念：

$$A = \delta \cdot \rho / v$$

式中：A 为水盐均衡系数（量纲为一）；δ 为降水入渗系数（%）；ρ 为大气降水量（mm/a）；v 为土壤水分蒸发量（mm/a）。

对于 $A<1$ 的地区，称为湿度不足带，土壤积盐过程强于脱盐过程，朝盐渍化方向发展，且因土壤水分不足，难以满足作物生长需要，多进行农业灌溉，可能引起土壤的次生盐渍化。对于 $A>1$ 的地区，土壤朝脱盐方向发展。

（2）风的作用

风在盐渍土壤形成中的作用主要表现在两方面：一是在内陆盐矿体、盐沼泽、盐池或盐漠附近，盐分呈固体粉末被风力侵蚀、搬运，在沉降区聚集形成盐渍土，或者在滨海地区或内陆盐湖附近，海水或咸水随风飘洒，降落在地表促进土壤的盐渍化；二是风力作用可增强土壤蒸发强度，促进土壤的积盐过程。

3. 地表径流

地表径流对土壤盐渍化的影响主要有两种：一是直接影响，即通过河流泛滥或灌溉将盐分直接带入土壤中，使土壤含盐量升高，发生土壤盐渍化；二是间接作用，即河流和灌溉对地下水的补给作用，使得地下水位提高甚至上升至地表，在蒸发作用下将盐分带入土壤中。

4. 土壤冻融

在高纬度或高海拔地区，土壤在一年中有较长时间的冻结期，土壤水盐运动与土壤的冻融有密切关系。春季时土壤表层温度高，水分在表层汽化较多，溶解在水分中的盐分也随之向地表运动，形成春季积盐期。秋季气温高，土壤冻土层全部解冻，土壤水分以上行为主，成为秋季积盐期。除此之外，冻结期冻土层和地下水埋深仍存在着一定的水力学关系，上层土壤冻结后，冻土层与其下部的土层存在着一定的温度差，此时土壤水分会从下部较温暖湿润的土层中向冻土层运动，并将溶解在水分中的盐分带入冻土层，形成一种隐蔽性积盐过程。

5. 人为活动

人为活动导致土壤次生盐渍化的方式有两种。

(1) 通过灌溉、施肥、喷洒农药和废物排放等活动，将盐分带入土壤中，使土壤表层盐分含量增高。灌溉实际上是人为控制下的土壤水分补给过程，灌溉水中均含有一定的盐分，有些地区因淡水资源缺乏，甚至使用高矿化的咸水、污水或中水进行灌溉，从而将大量的盐分带入土壤。据联合国粮农组织和教科文组织的估计，由于灌溉不当，全世界每年约有 $1\times10^7\text{hm}^2$ 的灌溉土地被丢弃。某些渠灌地区因大量引水，还会使得地下水位上升而引起土壤盐渍化。施肥和喷洒农药也会将许多盐分带入土壤中，如果以每亩土地每年施用 20kg 化肥计算，相当于使土壤耕层增加盐分 0.13%。

(2) 由于水利工程的建设或采、排地下水，改变区域水文循环模式或地下水的流场，加速土壤的积盐过程。例如，开采深层地下水可将深部的高矿化水带到浅层，建设水库会使库区周边地下水位上升，增大潜水或土壤水的蒸发量，从而造成土壤的次生盐渍化。再如，南水北调工程可缓解我国北方地区水资源的短缺，但同时也人为改变了受水流域的盐分均衡。若以年调水量为 $300\times10^8\text{m}^3$ 计，每年进入调入区的盐分超过 $6\times10^6\text{t}$，如果这些盐分不能排入大海，势必加重调入区的土壤盐渍化。华北平原有黄河水系和海河水系，在正常情况下可将陆地废水（包括天然盐分）带入大海，形成一种天然的水盐均衡状况。目前，由于水资源利用程度的增强，特别是水分在平原内的循环利用，导致黄河和海河的入海水量急剧减少，陆地盐分在平原区大量聚集，加剧了华北平原的土壤盐渍化。

（二）土壤盐渍化的内部条件

影响土壤积盐的内部条件主要是地下水和介质条件两个方面。前者主要指潜水的埋藏深度和矿化度；后者指包气带的岩性结构和潜水含水层的透水性。这四个要素通过影响水分和盐分在地下水—包气带中的迁移转化过程，从而影响土壤的积盐和脱盐过程。

1. 潜水的埋藏深度

地下水的蒸散主要由植物的蒸腾和土壤表层的蒸发组成。当潜水埋藏较深时，经根系吸收并由叶面蒸腾或由土壤表层直接蒸发而丧失的水分，主要是包气带中的水，包括孔角毛细水、悬挂毛细水、结合水和过路水。这部分水的蒸散会造成包气带水分亏缺，使表层土壤水在干旱季节浓缩咸化，但在雨季又可得到降水补给而淡化，从长期来看，不会导致土壤积盐。

紧接潜水面的包气带中分布着支持毛细水。支持毛细水是潜水沿着毛细孔隙上升而形成的，与潜水联系密切。当潜水埋藏不深时，支持毛细水带上缘离地表较近，其中的水分在蒸发和蒸腾作用下不断逸入大气，潜水则源源不断地通过毛细作用上升补给支持毛细水，使蒸发和蒸腾作用得以持续进行。由于潜水沿毛细管不断上升并散失到大气中，水流带来的盐分便积聚在毛细带的上缘。入渗的降水可能会将部分盐分淋溶返回到潜水，但在蒸发力较大的地区，强烈的潜水蒸散发将使土壤积盐和地下水不断浓缩咸化。

潜水的蒸散发与其埋藏深度密切相关。当潜水埋深小于某一阈值时，随埋藏深度变浅，潜水蒸发量显著增大，当潜水埋深大于该阈值时，蒸发明显减弱。潜水埋深的上述阈值取决于支持毛细水的最大上升高度。不同地区的包气带岩性结构存在差异，导致最大毛细上升高度不同。在研究土壤积盐过程时，常用“临界深度”来判断潜水埋藏对土壤积盐的作用大小。通常将“临界深度”定义为不会引起作物根系活动层产生盐渍化的潜水面所处的最小深度，它是分析土壤盐渍化成因的一项重要指标，也是论证土壤改良措施的基本参数。

“临界深度”的大小是支持毛细的最大上升高度与作物根系活动层厚度之和。不同作物的根系活动层厚度不一，一般取0.6~1.0m，最大毛细上升高度则与包气带岩性结构有关。所以，在不同地区“临界深度”是个可变值。例如，我国河北平原的“临界深度”为3.5~3.8m，河南豫北引黄灌区约为2m。

2. 潜水的矿化度

潜水的矿化度反映了潜水中含盐量的多少。在潜水埋藏深度小于“临界深度”的条件下，矿化度越高，潜水供给土壤的盐分就越多，土壤盐渍化的可能性就越大。在此埋深条件下，如果抽取潜水进行灌溉，潜水的矿化度越高，土壤获得水量的同时，也会获得更多的盐分。总之，潜水常常是土壤盐分的重要来源，所以其矿化度大小对土壤的积盐过程至关重要。

3. 包气带岩性结构

包气带岩性对潜水蒸发和土壤盐渍化的影响，主要反映在毛细管特征上。由于潜水蒸发是通过毛细管输送水分而完成的，它受毛细管水分上升高度的控制。包气带岩性结构不同时，毛细管分布特征存在差异，并决定着土壤的持水性和导水性。理论上讲，粗毛细管导水能力强，但水分上升高度小；细毛细管水分上升高度大，但受薄膜水阻塞影响，导水能力弱。因此，岩性颗粒过粗或过细都不利于毛细管水分的运动和输送。根据前人实验结果，包气带岩性为黏土时，支持毛细水的上升高度最大，但亚砂土的潜水蒸发量最大。

一般情况下，包气带的颗粒越细，毛细上升的最大高度越大，“临界深度”就越大；在潜水埋深相同的不同地段，若包气带由细颗粒组成，潜水的蒸发作用越明显，土壤积盐越显著。除此之外，毛细上升高度还与包气带的岩性组合有关，如果包气带由粗粒土层和细粒土层组成，毛细水受紧邻潜水面的土层的岩性影响明显，当上覆粗粒土层且厚度较大时，最大毛细上升高度往往较小。另外，如果包气带中存在相对隔水层，就会形成上层滞水，降水入渗或灌溉形成的回归水会滞留在这个隔水层之上，会促进土壤的积盐作用。

4. 潜水含水层的透水性

潜水含水层的透水性好坏往往决定着地下水交替的快慢。如果潜水含水层的透水性好，包气带的淋洗水进入含水层后，可及时被带走，有利于土壤的脱盐；另外由于径流条件好，地下水交替积极，潜水的矿化度往往也相对较低。反之，如果潜水含水层的透水性差，来自包气带的淋洗水难以排走，导致土壤朝积盐方向发展，造成土壤的盐渍化。例如，在一些干旱、半干旱地区，潜水埋藏深度小于支持毛细的最大上升高度，但潜水含水层（砂砾石层）透水性极佳，往往见不到盐渍化现象。

二、包气带与外部环境间的盐分交换

包气带是一个典型的开放系统，与外界环境间不断地进行着水分和盐分的交换。从总体上看，可将它与环境间的盐分传输关系分为两大类：一是来自环境中的盐分在包气带内积聚，即盐分从环境向包气带内输入；二是包气带内的盐分排向外部环境，即盐分从包气带向环境输出。当来自环境的盐分输入与系统向环境的盐分输出大致相同时，包气带处于宏观稳定状态；当盐分输入持续高于盐分输出时，包气带内以积盐作用为主，土壤发生盐渍化；当盐分输入长期低于盐分输出时，包气带内以脱盐作用为主，土壤中的盐分含量呈减少趋势。

土壤中可溶性盐分的输入和排泄主要受土壤与其环境间水分传输规律的控制。

外部环境向包气带补给的水分有两类：①降水、灌溉水、地表水（如河水、湖水）等下渗形成的水分；②潜水提供的向上运移的毛细水。

土壤水向外部环境的排泄方式也可分为两类：①通过蒸发和蒸腾作用，由下向上排入大气；②在重力作用下，由上向下排入潜水含水层或侧向地表水体。

在土壤水补给和排泄过程中，可溶性盐分的运移规律为：

（1）降水、灌溉水、地表水等进入土壤时，所携带的可溶性盐分也补给到土壤中，但降水、灌溉水和地表水的入渗对土壤中盐分的运移具有两重性。当入渗水的矿化度较低且入渗量较大时，可溶解土壤中的部分盐分，并将其排入到潜水含水层中，从而对土壤起到“洗盐”作用；当入渗水的水量较小时，无法补给到潜水含水层，在蒸发或蒸腾作用下，直接从土壤排泄到大气中，所携带的盐分则富集在土壤中，从而使土壤发生积盐作用；当入渗水的矿化度较高时，即使入渗水能补给到潜水含水层，但在入渗过程中滞留在土壤中的孔角毛细水、悬挂毛细水、结合水和过路毛细水等，在蒸发和蒸腾作用下不断浓缩，也使土壤发生积盐作用。

（2）潜水含水层与包气带进行水量交换的同时，也进行着可溶性盐分的交换。当潜水以支持毛细水形式补给包气带时，也将地下水中的盐分从下向上携带到土壤中；当土壤水向下排入潜水含水层时，同时也将部分盐分带入地下水。潜水含水层—包气带间的水量交换对土壤中盐分的运移也具有两重性：当潜水埋深小于“临界深度”时，随潜水向包气带源源不断地补给水分的同时，潜水中的盐分也会不断供给土壤，使土壤不断积盐；当土壤水入渗补给潜水时，土壤中的盐分被排泄到潜水含水层中，对土壤起着“洗盐”的作用。潜水对土壤究竟起到脱盐作用还是积盐作用，取决于潜水含水层—包气带间两种方向的水分运移的相对强度。

（3）蒸发与蒸腾作用对土壤中可溶性盐分的运移不具上述两重性。在蒸发或蒸腾过程中，水的相态发生了转变，随着水分从液态转化为气态，可溶性盐分最终析出到土壤中。因此，在蒸发或蒸腾作用下，土壤中可溶性盐分的总量不变，既没有盐分的补给，也没有盐分的排泄，但土壤水分的丧失对土壤中的盐分起着浓缩作用，使土壤发生积盐作用。

土壤究竟是朝着积盐方向发展还是向脱盐方向发展，取决于上述几个因素的综合作用。另外，土壤中积盐和脱盐作用是随时间变化的动态过程，可以在降水或灌溉作用下表现为积盐与脱盐的季节性交替，即正常波动，也会因长期灌溉或地下水位的异常上升而产生持续的积盐或脱盐作用。

三、盐渍土形成的基本模式

根据上述包气带与外部环境间的盐分交换关系，可以将盐渍土的成因归纳为两种模式。

（一）盐分单向输入的土壤盐渍化模式

在潜水埋藏深度较大，毛细上升高度远低于植物根系主动能区的地段，潜水既不能为土壤层和植物供给水分，也不会供给盐分。土壤盐分主要来自地表，由风尘、大气降水、灌溉水或暂时性地表径流所携带的盐分提供，形成由上而下的盐分输入方式。如在年降水量小于100mm的荒漠区，风力可将远处盐池、盐沼泽表层的盐粉带到高空，之后随降尘落到荒漠区或由降水带到地表。研究表明，干旱荒漠区的大气降水中含盐量一般达到几十毫克/升，最高可达0.2g/L，比湿润区雨水的含盐量高出3~4倍。由于降水稀少，每次降水仅能湿润地表，最多使数厘米的表土层含水量有所增大，难以形成补给潜水的下渗水流。滞留在土壤包气带的水分，在强大蒸发作用下，将不断丧失，降水携带的盐分则留在土壤中，日积月累，地表形成盐分聚集的结皮，成为天然的盐渍土（图10-2）。这类盐渍土广布于我国的内蒙古、青海、新疆等地。

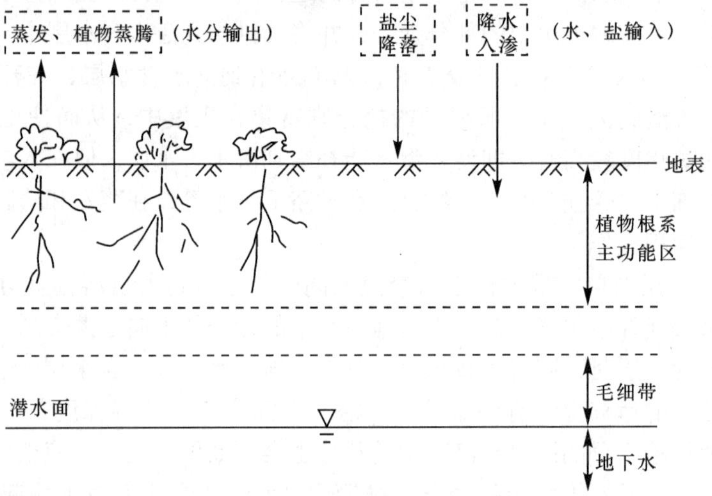

图10-2　盐分单向输入的土壤积盐模式

对于这种成因的盐渍土，人们常用刮去盐结皮的办法，将盐碱地改造成可垦殖的土地。

最近几十年来，在一些干旱、半干旱地区，由于灌溉水短缺，人们也常将微咸水或污水作为灌溉用水的补充水源，或采取喷灌、滴灌、渗灌等节水农灌措施，以节省用水量。这在一定程度上会促成盐分单向输入的积盐模式。因此，无论利用劣质水灌溉方式，还是采用节水灌溉方式，都必须在适当时机对土壤积累的盐分进行淋洗，以保证土地的长期可利用性。

（二）盐分双向输入的土壤盐渍化模式

这种盐渍土形成模式大多发生在毛细上升高度接近或高于植物根系主功能区的地下水浅埋藏地段。这种条件下，土壤包气带的盐分输入来自两个方向：一是大气中飘浮的盐粉的沉降以及降水和灌溉水携带的盐分随入渗水进入土壤，构成自地表向土壤层的盐分输入过程；二是地下潜水或上层滞水通过毛细管吸水，自下而上地向土壤包气带输入盐分。在强烈的蒸发作用下，土壤包气带中水分不断耗散，致使水去盐留过程不断持续，最终形成盐渍土（图10-3）。

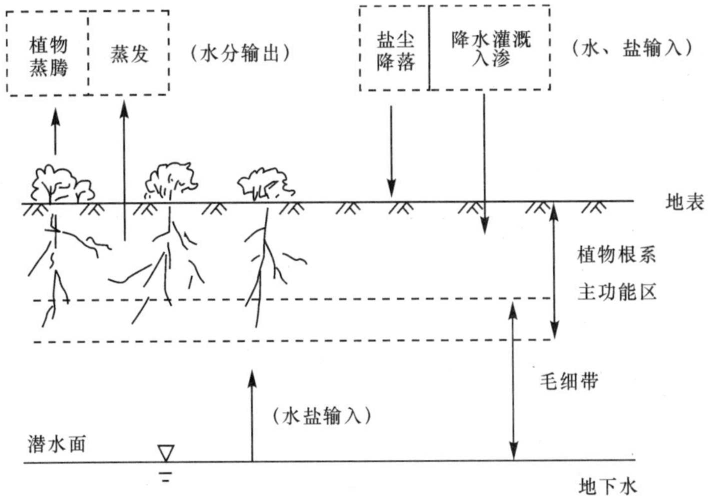

图 10－3　盐分双向输入的土壤积盐模式

盐分双向输入的盐渍土形成模式是干旱、半干旱地区，农田、平原水库周边、渠道两侧和地形局部低洼处等地下水浅埋区形成盐渍土的主要模式。

第四节　土壤盐渍化的分级

一、土壤盐渍化的分级依据

在进行土壤盐渍化的调查、评价和防治时，盐渍土和非盐渍土的区分、土壤盐渍化发育程度的判断、盐渍土类型的划分等是最为基础的工作。由于土壤盐渍化是一个渐变的地质过程，仅依靠其自身特点很难对其发育阶段进行划分。作为一种地质环境问题，土壤盐渍化的主要危害是影响农作物的正常生长。因此，通常以农作物对土壤盐分的耐受性为土壤盐渍化的分级依据。

土壤盐分对农作物的主要危害是造成其生理缺水。作物从土壤中吸收水分主要是靠根部的高渗透压。一般情况下，根细胞渗透压为 1～2.5MPa，而土壤溶液的渗透压只有 0.1～0.2 MPa，所以作物根部能顺利地从土壤中吸收水分和养分。当土壤溶液的渗透压增至 0.4MPa 时，作物根部吸收土壤水分就存在困难，生长受到抑制；若土壤溶液的渗透压增至 1MPa 时，作物通常就很难生长；当土壤溶液的渗透压达到 1.5MPa 时，大部分农作物就会萎蔫死亡。在土壤盐渍化过程中，随着土壤中可溶性盐浓度的增加，溶液渗透压会相应增高，可达到 0.5～1.5MPa 甚至更高，使农作物不能从土壤中吸收水分，这时即使土壤不缺水分，农作物也表现出缺水症状，严重者甚至脱水而死，即出现生理缺水。特别是作物播种时，由于盐碱土的盐分大部分积聚在表层，作物种子不能正常吸水膨胀和发芽，造成缺苗断垄。

此外，土壤盐分含量或某些组分的增加还会引起叶片气孔孔径减小，影响 CO_2 在农作物体内的扩散和光合作用的进行，阻碍作物的生长和发育，使其新陈代谢强度减弱。盐渍土中钠离子过多会抑制作物对钙和钾的吸收，造成作物缺钙，硫酸根离子过多也会引起作物缺钙。土壤中过高的盐分还会破坏农作物根系选择性吸收营养离子的能力，导致对有毒离子和非营养性离子的过量吸收，使作物受害和养分吸收失调。土壤盐渍化不仅使作物产量降低，还严重影响作物的品质。

对农作物正常生长影响最显著的土壤盐分参数是盐分总含量及其化学组成。盐分总含量决定了土壤溶液的渗透压，影响着作物根系对土壤水分和养分的吸收，并通过控制作物体内激素的含量，影响作物的光合作用和代谢过程。土壤中不同盐类组分的比例关系控制着农作物对营养离子的选择性吸收，进而影响作物的营养状况和作物品质。

二、土壤盐渍化程度的分级标准

按土壤全盐量及作物产量因盐渍化而降低的程度，前苏联学者对盐渍土进行了分级（表10－2）。我国目前普遍采用的土壤盐渍化分级标准是在此基础上制定的。该分级主要按地区和盐分类型大体归纳为两种含盐量系列（表10－3）。

表10－2　按土壤盐分的总含量及类型拟定的适用于大田作物的土壤盐渍化分级

作物生长抑制情况	盐化程度	苏打型	氯化物—苏打型苏打—氯化物型	硫酸盐—苏打型苏打—硫酸盐型	氯化物型	硫酸盐—氯化物型	氯化物—硫酸盐型	硫酸盐型
		盐分聚积层（0～60cm）中盐分总量或残渣量/%			0～100cm土层中盐分总量或残渣量/%			
无抑制	非盐化	<0.10	<0.15	<0.15	<0.15	<0.20	<0.25	<0.30
轻度，产量降10%～20%	轻度	0.10～0.20	0.15～0.25	0.15～0.30	0.15～0.30	0.20～0.30	0.25～0.40	0.30～0.60
中度，产量降25%～50%	中度	0.20～0.30	0.25～0.40	0.30～0.50	0.30～0.50	0.30～0.60	0.40～0.70	0.60～1.00
严重，产量降50%～80%	强度	0.30～0.50	0.40～0.60	0.50～0.70	0.50～0.80	0.60～1.00	0.70～1.20	1.00～2.00
个别植株成活，无收获	盐土	>0.50	>0.60	>0.70	>0.80	>1.00	>1.20	>2.00

土壤盐分的组成不同，其危害程度也有所不同。根据对作物的危害程度由大到小，可将盐分大致按下列顺序排列：$Na_2CO_3 > NaHCO_3 > NaCl > CaCl_2 > MgSO_4 > Na_2SO_4$。即对作物危害最大的阳离子是钠离子，当作物从盐渍化土壤中吸收过多的钠离子时，将会抑制对钙和钾的吸收，造成作物缺钙；阴离子的危害程度为$CO_3^{2-} > Cl^- > SO_4^{2-}$。一般情况下，

表 10-3 我国的土壤盐渍化分级指标

盐分系列及适用地区	土壤含盐量/%					盐分类型
	非盐化	轻度	中度	强度	盐土	
滨海，半湿润、半干旱、干旱区	<0.1	0.1~0.2	0.2~0.4	0.4~0.6 (1.0)	>0.6 (1.0)	HCO_3^- + CO_3^{2-}，Cl^-，$Cl^- - SO_4^{2-}$，$SO_4^{2-} - Cl^-$.
半漠境及漠境区	<0.2	0.2~0.3 (0.4)	0.3 (0.4) ~0.5 (0.6)	0.5 (0.6) ~1.0 (2.0)	>1.0 (2.0)	SO_4^{2-}，Cl^- — SO_4^{2-}，$SO_4^{2-} - Cl^-$

单一盐类的危害程度大于复合盐类，即当多种盐类同时存在时，危害程度有所降低。

三、盐化土与碱化土

按土壤中盐类组分及其对作物危害方式与程度的不同，可将盐渍土分为盐化土和碱化土两大类。

盐化土主要是指含有较多 NaCl 和 Na_2SO_4 的盐渍土。按土壤含盐量与干质量的百分比，盐化土分为 5 类（表 10-4）。

表 10-4 盐化土分级标准

盐化程度	非盐化土	轻度盐化土	中度盐化土	重度盐化土	盐土
含盐量/%	<0.2	0.2~0.5	0.5~0.7	0.7~1.0	>1.0
农作物生长状况	正常	幼苗受危害	能生长耐盐作物	生长不好	生长不好或不生长

碱化土又称苏打土，主要指含有较多的 Na_2CO_3（苏打）和 $NaHCO_3$（小苏打）的盐渍土。碱化土对作物的危害主要体现在两个方面：碱化土中含有的 Na_2CO_3 和 $NaHCO_3$ 遇水时会水解，形成强碱（NaOH），对作物根部起腐蚀作用；在高浓度条件下，土壤中的许多 Na^+ 可被土壤吸附复合体所吸附，使土壤胶体产生较强的亲水性和分散性，原有的土壤团粒被破坏，潮湿时泥泞，干燥时板结、破裂，土壤透水性、通气性都变差，影响作物正常生长。各级碱化土壤的田间景观如下。

Ⅰ级：瓦碱，多为几平方米到几十平方米的碱斑，地表光滑，板结，间或生长有稀疏的剪刀股，表面有 1cm 厚的结壳，结壳背面多蜂窝状气孔。

Ⅱ级：强碱化潮土，多为大碱斑分布于农田，地表光滑，稍轻程度的板结，小麦生长严重受抑制，麦苗稀少，色黄瘦弱，缺苗率为 60% ~90%。

Ⅲ级：中度碱化潮土，农田中有小碱斑，地呈灰白，较板结，小麦长势差，缺苗率在 30% 左右。

Ⅳ级：弱度碱化潮土，地表微显灰白，稍板结，作物基本全苗，但长势较正常土稍差。

Ⅴ级：非碱化的正常潮土。

第五节 土壤盐渍化的防治

土壤盐渍化发生的根本原因在于，在长时间尺度上，环境的盐分输入大于土壤包气带向环境的盐分输出，致使土壤积盐作用强于脱盐作用。因此，土壤盐渍化防治的基本原则是，切断或削减环境向包气带的盐分输入，或增强包气带向环境的盐分输出，使得土壤盐分处于收支均衡状态或以脱盐作用为主。除人为控制盐分的输入、输出外，调整包气带岩性结构也是进行土壤盐渍化防治的重要手段。

一、减少土壤盐分的输入

（一）降低潜水位

即通过降低潜水位，使潜水埋藏深度大于“临界深度”，从而减少地下水的水分和盐分向包气带内的输入。可采取的具体措施如下。

1. 地表水体的防渗

对水库、渠道等地表水体进行浆砌，或使用黏土、薄膜、橡皮等防渗材料铺底，减少地表水对地下水的渗漏补给量，防止潜水位的抬升。

2. 减少灌溉水的回归下渗

传统的大水漫灌方式不仅浪费水资源，还可能因灌溉水的回归下渗而导致潜水位上升，引起土壤盐渍化。为了减少灌溉水的回归下渗和节约水资源，可根据作物生长期需水情况，改用渗灌、喷灌、滴灌等方式适量灌水。在干旱地区，为减少地面的直接蒸发，还可以考虑覆膜条件下的滴灌、渗灌，并将其与大水漫灌相结合，通过定期的漫灌，淋洗土壤中集聚的盐分。

3. 人工排水

即人为添加地下水的排泄项，增大地下水的排泄量，降低潜水位，使潜水埋藏深度大于“临界深度”。常见的措施有抽取地下水、修建排水沟渠等。此外，某些阔叶乔木的耗水量远大于农作物，其根群深度也大于一般作物，在农田两侧种植这类乔木也可降低地下水位，起到生物排水的作用。

（二）防止高矿化水进入土壤

主要是慎重使用或尽量避免咸水和污水灌溉，防止或减少高矿化水进入土壤。

二、增强土壤盐分的排出

利用矿化度较低的淡水进行定期灌溉，可对土壤中的盐分起到淋洗作用，使土壤盐渍化得到治理。但需要注意的是，土壤中可溶性盐分的运移是以水为载体的，被淋洗的盐分最终能否被带出作物根系活动层，取决于灌溉水能否从根系活动层中排出。

如果土壤盐渍化地区的包气带较厚，且颗粒较为粗大，则渗透性较好，灌溉水易于入渗到包气带下部或进入潜水含水层，且不会发生返盐。在这类地区，尤其是符合这类条件的干旱、半干旱地区，可定期进行大水漫灌，将土壤表层的盐分溶解淋洗到地下。

对于包气带较薄且颗粒较细的盐渍化地区，土壤透水性较差，灌水淋洗的效果不佳，且易造成土壤表层返盐。在这类地区，可先灌水浸泡，充分溶解土壤表层积聚的盐分，然后将这些溶有大量盐分的积水排掉，从而将盐分带离农田。对于存在黏土夹层的地区，也可利用该方法进行洗盐。具体的灌水和排水措施有渠灌渠排、井灌渠排、井灌井排等。

三、改善包气带岩性结构

通过改善包气带岩性结构实现土壤盐渍化防治的途径有两个：一是降低支持毛细最大上升高度，或增加包气带的厚度，使当前的潜水水位低于土壤盐渍化的“临界深度”；二是增加包气带的透水性，使来自包气带上边界的水分能够畅通地渗入到作物根系活动层以下或进入潜水含水层，起到“淋洗”土壤盐分的作用。

引洪放淤改良技术和铺沙压碱法是人们在长期实践中探索出的治理土壤盐渍化的有效方法，它们都是基于改善包气带岩性结构这一原理。引洪放淤改良技术是把含有泥沙的洪水引入田间，使泥沙沉积下来形成新的淤泥层或淤土层，既冲洗了原有土壤中的盐碱，又增加包气带的厚度，抑制了土壤返盐。“沙盖碱，赛金板”是人民群众对铺沙改碱法的评价。铺沙能改良土壤结构，切断毛细管输水途径，减少土壤水分蒸发，防止盐分向土壤表层聚积，还可增加地下水的渗流性，利于淋洗盐分。在沙源丰富的灌区，该方法已被广泛采用。

在存在黏土夹层的地区，为防止上层滞水造成的积盐，可打一些穿透黏土层的竖井，在井中填充颗粒较为粗大的砂砾，形成透水性较强的砂井，将上层滞水导入到黏土层之下或潜水含水层中。

四、其他措施

通过深耕、松土、施用有机肥等措施，改善表层土壤的理化性质；种植牧草和田间林带，提高田间的封闭程度，减少土面蒸发；因地制宜，培育种植耐盐作物；施加石膏，取代土壤中的 Na^+，利用工业废硫中和土壤碱性，进行土壤整治，降低盐渍土对作物的危害。

第十一章 荒 漠 化

第一节 荒漠与荒漠化的概念

一、荒漠的概念

荒漠是指植被稀疏、矮小、土壤贫瘠、厚度较薄，甚至母质基岩裸露地表，并具有较大分布面积的地理景观或地貌类型。它通常分布在降水稀少，蒸发力大，风力侵蚀、搬运、堆积作用十分活跃的干旱、半干旱地区。近年来，国内外学者研究表明，在湿润气候区，强烈的水土流失也可以导致基岩大面积裸露，呈现上面所描述的景象，并将这种强烈水土流失形成的裸岩大面积出露的地貌景观纳入荒漠的范畴，称为“石质荒漠”。由于荒漠地区水土条件很差，土地的生物生产力极端低下，以至成为丧失生物生产能力的“不毛之地”，所以荒漠也被视为生物多样性最差，土地生物潜能遭到破坏的特殊生态系统。

二、荒漠化

与荒漠概念既有联系又有所不同的是，荒漠化是指正常土地在自然与人为双重作用下，向荒漠景观演化的时空过程，属于土地退化的一种地质环境问题。

1984 联合国环境规划署（UNEP）第十二届理事会，在制定荒漠化防治行动计划（PACD）时，将荒漠化定义为“荒漠化是土地生物潜能衰减或遭到破坏，最终导致出现类似荒漠的景观”。1992 年在巴西里约热内卢召开的世界环境与发展大会上，进一步明确了“荒漠化是因各种因素所造成的干旱、半干旱和亚湿润干旱地区的土地退化，其中包括气候变化和人类活动。”这一定义基本为世界各国所接受，并作为荒漠化防治国际公约制定的思想基础。近些年来，有关湿润区荒漠化的讨论中，国内外学者认为，荒漠化并不包括存在水土流失（土壤侵蚀）现象的所有土地，而是专指水土流失发展到具备荒漠境况的地区，即土壤层的缺失或基岩大面积裸露，植被稀疏生长受到抑制的地方。

土地荒漠化是当今世界上危害严重的地质环境问题之一。据统计，1984 ~ 1991 年间，全球荒漠化土地从 $3475\times10^4km^2$ 增加到 $3592\times10^4km^2$，受荒漠化影响或威胁的土地面积接近 $52\times10^6km^2$，两者之和已占全球陆地面积的 1/4，而且每年仍以 5×10^4 ~ $6\times10^4km^2$ 的速度在不断扩大。当正常土地向荒漠化方向发展时，随之而来的是生态环境的急剧恶化。土地生产力大幅度下降，农牧林业减产，物种减少乃至许多物种绝灭，与此同时，局域极端气候现象频率增高，干旱半干旱地区沙尘暴和扬沙天气频繁出现，从而造成巨大的经济损失和一系列社会问题，严重地区甚至造成大量的生态移民。资料表明，全球受荒漠化困扰的国家有 100 多个，约 12 亿人口受荒漠化之害，每年直接损失近 430 亿美元，如果考虑间接损失和荒漠化的长远影响，必将成为人类持续发展的巨大障碍。

第二节　荒漠化的成因与类型

土地荒漠化的地质学本质是地表物质在风力、水力、冻融等外力作用下，再行分配的时间过程。这一土地退化过程可以由自然条件的改变而导致，也可以因不当的人为活动与自然条件相耦合而发生。

一、荒漠化的成因

（一）自然条件的变化导致的荒漠化

地质环境系统是不断演化的。最近 10 年来，国内外许多科学家从不同专业角度研究了南北半球中纬度地区“干旱荒漠带”形成的原因，其中最有说服力的证据来自两个方面的事实；一是全球沙漠分布格局的变化；二是青藏高原隆升导致的干旱化效应。这些认识为揭示我国西北地区荒漠化“长程”发展趋势和规律提供了重要的线索。

沙漠是干旱气候带荒漠的一种类型，往往处于石质戈壁、砾质戈壁等荒漠外围，是风沙的堆积区，所以活动沙丘的分布范围可以勾勒出当时干旱区荒漠的大致轮廓。将距今 18ka 全球活动沙丘分布图与现代沙丘分布图相对照（图 11－1），可以看出，世界上的沙漠主要分布在南北半球的中纬度地区，如今北半球的活动沙丘分布面积有进一步扩张的趋势，而南半球沙漠在减少；亚洲中部和我国西北地区是全球沙漠面积增长最快的地区，说明荒漠化的程度在加剧。对此，澳大利亚学者马丁·威廉姆斯（Martin Williams）在《第四纪环境》一书中指出：全球的大气环境主要受纬度控制，因为赤道的太阳辐射量最大，所以赤道附近的陆地或海洋变热，其上的空气也通过对流的方式被逐渐加热。因为热空气比冷空气包含较多水分，上升热空气经冷却，空气中的水分以降雨方式落到地面。地球中纬度处于气流下沉地带，由于热带的降水使空气中多余水分大部分已失去，所以当气流到达中纬度地区时，下沉气流变得十分干燥。此外，中亚和我国西北地处大陆中心远离海洋，“大陆效应”也会使纬度带造成的干旱程度更加增强。至于为什么北半球现代荒漠化现象比南半球发展的更快，有学者指出，黄赤交角的变化，使得不同时间和不同纬度带太阳辐射量有所改变，这种变化也是全新世中期到目前为止沙漠分布格局变化的重要原因。

除上述全球性的原因外，我国西北乃至亚洲中部荒漠化趋势不断加剧的另外一个重要原因是青藏高原的持续隆升。自上新世以来的 3Ma 间，由于印度板块的推挤，青藏高原由平均海拔 1000～2000m 升至 4000～5000m，天山上升了近 5000m，秦岭上升了近 2000m。曾经海拔较小，起伏不大的我国宏观地形呈现出以青藏高原为世界屋脊，向太平洋方向梯级下降的态势。受青藏高原的阻挡，北半球盛行的西风流接近青藏高原时分化为两支。一支向南绕过喜马拉雅山，与印度洋暖湿气流汇合沿横断山一线进入我国云南、贵州、四川甚至到达中南地区；另一支向北绕过阿尔泰山与北冰洋冷湿气流合并，在冬季入侵我国北方。西风流的分化带来了两种气候效应：一是使我国西北地区成为缺乏海陆水汽交换的“死角”，伴随青藏高原的陆续隆升，气候干旱化不断加剧，我国西北地区风蚀的荒漠化会愈演愈烈；二是季风气候的形成，由于西风流解体而弱化，太平洋暖湿气流可乘虚而入，在夏季大洋上形成的台风可从我国东部沿海登陆带来大量雨水。而在春夏季节西风流的南支也会造成我国西南和中南地区的降水过程。这两支气流的频繁交替活动是造成我国

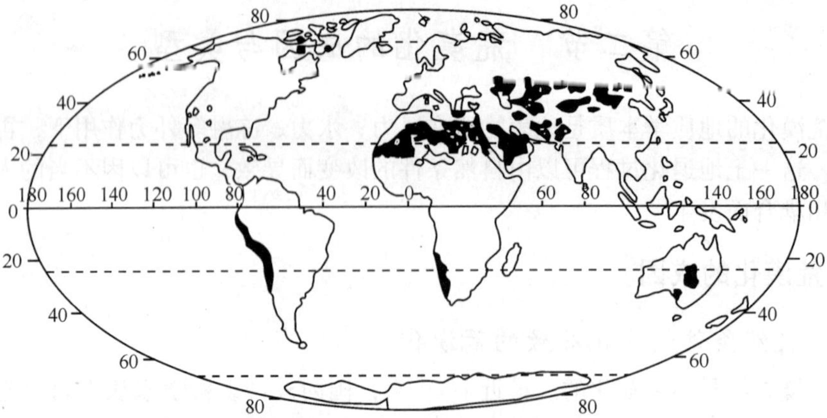

a. 现代全球活动沙丘的分布

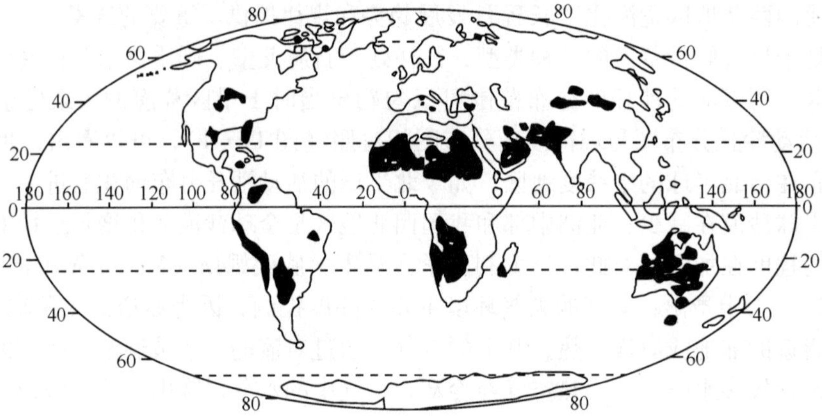

b. 末次冰期最盛期（距今 18 ka）全球活动沙丘的分布

图 11－1　全球 18ka 前沙漠与当今沙漠分布示意图

（据 Goudie，1983；Sarnthein，1987）

大部分地区暴雨、冰雹等极端天气现象出现的重要原因，因此，我国西南、中南、东南地区也是现代土壤水力侵蚀发育程度较强烈的地区（图 9－1）。

（二）人为活动与自然条件耦合导致的荒漠化

土壤是植物生长所需水分、养分的提供者，也是植株立地固定的基质。不同的自然地理分带、气候、水分、日照条件孕育着不同的土壤类型，生长的陆生植物也会有着不同的形貌和生理习性，从而构成了地球陆地表面生态系统的多样性。从生态学的角度来看，土地荒漠化的过程也就是各种陆地生态系统向荒漠生态系统逆行演替的历程。因此，荒漠化的发展均以土壤质量的下降为前提，围绕土壤和植被的生态学关系的失调展开的。

纵观荒漠化发育的地区，几乎无例外的是农业、牧业和采伐业无序发展的地区。在过去的几千年间，特别是近一个世纪以来为了获得更多的农作物产量，人类在广大地区进行农业活动，许多天然植被遭到破坏、土壤复耕以及化肥农药的使用、土壤的天然肥力减少、自然团粒破坏、渗水保水能力下降、加之非作物生长季节大片土地裸露，导致了土壤遭受风力和流水的侵蚀，土壤中的细粒物质被风和流水搬运到其他地方。在成壤速度较缓慢或风力、水力侵蚀强烈的地区，土壤的流失使土层变薄、质地变粗肥力不断降低、土地的生产力急剧下降，所以土地粗放耕植和过度使用，往往诱导土壤侵蚀的加剧，导致荒漠化的发生。

过度放牧和樵采是促发土地荒漠化的另一种不当的人为活动。

在许多干旱地区畜牧业是当地经济的主产业。为了提高畜产品的数量，单位面积土地的载畜量不断提高，致使牲畜啃食量远远超过土地牧草生产量。特别是在春夏之交，牧草正处于出苗的幼年期，轮番地啃食，破坏植物休养生息、结实繁殖的正常轮回，草地快速退化使土地失去植被的保护导致风沙肆掠，沙尘暴频发。风蚀的加剧，使广大草场土肥流失，土地向砾质化和石质化方向发展，昔日的草原逐渐变为荒凉的戈壁。

森林的乱采滥伐是导致土地荒漠化的另一元凶。森林和地面生长的灌木、草本植物除具有调节小气候、调蓄水分、积累土壤肥分等重要的生态功能外，还起着防止风力、水力侵蚀的重要作用。然而随着对木材需求量的增长，为满足燃料需求的樵采，或出于经济目的的采药等人为活动，不断加剧天然植被的破坏，已成为当今世界各地普遍的现象。千百年来植被发育、繁衍的结果，可因人为的上述活动毁于一旦。这种掠夺式的开发，带来的后果十分严重。原本集中于中纬度气候干旱区的荒漠化问题，现已出现在亚热带、热带的亚湿润和湿润区，荒漠化的种类也由原先的风蚀荒漠化扩大为风蚀、水蚀的各种类型，如发生在广大山区、丘陵的石漠化现象。

除上述原因之外，不合理的灌溉、过量地抽取地下水、拦截地表水还会引起土壤水盐的失调和天然植被需水的不足，导致土地沙化、盐渍化的发生，进而加快植被的退化和土壤的贫瘠化，最终沦为荒漠。

二、荒漠化的类型

处于荒漠化进程中的土地并不都是典型的荒漠景观，而是以土壤的贫瘠化和植被的退化为标志。在不同的气候条件下处于不同阶段的荒漠化土地，特点也各不相同。大体可分为以下几类。

（一）戈壁化

戈壁又称戈壁滩，是砾质荒漠的通称。戈壁化是气候干旱化的产物，形成于原本是开阔的大型的冲洪积扇，宽阔的河谷和盆地平原区。由于风蚀作用的不断发育，地表沉积物中细小颗粒和营养物质被带走，留下较粗大的岩石碎块和砾石，零散分布在地面。这些粗砾物质与下伏细粒母质紧密结合，形成坚硬的裸地或者地表全部被粗粒物质覆盖，形成石滩。戈壁化是土壤层丧失，母质层出露的土地退化过程，与之同时发生的是植物多样性减少，植株向低矮稀疏的多年生草本或灌木方向演替。

根据地表砾质的多少和植被的情况，戈壁化可进一步分为全戈壁化，半戈壁化和准戈壁化。全戈壁化为砾质硬地和石滩裸地占分布面积的95%以上的土地，植被覆盖度不足5%，这种戈壁基本丧失生物生产能力，人工封围措施难以恢复其原有的生态功能；半戈壁化是以砾质硬地为主，占分布面积的70%～80%的土地，植被覆盖度在10%～20%之间，这种戈壁尚具有一定的生物生产力，在植物覆盖相对高的地段，采取防风和人工育林措施可以延续或中止戈壁化的进一步发展；准戈壁化是正常土地在风蚀作用下土壤层粗化和水肥不断减少的阶段。

（二）沙漠化

沙漠化也是气候干旱化的产物。根据沙漠的分布地点和形成规律，可将沙漠化分为广义的土地沙化和狭义的沙漠化。沙化土地一般面积较小，分布零散，一般位于避风的小型洼地和地表有挡风障碍物的地段，由风力搬移或携带的细沙在地表停积而成。小型沙漠沙层的厚度一般较小，常具有波纹状的外形特征。物质来源既可以是近源物质，也可以是风力吹扬携带的远源物质。

沙化土地的地面高度因风积会不断增高，将原有的植物覆盖掩埋，并逐渐被一些抗埋、抗旱能力较强的沙生植物取代。如果局部风场随微地形的变化而逐渐减弱，某些干旱沙生植被会不断发育繁衍，使移动沙丘固定，有可能逐渐向非风沙化方向转化，反之，很可能进一步连片形成沙漠。除此之外，在气候干旱、地下水位大幅下降的河湖相平原和洪积平原，土面强烈的蒸发和植物的减少，会使土壤板结龟裂，细粒黏土、粉砂等泥质直接暴露在大气中，或者直接形成松散的沙层，遭受风力的侵蚀。这类荒漠又称为泥漠，也有人将其归入土地沙化之中。

狭义的沙漠化是指沙漠的形成。与戈壁化形成鲜明对照的是，戈壁化是地表沉积物细粒物质在风蚀作用下不断丧失移走的过程，而前者则是风力堆移或携带的远源物质下落沉积过程，其物源为广袤的戈壁和山区。在风力作用下，以移动沙丘、沙垄和庞大的沙山等风积地貌为主，由于气候极端干旱，沙土中水分含量极低，除在一些阴坡和地形稍低洼处可见零星的沙生植物外，大部分地面无植物生长，是陆地上最荒凉之处。理论分析和野外调查证明，受沙漠化困扰的地区大多为戈壁的外围，尤其是区域主风场下游的山前和盆地边缘地带。

（三）石漠化

石漠化的最终结果是形成石漠，又称岩漠。石漠化可出现在干旱、半干旱地区，也可发生在降水充沛的湿润、半湿润区。由于两者形成机制的不同，出现在干旱、半干旱地区以风蚀为主的石漠化又称为岩质戈壁化。在湿润、半湿润地区由强烈水力侵蚀而形成的石漠过程称为水蚀石漠化。

这两种石漠化景观上的共同之处是地表没有松散堆积物，主要由巨砾和裸露的基岩组成，植被分布零星、稀疏，常以个体的方式生长在岩石的隙缝中，植株发育不良，趋于矮化。

风蚀导致的石漠化多发生在降水稀少，蒸发力大，风力活跃的迎风向丘陵山地，也可在松散沉积物厚度不大，下伏基岩面隆起的平原和盆地中形成。强烈的风蚀是促使这种石漠形成的主要原因。

水蚀导致的石漠化主要发生在降水充沛且暴雨多发，地形起伏多变的基岩山区和丘陵。水蚀石漠化还可以进一步划分为非碳酸盐岩区的石漠化和喀斯特石漠化。前者大多分布在我国秦岭、淮河的湿润、半湿润区，地表组成物质以花岗岩、砂岩及红色黏土为主，由于人口众多、经济活动频繁、不合理的土地利用方式如高角度坡地的垦殖和植被破坏，导致强烈的水蚀作用，最终土壤和松散沉积物盖层全部冲刷殆尽，基岩露出地表。喀斯特石漠化大多分布在我国四川、贵州、云南，广东和广西的碳酸岩分布区。喀斯特石漠化区域水土流失的强度并不比非碳酸盐石漠化地区更大，而是在轻度和中度时，便可发生石漠化。原因在于碳酸盐岩酸不溶物含量很低，风化残余物很少，成壤速度极慢，平均每形成1cm厚的土层需要8000年左右，一般的侵蚀作用即可将土层剥离，加之岩溶的发育在地表形成大量可供风化残余物进入地下的通道，使之迅速被水流搬运走或成为地下洞穴沉积物。因此，喀斯特石漠化的快速发展更为人们所关注。

（四）盐渍化

盐渍化是指易溶性盐分在土壤表层积累的现象和过程。土壤盐分的过量累积，可导致非耐盐植物的大量死亡，植被退化，土地生物量急剧下降。在干旱、半干旱地区土地严重盐渍化可在地表形成盐分结晶覆盖物，即所谓的盐结皮或盐壳，当盐渍土达到一定规模时，使之成为盐漠。另外，由于地表缺少植被的有效保护，风蚀作用会随之强化，土地也可能向戈壁化或石漠化的方向发展。

（五）冻融荒漠化

在高海拔或高纬度地区普遍分布着常年冻土或季节性冻土。冻土分布区季节的轮回会使近地表岩土和土层中的水反复冻结和融化，引起冻融风化，冻融泥石流和冻融剥蚀等水土流失现象的发生，也会导致荒漠景观的出现。我国冻融荒漠化土地面积为$36.3\times10^4km^2$，主要分布在青藏高原、昆仑山、天山、横断山北部。由于冻融荒漠化常发生在雪线与高山植被带高位界线之间，那里人迹罕至，一般不会给人带来直接危害，但随着全球变暖冰川的萎缩，冻融荒漠化呈现不断扩大的势头，对气候植被和水资源未来前景都会产生深远影响，应对其引起充分重视。

第三节　我国荒漠化的发展现状

我国国土面积大，地形复杂，地貌种类多样，气候条件十分复杂，荒漠的类型也十分齐全，随着我国经济的快速发展，人口不断增多，土地利用方式的多样化和规模的扩大，土地粗放管理带来的问题也日渐突出，土地荒漠化问题不仅没有从根本上得到控制，反而呈现日趋严重的态势。归纳起来目前我国土地荒漠化发展有以下几个特点。

一、分布范围广泛

我国是世界上荒漠化最为严重国家之一。其中水蚀荒漠化（水土流失）面积为$186.75\times10^4km^2$。风蚀荒漠化面积为$187.29\times10^4km^2$，两者相加荒漠化土地约占我国国土面积的38.9%。

（一）风蚀荒漠化的分布

根据第二次全国荒漠化监测报告（1999年），风蚀荒漠化占我国国土面积的19.5%，共涉及17个省（市、区）。其中新疆面积最大，占风蚀荒漠化土地面积的43.8%，其次为内蒙古、青海、甘肃和西藏，分别占31%、7.7%、7.6%和6.6%。陕西、宁夏、北京、河北、山西、辽宁、吉林、黑龙江等也有较大面积的风蚀荒漠化土地分布。总体来看，风蚀荒漠化主要分布在北纬35°～50°之间的内陆盆地和高原，大致形成一条西起塔里木盆地西端，东至松嫩平原西部，横贯西北、华北和东北地区，东西长达4500km，南北宽约600km的风蚀荒漠化带。此外，青藏高原高寒地区也分布着面积较大的风蚀荒漠化土地。

按气候类型区划分，干旱区风蚀荒漠化面积为96.92×10^{4}km^2，大体分布在贺兰山以西、祁连山以北及柴达木盆地、西藏西北部的大片区域。半干旱区风蚀荒漠化面积为59.90×10^{4}km^2，主要分布在贺兰山以东，长城沿线及其以北地区，主要包括毛乌素沙地、浑善达克沙地、科尔沁沙地、呼伦贝尔沙地及其周边地区。该区处于农业区向草原过渡地带，人为活动极为活跃，也是荒漠化扩展最为迅速的地区。在干燥的亚湿润区，风蚀荒漠化面积为30.49×10^{4}km^2，从毛乌素沙地东部至内蒙古东部与东北地区的西部大体呈东北—西南向带状分布，在东经106°以西以及从青海到西藏北部主要为斑块状分布（表10-1）。随气候类型区由干燥亚湿润区—半干旱区—干旱区的变化，风蚀荒漠化程度也大体呈轻度—中度—重度的变化趋势。在干旱区96.9×10^{4}km^{2}的风蚀荒漠化土地中，重度和极重度占了76.5%；半干旱区以中度和重度风蚀荒漠化为主，占62.6%；干燥的亚湿润则以轻度和中度风蚀荒漠化为主，占86.4%。

表11-1 各气候类型区风蚀荒漠化土地程度分布（单位：10^{4}km^2）

气候类型区	干旱区	半干旱区	亚湿润区	合计
轻度	4.42	12.81	14.41	31.64
中度	18.30	25.17	11.93	55.40
重度	23.73	12.34	2.88	38.95
极重度	50.46	9.58	1.26	61.30
合计	96.91	59.90	30.48	187.29

按自然地理单元来看，蒙新高原和青藏高原是我国沙漠、戈壁及沙化土地的集中分布区，东部季风区的沙化土地则零星分布于某些江、河、湖、海沿岸。蒙新高原的沙漠、戈壁和沙化土地主要分布在新疆塔里木、准噶尔盆地、吐鲁番盆地及其山前平原地区，往东跨甘肃河西走廊、宁夏北部及河东地区、内蒙古西部和东部草原地区、陕西北部和吉林西北部。青藏高原高寒地区的沙漠、戈壁和沙化土地主要分布于青海柴达木盆地、共和贵南盆地，西藏那曲地区、阿里地区和河谷地区，藏东“三江”河谷以及甘南玛曲、青海玛多、玛沁和川西北高原等地亦有零星分布。

（二）水蚀荒漠化的分布

根据调查统计，水蚀荒漠化主要分布在大兴安岭—贺兰山—青藏高原东缘一线以东，其总面积占我国国土面积的19.4%。其中喀斯特石漠化发展最为迅速，且更易形成荒漠景观。我国喀斯特石漠化主要分布在西南和中南地区，涉及云南、广西、四川、湖南、湖北、广东、贵州、重庆等8省市区。根据国家林业局发布的岩溶地区石漠化状况公报，截至2005年底我国岩溶石漠化土地约为12.96×10^{4}km^2，占该地区碳酸盐岩分布面积的28.7%，喀斯特石漠化最严重的是贵州、云南、广西三省（区），总面积达8.8×10^{4}km^2，占西南石漠化总面积的83.85%。各省（市、区）的具体情况见表11-2。

表 11-2 喀斯特石漠化土地发生状况

省（市）	石漠化面积/km^2	岩溶面积/km^2	石漠化发生率/%
湖北	11. 248	50. 955	22. 07
湖南	14. 789	54. 362	27. 20
广东	0. 814	10. 631	7. 65
广西	23. 791	83. 296	28. 56
重庆市	9. 257	32. 722	28. 3 +
四川	7. 750	27. 634	28. 04
贵州	33. 161	112. 238	29. 54
云南	28. 816	79. 122	36. 42
合计	129. 622	450. 96	

二、发展速度快

我国土地荒漠化治理进度滞后其扩展速度，且呈现加速发展的趋势。

据调查，20 世纪 50～60 年代，风蚀荒漠化面积每年扩展 1560km^2，80 年代每年扩展 2100km^2，90 年代初每年扩展 2460km^2，90 年代后期达到 3436km^2，约相当于一个中等县的面积。

我国风蚀荒漠化发展最快的有两类地区：①贺兰山以东的半干旱和半湿润区的农牧交错带，即东起大兴安岭，横穿内蒙古东部和东南部、河北北部、山西和陕西以及甘肃的生态过渡带，包括科尔沁沙地、毛乌素沙地、呼伦贝尔沙地和浑善达克沙地四大沙地。在科尔沁沙地，仅 20 世纪 70～80 年代，风蚀荒漠化土地就增加了 23. 64%，重度荒漠化土地面积增加速度尤其快，达 85. 13%；从 20 世纪 50～90 年代，毛乌素风蚀荒漠化土地增长了 60. 37%，年均增长率为 1. 7%；浑善达克沙地东部好来库的风蚀荒漠化土地从 20 世纪 80 年代中期占总土地面积的 19. 8% 增加到 90 年代中期的 28. 3%。②内陆河下游的绿洲地区，如塔里木河下游的“绿色走廊”地带、黑河下游的额济纳绿洲、石羊河下游的民勤绿洲等。以黑河下游的额济纳绿洲为例，1975～1986 年间，其风蚀荒漠化土地从3400km^2 增加到 6000km^2，年均增长率达 6. 5%，沿河耕地有 71% 成为荒漠化土地。

除上述情况外，水蚀荒漠化尤其是喀斯特荒漠化也相当严重。对此中科院院士袁道先认为：西南各省的石漠化总体上呈加剧趋势，每年以超过 1800km^2 的速度扩展着。若不及时治理，依现在的速度计算，在未来 25 年内石漠化面积还要翻一番。也有学者指出，就贵州省而言，每年石漠化土地的增速已达 933km^2。照此下去 200 年后贵州省土地将全部沦为石漠。

三、危害严重

据估算，我国风蚀荒漠化每年造成的直接经济损失达 540 亿元，而间接经济损失是直接经济损失的 2～8 倍，甚至达到 10 倍以上。其危害主要表现在以下几个方面。

1. 影响生产建设，危害居民财产安全，影响社会稳定

根据风蚀荒漠化普查资料，我国北方 12 个省（市、自治区）有 24000 多个村庄受到风沙危害。例如，1949～1977年间，内蒙古鄂托克旗流沙埋压水井1438眼，埋压房屋2203间、棚户3312间，有698户居民被迫迁走。位于锡林郭勒盟北部的苏尼特左旗因强烈的风蚀沙埋，使500多间房屋遭到破坏，旗政府所在地被迫搬迁。西藏自治区目前有748个村的建筑物受到风沙危害，仲巴县城因风沙危害将耗资3000万元搬迁，边防重镇阿里也正受到风沙的严重威胁，如果搬迁预计将耗资2亿多元。我国风蚀荒漠化地区多属少数民族聚居区，共有31个少数民族、220个自治县（旗），少数民族人口约2200万人，风蚀荒漠化的长期困扰以及与发达地区经济差距过大，有可能转化为社会矛盾，从而影响民族团结和社会安定。

2. 破坏生态环境，降低人类生存环境的质量

在荒漠地区，植被在固定流沙减弱风蚀方面起着不可替代的作用，并通过对局部水、热交换过程的控制作用影响着区域气候特征，进而决定着人类生存环境的优劣。如绿洲往往因植被的密集而具有明显高于周围荒漠的第一性生产力、物种多样性及相对稳定的水、热条件，成为干旱区人类活动的主要场所。而风蚀荒漠化会造成植被大面积死亡，降低植被覆盖度，威胁人类生存环境。因风蚀荒漠化引发的沙尘暴，不仅给当地生产、生活带来重大不便，还对包括北京在内的我国东部以及朝鲜、日本和美国的夏威夷等地的大气环境带来严重污染。

3. 破坏土地资源，使可利用土地减少、质量下降，造成农牧业生产减产甚至绝收

自新中国成立以来，我国因风蚀荒漠化导致耕地沙化面积为6670km^2，因风蚀荒漠化导致粮食每年损失3.0×10^9kg，相当于750万人一年的口粮。另据估算，全国每年因风蚀损失土壤有机质、氮素和磷素达到5.59×10^7t，折合化肥约2.68×10^8t，价值近170亿元。新中国成立以来，因风蚀荒漠化导致2.35×10^4km^{2}的草地变成沙地，每年少养活绵羊5000多万只。

4. 破坏交通、水利等基础设施，制约经济发展

我国荒漠化地区铁路总长3254km，受风蚀荒漠化危害地段1367km，占42%，其中危害严重地段1082.5km。风蚀荒漠化导致交通线路阻塞、中断、停运、误点等事故时有发生，并使许多道路的造价和养护费用增加，通行能力减弱。据报道，1979年4月10日，一次沙尘暴就使南疆铁路路基风蚀25处，沙埋67处，受害总长39km，积沙量4.5×10^4m^3，桥涵积沙180处，南疆铁路因此中断行车20天，造成直接经济损失2000余万元。风蚀荒漠化对公路危害也非常严重，流沙埋压经常发生。风蚀荒漠化还影响民航运输，如1988～1992年期间，西藏的贡嘎机场因沙暴、扬沙、浮尘等风沙天气每年造成民航运输直接经济损失达72万元。风蚀荒漠化还常常导致泥沙侵入水库、埋压灌渠等，对水利设施造成严重破坏。此外，风蚀荒漠化还对输电线路、通信线路和输油（气）管线等产生严重威胁。

5. 威胁生物多样性

荒漠地区的动植物在极端的自然条件和长期进化过程中，成功地发展了许多适应机制，是荒漠区生态建设的重要物种资源；荒漠生物中还包含许多具有较高经济价值的物种，如许多荒漠草本和小半灌木是营养丰富的牧草，不少种类具有药用价值。而风蚀荒漠化的迅速扩展使生物资源遭受剧烈摧残，生物多样性急剧减小，例如，受风蚀荒漠化影响，三叶甘草、盐桦已经灭绝，新疆虎、蒙古野马、高鼻羚羊和新疆大头鱼也已经灭绝，另外还有数十种动植物处于濒危状态。在我国草原地区，由于土地沙化，许多昔日曾经广泛分布的中药材如麻黄、甘草、黄芪、防风、柴胡、远志、苁蓉和锁阳等数量也日趋减少，有些濒于灭绝。

第四节　荒漠化形成的地质学机理

风力侵蚀、水力侵蚀、土壤盐渍化和土壤的冻融是引起土地荒漠化的主要几种外动力地质作用。关于水力侵蚀和土地盐渍化导致的荒漠化问题已在本书的第九章和第十章作过介绍，冻融荒漠化问题因分布地域有限，对人类不会造成直接危害，所以相关的内容此处也不再展开。本节只围绕风蚀荒漠化的形成机理进行讨论。

风力侵蚀是风蚀荒漠化形成的内在机制，风蚀荒漠化是风力侵蚀的表现形式。任何一个完整的风力侵蚀过程都是由侵蚀、输运和沉积三个环节构成的。无论风沙流系统涉及的时空尺度有多大，小到几米大到几千千米，都是由侵蚀区（物质源区）、输运区和沉积区（物质汇区）构成。在不同的区域，可能会形成不同的地貌类型，若侵蚀区为深厚的冲洪积物，经常年的风蚀作用，沙粒被吹走，而砾石留下来并覆盖地面，最后形成戈壁；若侵蚀区为基岩山区，随着上覆残、坡积物中的细颗粒被吹走，最终基岩出露，或上覆一薄层岩性与基岩一致的尖角石块和砾石，形成岩漠；在沉积区，随着气流载荷能力的减弱或受近地表粗糙物的阻拦，细颗粒物质发生沉降，形成沙漠、沙地和沙化土地等荒漠地貌。

一、风力作用的动力学过程

风力作用的动力学过程一般可划分为四个阶段，即地表物质的破坏与分离，颗粒起动，颗粒输送和颗粒沉积。

（一）地表物质的破坏与分离

在同等风速条件下，地表颗粒越细小、越松散和干燥，风蚀的强度越高。因此，地表存在大量的可蚀性颗粒是风力侵蚀发生的物质基础。这些结构松散的可蚀性颗粒，可能来自未固结或熟化成壤的风积物、残积物、坡积物、洪积物、冲积物或湖泊沉积物等母质，也可能是土壤。由于快速运动气流形成的风会对地表施加冲击力，当风速达到一定程度时，地表覆盖的可蚀性颗粒就会与母体分离，呈分散状，或当风挟带沙粒贴地面运行时，沙粒会对地表物质进行冲击、摩擦，甚至钻进地表裂隙或凹进处进行旋磨，破坏土壤、母质和基岩的结构，产生尺寸较小的颗粒。

（二）颗粒起动

颗粒起动是指可蚀性颗粒在风力作用下脱离地表的过程，它是风沙流形成的基础。在风力侵蚀过程中，颗粒的起动形式有两种：①流体起动，即完全由气流运动使可蚀性颗粒运动；②撞击起动，即来自上风方向风沙流中的跃迁粒子的撞击作用使土壤颗粒运动。

风洞试验表明，风沙流的撞击起动风速一般是流体起动风速的80%，即风沙流更容易使沙粒起动。起动风速的大小与颗粒的粒径大小、湿度状况及地面粗糙度等有关。一般来说，颗粒愈大，含水量越高，地面越粗糙，植被覆盖度越大，要求的起动风速也愈大。

（三）颗粒搬运

可蚀性颗粒在风力作用下脱离地表起动后，将通过悬移、跃迁和推移三种运动形式进行输运。“悬移”是指极细微的颗粒（直径一般小于0.1mm）呈悬浮状态随气流运动，沙尘暴就是大量悬浮颗粒的远距离移动；“跃迁”是指中等大小颗粒（粒径通常为0.05～0.5mm）在地面上的连续跳跃，它们很容易升离地面，但不能呈悬浮状，其跳跃高度一般小于1m；“推移”则是指大型颗粒（粒径一般在1～2mm以上）在气流或其他颗粒推动下，沿地表的滚动或滑动。在风力强度一定时，颗粒具体以何种形式运动，主要取决于其自身的密度、体积和形状。

当地面风速大于起动风速时，部分较大颗粒在气流推动下沿地表推移，而细微颗粒和中等大小颗粒则脱离地面，垂直地或几乎垂直地升入空中，同时凭借风力作横向加速运动。其中的细微颗粒呈悬浮状态进行悬移，但中等大小的颗粒因重力作用不能保持悬浮状态，在达到某个高度后便逐渐下降并返回地面，形成跃迁砂粒。跃迁砂粒在重新返回地面过程中，若风力不足或陷落在某些地表的凹坑结构内，便会中止其运动。但大多数跃迁砂粒可能冲入地表颗粒床内，并重新分配它们在跃迁加速运动过程中从气流中获得的能量：一部分通过撞击作用传递给其他静止颗粒，使其发生扰动（撞击砂粒可以使比自身大6倍的颗粒开始移动）或者升离地面形成悬移或跃迁；一部分能量用于土壤团粒的破裂磨蚀，使难蚀性物质变为可蚀性颗粒，从而增加了可蚀性物质的供给量。在跃迁砂粒的这种“串激效应”作用下，只要风蚀从某个孤立点开始发生，它便在顺风方向上迅速发展、扩大，很难制止，形成所谓的“沙崩”现象。

一般而言，在每次风蚀现象中，这三种运动形式往往是同时发生的，而且其中的跃迁是最主要的模式。据研究，以跃迁方式运动的颗粒占风力搬运颗粒总数的55%～75%，而悬浮运动的只占3%～38%，推移的只占7%～25%。

（四）颗粒沉积

颗粒沉积是指风力搬运的颗粒重新返回并停留在地表的现象。颗粒能否沉积取决于风力衰减程度、土壤颗粒或团聚体的粒径和重量、地表状况等。

跃迁和推移砂粒的规模，受地面粗糙度和近地表风场的影响。在地表粗糙度较高的局部地区，气流在运行时会受到阻滞而发生涡旋减速，从而削弱其载荷能力，在障碍物附近产生大量的风沙堆积，戈壁区灌丛的背风面常形成的小型沙丘，就是这种附着沉积的典型结果。沙漠的形成往往与突兀而起的山地丘陵阻挡风流，导致风场衰减所致。风洞试验表明，气流在沙丘迎风坡加速1.3～2倍，风的侵蚀能力和载荷能力增大，导致迎风坡以侵蚀作用为主；在沙丘背风坡因地形作用产生涡流和风速减弱，使得大量颗粒沉积于背风坡。

以悬移形式作长距离运动的细颗粒对气流的跟随性好，一般只在以下四种情况下才发生沉降：

（1）当天气过程发生变化或地表粗糙度改变使局部风力减弱，导致风速和紊流减小到某一阈值时，颗粒在重力作用下产生沉降。

（2）颗粒与粗糙的、湿性的或带电荷的地表接触而被“截留”，植被作为常见的地表粗糙物，对悬移粒子的沉降起重要作用。

(3) 降水把颗粒从大气悬浮状态中淋洗下来。高空的悬移粒子是十分理想的水汽凝结核，有利于降水的形成，这也是在风沙天气后经常紧接着发生降水的原因。在降水过程中，大气中的悬移粒子与雨滴、冰雹或雪花一起降落到地面，整个大气就像被水冲洗过一样，悬浮在对流层的颗粒几乎全部发生沉降，形成所谓的“泥雨”。

(4) 颗粒变成集合体自重增加，从而沉降到地面。当携带悬移粒子的气流经过潮湿洼地和水域上空时，局部小气候造成空气湿度增加，干燥的颗粒表面容易吸附部分水汽，使颗粒之间相互结合的可能性增大，沉降概率增加。这正是沙漠、戈壁或其下风向的潮湿洼地和水域中经常发现大量细颗粒物质堆积的原因。有些研究还发现悬移粒子在运动过程中会产生电荷，形成带电集合体从而沉降到地面。

我国黄土高原的风成黄土则是上述各种作用下粉质颗粒沉降的结果。

二、风力侵蚀的影响因素

风力侵蚀一般是指风力作用动力学过程的前三个阶段。

风蚀是一个复杂的风沙物理过程，其是否发生及发生的强度由气流状况和下垫面状况共同决定。气流为颗粒的侵蚀、搬运提供了动力来源，又称动力因子；下垫面状况决定了地表抵抗风力侵蚀的能力大小，称为抗蚀因子。此外，土地利用、农业结构、耕作制度、放牧强度、樵采方式等人为活动通过改变下垫面和气流的天然状况，也影响着风力侵蚀的过程，称为人为因素。

需要注意的是，风蚀的影响因素和风蚀强度间可能并非简单的线性关系，影响因素的微小改变可能会导致风蚀强度的急剧增加。实验研究证明，在干旱多风的气候作用下，当地表植被和表层土壤遭到破坏后，土壤风蚀强度将急剧倍增，戈壁化和沙漠化速度会比植被发育良好的地区高出数倍、十余倍甚至百余倍。之所以出现这种现象，是因为下垫面性状和风蚀之间存在着正反馈作用。在风速不变的情况下，下垫面性质的恶化导致风蚀加剧，从而使下垫面性质进一步恶化，为风蚀的进一步加剧创造条件，从而形成一个不需要进一步强化外部驱动力就能逐渐加强风蚀作用的自组织过程。

(一) 动力因子

风力侵蚀的动力来源是大气环流，它由不同空间尺度的天气过程产生，主要受大尺度天气对流系统控制。大气环流的侵蚀力大小由风速、气流结构及其时空动态等参数决定，目前通常将风速作为描述风蚀动力因子的主要参数。

通常情况下，风速越大，其侵蚀力越强。理论上讲，在其他条件相同的情况下，风蚀量和风蚀模数随风速增大而增大。但实验观测表明，当风速过小时则没有侵蚀性，只有风速超过某个临界值时，才能诱导土壤颗粒从地表中升离出来形成风蚀。这个临界值称为起动风速。风蚀量取决于实际风速超过起动风速的部分。与地表颗粒的起动方式相对应，也存在着两种起动风速：①流体起动风速（或称静态阈值），即完全凭靠风力的直接作用使土壤颗粒开始运动的最小风速；②撞击起动风速（或称动态阈值），即当有来自上风方向跃迁砂砾撞击的辅助作用时，使土壤颗粒开始运动的最小风速。一般来说，流体起动风速比撞击起动风速高出 20% 左右。

美国 212 个地区的风速观测表明，只有每小时平均风速大于 5.4m/s 的风才具有侵蚀性，当风速超过该侵蚀下限时，风蚀量与平均风速的立方成正比。据我国的野外观测及实验室测定，当风速为 5～6m/s 时，开始出现风蚀现象；风速到 6～7m/s 时出现风沙流；风速≥10m/s 时，随风速的增大，风蚀量呈上升趋势，输沙率随风速的变化遵循幂函数关系。

（二）抗蚀因子

1. 地表物质的质地

地表物质是风力侵蚀的对象，质地不同的地表物质，其水稳性结构、碳酸钙含量、有机质、机械组成和团粒结构等不同，抗风蚀能力有较大差异。

在相似风速条件下，松散砂土的抗风蚀能力要比具有一定团粒结构的砂壤土低得多（表 11－3）。另外，不同粒级颗粒的起动风速和抗风蚀能力不同，土壤中粉粒（0.05～0.002mm）和黏粒（＜0.002mm）含量越高，形成的土壤结构越稳定，抗蚀能力越强；相反，砂粒（＞0.05mm）比例高则难以形成团粒结构，抗风蚀能力低。直径为 0.08～0.25mm 的土壤颗粒抗蚀能力最低。土壤中石砾含量越多，抗蚀能力就越高。作为胶结物质的物理性黏粒（粒径＜0.01mm）的含量越多，抗蚀能力就越高。

在粉砂壤土和砂质壤土中，含 1%～5% 的碳酸钙会引起土块破裂和土块机械稳定性降低，增加风蚀量；在壤质砂土中，随着碳酸钙含量的增加，风蚀量反而下降。土壤有机质也是影响风蚀量的一个重要因子。有机质含量高的土壤抗风蚀能力强，分解后的有机质会降低土壤的抗蚀性。

表 11－3　土壤结构、物质组成对风蚀强度的影响

土壤性质	有机质 %	颗粒组成/mm				风速（1m 高处） $m\cdot s^{-1}$	风蚀量 $kg\cdot m^{-2}\cdot h^{-1}$
		0.25～0.05	0.05～0.01	0.01～0.001	＜0.001		
砂土	0.18	70.0	28.0	1.0	1.0	7.3	5.07
砂壤土	1.04	34.3	52.5	10.5	2.5	8.4	0.9

（据吴正本，1962）

2. 地表物质的含水量

地表松散堆积物中非饱和的水分往往通称土壤水，土壤水可以在土层颗粒表面形成水化膜，水化膜的静电作用使土壤颗粒产生黏着力，将土壤颗粒黏合在一起，从而提高土壤的抗风蚀能力。因此，随土壤含水量的增加，颗粒起动风速增高，风蚀率降低（表 11－4）。研究表明，流沙土样的临界起沙风速随含水量的增加呈线性关系增长，而农田土样的临界起沙风速随含水量的增加呈二次幂函数关系增长。但流动沙丘土壤对含水量的响应要比农田土壤更敏感。流沙含水量降到 2% 附近时，风蚀量已经很小，再增加含水量，风蚀量已不会有明显变化，而农田土壤含水量的这一临界点在 4% 附近。还有研究表明，土壤水的存在形式也对起动风速有着重要影响：当土壤水由水化膜的形式转变到毛细水时，土壤的抗蚀性能将极大地提高。

3. 植被覆盖

当地表有植被发育时，相当于覆盖了一层保护层，可显著减弱气流对地表物质的破坏和分离，增加地表颗粒的起动风速，减少风蚀量。黄土的风洞实验表明，在相同的风速

表 11-4　不同土壤含水量与风蚀量的关系（实验风速：15.5m/s）

土壤含水量/%	≤0.8	1.11	2.21	4.73
起动风速/$m \cdot s^{-1}$	4.5~5.0	6.58	12.21	14.32
风蚀模数/t·亩$^{-1}$·h^{-1}		33.5	1.8	0.26

（据刘玉璋等，1992）

下，随着植被覆盖度的增加，风蚀量和风蚀率急剧下降（表 11-5）。刘玉璋等（1992）利用砂土进行风洞实验，发现植被覆盖度<20%时，风蚀的起动风速在 7~8m/s，且随覆盖度的增加而增加；当植被覆盖度在 20%~60%时，起动风速在 8.0~8.7m/s，但随盖度增大起动风速的增加比较缓慢；当植被覆盖度>60%，起动风速迅速增大（表 11-6）。

表 11-5　不同植被覆盖下的风蚀量（实验风速：12.7m/s）

植被覆盖度/%	5.47	10.95	19.70	27.15	33.72	40.29	49.05	60.42
风蚀量/g	2472.0	1664.3	1697.3	580.1	302.5	238.1	64.0	34.6
风蚀率/g·min^{-1}	824.0	547.77	359.46	102.06	30.25	23.81	6.40	3.46

（据董治宝等，1996）

表 11-6　不同植被覆盖度与土壤风蚀的关系

植被覆盖度/%	69.7	58.5	27.4	10.8
起动风速/$m \cdot s^{-1}$	10.23	8.7	8.27	7.84
试验风速/$m \cdot s^{-1}$	14	14.4	16.7	15.5
风蚀模数/t·亩$^{-1}$·h^{-1}	8	20	38	83.2

（据刘玉璋等，1992）

除影响侵蚀区地表的抗蚀能力外，植被在颗粒的沉积过程中也起着重要作用。植被可以直接“截留”近地表风沙流中所携带的颗粒，使其产生附着沉积。据风沙物理学理论，植被对悬移颗粒的沉降作用不仅与植被密度（疏透度）有关，而且与植被高度有关。植被密度越大、高度越高，沉降颗粒的作用越强。另外，植被的存在可增加的粗糙度，影响近地表风场，使气流在运行时受到阻滞而发生涡旋减速，削弱其载荷能力，从而产生颗粒沉积。具体来讲，草地、灌丛和乔木林因高度不同，形成的粗糙度也有很大差异。草地植株低矮，形成的粗糙度较小，一般仅有数十厘米；灌丛植株较高，除具有较大的粗糙度外，还在粗糙度高度以上产生一定的低风速层；乔木林植株高大，粗糙度最大，特别是成片的林带对风速的影响更大，产生的低风速层更厚。

（三）人为因素

人为因素对风蚀荒漠化的影响以间接作用为主，即通过改变气流或下垫面状况、影响风力侵蚀的动力因子和抗蚀因子，进而加速或减缓风蚀荒漠化的进程。人类目前还很难影响大尺度天气系统过程和中尺度天气过程，但可通过改变植被覆盖状况、土地利用方式、小尺度地形、修建人工构筑物等方式影响近小尺度气流或近地表气流的状况。

总体而言，人为因素对风力侵蚀的影响主要还是通过改变下垫面的状况和地表抗蚀因子而实现。影响风蚀荒漠化的常见人为因素有土地利用类型、水资源的开发、矿产资源的开采、耕作、各种工程活动等。其中，土地利用类型、工程活动和耕作方式直接影响着地表覆盖物的类型、植被覆盖度、植物群落结构和土壤结构等抗蚀因子；水资源的开发利用可通过影响区域地下水位，进而影响土壤含水量、植被覆盖度和植物群落结构等抗蚀因子；水资源的开发还可能造成干旱区河流、湖泊等地表水域萎缩，使大量松散沉积物暴露在风力作用下；矿产资源的开采不仅会破坏地表植被和原有岩体的结构，降低地表的抗风蚀能力，开采活动中产生的尾矿堆还会为风力侵蚀提供新的物质来源。

第五节　风蚀荒漠化的防治措施

一、防治风蚀荒漠化的基本原则

风力侵蚀是风蚀荒漠化过程的主要地质营力。因此，减小和控制风蚀活动是防治和控制风蚀荒漠化的主要手段。风蚀的形成必须具备两个基本前提：地表有可蚀性颗粒物；要有足以使地表土壤颗粒产生运动的风速。所以，要控制风蚀，一方面要改变下垫面结构，提高其抗蚀能力；另一方面要增加地面粗糙度和摩擦力，降低近地面风速。这是防治风力侵蚀的两个基本原则。

如前所述，任何一个风沙流系统都由侵蚀、输运和沉积三个环节构成，但不同的风沙流系统的空间尺度可能存在较大差异，造成的危害也不同。受大尺度天气系统控制的风沙流系统，其物质源区和汇区可能相距几千千米，影响范围能达到上百万平方千米，造成的危害极大。如物质源区位于蒙古和我国内蒙古、甘肃一带的大型沙尘暴，最远可输送到朝鲜、日本和美国的夏威夷等地，危害范围几乎覆盖整个东北亚。而受小尺度地形或局部空气对流控制的风沙流系统，物质的输运距离可能只有几百米到几千米。鉴于大尺度天气系统与中小尺度的天气系统具有层级性，风力侵蚀、输运和沉积过程和发生区域也具有嵌套性，因此，在遵循上述两个基本原则的同时，防治策略的制定应充分体现系统理论中的隔离机制。隔离系统是系统演化的重要机制之一。对于一个已具有多层级完备的风沙系统来说，如果人为采取工程措施，削减或阻挡各分支风流，统一贯通的区域风场就会瓦解，原有宏观一体化的侵蚀、搬运过程也会随之解体，形成多个局部风沙系统。各局域风沙系统因与大系统阻离，风强逐渐减弱，侵蚀、搬运、堆积过程的尺度也随之减小，多以近源的短程、小规模的侵蚀、搬运和频繁的局部沉积为主，从而可有效地制止荒漠化的发展，并为提高防治效率提供了可能性。

二、风蚀荒漠化的主要防治措施

目前常见的风蚀荒漠化防治措施有生物措施、化学措施、机械措施和耕作措施。根据各地的实际情况，可以将这些措施单独使用，也可以结合起来使用，以达到理想的防风固沙效果。

（一）生物措施

其形式主要有营造防风林、防风草带，增加地表植被覆盖度、改善植物群落结构，利用生物性结皮保护地表等。

1. 构建防风林带

防风林可使近地面的气流抬升和增加空气阻力，降低地表风速，是改变风蚀动力因子的一种常见措施。防风林除具有降低风速、防风固沙作用外，还可提高土壤有机质和氮含量，改变林下生境，使林下形成较好的生态环境，提高土壤生物量，增强土壤的抗风蚀性。

防风林措施利用的是系统理论中的隔离机制，即在风沙流通路径上人工设置条带状障碍物，将相对较大的风沙流系统分解为多个小系统，或者减弱风沙物质在系统中的流通量和流通速度，从而减小风力侵蚀的危害程度。

防风林的行距、树高、疏透度、林带走向、带间距以及有无灌草搭配等参数，都会对其防风效果产生影响。防风林疏透度是影响防风效果的重要因素：疏透度太低，气流被抬升，风的动能得不到有效的衰减，风速会在较短距离内得以恢复；疏透度太高，大部分气流会透过林带，防护效果也不好。林带走向应垂直于风向，长度应大于所需要受保护区域的长度，其间不能留有空隙。林带应有一定的宽度，带内的林木应交错栽植。所选择的树种应有很强的适应性，以速生、高大且生命周期长的树种为宜。如果防护林带搭配灌、草，形成相对完善的垂直“层片”结构，则能更为有效地降低风能，同时还能增加地表覆盖度，提高其抗风蚀能力。

需要注意的是：①在许多风蚀地区，大风天气多发生在冬、春季节，恰是防风林枝叶稀少的时期，其防护效果并不理想；②风力侵蚀大多发生在水分匮乏、土壤贫瘠的干旱地区，其自然条件可能并不适宜大面积、高密度的乔木存活，因此，这些地区的防风林是典型的人工生态系统，不仅要投入大量的人力、物力进行构建，还要长期靠人工维护，如定期进行灌溉、间伐、补种等；③要形成一个能充分发挥防风固沙功能的成熟防护林带，需要较长的周期。

2. 增加植被覆盖度

从区域尺度来看，防风林多为线状，覆盖范围有限，其主要功能是降低风速或在颗粒搬运过程中对其进行截留，对呈面状分布的广大侵蚀区无明显的保护作用，属于防治风力侵蚀的一种“被动”措施。要想有效防治风蚀荒漠化，还需要从风力侵蚀的源头抓起，提高侵蚀区的抗风蚀能力。

通过植被建设增加植被覆盖度是一种有效改善侵蚀区下垫面性状的生态措施。由于植被具有覆盖地表以避免沙粒裸露、提高粗糙度高度、降低风速和阻挡沙尘等作用，在侵蚀区增加植被覆盖度，可对地表起到良好的保护作用，使其免于风蚀。此外，植被覆盖度的增加还可减少土面蒸发，增大土壤含水量，营造相对湿润的小气候环境，增加空气湿度，改善土壤结构等，从而提高土壤的抗风蚀性能。

具体的植被建设措施有封育、修补和重建三大类。封育是指人工设置围栏或划定保护区，禁止出现有损于植物繁衍的人类活动行为，使现有植被与土壤获得一个休养生息和自然恢复的过程；修补是对已受损但不能只凭自身再生能力予以恢复或恢复速度太慢的植被采取的措施，具体措施有人工补种、引进外来物种、改良植物生境条件等；重建就是遵循生态学的规律，根据当地的气候、水、土条件，叠加各种人工栽培措施，形成一种自然—人工复合植物群落的过程。

由于风蚀区植物生存环境恶劣，在植被建设中应特别注意植物物种的选择。那些生长速度快、能进行克隆繁殖的植物是先锋植物的首选，它们能快速适应荒漠区的生境特点，并可通过自身繁殖形成覆盖层，保护土壤免受风蚀，并能改善土壤结构，为后继物种的入侵定居提供基础。另外，还要注意不同生活型植物物种的搭配，使不同物种的根群位于地下生境中的不同层次，这样既可以实现对地下生境资源的充分利用，使地表植被的层片结构尽可能完善，又可以避免植物根群拥挤在地下生境的同一层内，产生对资源的过激竞争而导致存活率较低、生长状态不佳和土层养分的不足。

3. 促进生物结皮形成

生物结皮是由不同种类的苔藓、地衣、藻类、真菌以及细菌等生物与其下层的土壤共同形成的一个复合生物土壤层，厚度约为 1～10cm，在其地下部分，苔藓和地衣的假根、真菌菌丝和蓝藻丝状体交互作用，能够固定土壤颗粒。生物结皮可通过固结土壤颗粒以增加土壤表面的抗风蚀性，还可提高粗糙度高度，覆盖可蚀性颗粒等，从而保护地表免于风力侵蚀。因此，创造适宜的水土条件，促进生物结皮的形成，并进行相应的管理和维持，是防治风力侵蚀的一条途径。

目前，生物结皮的抗风蚀性能已得到了人们的广泛认可。但生物性结皮对地表的保护作用也有其脆弱的一面：①生物结皮的形成是一个自然过程，需要较长的周期，通常为几个月甚至几年的时间，而目前还没有成熟的技术促进其发育；②生物结皮的结构相对比较脆弱，并且受到破坏后，抗风蚀性急剧减小。

（二）化学措施

化学固沙是将化学制剂喷洒到土壤表面，从而固定沙物质的一种工程措施。土壤表面的沙物质经化学材料处理后，可形成具有一定强度的保护层或固结层，一方面保护地表免遭风力侵蚀，另一方面其光滑的表面能使风沙流顺利输移，防止产生积沙。

常用的固沙材料有石油类产品、高分子材料固沙液以及无机材料等。前苏联早在1934 年就开始进行沥青乳液固沙试验，后来又进行了聚丙烯酰胺材料固沙试验，随后相继出现了不同的固沙制剂。目前，采用化学材料固沙还存在一些问题，如成本相对较高，易受风沙流侵蚀而影响固沙效果，并且有些材料还可能造成环境污染等。

（三）工程措施

工程措施是一种使用非常广泛而有效的抗风蚀形式，主要通过增加土壤表面的粗糙度高度、减小风速、阻挡风沙流、覆盖地表、阻隔可蚀性颗粒的裸露等方式对土壤起到保护作用，其方法多样，可以使用的材料也很多，而且使用时几乎不受自然条件的限制，简便易行。

1. 风障、沙障

风障和沙障是用来减小风速、阻挡流沙的障碍物。风障和沙障可使下风向的区域免于风蚀和流沙堆积。防风林就是一种大型的生物风障。风障和沙障的制作材料也很多，例如用一般的建筑材料做成的防沙墙、用植物枝干制作的防风阻沙栅栏等。

2. 地表覆盖

地表覆盖是一种用特定材料覆盖地表以避免风蚀的方法。该措施可减小地表风速、避免可蚀性颗粒裸露、固定土壤颗粒等。用砾石覆盖地表是我国西北地区经常使用的一种防风蚀方法。草方格固沙也是一项非常可行和有效的方法，其材料来源相对充足，方法简便易行，铺设区域可大可小，而且不受地域或气候条件的限制，固沙效果显著，曾成功用于包兰铁路沙坡头段、京通铁路和塔克拉玛干沙漠公路的防护。在条件允许的情况下，还可用农作物秸秆覆盖地表，该方法不仅可以减小风蚀，还可增加农田土壤养分。早春使用地膜覆盖种植，也是减少农田风蚀的有效办法。

（四）农业措施

农业措施是指利用科学合理的田间管理，增大农田的地表覆盖度和土壤的团聚性，提高土壤的抗风蚀能力。

1. 保护性耕作

传统的耕作方式由于土地翻耕后土质松动，增加了土壤表面的可蚀性颗粒；同时也由于耕作后地表起伏较大，湍流增加，风蚀率往往很大。实践和研究表明，免耕可以有效保持土壤的聚合体结构，提高其抗风蚀能力。我国河北北部风蚀性农田的研究结果表明，免耕可以使地表的沙尘通量减少 14%。利用耕作措施形成的粗糙垄沟也可限制土壤颗粒的移动。

2. 留茬

在农田中保留农作物残茬，可把裸露农田分割成条田，形成挡风、截土的屏障，起到有效的防风蚀作用。农作物残茬还能截雪、截雨，减少水分蒸发，增加土壤水分含量，提高其抗风蚀能力。研究表明：麦田留高茬（20～30cm）可以使地表粗糙度提高 12 倍，近地风速降低 50%，风蚀量减小 80%，土壤含水率比传统方法高 10%～15%。在大面积种植马铃薯和豆类的地区，通过与禾谷类作物带状留茬间作、轮作的方式，可以进一步扩大作物残茬覆盖的防蚀作用。

3. 灌溉

对于我国大部分风蚀荒漠区，大风天气多发生在冬、春季节。而在春季时，地表已经解冻，土壤干燥、颗粒间固结程度低，抗风蚀能力差。此时对农田进行灌溉，增加土壤含水量，是减小风蚀的有效办法。

第十二章 湿地退化

第一节 湿地与湿地退化的概念

一、湿地的概念

“湿地”（wetland）作为正规的科学概念大约是在1971年，是由英国、美国、澳大利亚、前苏联、加拿大等国在伊朗海滨小镇拉姆萨尔（Ramsar）签署的国家政府间合作保护湿地的框架协议中提出的，随后在1980年意大利卡利亚里（Cagiari）召开的第一届《湿地合约》缔约大会和1982年印度召开的第一届国际湿地会议中沿用。到2002年2月，加入国际湿地合约的国家已达130个，至此湿地一词不仅在国际上普遍使用，而且也被学术界广泛接受。然而，正如国际湿地学会主席 William J. Mitsch 等在其所著的《湿地》（1986）中所指出的：“由于认识上的差异和目的的不同，致使不同的人对湿地的定义强调不同的方面。”到目前为止，关于湿地的内涵和外延仍争论较大，不同的定义有近60种。

我国是世界上研究湿地最早的国家，可上溯到商、周时期，古代典籍的《礼记·王制篇》、《禹贡》、《水经注》、《徐霞客游记》中都有关湿地沼泽的记载，只不过赋予的名称和描述的特征侧重点不同。在近代科学中有关湿地的研究源于湖沼学和沼泽学。最初是在公元46年德国日耳曼人开采泥炭开始认识沼泽。此后随着欧洲泥炭开采盛行，对沼泽的认识逐步加深。直到18～19世纪末，爱丁堡大学 J. Walker 教授编写的《地质学讲义》和 R. Rennie 所著的《泥炭沼泽的自然历史和起源概论》中，对沼泽物质来源、形成因素，沼泽类型、沼泽演变与分布规律及开发利用进行了较系统的讨论，从而为湿地的现代研究奠定了理论基础。进入20世纪，随着科学技术的发展和人类面临的资源、生态、环境压力的不断增大，科学家的视野也逐渐由湖沼扩大到更广泛的水陆交错地带，涉及的科学领域也不断增多，生态学、水文学，乃至资源经济管理学的学者也都参与到湿地研究之中。湿地的科学概念也由原来的泛指过度湿润的土地转变为国际湿地公约所规定的定义，即“湿地是指不问其为天然或人工，长久或暂时的沼泽地、泥炭地、水域地带，静止或流动的淡水、半咸水、咸水，包括低潮时水深不超过6m的海水水域。”

由上述湿地研究的历史沿革可以看出，湖泊、沼泽和浅水的滨海滩涂仍是当今湿地研究中最主要的几种类型。

湿地是地球表面水陆互相作用形成的独特生态系统也是地质学所研究的一种地貌景观和水、土（岩）、生相互作用十分活跃的地质环境。在抵御洪水，调节径流，改善气候，拦截陆源各种可溶盐分和固体机械物使之埋藏，降低污染以及美化环境，维护区域生态稳定等许多方面，湿地都发挥着其他系统所不能替代的作用，因此，常被誉为“地球之肾”。由于湿地兼有水陆两类生态系统的某些特征，且具有多种生态功能和经济价值，是人类赖以生存和发展的自然资源库与生存环境，因此，湿地属于国土资源的重要组成部分，应备受保护。

二、湿地的分类

同一类型的湿地具有大致相同的形成条件、发育环境、彼此接近的功能，因此，确定湿地的类型不仅是开展湿地研究的一项基础性工作，而且也是制定湿地保护策略和科学利用规划的前提。

“湿地”这一概念引入我国是在最近20年。长期以来我国湿地的研究主要分属于湖泊水文学、沼泽水文学和海洋地质学领域，由此形成了关于湿地的不同分类系统。

其中湖泊按地质成因划分为构造湖、冰川湖、火山湖和堰塞湖；按湖水排泄条件分为外流湖和内陆湖；按湖水含盐量分为淡水湖（矿化度 < 1g/L）、咸水湖（矿化度1～35g/L）和盐湖（矿化度 > 35g/L）；按湖水中的营养物质多寡分为富营养湖和贫营养湖。此外，还有按其他标准划分的各类湖泊。

沼泽按泥炭沼泽的发育阶段和植物营养状况分为低位沼泽，高位沼泽和中位沼泽。低位沼泽又称富营养沼泽。这种沼泽的地表水和地下水补给丰富，泥炭灰分含量一般达18%，植物所需养分较多，莎草科植物占优势；高位沼泽又称贫营养沼泽，主要受大气降水补给，植物所需养分贫乏，泥炭灰分含量不足4%，以泥炭藓等贫营养植物为主；中位沼泽介于低位与高位沼泽之间，又称中营养沼泽。另一种分类方案是将沼泽分为三级，第一级是根据有无泥炭把沼泽分为泥炭沼泽和潜育沼泽。第二级是根据沼泽发育的地貌部位，划分为分水岭、阶地、河漫滩、湖滨、海滨沼泽等。第三级按沼泽植被特征分为草本、木本—草本、木本—草本—藓类、木本—藓类、藓类沼泽。

海岸湿地根据海潮潮浸的位置划分为潮上带湿地（高位湿地）、潮湿间带湿地（中位湿地）和潮下带湿地（低位湿地）。其中位于沿海大潮高潮位与低潮位之间的潮漫地带即潮间带湿地又称为滨海滩涂。滨海滩涂可进一步划分为底栖硅藻滩涂、草滩滩涂、红树林滩涂和海草滩涂等。

1990年6月瑞士蒙特勒召开的第四届湿地保护公约缔约国大会提出并要求成员国和执行局统一使用“湿地类型分类系统”。该分类系统将全球的湿地首先划分为天然湿地系统和人工湿地系统。天然湿地系统按地貌学特征进一步划分为海洋—海岸湿地类和内陆湿地类。每一类再按水流过程，潮位高低、含盐量的高低作出进一步划分，具体划分方案见表12－1。

三、湿地退化的概念

目前有关湿地退化的概念仍是学术界讨论的热点，涉及的问题大致有四个：①退化和演化都是迄今为止湿地过程，二者有什么区别；②湿地退化发生在什么层面上；③湿地退化的标准是什么；④湿地退化的标志是什么。目前要明确回答这些问题还有一定的难度，其原因来自三个方面：一是湿地的定义过于宽泛，包括的种类太多；二是湿地是地球浅表构成要素最多，协同作用最活跃的系统，涉及的学科庞杂；三是湿地退化既可以发生较大的时空尺度上，也可以在局域尺度上出现。鉴于这种情况，本书仅能就当前在湿地研究中最活跃的两个学科——生态学和环境地质学所作的论述进行讨论。

表 12－1 《湿地公约》确定的湿地分类方案

湿地系统	湿地类	湿地型	公约指定代码	说　明
天然湿地	海洋/海岸湿地	永久性浅海水域	A	多数情况下低潮时水位小于6m，包括海湾和海峡
		海草层	B	包括潮下藻类、海草、热带海草植物生长区
		珊瑚礁	C	珊瑚礁及其邻近水域
		岩石性海岸	D	包括近海岩石性岛屿、海边峭壁
		沙滩、砾石与卵石滩	E	包括滨海沙洲、海岬以及沙岛、沙丘及丘间沼泽
		河口水域	F	河口水域和河口三角洲水域
		滩涂	G	潮间带泥滩、沙滩和海岸其他咸水沼泽
		盐沼	H	包括滨海盐沼、盐化草甸
		潮间带森林湿地	I	包括红树林沼泽和海岸淡水沼泽森林
		咸水、碱水潟湖	J	有通道与海水相连的咸水、碱水潟湖
		海岸淡水湖	K	包括淡水三角洲潟湖
		海滨岩溶洞穴水系	Zk（a）	滨海岩溶洞穴
	内陆湿地	永久性内陆三角洲	L	内陆河流三角洲
		永久性的河流	M	包括河流及其支流、溪流、瀑布
		时令河	N	季节性、间歇性、定期性的河流、溪流、小河
		湖泊	O	面积大于 8 hm^2 永久性淡水湖，包括大的牛轭湖
		时令湖	P	大于 8 hm^2 的季节性、间歇性的淡水湖；包括漫滩湖泊
		盐湖	Q	永久性的咸水、半咸水、碱水湖
		时令盐湖	R	季节性、间歇性的咸水、半咸水、碱水湖及其浅滩
		内陆盐沼	Sp	永久性的咸水、半咸水、碱水沼泽与泡沼
		时令碱、咸水盐沼	Ss	季节性、间歇性的咸水、半咸水、碱性沼泽、泡沼
		永久性的淡水草本沼泽、泡沼	Tp	草本沼泽及面积小于 8 hm^2 泡沼，无泥炭积累，大部分生长季节伴生浮水植物
		泛滥地	Ts	季节性、间歇性洪泛地，湿草甸和面积小于 8 hm^2 的泡沼
		草本泥炭地	U	无林泥炭地，包括藓类泥炭地和草本泥炭地
		高山湿地	Va	包括高山草甸、融雪形成的暂时性水域
		苔原湿地	Vt	包括高山苔原、溶雪形成的暂时性水域
		灌丛湿地	W	灌从沼泽、灌从为主的淡水沼泽，无泥炭积累
		淡水森林沼泽	Xf	包括淡水森林沼泽、季节泛滥森林沼泽、无泥炭积累的森林沼泽
		森林泥炭地	Xp	泥炭森林沼泽
		淡水泉及绿洲	Y	
		地热湿地	Zg	温泉
		内陆岩溶洞穴水系	Zk（b）	地下溶洞水系

续表

湿地系统	湿地类	湿地型	公约指定代码	说明
人工湿地		水产池塘	1	如鱼、虾养殖池塘
		水塘	2	包括农用池塘、储水池塘，一般面积小于8 hm^2
		灌溉地	3	包括灌溉渠系和稻田
		农用泛洪湿地	4	季节性泛滥的农用地，包括集约管理或放牧的草地
		盐田	5	晒盐池、采盐场等
		蓄水区	6	水库、拦河坝、堤坝形成的一般大于8 hm^2 的储水区
		采掘区	7	积水取土坑、采矿地
		废水处理场所	8	污水场、处理池、氧化池等
		运河、排水渠	9	输水渠系
		地下输水系统	Zk（c）	人工管护的岩溶洞穴水系等

在生态学领域有学者指出："湿地的退化主要是指由于自然环境的变化或人类对湿地自然资源过度以及不合理地利用而造成的湿地生态系统结构破坏、功能衰退、生物多样性减少、生物生产力下降以及湿地生产潜力衰退、湿地资源逐渐丧失等一系列生态环境恶化的现实。"湿地退化标准归纳起来主要有四个方面：①湿地规模减小；②湿地组织结构破坏；③湿地系统物质能量流失衡；④湿地功能减弱。具体标志为①河流断流、湖泊萎缩，沼泽面积减少；②水质富营养或咸化；③生物物种减少、生物多样性受损。

从环境地质学的角度来看，湿地的形成、发育与湿地的退化在本质上是区域水均衡控制的过程。尽管人为活动可改变湿地的形成、发育或退化的方向和速度，但归根到底还是受水动力学、水文地球化学、生物学和地质学等客观（自然）规律的控制，人为活动只不过是外在作用的一种形式而已。

当区域的水量输入大于输出时，区域的水将充盈，水域面积也会扩大，原有的水陆交错带将会被淹没，甚至陆地的低洼处因积水而变成湿地。水空间是变化的空间，湿地水空间的扩大，必然会使湿地独具的物理、化学、生物作用有更大的施展余地，强化C、N、S、P等大量生物营养物质和重金属的积累，为湿地、生物的生存繁衍提供了良好的生境，原来非淹没区的陆地旱生、中生植物会逐渐被湿生和水生植物取代。这一过程就是湿地形成、发育阶段。若区域的水量输入小于输出，区域水体的贮存空间就会减少，湿地就会走向与形成、发育过程相反的过程，即所谓退化。由此可见，湿地系统的演化包括两个逆行的方向，一个是湿地形成、扩大，喜水生物群落结构不断丰富完善的演进方向；另一个是湿地萎缩，生物结构简单化，生态功能削弱的退化。区域湿地储水体积的改变，是导致湿地系统演化的主导性因素。一言以蔽之，水空间增大，湿地就会形成、发育，水空间减少，湿地就会退化。

湿地退化是湿地水体变为陆地的过渡阶段，也可理解为湿地生态系统失稳的过程。无论是河流、湖泊、沼泽、海滨滩涂等自然湿地，还是水库、坑塘等人工湿地，几乎无例外的是流域中的汇区，即水量和流失物质的集中地。由湿地与陆地之间水文过程的连续性所决定，湿地退化的研究不能只着眼于湿地本身，就湿地而论湿地的退化，还必须将水陆之间的物质、能量的输入—输出关系及湿地响应的涨落情况相互联系，才能从更深层次上揭示湿地的退化原因。

如同其他地质环境问题一样，湿地的退化既可发生在较大的时空尺度上，也可以只局限在某一较小的范围和短短几年时间里。由于时空尺度不同，导致湿地系统退化的原因也不完全一样，在本章第三节将会讨论到，全球与区域的气候和新构造运动的缓慢变化所导致的湿地退化，往往涉及的地域广大，退化过程持续的时间较长，退化速度也较缓慢，所出现的水体规模缩小、植物群落的退化、生物多样性的减少及其造成的生态功能弱化和丧失，往往需要数百年、上千年甚至数万年的时间尺度才能识别。由此引起的湿地退化属于自然界演化的正常现象，尽管也是一种地质环境问题，但这种长程效应一般不会对人的利益造成过于明显的损害。另一种是大空间中小时间尺度的自然环境变化，如与地震相联系的地块快速上升，区域气候的异常干旱化，也可引起湿地系统在较短时间内发生剧变。第三种就是人类活动的影响，人为干扰流域水文过程，移动岩土物质及废弃物失于管理都有可能在很短时间内破坏水体与陆地之间天然的物能均衡状况，而引起湿地退化。人类大规模、高强度改变水陆物能传输格局的行为，一般发生在局部地带，所以由此引发的湿地退化往往具有局部快速发展的特点，其后果也较为严重，是目前人们最关注的问题之一。

第二节　我国湿地退化的现状

我国是世界上的湿地资源大国，现有湿地总面积为 $3848.55\times10^4\ hm^2$，居亚洲第一位，世界第三位，仅次于加拿大、美国。我国湿地分布广泛、类型齐全，国际《湿地公约》划分的40种湿地类型在我国均有分布，我国湿地总面积中，滨海湿地面积为 $594.17\times10^4\ hm^2$，占全国湿地总面积的15.44%；河流湿地面积为 $820.70\times10^4\ hm^2$，占21.32%；湖泊湿地面积为 $835.15\times10^4\ hm^2$，占21.70%；沼泽湿地面积 $1370.03\times10^4\ hm^2$，占35.60%；库塘湿地面积为 $228.50\times10^4\ hm^2$，占5.94%。这些湿地主要分布在八个地区：东北湿地、华北湿地、杭州湾以北滨海湿地、杭州湾以南滨海湿地；云贵高原湿地，蒙新干旱、半干旱湿地和青藏高原高寒湿地。

近几十年来，由于气候的干旱化、过度耗用水资源、水污染的加剧、水土流失和盲目开发湿地等各种自然因素和人为不当活动，河流来水量减少、泥沙淤积严重、湿地面积急剧减少，我国近40%具有全球意义的湿地正受到中度或重度威胁。具体表现为以下五个方面。

一、湿地面积急剧减少

据统计，近几十年来，我国沿海地区累计丧失海滨滩涂湿地面积约 $200\times10^4hm^2$ 以上，相当于沿海湿地面积的50%。湖泊面积的萎缩和数量的减少更为突出，长江中游地区的湖泊面积由1949年的 $25828km^2$ 减少到现在的 $10493km^2$，占原有湖泊面积的59.4%。其中，洞庭湖面积由20世纪50年代初 $4300km^2$ 减少到现在的不足 $2270km^2$；号称“千湖之省”的湖北，目前也只剩下326个湖泊，面积由原来的 $83.3\times10^4hm^2$ 减少至 $23.6\times10^4hm^2$，水面减少71.6 %。红树林面积在50年代为 $4\times10^4hm^2$，目前锐减到仅有 $1.7\times$

10^4hm^2。沼泽湿地由于泥炭开发和作为农用地被开垦，三江平原近50年来湿地面积减少了$336.8\times10^4hm^2$，湿地垦殖率达64%。

二、湿地生物量降低

湿地退化使原有的动植物生存环境改变和破坏，越来越多的生物物种，特别是珍稀生物失去生存空间而濒危和灭绝，物种多样性减少而使生态系统趋向简化，系统内部能流和物流中断或不畅，削弱了生态系统自我调控能力，降低了生态系统的稳定性和有序性。

江、河和湖泊是我国湿地重要类型分布区，也是物种多样性富集区。但近几十年来生物多样性严重受损。据有关资料，洪湖鱼类从40年前的近100种已降到目前的50多种，如四大家鱼、赤眼鳟、鳗鲡等逐年减少，甚至面临绝迹。青海湖区鸟种类数量逐渐减少，有些物种已灭绝，如鹈鹕（*Pelecanus* sp.）自20世纪70年代就已绝迹，鸬鹚（*Halacrocoraxcarbo*）在20世纪60年代有7500只，目前只有4000只，斑头雁（*Anserindicus*）近10年就减少了1200只；云南滇池湿地中常见的灰鹤（*Grusgrus*）、白琵鹭（*Platalea leucorodia*）等大型涉禽，近30年不见踪迹；原产新疆和东北地区溪流水陆两栖动物河狸（*Castorfiber*）已很少见；三江平原沼泽湿地珍禽冠麻鸭（*Tadornacristata*）也多年不见影踪。

三、湿地水量减少

湿地在蓄水、涵养水源、防止水土流失等方面起着不可低估的作用，对于调节小气候以及维持区域生态稳定极其重要，但目前水土流失严重，湿地地下水位下降，普遍出现河流断流，湖泊萎缩现象，湿地水量急剧减小。

据了解，一万多年来，青海湖湖水一直在下降，1959～2004年，水面高程从3196.55m降至3192.77m；蓄水量由$869.3\times10^8m^3$降至$690.7\times10^8m^3$，这45年，水位共下降3.78m，年均下降8.4cm；蓄水量减少$178.6\times10^8m^3$，年均减少$3.97\times10^8m^3$。总体看，湖水水位呈下降趋势，蓄水量减少的幅度很大。

近年来，我国干涸萎缩的沼泽地面积已达300多万亩。全国流域内现有沼泽总面积$27.66\times10^4hm^2$，其中河源沼泽$25.49\times10^4hm^2$，湖滨沼泽$2.17\times10^4hm^2$。但目前河源地区的沼泽，正在由沼泽化草甸向高寒草甸演变，面积萎缩，水量减少，原有沼泽湿地小丘凸起、干裂、泥炭外露，湿生植物逐渐被中生植物所代替，水源涵养功能减退；湖滨沼泽比1956年减少$0.61\times10^4hm^2$，原分布有30余处，现有7处已经干涸。

四、湿地水质恶化

目前，世界上一半以上的湖泊湿地和水库的水质因受到污染而不断恶化。在我国，湿地环境污染也相当严重，被污染的湿地中，湖泊湿地占39.8%；滨海湿地占24.5%；库塘湿地占24.5%；其他占11.2%。

近几十年来，湖泊水环境日趋恶化，不少湖泊呈现富营养化趋势，主要污染指标物为总氮、总磷，污染类型已由以往的工业污染为主逐渐转变为工业、农业、生活和血防药物污染的多元化污染类型，富营养化速度在加快。例如，武汉东湖在50～60年代还处于中营养水平，到60～70年代，湖泊富营养化加剧，水生大型植物衰退，藻类密度上升，至

70 年代中后期，水华频繁发生，主要优势种类为大型的铜绿微囊藻（*Microcystis aeruginosa*）、螺旋鱼腥藻（*Anabaena spiroides*）和束丝藻（*Aphanizomenon* sp.）等，80 年代中后期，水体营养水平仍在提高，平裂藻（*Merismopedia* spp.）、小环藻（*Cyclotella* spp.）、纤维藻（*Ankistrodesmu* ssp.）和隐藻（*Cryptomonas*）等取代了蓝藻；浮游动物群落表现出明显的小型化趋势；底栖动物也发生显著变化，许多大型软体动物消失，耐污的摇蚊幼虫和寡毛类数量上升。经过短短 30 多年，东湖发展到富营养和超富营养水平，水质严重恶化，生物群落发生剧变，生态系统异常脆弱。

在沿海地区，海岸湿地水体也污染严重，许多污染物超标，总体呈继续恶化趋势。其中，尤以无机氮和无机磷营养盐污染最为严重，超标面很广，局部海域有机油类污染也较为严重，不仅破坏了海滨景观，也直接造成了生物多样性丧失，湿地退化。例如，我国南海地区，河口、海湾、浅海水域大面积富营养化，赤潮频繁发生，水质被严重污染，加之过度捕捞，近海生物资源量明显下降，生态系统的稳定被破坏。

五、湿地土壤污染严重

湿地土壤是构成湿地生态系统的重要环境因子之一，湿地土壤为湿生、水生生物的生长提供物质基础，对于湿地生态系统稳定和演替具有重要作用。

但近年来，湿地土壤普遍受到污染，重金属含量越来越高，从 20 世纪 80 年代起，输入到沼泽环境中的重金属已严重超标；同时，有机污染水流经的湿地土壤中，地表的有机物含量明显增加，大量生物中毒死亡，生物多样性降低，湿地呈现出退化趋势。

此外，大部分湿地开垦区，土壤中的元素组成有很大变化，主要表现在：总氮、总磷、总硫及有机硫含量随开垦年限的增加而下降，其他微量元素也有明显增加或减少。例如，三江平原湿地开垦为耕地后，除可溶性硫含量增加以外，其余硫组分的含量均有不同程度的降低，湿地开垦前土壤总硫量为 622.4mg/kg，湿地开垦 20 年后，土壤总硫量降低为 168mg/kg，年平均降低量达到 22.72mg/kg。另外，地表的土壤物理性质也有较大变化，土壤结构变得紧实，容重和体积质量增加，而土壤孔隙减小，土壤透水性和含水性均降低，质量下降，对生物生长构成威胁。

第三节　湿地退化的原因

湿地生态系统属于非线性开放系统，其结构与功能的宏观稳定与内部有序的自组织过程有关，且必须是外界环境作用处于正常涨落的情况下，方可建立。当外界环境条件的明显变化超过其抗干扰能力时，湿地就会失稳，因此，湿地生态系统退化的驱动力主要来自外界环境条件的变化。导致湿地退化的外在作用可分为自然的和人为的两个方面。虽然在大多数情况下，严格区分二者的响应是件困难的事情，但从定性的角度查找湿地退化原因时，作这样的划分仍是有效的。

一、导致湿地退化的自然原因

（一）全球和区域气候的变化

近些年来，被人们广泛认同的是大气层中二氧化碳、甲烷和其他温室气体不断增加，特别是CO_2在过去的200年里增加了30%，加强了地球表面温室效应。大气环流和洋流的升温，使世界上许多地区气候异常。虽然气候变化对全球带来的影响还不能作出准确的评估，但气候异常对某些地区气温、降水量和蒸发量的影响显而易见。地表径流量和地下水位的改变，直接干扰着当地的水文循环过程，尤其是我国西部干旱、半干旱地区对这些变化极其敏感。降水的减少使湿地获得的水分补给量降低，造成湿地萎缩。其次，气候异常使降水时空分布的不均匀性进一步增大，日照时数延长以及气温、地温的升高，都会打破湿地原有的水分平衡关系，导致湿地保有水量的持续减少。与其他地区相比，青藏高原作为全球气候变化的启动区和中国三大江河的源头，对中国中东部的水分输入起着至关重要的作用。近年来开展的湿地普查和相关研究都表明，青藏高原的湿地生态系统明显受气候热旱的影响，发生了不同程度的退化，表现为湿地面积快速萎缩，湿地生物多样性丧失，植被旱生化。

（二）新构造运动的影响

始于新近纪至今仍在活动的喜马拉雅造山运动称为新构造运动。新构造运动的持续活动是近两百万年来，地形、地貌变动的重要力量。由它引起的地壳升降影响着海洋与大陆的变迁，以及陆地上水体与旱地的轮回交替。大量的研究表明，地壳升降可在两个方面影响河湖的发育与湿地的退化：一是区域性地块的升降可使地形高差增大，排泄基准面下降，位于上升盘的河流、湖泊和沼泽会因水量逐渐排出，而变浅、变干，海岸带的基底隆起，会导致海退，海滨滩涂湿地随之退化为陆地；二是引起气候的变化而加速湿地的退化，我国中西部地区尤其是西部地区在最近两百万年间气候干旱趋势的不断发展与青藏高原持续隆升所形成气候放大效应有着十分重要的关联。我国中西部地区湿地退化问题之所以日趋严重，显然与上述两种过程的叠加有关。

地表抬升引起湿地退化的一个典型实例是若尔盖湿地退化。若尔盖湿地位于四川省西北，属于草本泥炭沼泽，面积约3000km^2，是目前我国最大的高原沼泽湿地。全新世以来，由于区域性地壳上升，造成穿越沼泽的两条河流（黑河和白河）上下游之间的落差增大，排水逐渐加快。在水流强烈下切作用下，沼泽地中也发育了许多冲沟和水道，沼泽地中许多水生植物因失水而枯萎，一些湿生植物也逐渐旱生化。若尔盖湿地已表现出一系列退化的现象。

我国新疆罗布泊湿地的消亡是新构造运动和区域气候干旱化的又一典型结果。罗布泊曾经是我国西北干旱区最大的内陆湖泊。在近代，湖水面积为12600km^2，后来缩小为5140km^2，20世纪初萎缩为500km^2，到1972年罗布泊最终干涸。现有地质学研究成果表明，早在距今5Ma前的上中新世，新疆还处在湿热的气候条件下，塔里木盆地是一个被水覆盖的大湖，由于喜马拉雅造山运动的影响，进入第四纪，塔里木盆地西部抬升，东部相对下降，罗布泊形成且位于盆地的最低处。在距今100～40ka间新构造运动将该地区抬升到2000～3000m的高度，定向盛行风出现，罗布泊地区东、西部均形成沙漠，罗布泊湖水变浅。由于气候干旱，罗布泊北部呈现盐湖的沉积环境，南部则为咸水或半咸水环境。距今2ka左右，罗北凹地抬升成陆地，仅剩南部水域，当时湖泊面积仍十分可观。历代有关罗布泊的史料记载都是指这一水域，即所谓“广袤三百里，其水亭居，冬夏不增减”。古罗布泊是一个由众多河流注入的尾闾湖，其中最主要的是西北方向注入的孔雀河和西面注入的塔里木河，近2000年来，因湖盆逐渐隆起，限制了河水的补给，加之青藏高原已上升至4500m，严重阻挡了西风流和西南季风的北进，导致高原地区和北邻地区降水锐减，干旱化趋势日渐增强。到了19世纪下半叶，由于风积作用的增强以及河道淤积等原因，罗布泊不仅面积日益缩小，还进入了分裂状态。进入20世纪中期尉犁县修筑了一条拦河大坝，最终截断了塔里木河与罗布泊的水力联系，导致湖面的快速萎缩，沼泽增多，到1972年则彻底干涸。在罗布泊湿地退化的过程，周边的陆地生态系统也在同步退化。根据沉积地层，孢粉和地球化学元素指标的分析结果，该地区早更新世曾发育森林一草原植被，当时气候还较湿润，随着地壳的抬升，到中更新世，气候已变得十分干旱，森林一草原景观被荒漠取代，到了全新世，地壳隆升和气候干旱化的步伐一直没有停止，伴随罗布泊的干涸，整个地区已成为植物难以生存的蛮荒之地。

二、导致湿地退化的人为原因

湿地退化的最重要的人为原因是人口压力。随着人口增长，人类对自然资源开发利用的力度也不断增强，促进了农牧业、工业及相关服务产业的发展。在此过程中，人类对生态环境重要性的认识和对湿地价值的公共政策的制定并未同步提高，向土地要粮、大搞农田水利建设，污染物的无序排放和湿地生物资源的掠夺性开发，已构成对湿地水、土、盐、生各要素的全方位破坏。

（一）水利工程建设

新中国成立以来，水利工程建设得到了飞速发展。据不完全统计，目前已修筑堤防 25×10^4km，建造各类船闸3万余座，兴建各类水库8.6万余座，这些水利工程在防洪、航运，发电和农灌上确实发挥了巨大作用，取得可观的社会经济效益，但也造成了人一地关系的不协调局面。水库和堤防的修建，切断了陆地与水体之间的物能交换通道，导致河湖平原水系的变化，下游水源的匮乏，进而引发湖泊沼泽化和沼泽的陆地化。与此同时，地表盐分难以向下游排泄而加剧湿地盐碱化。例如位于华北的白洋淀，原先由上游八条河流注入水量，由于20世纪50～60年代上游的潴龙河、唐河、漕河、瀑河、拒马河分别建立了横山岭水库，王快水库、西大洋水库、龙门水库及安各庄水库，上游来水量明显减少。60年代以后，白洋淀湿地多次干涸。据统计，1966年白洋淀的水体容积与1924年相比，减少了 $2.25\times10^8m^3$，入淀泥沙量也不断减少。1970年白引河投入使用，将大清河北支洪水引入白洋淀，又将平均每年 29×10^4t 的泥沙带入淀中，形成新的淤积源。

又如广布松嫩平原的草本湿地，由于水库堤坝增高，堤坊长度不断增加，吉林省境内的嫩江、洮儿河、饮马河和拉林河堤防已长达1781km，直接导致平原湿地水源大幅减缩，植被严重退化。

总之，大型水利工程建设会严重干扰乃至破坏湿地天然的水文过程和原有的周期性。洪水的消除或洪泛次数的减少，削弱了河流与洪泛沼泽的联系，造成湿地泥沙和营养成分补给量的减少，使其逐渐贫瘠、盐碱化，植被覆盖率下降，湿地逐渐萎缩、破碎，甚至大面积陆地化，水生生物食物链中断，栖息地被破坏，生物多样性和生物生产力下降。

（二）湿地资源的过度开发

在许多地区，因人口压力增大，土地资源日益紧张，于是通过排水疏干，联圩造田，将大面积的湿地改造成农田、建设用地等，导致湿地面积的急剧萎缩。太湖流域位于我国江苏南部、浙江省北部包括上海市在内，总面积约 36500km^2，是长江三角洲的中心地带。流域内河汊密集成网，湖泊星罗棋布。由于城市化和农业的发展，从 20 世纪 50 年代开始一直未间断的围湖造田，扩充交通、城镇用地已造成湿地面积的大幅度下降。据统计，全流域湖泊面积已减少了 13.6%，消失的中小型湖泊 165 个，其中圩区面积已达 14542km^2，昔日河网成片，湿地相连的南国水乡之美景已成为过去。又如新疆乌鲁木齐市周边湿地的退化也与湿地资源的过度利用有关。首先是垦荒彻底清除了区域自然植被，能够疏干填埋的草甸湿地几乎都已改为农田。其次是低平地草甸湿地的超载放牧，过度放牧使湿地植物不断减少，草地质量不断下降。第三是过量开采地下水，地下水位大幅度下降，造成大面积草甸湿地因缺水涵养而干涸消失，不仅如此，区域地下水位不断下降还带来了更为严重的后果，使柴窝堡湖周围地段出现土地沙化区。

湿地又是一种水体空间资源，很多湿地具有水产养殖功能，如我国著名的洞庭湖、鄱阳湖、太湖等湖泊和沿海湿地都是重要的水产养殖业基地。为了提高水产品产量，目前普遍推广网箱养殖技术。许多湖泊沿海近岸带设置了大量人工网箱。由于大量挺水、沉水植物群落需要被清除，以提供网箱放置空间，以及人工饵料的投放，水体的原生态遭受巨大破坏，湿地的其他功能被严重削弱。例如位于江苏无锡附近的五里湖、梅梁湾，原本是水草繁茂、水质清澈的水体，70 年代后随网箱养殖的兴起，这些水体中的芦苇、茭草、眼子菜等被大量清除，自净功能下降，加之城镇排污量增大，到 90 年代后期这些水体已严重富营养化，蓝藻每年大规模爆发，尤其是五里湖已成为无生态服务功能的死水一潭。

（三）污染物的排放

随着工农业生产和城市化进程的快速发展，污染物的排放量也与日俱增，废水、固废中含有的营养物质、重金属、有机物以及农药杀虫剂的流失，最终会进入地势低洼的湿地，使湿地水质恶化，进而导致生态结构的破坏和功能的丧失。云南滇池湿地退化的主要原因之一是纳入的污水负荷超过了水体承受能力，致使水体污染和富营养化的发生。滇池位于城市下游，来自城市和沿湖地带的工业废水有 40% 未经处理直接排入滇池。太湖湿地目前面临的两大环境问题，即湖泊底泥增厚、水深变浅的沼泽化日渐明显和水华爆发频繁、规模增强，也都与污染物的排放有着密切的关联。

第四节　湿地退化的地质学机理

外界环境的异常变化是引起湿地退化的背景和外在条件，湿地内部结构的变化则是退化的关键。从地质学的观点来看，河流、湖泊、沼泽的内部结构变化受侵蚀、搬运、堆积作用的控制，其中堆积作用，是导致它们水空间减少，生态功能破坏，并最终变为陆地的根本所在。在大多数情况下，河流、湖泊的萎缩消亡往往会经历沼泽化的阶段，沼泽的进一步退化则意味着湿地的消亡，所以，在湿地退化的序列中，河流、湖泊的退化常用沼泽化来表述，沼泽的退化称为陆地化过程。

一、河流、湖泊的沼泽化

堆积作用是地球浅表始终存在着的外力地质作用之一。只要地形有势差，岩石的风化产物就会在水力和重力作用下，不断被侵蚀、搬运，最终进入地形低洼处的河流、湖泊和沼泽，并暂时或永久地停积下来。受气候条件和区域地质背景的影响，不同的陆表水体可以有不同的物理、化学和生物环境，堆积作用形成的沉积物也会有种类差异。归纳起来大致分为三种，即碎屑沉积物、生物沉积物和化学沉积物。

（一）碎屑沉积

碎屑沉积形成的物质主要是黏土、淤泥、砂砾等。受水下地形和水动力条件的支配，沉积物大体呈现出由河流上游向下游，由河床中心向岸带，由河流出口向三角洲，由湖岸向湖心，颗粒由粗变细的分选格局。随着沉积层不断加厚，水流流速逐渐减弱，细粒物质所占比例会增大，甚至形成较厚的淤泥层，在水流相对滞缓的湖泊和沼泽，淤泥层不断累积，自重加大，其底部会被压实，含水量也较上部有所减少。碎屑沉积物的不断积累，使得水体空间减少，水深变小，有可能彻底改变河流、湖泊的形态。

（二）生物沉积

在水深较浅的湿地中，碎屑沉积物尤其是淤泥质的形成和发育，为挺水植物和沉水植物提供了立地的条件，同时充足的光照和温暖的水热环境有利于各种水生植物的生存繁衍，于是，苔草、芦苇、香蒲、藨草等湿生和水生植物在世代交替中，不断形成死亡的残体，在水下氧气不足的层位缓慢分解，加之产生的有机酸的防腐作用，促进了有机残体的堆积，形成泥炭层。在水深相对较大的陡岸附近，因风浪较小，水流缓慢或湖水静止，水面上可先出现浮水植物，继而生长沼萎陵菜、漂筏苔草、水木贼等沼生植物，它们根茎缠绕交织在一起，形成植物浮毡。浮毡逐年加厚，其下部死亡部分会腐烂脱落，沉入湖底。当生物沉积物厚度足以使之与浮毡相接时，湖泊也就随之消失，沼泽形成。生物沉积物分为腐殖质泥土和泥炭两类。腐殖质泥土一般为富营养湿地所特有，主要由死亡的漂游生物如藻类等有机物组成，往往是在缺氧条件下形成的富含脂肪、蛋白质的不定型胶质块，常呈橄榄色、灰色等，泥炭一般在贫营养湿地中形成，主要由漂浮植物、苔藓和其他高等草本植物的残体组成，或含有木本植物的残体。

（三）化学沉积

随水流进入河流、湖泊等的陆表物质，除岩石碎屑外，还有大量的溶于水的化学组分，包括 Al、Fe、Mn、Si 等氧化物的胶体溶液和 K、Na、Ca、Mg 等元素组成的盐类，后者易溶于水，常呈离子状态。其中胶体溶液进入河流、湖泊后，由于化学条件和物理环境的改变，产生凝聚、沉积，而以离子状态存在的盐类组分，也会在水交替缓慢、蒸腾蒸发作用强烈的水域中，浓度逐渐增大，当某种盐分的浓度达到过饱和时，就会形成矿物晶体析出。

研究认为，河流、湖泊的化学沉积包括陆源的矿物碎屑、胶体和易溶盐类。陆源碎屑以石英、长石、方解石和云母等矿物为主，其中硅铝氧化物的含量占主导地位。我国长江中下游地区湖泊沉积物中，硅铝氧化物含量达 76% ~87%，西南岩溶分布区的湖泊沉积物中，这一含量为 58% ~63%，而西北干旱区只有 36% ~58%。因为沉积物中，若硅铝氧化物所占比例减少，钙镁氧化物所占比例则相应增大，所以，在地质学中常常根据两类氧化物的比例，鉴别现代或古代湖盆在不同时期所处的地球化学环境。当两种氧化物的比值大于 10 时，湖泊为淡水湖发育阶段，当比值小于 10 时湖泊处于咸水湖或盐湖阶段。湖泊的化学沉积主要发生在入湖水量小于蒸腾蒸发量的内陆湖和潟湖地区，尤其易发生在干旱地区。可溶盐的化学沉积可分为碳酸盐类，以石膏为主的硫酸盐类和以钠盐、钾盐为主的氯化物沉积。需要指出的是，湖泊的退化不仅仅是指固体沉积物（碎屑、生物、化学）不断增多，在水化学方面的表现还包括水质污染、咸化和富营养化，其中水质污染和人为富营养化是目前湿地生态功能破坏最严重的两个方面。

二、海滨沼泽化

海洋的动力作用是海滨沼泽化的重要地质营力。进入浅水海域的大量陆源泥沙会因水流分散、水动力减弱而沉积下来。其中一部分随海底浊流搬运到远离海岸的大海深处，还有一部分会随潮水上涨，从低滩搬运到高滩。随着滩面不断淤高，出露海面的滩地受降水淋洗，表层盐分逐渐减少，耐盐喜水植物最先侵入，并由分散状变为岛屿状，最终可能连成一片。与此同时，植物的种类也由少变多，形成滨海低沼泽，当滩面的抬高超过低潮位，且植被的发育能够具有一定抗海浪冲击能力时，潮间带沼泽形成。由上述过程可以看出，海滨水域变为沼泽的主导作用是碎屑沉积和生物沉积。

三、沼泽的陆地化

沼泽的陆地化是指地表长期或暂时积水，生长湿生和沼生植物，有泥炭累积或潜育层存在的洼地转变为旱地的过程。沼泽的陆地化是湿地即将进入消亡的最后一个阶段。

有泥炭累积的沼泽称为泥炭沼泽，无泥炭累积的沼泽称为潜育沼泽。沼泽转化为陆地大体可分为三个阶段。第一个阶段是沼泽化的初级阶段，或称低位沼泽。大多数位于原始地势的凹处，由地表径流、地下水和大气降水共同补给，水中含有较丰富的矿物营养，植被以草本植物为主，总蒸腾蒸发量较大，有时表面流和沼泽表层流共存。第二阶段又称中位沼泽，经过这个阶段，沼泽进入陆地化的时期即第三个阶段。在第三个阶段，泥炭层逐渐增厚，完全改变了原始地貌形态，表面突起，发育条带形垅岗。此时，水源补给主要为大气降水，水中矿物质含量减少，植物以贫营养的藓类植物为主，到此为止，沼泽已进入晚期。

上述关于沼泽的陆地化主要是针对陆地淡水沼泽而言的，至于咸水沼泽的成陆过程与之不完全相同。盐湖或盐湖周围的盐沼泽虽然也会有植物生长和演替阶段，但已不再成为主要的因素，水体盐分的浓缩、结晶是主导性的作用。

第五节　湿地的保护

天然湿地是随地质环境的演化而形成、发展的，湿地的萎缩、消亡也是各种地质作用（包括人为地质作用）综合作用的结果。对于某一地域而言，一些湿地消失的同时，会有新的湿地孕育形成，只要地球浅表的水、岩（土）、气、生的活动不停止，水体与陆地的变迁就不会终结。若从这个角度来思考问题，湿地的保护不是强调人类如何与自然演化相对抗，强行恢复所有湿地曾有过的景观，这种想法既不现实也不可行，因为地质环境的演化是不可逆转的。这里所讲的湿地保护是指人类如何自律，以维系各种天然湿地现有的宏观稳定状态，包括水量、水体形态和各种生物的空间格局。尽管这种宏观格局迟早会被打破，但人类现代科技的发展仍有能力，减缓其退化速度或顺应自然条件变化建设新的湿地个体。

与水资源、土地资源、生物资源等一样，湿地也是一种具有多种服务功能的资源，但与其他资源有所不同的是，湿地又是人类生存不可缺少的环境，以水、岩（土）、生物等要素作为其组成成分。所以，湿地保护既可列入环境保护的范畴，又可作为国土资源加以珍惜。

湿地保护应分为两个层次，第一个层次是湿地保护的理念和指导原则的明晰；第二个层次是保护措施的判定与工程技术的应用。

一、湿地保护的基本指导思想

1. 湿地保护是资源与环境的综合体

在许多情况下，人们讨论资源与环境的可持续发展问题时，常将湿地作为两种不同的事物，以人类的活动作为纽带使之发生联系。事实上，湿地保护既是资源的保护同时也是环境保护的一种具体体现。

2. 湿地保护必须体现流域的整体概念

湿地是流域形成、发育过程中自然出现的，是流域不可缺少的一个部分，在流域中扮演着汇的角色。如果流域中水流网络的任何一段被人为截断，其下游的湿地就会萎缩甚至消失。所以，湿地保护不能只局限在湿地的现有范围内，而必须从其源头和下游的物质输移整个空间上来思考。

3. 湿地保护应突出重点

湿地保护的最终目的，是使其更好地为人类服务，所以，湿地保护必须与流域内其他资源的配置相统一。为了协调水资源和土地资源的开发利用，有些湿地可能会被人为疏干或平复；为了改善人居环境和处理中水，也会人工开挖、建造一些人工湿地。因此，湿地保护不意味着对现有大大小小的湿地统统保护起来，而是要有重点。选择那些对流域生态调节起关键作用的湖泊、沼泽进行严格保护。换句话说，湿地保护是基于构建人—地关系和谐理念下的一种决策，缺乏这种宏观思想指导下的任何一种保护措施都有可能达不到人们预期的良好愿望。

二、湿地保护的措施

湿地保护涉及水量、水体形态和水质方面的保护，还包括水陆消涨带和水生生物种类、生物多样性的保护。

1. 水量、水质和水体形态保护措施

（1）减少流域上游河流的拦截量；

（2）压缩中下游地区地下水的开采量；

（3）治理点源和面源污染，降低湿地的污染负荷。

2. 湿地生物保护措施

（1）禁止对水生和湿生动植物的过度利用行为；

（2）在生境适宜的湿地中，人工种植植物，以提高湿地抵抗外界干扰的能力；

（3）确定合理的水产养殖模式。

总之，湿地是大自然赐予人类的宝贵财富，利用好、保护好湿地是当代人类为谋求自身利益的需要，也是造福于子孙后代不可推卸的责任。

主要参考文献

安树青，严承高，李伟，等.2003. 湿地生态工程—湿地资源利用与保护的优化模式. 北京：化学工业出版社.
毕思文.2002. 地球系统科学. 北京：科学出版社.
陈洪凯，唐红梅，叶四桥，等.2006. 危岩防治原理. 北京：地震出版社.
陈淮生.2005. 环境地质工作手册. 北京：中国科技文化出版社.
陈克晶.1989. 一种统一的进化系统——耗散结构理论概述. 武汉：湖北人民出版社.
陈丽湘，刘伟.2006. 土壤次生盐渍化之水盐运动规律研究. 工程热物理学报，27（3）：465～468.
陈梦熊.1996. 环境地质学的理论基础与研究领域. 环境地质研究（第3辑）. 北京：地震出版社.
陈明扬.1991. 中国风尘堆积与全球干旱化. 第四纪研究，4：361～871.
陈玉福，蔡强国.2003. 京北浑善达克沙地荒漠化现状、成因与对策. 地理科学进展，22（4）：353～359.
陈忠，盛毅华.2005. 现代系统科学. 上海：科学技术文献出版社.
慈龙骏.1998. 我国荒漠化发生机理与防治对策. 第四纪研究，（2）：97～107.
慈龙骏.2005. 中国的荒漠化及其防治. 北京：高等教育出版社.
崔保山，杨志峰.2006. 湿地学. 北京师范大学出版社.
戴塔根，刘悟辉，马国秋.2000. 环境地质学. 长沙：中南大学出版社.
邓伟，胡金明.2003. 湿地水文学研究进展及科学前沿问题. 湿地科学，1（1）：12～20.
《地球科学大辞典》编委会.2006. 地球科学大辞典. 北京：地质出版社.
刁承泰，黄明星，李敏，等.2000. 简论人类造貌营力. 西南师范人学学报（自然科学版），（4）.
丁玲，李碧英，张树深.2004. 海岸带海水入侵的研究进展. 海洋通报，23（2）：82～87.
董光荣，高尚玉，金炯，等.1993. 青海共和盆地土地沙漠化与防治途径. 北京：科学出版社，142～165.
董光荣，靳鹤龄，陈惠忠，等.1998. 中国北方半干旱和半湿润地区沙漠化的成因. 第四纪研究，（2）：137～143.
董光荣，李长治，金炯，等. 关于土壤风蚀风洞模拟实验的某些结果. 科学通报，1987，32（4）：291～301.
董光荣，吴波，慈龙骏，等.1999. 我国荒漠化现状、成因与防治对策. 中国沙漠，19（4）：318～322.
董光荣.1990. 试论全球气候变化与沙漠化的关系. 第四纪研究，（1）：36～43.
董克刚，周俊，于强，等.2007. 天津市地面沉降的特征及其危害. 地质灾害与环境保护，18（1）：67～70.
董治宝，陈渭南，李振山，等.1996. 风沙土水分抗风蚀性研究. 水土保持通报，16（2）：17～23.
董治宝，屈建军，刘小平，等.2001. 戈壁表面阻力系数的实验研究. 中国科学（D辑），31（11）：953～958.
段永侯，罗元华.1993. 中国地质灾害. 北京：中国建筑工业出版社.
方宗义，朱福康，江吉喜，等.1997. 中国沙尘暴研究. 北京：气象出版社.
傅国斌，李克让.2001. 全球变暖与湿地生态系统的研究进展. 地理研究，20（1）：120～128.
龚习炜，龚志红.2006. 我国沿海地区地质灾害现状及宏观防治对策. 灾害学，21（4）：79～83.
郭占荣，黄奕普.2003. 海水入侵问题研究综述. 水文，23（3）：10～15.
国家林业局《湿地公约》履约办公室.2001. 湿地公约履约指南. 北京：中国林业出版社.
国土资源部.1997～2007. 我国主要城市和地区地下水水情通报（地下水污染部分）.
国土资源部地质环境司等.2004. 地质灾害防治条例. 北京：中国大地出版社.
哈承祐.2007. 加强环境地质学科的研究与发展. 水文地质工程地质，（4）.
哈承祐.1999. 环境地质学进展与展望. 地质通报.25（11）：1247～1256.
何池全.2003. 湿地植物生态过程理论及其应用—三江平原典型湿地研究. 上海：上海科学技术出版社.
何庆成，叶晓滨，李志明等.2006. 我国地面沉降现状及防治战略设想. 高校地质学报，12（2）：161～168.
赫英臣.1996. 经济发展与地球环境变化. 环境地质研究（第3辑）. 北京：地震出版社.
胡广韬，杨文远.1984. 工程地质学. 北京：地质出版社.
胡厚田.1989. 崩塌与落石. 北京：中国铁道出版社.
黄磊，郭占荣.2008. 中国沿海地区海水入侵机理及防治措施研究. 中国地质灾害与防治学报，19（2）：118～123.

纪万斌．1998. 工程塌陷与治理．北京：地震出版社．
姜建军．2007. 中国地下水污染现状与防治对策．环境保护，381（19）：16～17.
蒋承菘．2004. 论环境地质工作．水文地质工程地质，31（4）：106～110.
蒋德明，刘志民，曹成有，等．2003. 科尔沁沙地荒漠化过程与生态恢复．北京：中国环境科学出版社，22～24.
康志成，李焯芬，马蔼乃，等．2004. 中国泥石流研究．北京：科学出版社．
柯克比 M J，摩根 R P C，王礼先等译．1987. 土壤侵蚀．北京：水力电力出版社．
孔思丽．工程地质学．2001. 重庆：重庆大学出版社．
孔宪立，石振明．2001. 工程地质学．北京：中国建筑工业出版社．
雷明堂，项式均．1997. 近20年来中国岩溶塌陷研究回顾．中国地质灾害与防治学报，8（Sup.）：1～5.
李德威．2008. 大陆板内地震的发震机理与地震预报——以汶川地震为例．地质科技情报，(5)：1～5.
李鄂荣．1991. 环境地质学．北京：地质出版社．
李凤娟，刘吉平．2004. 湿地面积的丧失及其原因分析．长春大学学报，14（6）：79～81.
李国敏，陈崇希．1996. 海水入侵研究现状与展望．地学前缘，3（1～2）：161～168.
李梦先．2006. 我国西南岩溶地区石漠化发展趋势．中国林业调查规划．25（3）：19～22.
李瑞敏，王祎萍，王轶，等．2007. 中国主要环境地质问题．北京：地质出版社．
李治平．工程地质学．2002. 北京：人民交通出版社．
李智佩，岳乐平，聂浩刚，等．2002. 中国三北地区荒漠化区域分类与发展趋势综合研究．西北地质，35（4）：135～153.
李智毅，王智济，杨裕云，等．1990. 工程地质学基础．武汉：中国地质大学出版社．
梁亦欣，刘 祥，于鲁冀．2007. 我国地下水污染现状及趋势．科技信息（科学教研），(27)：584.
廖育民．2003. 地质灾害预报预警与应急指挥及综合防治实务全书．哈尔滨：哈尔滨地图出版社．
林年丰，李昌静，钟佐燊．1990. 环境水文地质学．北京：地质出版社．
林年丰，汤洁．2001. 中国干旱半干旱区的环境演变与荒漠化的成因．地理科学，21（1）：24～29.
刘斌．2009. 震学原理与应用．合肥：中国科学技术大学出版社．
刘杜娟．2004. 中国沿海地区海水入侵现状与分析．地质灾害与环境保护，15（1）：31～36.
刘福汉，王遵亲．1993. 潜水蒸发条件下不同质地剖面的土壤水盐运动．土壤学报，30（2）：173～181.
刘连友，王建华，李小雁，等．2000. 耕作土壤可蚀性颗粒的风洞模拟测定．科学通报，20（1）：35～39.
刘青松，李扬帆．2003. 湿地与湿地保护．北京：中国环境科学出版社．
陆兆溱．工程地质学（第二版）．1989. 北京：中国水利水电出版社．
吕桂军，康绍忠，张富仓，等．2006. 盐渍化土壤不同入渗条件下水盐运动规律研究．人民黄河，28（4）：34～35.
罗金明，邓伟，张晓平，等．2007. 盐渍土系统土壤水—地下水转化规律研究．生态环境，16（6）：1742～1747．
马凤山，蔡祖煌．2000. 论海水入侵综合防治应用技术．中国地质灾害与防治学报，11（3）：74～78.
马宗晋，张家声，刘国栋．1990. 大陆多震层研究现状和讨论．地震地质，12（3）.
毛同夏．1991. 环境地质学中几个重要问题的探讨．环境地质研究（第1辑）．北京：地震出版社．
牟会宏．1987. 滑坡．北京：地震出版社．
潘懋，李铁锋．2002. 灾害地质学．北京：北京大学出版社．
潘懋，李铁锋．2003. 环境地质学．北京：高等教育出版社．
普利高津 I. 著．曾庆宏，等译．1986：从存在到演化．上海：科学技术出版社．
戚隆溪，王柏懿．1996. 土壤侵蚀的流体力学（II）—风蚀．力学进展，26（1）：41～55.
邱胜彬，张江辉．1996. 浅析土壤质地及结构对潜水蒸发的影响．水土保持研究，3（3）：30～34.
赛弗特，西尔金．白顺良，蒯万筹编译．1984. 地质历史与板块构造．北京：地质出版社．
沈继方，高云福．1995. 地下水与环境．武汉：中国地质大学出版社．
石雪峰，夏建新，吉祖稳．2006. 空气动力学粗糙度与植被特征关系的研究进展．中央民族大学学报（自然科学版），15（3）：218～225.
矢野义男著，渡正亮．谭炳炎等译．1989. 泥石流，滑坡，陡坡崩坍防治工程手册．北京：科学技术文献出版社．
宋长春．2003. 湿地生态系统对气候变化的响应．湿地科学，1（2）：122～127.

宋长青，杨桂山，冷疏影，等.2002. 湖泊及流域科学研究进展与展望. 湖泊科学，14（4）：289～300.
孙成禹.2007. 地震波理论与方法. 北京：石油大学出版社.
孙晓明，徐建国，杨齐青等.2006. 环渤海地区海（咸）水入侵特征与防治对策. 地质调查与研究，29（3）：203～211.
唐德富，包忠谟.1997. 水土保持. 北京：水力电力出版社.
唐克丽.2004. 中国水土保持. 北京：科学出版社.
唐克旺，吴玉成，侯杰.2006. 中国地下水资源质量评价（Ⅱ）——地下水水质现状和污染分析. 水资源保护，22（3）：1～4，8.
田连权，吴积善.1993. 泥石流侵蚀搬运与堆积. 成都：成都地图出版社.
托姆 R. 著. 周仲良译.1989. 突变论. 上海：译文出版社.
王国平，刘景双.2002. 湿地生物地球化学研究综述. 水土保持学报，16（4）：144～148.
王国平，张玉霞.2002. 水利工程对向海湿地水文与生态的影响. 资源科学，24（3）：26～30.
王化林，兰彤.1998. 湿地生物多样性. 林业勘查设计，（1）：59～60.
王继康，黄荣鉴，丁秀燕.1996. 泥石流防治工程技术. 北京：中国铁道出版社.
王礼先.2000. 我国荒漠化土地成因及其防治对策. 世界林业研究，13（6）：32～37.
王丽学，李学森，窦孝鹏，等.2003. 湿地保护的意义及我国湿地退化的原因与对策. 中国水土保持，（7）：8～9.
王圣洁，蓝先洪，刘锡清等.2006. 我国海岸带灾害地质因素发育基本特征. 中国地质灾害与防治学报，17（4）：102～109.
王世杰.2002. 喀斯特石漠化概念演绎及其科学内涵的探讨. 中国岩溶.（6）：101～104.
王涛，陈广庭，钱正安，等.2001. 中国北方沙尘暴现状及对策. 中国沙漠，21（4）：322～327.
王学雷.2001. 江汉平原湿地生态脆弱性评估与生态恢复. 华中师范大学学报（自然科学版），35（2）：237～240.
王焰新.2007. 地下水污染与防治. 北京：高等教育出版社.
王毅勇，宋长春.2003. 三江平原典型沼泽湿地水循环特征. 东北农业大学学报，31（3）：3～7.
邬建国.1991. 耗散结构、等级系统理论与生态系统. 应用生态学报，2（2）.
吴波，慈龙骏.1998. 毛乌素沙地荒漠化的发展阶段和成因. 科学通报，43（22）：2437～2440.
吴波.2001. 我国荒漠化现状、动态与成因. 林业科学研究，14（2）：195～202.
吴正.1987. 风沙地貌学. 北京：科学出版社.
肖和平，潘芳喜.2000. 地质灾害与防御. 北京：地震出版社.
修竹奇，刘明义，刘艳军，等.1995. 植物网格沙障防风固沙试验研究. 中国水土保持，（8）：33～34.
徐果朋，周惠兰.1982. 地震学原理. 北京：科学出版社，.
徐恒力，陈植华，高云福.1997. 坡地系统土壤侵蚀定量评价方法. 地球科学.
徐恒力，陈植华.1995. 土壤侵蚀的 ETA 层次结构与空间尺度效应. 地球科学.
徐恒力等.2001. 水资源保护. 北京：地质出版社.
徐增亮.1992. 环境地质学. 青岛：青岛海洋大学出版社.
许国志.2000. 系统科学. 上海：科技教育出版社.
许乃政，姜月华，王敬东等.2005. 我国东南沿海地面沉降类型及其特点. 灾害学，20（4）：67～72.
许强，黄润秋，李秀珍.2004. 滑坡时间预测预报研究进展. 地球科学进展，（3）.
薛禹群，张云，叶淑君等.2006. 我国地面沉降若干问题研究. 高校地质学报，12（2）：153～160.
雅・贝尔.1985. 地下水水力学. 北京：地质出版社.
晏同珍，杨顺安，方云.2000. 滑坡学. 武汉：中国地质大学出版社.
杨成波，王震洪.2007. 中国西南地区石漠化及综合治理研究. 农业环境与发展，（5）：9～13.
杨达源，闾国年.1993. 自然灾害学. 北京：测绘出版社.
杨建锋，邓伟，章光新.2007. 浅埋深地下水作用下苏打盐渍土水分动态变化特征. 水文地质工程地质，（4）：61～69.
姚国清，毋景琴.2008. D-InSAR 技术在地面沉降监测中的应用. 地学前缘，15（4）：239～243.
移小勇，赵哈林，李玉强.2007. 土壤风蚀控制研究进展. 应用生态学报，18（4）：905～911.
殷康前，倪晋仁.1998. 湿地研究综述. 生态学报，18（5）：539～546.
殷跃平，张作辰，张开军.2005. 我国地面沉降现状及防治对策研究. 中国地质灾害与防治学报，16（2）：1～8.
於崇文.2003. 地质系统的复杂性. 北京：地质出版社.

岳建平，方露.2008. 城市地面沉降监控技术研究进展. 测绘通报，(3)：1~4.
曾廉.1990. 崩塌与防治. 成都：西南交通大学出版社.
张阿根，魏了新.2005. 中国地面沉降. 上海：上海科学技术出版社.
张勃夫.1997. 中国滨海城市地下水开发与海水入侵的研究. 吉林地质，16 (2)：1~5.
张春来，邹学勇，董光荣，等.2003. 植被对土壤风蚀影响的风洞实验研究. 水土保持学报，17 (3)：31~33.
张倬元，王士天.1964. 工程动力地质学. 北京：中国工业出版社.
张宏，慈龙骏，孙保平.1999. 对荒漠化几个理论问题的初步探讨. 地理科学，19 (5)：446~450.
张洁，胡光道.2005. 基于合成孔径雷达干涉测量技术的地面沉降研究综述. 地质科技情报，24 (3)：104~108.
张丽芬，曾夏生，姚运生等.2007. 我国岩溶塌陷研究综述. 中国地质灾害与防治学报，18 (3)：126~130.
张人权，靳孟贵.1995. 略论地质环境系统. 地球科学，(4).
张人权，梁杏，靳孟贵.2004. 可持续发展理念下的水文地质与环境地质工作. 水文地质工程地质，(1)：82~86.
张宗祜.1991. 地质环境与环境地质《环境地质研究》第1辑. 北京：地震出版社.
赵德深，范学理.2001. 矿区地面塌陷控制技术研究现状与发展方向. 中国地质灾害与防治学报，12 (2)：86~89.
赵振，杜志俊.1994. 地震预报与减灾技术. 北京：地震出版社.
郑度，谭见安，王五一等.2007. 环境地学导论. 北京：高等教育出版社.
中国科学院成都山地灾害与环境研究所编著.1989. 泥石流研究与防治. 成都：四川科学技术出版社.
中国科学院可持续发展研究组.1999. 中国可持续发展战略报告. 北京：科学出版社.
中国政府.1994. 中国21世纪议程. 北京：中国环境科学出版社.
中华人民共和国林业部防治荒漠化办公室.1994. 联合国关于在严重干旱和/或荒漠化的国家特别是在非洲防治荒漠化的公约（UNCCD）. 北京：中国林业出版社.
中科院成都山地灾害与环境研究所编著.2000. 中国泥石流. 北京：商务印书馆.
周平根.1996. 从系统观点论环境地质的研究方法. 地学前缘，3 (1)：35~42.
周平根.2007. 加强突发性地质灾害调查监测的科技研究. 水文地质工程地质，(5).
朱大奎，王颖，陈方.2000. 环境地质学. 北京：高等教育出版社.
朱震达，王涛.1992. 中国沙漠化研究的理论与实践. 第四纪研究，(2)：97~106.
朱震达.1997. 全球变化与荒漠化. 地学前缘，4 (122)：213~219.
朱震达.1999. 中国沙漠、沙漠化、荒漠化及其治理的对策. 北京：中国环境科学出版社，137~142.
邹珊刚，黄麟雏，苏子仪，等.1987. 系统科学. 上海：上海人民出版社.
A. N斯特拉勒著，北京大学地理系、南京大学地理系译. 1987. 环境科学导论. 北京：科学出版社.
Alan E G，Crayton C W. 1984. Ensemble modeling：inference from small scale properties to large scale systems. New York and Basel Marcel Dekker Inc.
Azous A L. 2001. Wetlands and urbanization. LLC：CRC Press.
Balling Jr R C. 1991. Impact of desertification on regional and global warming. Bulletin of the American Meteorological Society，72：232~234.
Chen W，Li D Z，and Yang Z. 1996. Wind-tunnel test of the influence of moisture on the erodibility of loessal sandy loam soils by wind. Journal of Arid Environment，34：391~402.
Fryrear W D and Salth A. 1993. Field wind erosion：vertical distribution. Soil Science，155：294~300.
Keller E A. 1996. Environmental geology（7th Edition）. New York：Macmillan Publishing Company.
Larson D L. 1995. Effects of climate on numbers of northern prairie wetlands. Climatic Change，30：169~180.
Mitsch W J，Gosselink J G. 1993. Wetlands（2nd Edition）. New York：Van Nostrand Reinhold.
Noy-Meir I. 1973. Desert ecosystems：environment and producers. Annual Review of Ecology and Systematics，4：25~41.
Schlesinger W H and Pilmanis A M. 1998. Plant-soil interactions in deserts. Biogeochemistry，42：169~187.
UNEP. 1998. World Atlas of Desertification（2nd Edition）. London：Edward Arnold，182.
Whitford W G. 1986. Pattern and Process in Desert Ecosystems. Albuquerque：University of New Mexico Press.
Wolfe S A，Niekling W G. 1993. The protective role of sparse vegetation in wind erosion. Progress in Physical Geography，17 (1)：50~68.